L'AIR

ET

LE MONDE AÉRIEN

PAR

ARTHUR MANGIN

TOURS

ALFRED MAME ET FILS

ÉDITEURS

L'AIR

ET

LE MONDE AÉRIEN

L'AIR

ET

LE MONDE AÉRIEN

PAR

ARTHUR MANGIN

CINQUIÈME ÉDITION

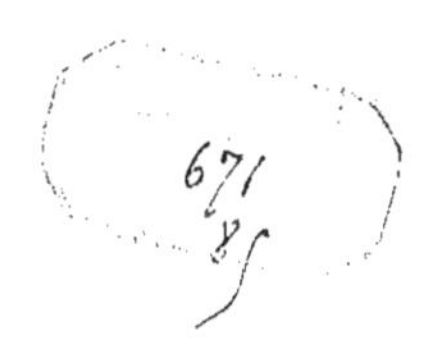

TOURS

ALFRED MAME ET FILS, ÉDITEURS

M DCCC LXXXV

PRÉFACE

Ce livre est, dans l'ordre chronologique, le second terme d'une série d'ouvrages destinés à vulgariser les sciences naturelles, ou plutôt à en éveiller le goût dans l'esprit des jeunes gens et des gens du monde. Un premier volume, les *Mystères de l'Océan*, ayant été bien accueilli du public, ce succès m'engagea à poursuivre une œuvre qui avait pour moi un puissant attrait, et qui me semblait pouvoir être de quelque utilité. J'écrivis alors le présent volume, dont la première édition, publiée en 1865, fut rapidement épuisée. La seconde et la troisième, tirées à un très grand nombre d'exemplaires, ont duré assez pour laisser aux sciences, dont la marche va s'accélérant sans cesse, et particulièrement à la météorologie, le temps de réaliser bien des acquisitions nouvelles, de rectifier plus d'une erreur, d'éclaircir, sinon de résoudre définitivement, d'importants problèmes.

Dans la nouvelle édition que nous donnons aujourd'hui, j'ai tenu à mettre à profit les recherches et les découvertes les plus récentes : ce qui m'a conduit à faire subir au travail primitif des modifications profondes. Toutefois l'arrangement et la distribution des matières ont pu être conservés.

L'ouvrage est divisé en trois parties.

La première comprend la physique, la mécanique et la chimie atmosphériques.

La seconde est consacrée à la description et à l'explication des phénomènes météorologiques.

Dans la troisième, je considère l'atmosphère, non plus comme une masse gazeuse inerte, subissant l'influence des forces fatales et servant de véhicule à d'autres corps également inertes, mais comme un des trois grands théâtres sur lesquels se joue le drame éternel de la Vie et de la Mort. Ici les acteurs s'appellent les Oiseaux et les Insectes. Je place sous les yeux du lecteur les types les plus remarquables de cette *troupe* ailée, et j'essaye de le faire assister aux scènes les plus curieuses du drame.

PREMIÈRE PARTIE

L'AIR

CHAPITRE I

LES GAZ

Lorsque nous examinons ce qui se passe dans l'univers physique et que nous cherchons à nous en rendre compte, nous y voyons tout d'abord deux choses : de la matière et du mouvement. Puis la notion du mouvement fait naître aussitôt dans notre esprit celle des forces qui le produisent. Ces forces sont-elles extérieures ou inhérentes à la matière ? C'est là une question purement spéculative dont la discussion serait ici hors de propos.

Ce qui est certain, c'est que l'esprit ne saurait admettre une force agissant en dehors de la matière, non plus que la matière se mouvant ou se modifiant sans l'intervention d'une force ; je ne pense pas, soit dit en passant, qu'il y ait de meilleur argument à opposer aux métaphysiciens qui s'amusent à démontrer que la matière n'existe pas, ou du moins qu'il se pourrait bien qu'elle n'existât pas.

Les physiciens, qui goûtent peu ces subtilités idéalistes, inclinent aujourd'hui fortement à croire, au contraire, que, tout bien compté, c'est plutôt le vide qui n'existe point : et cela par cette raison très plausible, que ce qu'on a considéré longtemps comme le vide est le théâtre de certains phénomènes lumineux, calorifiques, magnétiques peut-être, lesquels n'auraient point lieu si les causes qui les déterminent ne trouvaient là aussi *un quelque chose* sur quoi exercer leur action. Car, s'il est vrai que tout effet implique une cause, que toute action implique un agent, il n'est pas moins évident qu'une cause ne saurait agir sur le néant ; sans quoi son action serait comme non avenue,

son effet serait nul ; et un agent qui n'agit sur rien, une cause qui n'a pas
d'effet ne se conçoivent pas plus aisément qu'un effet sans cause. Or, je le
répète, tous les phénomènes particuliers dont la physique, la chimie, l'astro-
nomie, la géologie, la physiologie poursuivent l'étude peuvent se ramener à
un seul phénomène général : de la matière en mouvement.

Dans l'infiniment grand, c'est le mouvement des astres parcourant au sein
de l'espace leurs orbites immenses. Dans l'infiniment petit, c'est le mouve-
ment des atomes hétérogènes faisant et défaisant, en vertu de leurs attractions
et de leurs répulsions mutuelles, d'innombrables composés ; c'est le mouve-
ment des molécules homogènes subissant, sous l'influence des forces qui les
gouvernent, les modifications par lesquelles se manifestent les propriétés
générales des corps. Chez les êtres vivants, c'est le mouvement des organes
remplissant les fonctions complexes dont l'ensemble constitue la vie. Mais
aucun de ces mouvements, de ces phénomènes, ne s'accomplit au hasard ;
tous sont également soumis à des lois immuables, éternelles, dont la majes-
tueuse simplicité devient plus évidente à mesure que la science pénètre plus
profondément dans les arcanes de la nature, mais que le génie des philosophes
anciens n'avait point méconnues. « Les nombres, disait Pythagore, gouver-
nent le monde. » Cette formule exprime une vérité qui est à la fois la base
et le couronnement de la philosophie naturelle. Empédocle (d'Agrigente)
affirmait le mouvement universel ; Épicure et plusieurs autres philosophes
avaient entrevu la constitution atomique et la divisibilité infinie de la ma-
tière, l'aptitude de la plupart des corps à passer de l'état d'agrégation et de
coagulation à l'état de fluides plus ou moins mobiles ou subtils, et réci-
proquement. La volatilisation et la condensation alternatives d'un grand
nombre de corps à la surface de la terre semblent assez clairement indiquées
dans les vers suivants de Lucrèce, le disciple enthousiaste et l'éloquent inter-
prète d'Épicure :

> *Semper enim quodcumque fluit de rebus, id omne*
> *Aeris in magnum fertur mare : qui nisi contra*
> *Corpora retribuat rebus, recreetque fluentes,*
> *Omnia jam resoluta forent, et in aera versa.*
> *Haud igitur cessat gigni de rebus, et in res*
> *Recidere assidue ; quoniam fluere omnia constat* [1].
>
> (LUCRÈCE, *De rerum Natura*, lib. V, v. 276-281.)

Toutefois cette notion n'était et ne devait être que vague et incomplète. Le
progrès des sciences expérimentales, tout à fait inconnues des anciens, a pu

[1] « Car toutes les émanations des corps vont sans cesse se perdre dans le vaste océan de l'air ; et,
s'il ne leur restituait à son tour ce qu'ils ont perdu, s'il ne régénérait les fluides qui s'en échappent,
tout serait déjà dissous et transformé en air. L'air ne cesse donc point d'être engendré par les corps
et d'y retourner, puisque tout dans la nature se fluidifie. »

seul la rendre nette et précise. Et encore n'est-ce pas sans un certain effort
d'attention et de réflexion qu'aujourd'hui même beaucoup de personnes intel-
ligentes, éclairées, mais qui ne sont pas versées dans les sciences, parvien-
nent à la concevoir clairement.

Chacun comprend aisément ce que c'est que des corps solides et des corps
liquides : on les voit, on les touche, on en sent le poids et la résistance ;
mais on ne se fait pas une idée aussi satisfaisante de ce que c'est qu'un gaz
ou une vapeur, bien qu'on n'en révoque point en doute l'existence ; et ce qui
semble encore plus étrange, c'est qu'un même corps puisse être tour à tour
solide, liquide, gazeux, sans changer aucunement de nature, sans perdre
ou acquérir la moindre parcelle de substance et sans que ses propriétés
essentielles éprouvent d'altération.

Arrêtons-nous quelques instants sur ces principes élémentaires de physique :
ils sont indispensables à l'intelligence de ce qui va suivre.

Les corps, on le sait, sont formés par l'assemblage de particules extrême-
ment ténues, de *molécules* que nos sens ne nous permettent pas de distinguer,
que nous ne pouvons isoler par aucun des moyens mécaniques dont nous
disposons, mais qui, sous l'empire de certaines forces, s'écartent ou se res-
serrent, se groupent de diverses manières. Ils donnent lieu ainsi aux phéno-
mènes que l'on désigne sous le nom de *changements d'état,* et qu'on attribue
à l'antagonisme perpétuel de deux agents physiques, dont l'un tend constam-
ment à rapprocher les molécules des corps, l'autre, au contraire, à les
séparer. La première de ces forces est la cohésion ; la seconde est la chaleur.
On admet, en conséquence, que l'état solide est celui où la cohésion l'emporte
sur la chaleur ; l'état liquide, celui où la cohésion et la chaleur se font sen-
siblement équilibre ; l'état gazeux, enfin, celui où, la cohésion étant vaincue
ou détruite, la chaleur agit seule. Cela posé, tandis que les molécules d'un
corps solide sont tellement unies entre elles, qu'un effort plus ou moins éner-
gique est nécessaire pour les disjoindre, pour détacher une partie de la masse
qu'elles forment, les molécules d'un corps liquide glissent librement les unes sur
les autres, se déplacent et se séparent avec une grande facilité, n'opposant aux
impulsions, aux pressions, aux attractions extérieures qu'une faible résistance.

Quant aux substances gazeuses, elles jouissent d'une mobilité, d'une flui-
dité bien supérieure encore à celle des liquides ; elles n'ont aucune consis-
tance, échappent à la préhension, n'adhérent point, comme les liquides, aux
corps qui les touchent, et sont presque impalpables dans le sens rigoureux
du mot. Elles ont, en outre, pour caractère essentiel une élasticité parfaite ;
et aussi leur a-t-on donné le nom de *fluides élastiques*. Grâce à cette élasticité,
elles sont indéfiniment expansibles ; leurs molécules, soustraites à toute
attraction réciproque, et sollicitées uniquement par la force dissolvante qu'on
attribue au calorique, tendent toujours à s'écarter, à se désunir, à se dissé-
miner dans l'espace. A cette force expansive correspond, dans les fluides

élastiques, une compressibilité qui n'est limitée que par l'insuffisance des
moyens dont nous disposons, ou, pour quelques gaz, par le point où le rap-
prochement de leurs molécules détermine leur réduction à l'état liquide.
Encore est-il des gaz qui n'ont jamais pu, ni par compression ni par refroi-
dissement, être amenés à ce point ; on les nomme gaz *permanents*. Ils sont
au nombre de cinq, savoir : l'oxygène, l'hydrogène, l'azote, le bioxyde d'azote
et l'oxyde de carbone.

Les propriétés des gaz n'ont pu être étudiées que très récemment, grâce
aux perfectionnements merveilleux des procédés d'observation et d'expéri-
mentation. On ne doit donc pas s'étonner que jusque-là ces substances insaisis-
sables, dont la plupart n'ont ni odeur, ni saveur, ni couleur, et n'affectent
aucun de nos sens, aient été considérées comme dépourvues de pesanteur,
comme distinctes des solides et des liquides, comme établissant en quelque
sorte la transition entre les corps réputés grossiers, et la substance ignée
ou éthérée qui, dans les idées des philosophes de l'antiquité, était l'élément
pur et subtil par excellence, le principe de la chaleur, de la lumière et de
la vie.

> *Ignea convexi vis et sine pondere cœli*
> *Emicuit, summaque locum sibi legit in arce :*
> *Proximus est aer illi levitate, locoque* [1],

dit Ovide. Et plus loin :

> *Hæc super imposuit liquidum et gravitate carentem*
> *Æthera, nec quicquam terrenæ fæcis habentem* [2].

Ces philosophes établissaient une différence notable entre l'air, l'éther, les
gaz proprement dits, et les vapeurs, les exhalaisons qui s'échappent des
matières terrestres, et qui, selon eux, participent à la « grossièreté » de ces
dernières. On retrouve la même pensée chez les alchimistes et les médecins
du moyen âge, qui toutefois appliquaient aux gaz et aux vapeurs la dénomi-
nation commune d'*esprits*, dénomination aussi vague en elle-même que les
épithètes de *grossier* et de *subtil*, qu'on rencontre à chaque instant dans leurs
écrits, et dont ils eussent été fort embarrassés d'expliquer la signification.

Ajoutons, du reste, dans le langage de la science moderne, la distinction
entre les gaz et les vapeurs ne repose pas non plus sur des caractères bien
tranchés et n'est guère que conventionnelle. Les gaz et les vapeurs sont éga-
lement des fluides élastiques aériformes : seulement, pour les premiers cet

---

[1] « L'élément igné, qui n'a point de poids, jaillit de la voûte du ciel et vint se placer au sommet.
Au-dessous se trouve l'air, qui s'en rapproche le plus par sa légèreté. »

[2] « Au-dessus il (Jupiter) plaça l'éther, fluide dépourvu de gravité, et qui n'a rien des impuretés
terrestres. »

état de fluides élastiques est l'état normal, celui qu'ils affectent à la température et sous la pression ordinaire, et qu'ils conservent encore avec plus ou moins de persistance lorsque la pression augmente et que la température s'abaisse. Les secondes sont produites par des corps que la nature nous présente à l'état liquide ou même solide, et ne prennent naissance qu'à la faveur d'une certaine élévation de température, ou d'une certaine diminution de pression. Quant aux propriétés physiques, elles diffèrent peu. On a constaté cependant que, sous l'influence de la chaleur, la force élastique des vapeurs s'accroît plus que celle des gaz ; mais c'est encore là une différence purement

Compression des gaz.

relative, un effet de la même cause inconnue qui fait que telle substance a plus de tendance que telle autre à se dilater ou à se contracter, à se liquéfier, à se solidifier, ou à prendre la forme gazeuse, sans qu'il y ait lieu pour cela d'établir entre elles de distinction radicale.

Quoi qu'il en soit, nous nous occuperons seulement ici des propriétés qui appartiennent aux gaz proprement dits, et par conséquent à l'air atmosphérique, sujet de notre étude. C'est, nous l'avons dit plus haut, par l'expérience que les physiciens modernes sont parvenus à déterminer ces propriétés, à rendre évidente la matérialité des gaz, à démontrer qu'ils sont soumis aux mêmes lois que les corps solides et liquides ; que comme eux ils participent, bien qu'à des degrés divers, à des attributs essentiels de la matière.

Au premier rang de ces attributs se placent l'étendue et l'impénétrabilité, qui font qu'un corps, quel qu'il soit, occupe toujours une certaine portion de l'espace qu'aucun autre ne peut occuper en même temps. Pour montrer

que les gaz sont étendus et impénétrables, posons sur une cuvette remplie
d'eau un corps flottant, tel, par exemple, qu'un bouchon de liège, et sur ce
bouchon renversons un verre vide. Je dis vide, pour me servir d'une expres-
sion commune ; car, en enfonçant verticalement dans l'eau un verre ren-
versé, nous éprouvons une certaine résistance, ce qui n'aurait pas lieu si
nous y enfoncions un tube ou un vase dont le fond serait percé. En outre,
à mesure que le verre s'enfonce dans le liquide, nous voyons le flotteur
s'enfoncer aussi. L'eau ne peut donc pénétrer dans le vase que jusqu'à une

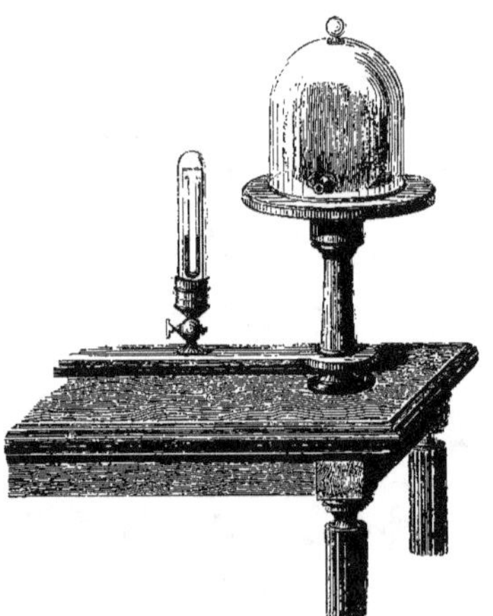

Dilatation des gaz dans le vide.

certaine hauteur. Que le verre même plonge tout entier, pourvu qu'il soit
maintenu dans la position verticale, on verra toujours au dedans un espace
que l'eau n'envahira point. Donc cet espace est occupé déjà par quelque
chose de résistant, de matériel, qui s'oppose invinciblement à ce que l'eau
puisse remplir toute la cavité du verre, jusqu'à ce que nous inclinions suf-
fisamment celui-ci ; alors des bulles viendront crever à la surface du li-
quide ; l'eau se précipitera dans la capacité devenue libre, et le flotteur ira
se coller contre le fond du verre.

Le fluide invisible que contenait le verre n'était autre que l'air atmosphé-
rique. Les choses se fussent passées d'une manière identiquement semblable
avec tout autre gaz. La même expérience peut servir aussi à prouver la
compressibilité et l'expansibilité des gaz. En effet, le volume de l'air em-
prisonné sous le verre augmente ou diminue suivant qu'on le soulève ou
qu'on l'enfonce, c'est-à-dire qu'on le soumet à une pression moindre ou plus
forte. Mais ces propriétés des fluides élastiques se manifestent d'une façon

bien plus évidente par une autre expérience qui se répète souvent dans les cours de physique.

On prend une vessie munie d'un robinet, on la mouille pour la rendre flexible. On y introduit une petite quantité d'un gaz quelconque ; on ferme le robinet, et on place la vessie sous le récipient d'une machine pneumatique. Tant que ce récipient contient de l'air, la vessie demeure flasque et affaissée ; mais à mesure que l'air est raréfié par le jeu de la pompe, elle se gonfle, se ballonne, et il arrive un moment où elle est aussi tendue que

Démonstration du poids des gaz.

si l'on y avait insufflé avec force une grande quantité de gaz. C'est que d'abord l'air qui se trouve dans le récipient, en vertu de sa propre force expansive, comprime la vessie et le gaz qu'elle renferme ; mais, l'air se raréfiant de plus en plus, le gaz se dilate, distend les parois de sa prison, et finit par en occuper toute la capacité.

Deux physiciens du siècle dernier, l'un français, l'abbé Mariotte, l'autre anglais, Robert Boyle, ont formulé la loi de dilatation et de contraction des gaz. Cette loi, qui porte dans chacun des deux pays un nom différent, — en France celui de loi de Mariotte, en Angleterre celui de loi de Boyle, — est la suivante : les volumes occupés par une même masse gazeuse, dont la température demeure constante, sont en raison inverse des pressions qu'elle supporte. Plus récemment, Despretz a établi que tous les gaz ne sont pas également compressibles. Enfin il résulte des expériences de Regnault que les gaz permanents suivent seuls rigoureusement la loi de

Mariotte, et que les gaz liquéfiables s'en écartent d'autant plus, qu'ils sont pris à une température plus voisine de leur point de liquéfaction.

Personne n'ignore aujourd'hui que tous les corps qui se trouvent à la surface de notre planète sont soumis à une force qui les attire vers son centre, les fixe au sol, et, s'ils viennent à en être éloignés par une cause quelconque, les y ramène fatalement. Cette force, c'est la pesanteur. Mais les gaz semblent faire exception, et l'on est fort tenté de croire, comme

Baroscope.

les philosophes anciens, que leur ténuité, leur subtilité, leur fluidité les font échapper à son empire. Il n'en est rien pourtant : les gaz sont formés de particules matérielles, et l'attraction terrestre agit sur ces particules comme sur celles qui constituent les corps solides ou liquides. Seulement le poids d'un corps étant la somme des attractions que la pesanteur exerce sur chacune de ses molécules, et les molécules des gaz, sous un volume donné, étant relativement peu nombreuses, leur poids total est ainsi relativement faible. On le constate et on le mesure néanmoins très aisément au moyen de la balance. Il suffit pour cela de prendre un ballon en verre muni d'un robinet, d'y faire le vide et de le peser, puis d'y introduire un gaz et de le peser de nouveau : on verra que le poids du ballon plein de gaz est plus grand que celui du ballon vide ; et si l'on répète l'expérience avec le même ballon, successivement rempli de divers gaz, on trouvera à chaque fois un résultat différent ; d'où il faut conclure que chaque gaz a un poids spécifique, une densité qui lui est propre.

D'autres expériences non moins simples ont démontré avec la même évidence que les lois d'équilibre et de pression des liquides s'appliquent également aux gaz. Parmi ces lois, nous nous contenterons de rappeler celle dont la découverte est due au célèbre physicien de Syracuse, Archimède. Elle peut s'énoncer ainsi : Tout corps plongé dans un fluide perd de son poids une quantité égale au poids du volume de fluide qu'il déplace, et se trouve, en conséquence, sollicité par deux actions contraires : l'une est celle de la pesanteur, qui l'attire verticalement de haut en bas ; l'autre est la *poussée* du fluide qui agit en sens contraire, c'est-à-dire, verticalement de bas en haut. Selon que la première de ces deux actions l'emporte sur la seconde, ou la seconde sur la première, ou que toutes deux se font équilibre, ce qui dépend du rapport de densité entre le corps immergé et le fluide ambiant, le corps descend ou monte, ou demeure immobile. C'est sur ce principe que reposent l'ascension et la suspension des corps légers, et en particulier des ballons ou aérostats dans l'atmosphère. Une ingénieuse expérience instituée par Otto de Guericke, l'immortel inventeur de la machine pneumatique et de la machine électrique, rend sensible la pression exercée par l'air sur les corps qui y sont immergés.

A l'une des extrémités du fléau d'une balance le bourgmestre de Magdebourg suspendit une petite sphère massive en cuivre ; l'autre extrémité portait une sphère beaucoup plus volumineuse, mais creuse, à parois très minces, et dont le poids faisait, au sein de l'air, exactement équilibre à celui de la sphère pleine. Il plaça cet appareil, appelé *baroscope*, sous le récipient d'une machine pneumatique, où il faisait le vide. Dès lors l'équilibre fut rompu : la balance pencha du côté de la sphère creuse. L'explication de cette apparente anomalie est simple : dans l'air, chacune des deux sphères perdait de son poids « une quantité égale au poids du volume d'air déplacé », ou, ce qui est la même chose, recevait une poussée proportionnelle à ce même volume. La sphère creuse, plus grosse que la sphère massive et déplaçant un plus grand volume d'air, recevait donc une poussée plus forte. L'équilibre établi entre elles était factice, il ne correspondait pas à une égalité de poids réelle. D'où l'on voit que, comme les corps qu'on pèse dans les balances n'ont jamais le même volume que les poids dont on se sert comme terme de comparaison, une pesée, pour être rigoureusement exacte, devrait toujours être faite dans le vide.

CHAPITRE II

L'étude de l'atmosphère terrestre et des phénomènes dont elle est le
théâtre ne nous présentera plus de difficultés, maintenant que la nature et
les propriétés générales des gaz nous sont connues. J'ose même espérer que
le lecteur y trouvera un dédommagement de la fatigue qu'il a pu éprouver
à suivre les considérations et les démonstrations un peu arides par les-
quelles il nous a fallu débuter. Car les phénomènes atmosphériques ne sont
ni moins variés, ni moins curieux, ni moins grandioses que les phénomènes
terrestres, et la connexion intime qui les rattache aux fonctions de la vie
animale et végétale, leur influence directe sur les conditions les plus essen-
tielles de notre existence, les dangers et les bienfaits dont ils sont la source,
les applications nombreuses qu'ils reçoivent dans les sciences, dans l'in-
dustrie et jusque dans l'économie domestique, les rendent tout particulière-
ment dignes de notre attention.

Mais d'abord, qu'est-ce qu'une atmosphère ? L'étymologie de ce mot va
nous en donner la signification. Atmosphère (du grec ἀτμός, vapeur, et σφαῖρα,
sphère) signifie sphère de vapeur, ou de gaz, et désigne la couche plus ou
moins épaisse de fluides élastiques qui enveloppe, non seulement le globe
terrestre, mais, selon toute probabilité, la plupart des corps célestes, étoiles,
planètes et satellites. On sait aujourd'hui avec certitude que toutes les sphères
composant notre système, et auxquelles l'astronomie a pu appliquer ses
admirables moyens d'observation, possèdent des atmosphères. Une seule
paraît faire exception : c'est la lune, notre unique satellite. Le soleil, centre
et foyer du système, n'aurait pas pour son compte, au dire d'astronomes
très autorisés, moins de trois atmosphères superposées en couches concen-
triques autour de son noyau obscur et, qui sait ? peut-être habitable et ha-
bité ! Ce noyau, entrevu à travers les taches du soleil, qui ne seraient
autre chose que des déchirures, des trous dans le vêtement éblouissant de

l'astre-roi, serait revêtu d'une première atmosphère nuageuse analogue à la nôtre. Puis viendrait une seconde enveloppe formée de substances gazeuses en ignition permanente, projetant au loin des flots inépuisables de chaleur et de lumière : c'est celle qu'on a désignée sous le nom de *photosphère*. Enfin l'atmosphère extérieure, prodigieusement dilatée, emprunterait à la précédente son éclat, qui va décroissant à mesure que la distance de la photosphère augmente. « C'est dans cette dernière couche, dit M. Guillemin[1], que semblent flotter les nuages roses dont la présence a été révélée et définitivement établie par la récente éclipse totale du soleil. »

Cette théorie, il est vrai, imaginée au siècle dernier par l'astronome anglais Wilson, modifiée par Bode et W. Herschell, et adoptée par Arago, qui l'a exposée dans son *Astronomie populaire*, a soulevé de nombreuses et assez graves objections, et ne compte plus guère de partisans depuis que l'analyse spectrale[2] et les admirables procédés d'observation de MM. Janssen, Lockyer et autres, ont été appliqués à l'étude des phénomènes solaires, particulièrement au moment des éclipses. De nouvelles hypothèses se sont produites, parmi lesquelles il faut citer celles de MM. Kirckhoff, Norman Lockyer, Huggins, le P. Secchi, Faye, Vicaire, etc. On est aujourd'hui généralement disposé à considérer le soleil comme une masse entièrement fluide, en partie liquide, en partie gazeuse. Quelques-uns même, non contents d'attribuer à la partie gazeuse de l'atmosphère solaire un volume incomparablement plus grand qu'au noyau liquide, font du soleil tout entier une atmosphère, et n'y veulent aucune partie liquide ni solide. M. Faye, par exemple, a pris, en quelque sorte, le contre-pied de l'ancienne hypothèse de Wilson et de Herschell ; car, selon lui, la partie centrale, loin d'être plus froide que les couches externes et de pouvoir conserver l'état solide ou même liquide, serait, au contraire, de beaucoup la plus chaude et la plus dilatée. En termes plus explicites, le soleil traverserait actuellement la deuxième des trois grandes phases de constitution cosmique par lesquelles notre terre, que Descartes appelait « un soleil encroûté », a passé, elle aussi, avant d'entrer dans la phase de solidification extérieure, ou phase géologique. Dans cette deuxième phase, qui succède à celle de fluidité gazeuse complète, c'est extérieurement, et non pas intérieurement, que la sphère de vapeurs commence à se refroidir. L'attraction, qui en a peu à peu groupé les éléments, autrefois disséminés dans l'espace, a transformé en chaleur la force vive dont ils étaient animés. De là une incalculable élévation de température, qui, dans la masse centrale, s'oppose à toute action

---

[1] *Les Mondes, causeries astronomiques.*

[2] Deux physiciens allemands, MM. Bunsen et Kirckhoff, ont pu, par une méthode d'analyse fondée sur l'examen des raies obscures ou colorées dont se composent les *spectres* produits par la diffraction de la lumière, déterminer la composition chimique de la photosphère solaire. Ils y ont reconnu la présence de plusieurs métaux à l'état gazeux et incandescent, notamment du sodium, du potassium, du magnésium, du nickel, du fer, de l'étain, etc.

chimique. Les corps qui composent cette masse centrale s'y trouvent donc à l'état de gaz simples; leur pouvoir émissif et leur pouvoir absorbant se font à peu près équilibre, et ils conservent presque toute leur chaleur.

C'est seulement dans les couches superficielles, où la température, dit M. Faye, n'est plus guère que de vingt-cinq à quarante-cinq fois supérieure à celle d'un foyer de locomotive, que les actions chimiques reprennent leur empire. Des combinaisons, des décompositions, des condensations, des liquéfactions s'opèrent incessamment dans cette prodigieuse fournaise, dans cet immense Phlégéton. Des courants ascendants et descendants s'établissent de la masse centrale à la photosphère, et réciproquement; des tourbillons, des explosions, des précipitations agitent cet océan de feu, essentiellement formé, comme le voulait Arago, de gaz enflammés qui répandent des torrents de chaleur, et le remplissent, en outre, de particules solides qui le rendent lumineux, comme les particules solides du charbon rendent lumineuses les flammes du gaz d'éclairage, de nos lampes et de nos bougies ; tandis que le noyau purement gazeux est relativement, sinon même complètement obscur. Cette hypothèse, je l'avoue, me séduit beaucoup ; elle rend bien compte des phénomènes visibles à la surface du soleil, c'est-à-dire des taches, des facules, etc. ; elle est d'accord avec ce que les théories de Laplace et d'Ampère nous ont appris touchant l'origine physique des mondes ; enfin elle s'applique non seulement à notre soleil, mais à toutes les étoiles, qui sont, comme chacun sait, autant de soleils.

Parmi les planètes dont la constitution physique est assez connue pour qu'on puisse affirmer l'existence, à leur surface, d'atmosphères comparables à celles de la terre, je citerai : Mercure, la plus voisine du soleil ; Vénus, dont les dimensions sont à peu près celles de la terre, et qui se montre environnée d'un si brillant éclat, qu'à certaines époques elle est même visible en plein jour ; Mars, où l'on a pu constater la présence de neiges et de glaciers polaires ; Jupiter, la plus volumineuse des planètes circumsolaires, dont le disque est en partie obscurci par des *bandes* nuageuses, ne variant de forme et de position qu'à d'assez longs intervalles ; enfin Saturne, avec son triple ou quadruple anneau et son magnifique cortège de huit satellites. Le disque de Saturne est parsemé de taches, les unes obscures, les autres brillantes, mais très variables d'éclat, et dont la forme rappelle beaucoup les bandes de Jupiter. « Il est impossible, dit encore M. Guillemin, de ne pas conclure de l'observation de ces taches qu'elles sont dues à des phénomènes atmosphériques. Vers les pôles, on a constaté, comme pour Mars, l'apparition et la disparition successives de taches blanchâtres, dues probablement à l'invasion des neiges et des glaces ! Quelle est la composition des atmosphères de ces planètes ? quelles sont leurs propriétés ? On l'ignore. Des êtres semblables ou analogues à nous, aux animaux et aux végétaux que nous connaissons, peuvent-ils y vivre, et y vivent-ils en effet? Il y a tout lieu de le croire, bien que l'observation ne puisse rien nous apprendre de positif à cet égard. Il n'est même pas toujours aisé de savoir positivement si une planète ou un satellite a ou n'a pas d'atmosphère; et si les astronomes ont pu se prononcer pour la négative en ce qui concerne la lune, c'est grâce à la faible distance qui nous sépare de ce globe, et qui a permis de dresser des cartes très exactes de la face qu'il nous présente. Nous verrons plus loin, en nous occupant du rôle de l'atmosphère dans les phénomènes lumineux, comment on a pu s'assurer que la lune est dépourvue d'enveloppe gazeuse.

Mais revenons à l'atmosphère terrestre, et cherchons à nous former une idée de son origine et des transformations successives qu'elle a dû subir avant de se constituer telle qu'elle est aujourd'hui.

Si nous prenons pour point de départ la célèbre hypothèse de Laplace ou celle d'Herschell, qui s'en éloigne peu, nous nous rappellerons que, d'après cès hypothèses, la terre ne fut, dans l'origine, qu'une immense atmosphère, une masse de gaz et de vapeurs incandescents et prodigieusement dilatés. Le refroidissement de cette nébuleuse amena peu à peu la condensation des substances les moins volatiles, qui formèrent au centre un noyau liquide. Ce noyau, successivement grossi par de nouvelles condensations, finit par absorber toutes les matières que l'élévation de la température maintenait seule à l'état gazeux. Mais il est impossible de ne pas voir que ces premières périodes de l'existence de notre planète durent être signalées par des phénomènes extrêmement complexes, dus aux réactions mutuelles des éléments, réactions qui nécessairement modifièrent à plusieurs reprises la composition du noyau liquide et surtout celle de son enveloppe gazeuse.

Le rôle capital des affinités chimiques dans la formation et les révolutions du noyau terrestre et de son atmosphère est indiqué d'une manière très ingénieuse et très satisfaisante par A.-M. Ampère, dans une théorie cosmogonique qui complète et rectifie en certains points celle de Laplace et d'Herschell, et qu'on trouve résumée avec beaucoup de clarté dans une note ajoutée aux *Lettres sur les révolutions du globe*, d'Alexandre Bertrand. Ampère considère d'abord, d'une manière générale, le cas d'une nébuleuse quelconque passant, par le refroidissement de ses éléments les moins volatils, de son état primitif à celui de corps stellaire ou planétaire proprement dit. Il fait remarquer que, si les affinités chimiques n'existaient pas, la condensation s'opérerait nécessairement par couches concentriques, homogènes, régulières, nettement distinctes, et dont l'ordre de superposition à partir du centre représenterait exactement la gradation ascendante des températures de liquéfaction des substances condensées.

Cette manière de voir, disons-le en passant, pèche en un point important. Ampère oublie de tenir compte des densités, qui ne correspondent nullement aux températures de liquéfaction ou de solidification, lesquelles sont ainsi entre elles dans des rapports très variables ; et ce sont là deux circonstances qui, dans l'hypothèse, troubleraient singulièrement l'homogénéité et la régularité prétendue des dépôts concentriques. Mais il serait superflu d'insister sur cette objection, qui nous écarterait de notre sujet, et qui d'ailleurs ne s'applique qu'à une hypothèse purement gratuite.

« Ce n'est pas ainsi, dit, en effet, la note à laquelle j'emprunte le résumé du système d'Ampère, ce n'est pas ainsi qu'est composé le globe terrestre, ce n'est pas ainsi que doivent l'être les planètes et les soleils répandus dans l'espace. Pour voir ce qui a dû arriver, rendons aux couches successives les propriétés chimiques dont elles sont douées, et cet ordre si régulier sera aussitôt détruit par d'immenses bouleversements.

« Lorsqu'une nouvelle couche se dépose à l'état liquide, soit que la précédente existe encore à cet état, soit que déjà elle ait passé à l'état solide, il doit se manifester entre elles une action chimique résultant de l'affinité entre les deux substances ou entre leurs éléments. De là formation de nouvelles combinaisons, explosions, déchirements, élévation de température, et dans le cas où l'une des couches au moins contiendrait des éléments divers, retour à l'état de gaz des éléments qui seraient séparés par l'effet de ces combinaisons.

« ... Ce ne serait qu'après beaucoup de bouleversements, et en vertu d'un refroidissement ultérieur, que pourrait se former une croûte continue assez solide pour mettre obstacle à de nouvelles combinaisons chimiques. Mais quand la température se serait abaissée de manière à permettre que sur cette couche solide vînt se déposer une nouvelle substance à l'état liquide, susceptible de l'attaquer chimiquement, on verrait se produire une série de phénomènes analogues à ceux dont nous venons de parler. C'est ainsi qu'on peut rendre compte des révolutions successives qu'a éprouvées le globe terrestre. Maintenant que la température est tellement abaissée, que, parmi les corps susceptibles d'agir chimiquement avec violence, il n'y a plus que l'eau qui soit à l'état de vapeur, ce n'est plus que de l'eau qu'on peut craindre un nouveau cataclysme. » L'eau étant, comme on sait, composée de gaz hydrogène et oxygène, Ampère suppose qu'en se précipitant sous forme de pluie abondante sur des métaux tels que le potassium, le sodium, le baryum, le calcium, le magnésium, le manganèse, le fer, le nickel, le zinc, etc., encore incandescents ou du moins à une température très élevée, elle dut être décomposée, transformer ces métaux en oxydes et déterminer une immense conflagration, non seulement dans les couches supérieures de la masse condensée, mais au sein même de l'atmosphère, qui subit alors une de ses plus violentes révolutions. Il ajoute :

« Au surplus, il reste un grand monument des bouleversements qu'a produits sur le globe la décomposition des corps oxygénés par les métaux. C'est l'énorme quantité d'azote qui forme la plus grande partie de notre

atmosphère. Il est peu naturel de supposer que cet azote n'ait été primiti-
vement combiné, et tout porte à croire qu'il l'était avec l'oxygène, sous la
forme d'acide nitreux ou nitrique. Pour cela il lui fallait huit ou dix fois
plus d'oxygène qu'il n'en reste dans l'atmosphère. Où sera passé cet oxygène?
Suivant toute apparence, il aura servi à l'oxydation de substances autrefois
métalliques, et aujourd'hui converties en alumine, en chaux, en oxyde de
fer, de manganèse, etc. »

Quant à l'oxygène qui existe dans l'atmosphère, ce n'est qu'un reste de
celui qui s'est combiné avec les corps combustibles, joint à celui qui a été
expulsé des combinaisons dans lesquelles il entrait, par du chlore ou des
corps analogues.

Il y aurait donc eu, à un certain moment, précipitation d'acide nitrique,
dissolution des métaux, et dégagement de gaz nitreux ou hyponitrique : le
tout accompagné d'une effervescence et d'une élévation de température for-
midables, qui auraient transformé l'atmosphère en une mer bouillonnante,
surchargée de vapeurs corrosives, dont les énergiques réactions produisaient
une mêlée indescriptible. Puis, le refroidissement s'opérant avec le temps,
la précipitation recommença ; la terre fut envahie de nouveau par un océan
acide, moins acide toutefois que le premier, et donnant lieu, par conséquent,
à des réactions moins énergiques. Les eaux s'adoucirent aussi graduelle-
ment, après des précipitations et des vaporisations répétées, ou plutôt elles se
chargèrent de sels, et la prédominance du sel marin donne lieu de penser que,
parmi les gaz qui entraient dans la composition de l'atmosphère primitive,
le chlore n'était pas le moins abondant. « Il arriva enfin, continue Ampère,
qu'après un refroidissement nouveau, une nouvelle mer s'étant formée, elle
ne recouvrait plus toute la surface du noyau solide ; quelques îles appa-
rurent au-dessus des eaux, et la surface de la terre fut entourée d'une
atmosphère formée, comme la nôtre, de fluides élastiques permanents, mais
dans des proportions probablement fort différentes. Il semble, en effet, ré-
sulter des ingénieuses recherches de M. Brongniart, qu'à ces époques recu-
lées l'atmosphère contenait beaucoup plus d'acide carbonique qu'elle n'en
contient aujourd'hui. Elle était impropre à la respiration des animaux, mais
très favorable à la végétation. Aussi la terre se couvrit-elle de plantes qui
trouvaient dans l'air, bien plus riche en carbone, une nourriture plus abon-
dante que de nos jours ; d'où résultait un développement beaucoup plus con-
sidérable, que favorisait en outre un plus haut degré de température.

« ... Cependant les débris des forêts s'accumulaient sur le sol, s'y décom-
posaient, et l'hydrogène carboné qui résultait de cette décomposition se
répandait dans l'atmosphère. Là il était décomposé par des explosions élec-
triques alors beaucoup plus fréquentes en raison de la plus grande élévation
de la température. Un monument de cette époque nous est offert par les
houilles, immenses dépôts de végétaux carbonisés.

« A chaque grand cataclysme, la température de la surface du globe s'élevant considérablement, toute organisation devenait impossible jusqu'à ce qu'elle se fût abaissée de nouveau... L'absorption et la destruction continuelles de l'acide carbonique par les végétaux rendaient l'air de plus en plus semblable en composition à ce qu'il est maintenant. Cependant l'atmosphère n'était pas encore propre à entretenir la vie des animaux qui respirent l'air directement. Ce fut, en effet, dans l'eau qu'apparurent les premiers êtres appartenant à ce règne : des radiaires et des mollusques. La première population des mers fut uniquement composée d'invertébrés ; puis vinrent les poissons et plus tard les reptiles marins... Après l'époque des poissons, après celle des reptiles et des oiseaux, vinrent les mammifères, et enfin, l'atmosphère s'étant suffisamment épurée, la terre étant capable d'entretenir une plus noble génération, apparut l'homme, le chef-d'œuvre de la création. »

L'hypothèse que nous venons d'exposer sommairement n'a rien, on le voit, que de très admissible, au moins dans ses données principales. Elle est conforme à ce que la chimie nous apprend sur les affinités réciproques des corps réputés simples et de leurs composés, et à ce que l'on peut rationnellement présumer des compositions successives de l'atmosphère actuelle.

L'oxygène, l'azote, l'hydrogène, le chlore, le carbone, tels sont évidemment les corps qui, à raison de leur prodigieuse abondance et de leurs puissantes affinités, ont dû jouer dans les révolutions de l'enveloppe gazeuse de la terre les premiers rôles. L'action du soufre, du sodium, des métaux combustibles (métaux alcalins et terreux), n'a pu être que secondaire. Celle des agents physiques, chaleur, électricité, magnétisme, lumière, ne doit pas être oubliée. La chaleur, tour à tour cause et effet des réactions chimiques et des bouleversements qui tant de fois ont renouvelé la face du monde, a puissamment contribué à prolonger la tumultueuse mêlée des éléments. On en peut dire autant de l'électricité, qui intervient également soit comme cause, soit comme effet dans les combinaisons et les décompositions chimiques, dans les variations de température, dans les changements d'état des corps, dans les frottements, dans les pressions, dans la séparation brusque des molécules, etc. Quant à l'action du magnétisme, il est très difficile de la conjecturer. Il est probable qu'elle a été, à l'origine des choses, beaucoup plus intense et plus générale que de nos jours ; qu'elle s'est combinée, confondue peut-être avec celle de l'électricité et de la chaleur ; qu'en un mot, ces trois principes ont été, avec la lumière, les agents essentiels de la création ; qu'ils ont exercé surtout une puissante influence sur la formation et le développement des organismes. Qu'on veuille bien, à ce sujet, se reporter à ce qui a été dit, dans nos *Mystères de l'Océan*[1], de la constitution probable de l'atmosphère à l'époque où les premiers êtres prirent naissance

---

[1] Un volume grand in-8°. — Tours, Alfred Mame et fils, éditeurs.

au sein de l'Océan universel. Alors la température du globe était encore très élevée. Les eaux chaudes, saturées de matières en dissolution et en suspension, exhalaient d'épaisses vapeurs qui surchargeaient l'atmosphère. Celle-ci enveloppait le sphéroïde de sa masse volumineuse, divisée peut-être en couches distinctes, comparables à la triple atmosphère attribuée au soleil. Les rayons de l'astre vivifiant ne pouvaient la pénétrer ; mais, selon toute apparence, les combustions dont elle était le siège, les courants électriques et magnétiques qui la parcouraient et la haute température entretenue par tant de causes diverses déterminaient dans ses régions supérieures un embrasement général, dont nos aurores polaires peuvent donner une idée. Les lueurs changeantes de ce ciel de feu éclairaient les scènes grandioses et sauvages de la nature en travail. Puis cette lumière alla s'affaiblissant à mesure que l'atmosphère se purifiait et que s'apaisait la lutte des éléments. Les nuées moins denses et moins pressées livrèrent passage aux rayons solaires ; le jour, le vrai jour se leva sur le monde. Le chlore ayant été absorbé à l'état de sel par la masse des eaux, les îles et les continents soulevés s'étant couverts de végétaux qui peu à peu fixèrent l'énorme quantité de carbone à laquelle une partie de l'oxygène était unie, les vapeurs aqueuses enfin continuant de se précipiter, l'atmosphère se trouva réduite à peu près au mélange d'oxygène et d'azote qui la constitue actuellement. Dès lors les révolutions qui devaient encore, à plusieurs reprises, remuer et déplacer l'océan liquide cessèrent de bouleverser l'océan aérien. L'immense rideau de nuages qui naguère enveloppait le globe tout entier se déchira, s'éparpilla en lambeaux ; les clartés magnéto-électriques, éteintes dans la zone moyenne, furent refoulées vers les pôles, où elles ne brillèrent plus que comme les dernières lueurs d'un vaste incendie. Les alternatives du jour et de la nuit, le cours des saisons, la distribution des températures changèrent en une circulation régulière les fluctuations tumultueuses de l'atmosphère. Partout s'établit ce calme qui n'est ni l'inertie ni l'immobilité, mais l'équilibre des forces et l'harmonie des mouvements, et la vie put prendre son essor au sein des éléments pacifiés.

CHAPITRE III

HAUTEUR ET FORME DE L'ATMOSPHÈRE

On a vu dans tout ce qui précède l'affirmation implicite d'un fait important,
à savoir : que l'atmosphère est une enveloppe gazeuse propre à la terre, très
probablement aussi aux autres planètes, ainsi qu'aux étoiles ou soleils, c'est-
à-dire aux centres d'attraction, aux foyers de chaleur et de lumière des divers
systèmes. Or cette affirmation peut sembler téméraire. On peut dire aux astro-
nomes : « Vous confessez vos doutes sur l'existence des atmosphères plané-
taires (existence que vous tenez seulement pour très probable), et votre
ignorance absolue sur leur nature et leur constitution; mais la chimie et la
physique vous ont révélé la nature et la constitution de notre atmosphère.
Vous reconnaissez qu'elle est composée de deux gaz incolores, invisibles,
n'affectant aucun de nos sens. Ces gaz nous enveloppent tous tant que nous
sommes ; ils sont le milieu où nous vivons et mourons, où tous les êtres
passés ont vécu et sont morts. Comment donc savez-vous qu'elle ne forme
autour du globe terrestre qu'une couche d'une épaisseur limitée? Comment
savez-vous si cet air n'est pas répandu dans tout l'univers, s'il ne remplit
pas les espaces, s'il n'est pas un océan infini dans lequel nage l'infinie mul-
titude des corps célestes? Et si l'air n'est point partout, qu'y a-t-il donc là
où il n'est pas? Le vide, dites-vous, le néant, rien !... Terribles mots! Et
qu'est-ce que le vide? qu'est-ce que le néant? L'esprit, comme la nature,
en a horreur; il recule et se trouble devant cette sombre négation. » Ces
objections n'ont rien d'embarrassant. Oui, l'astronomie et la physique, disons
mieux, la science affirme que les atmosphères sont limitées à une faible dis-
tance autour de la surface solide ou liquide des corps célestes, et en parti-
culier de la terre, et elle le prouve; car la science prouve tout ce qu'elle
affirme. Elle le prouve d'abord par l'observation simple, directe, matérielle,
si j'ose ainsi dire, de tous ceux, savants ou ignorants, qui ont gravi de hautes
montagnes ou qui se sont élevés à l'aide d'aérostats jusqu'aux couches supé-

rieures de l'atmosphère. Ils ont reconnu, à des signes qu'il ne leur était pas permis de révoquer en doute, qu'à mesure qu'on s'éloigne de terre l'air se raréfie ; qu'à quelques kilomètres seulement il devient tellement rare, qu'on ne respire plus, qu'on éprouve un intolérable malaise, qu'on sent et qu'on voit l'horreur de ce vide, de ce néant où la vie est impossible. La terrible catastrophe du *Zénith*, où Sivel et Crocé-Spinelli ont succombé, montre assez les dangers des explorations dans ces hautes régions. — « Mais, dira-t-on encore, ce n'est là qu'une présomption, l'effet de sensations dont rien ne nous autorise à tirer une conclusion absolue. Cela prouve qu'il y a plus d'air près de la surface du globe qu'à une certaine hauteur ; cela ne démontre pas que plus haut encore l'air manque totalement. » — Sans doute ; et aussi la science ne se contente-t-elle point de cette preuve ; elle en a d'autres tout à fait concluantes, tirées des propriétés mêmes de l'air, et qui ressortiront, je l'espère, avec évidence à l'examen que nous allons faire de ces propriétés[1]. Au surplus, je l'ai dit au début du chapitre premier, la science, en affirmant que l'atmosphère est limitée. bien que diverses raisons aient permis de regarder l'air comme indéfiniment diffusible, ne va pas jusqu'à prétendre qu'au delà l'espace est vide. Loin de là, elle incline à admettre, sous une forme et dans un sens différents, l'ancien axiome de l'école : *Natura abhorret a viduo ;* à ne plus regarder comme une fiction poétique ou une rêverie philosophique cette substance indéfinissable que les philosophes grecs avaient nommée *æther,* et qu'ils plaçaient au-dessus de notre atmosphère[2]. Mais c'est là un sujet sur lequel nous reviendrons un peu plus loin. Tenons-nous pour le moment dans des régions moins sublimes.

C'est par une concession aux habitudes du langage vulgaire que nous avons présenté d'abord la plupart des gaz, et notamment l'air atmosphérique, comme des substances impalpables, incolores, n'affectant point les sens, et dépourvues en apparence des attributs de la matière. Nous avons démontré qu'en réalité ils participent aux plus essentiels de ces attributs, l'étendue et l'impénétrabilité, et que, comme tous les corps terrestres, ils sont soumis à l'action de la pesanteur, mais qu'ils doivent à la tendance constante de leurs molécules à s'écarter les unes des autres une fluidité, une expansibilité qui n'existent ni dans les solides ni dans les liquides. C'est en vertu de ces deux propriétés que l'air atmosphérique va se raréfiant à mesure qu'il s'éloigne de la terre. Cette raréfaction de l'air a créé de sérieux

---

[1] Voir la suite du présent chapitre et les suivants.

[2] J'ai cité plus haut ce passage d'Ovide :

Hæc super imposuit liquidum, etc.

Lucrèce dit aussi :

Ideo per rara foramina terræ
Partibus erumpens, primus se sustulit æther
Ignifer, et multos secum levis abstulit ignes.

« S'échappant par les rares fissures de la terre, l'éther enflammé s'éleva le premier, entraînant avec lui, grâce à sa légèreté, des quantités de feux. »

embarras aux physiciens qui ont entrepris de mesurer la hauteur de l'atmosphère, de déterminer la limite qui la sépare de ce qu'on est convenu d'appeler le vide.

« Pour connaître la hauteur à laquelle s'étend l'atmosphère, disent MM. Becquerel, il faudrait pouvoir calculer la densité de l'air à diverses hauteurs, abstraction faite des agitations accidentelles, et dans l'état moyen autour duquel oscillent ces perturbations... Il faudrait encore, pour avoir une valeur exacte, tenir compte : 1° de la diminution de la pesanteur à mesure qu'on s'élève dans l'air, et en vertu de laquelle les particules sont moins attirées vers la terre ; 2° de la variation de la force centrifuge suivant la latitude[1]. »

MM. Becquerel reconnaissent toutefois que ces deux variations se réduisent à peu de chose. Est-il donc possible d'arriver à une mesure approximative de la hauteur de l'atmosphère ?

« Cette hauteur, continuent les savants physiciens, est limitée, et même la valeur qu'on lui assigne est peu considérable. Si l'air n'avait pas d'élasticité, sa limite serait située aux points où la force centrifuge ferait équilibre à la pesanteur ; mais comme cette condition n'existe pas, il est nécessaire que son élasticité soit équilibrée par une force quelconque ; cette force est le poids des couches d'air qui sont supérieures à celles que l'on considère. Mais à mesure que l'on s'élève l'air devient plus rare, et, arrivé aux dernières couches, rien ne presse sur celles-ci ; cependant, l'atmosphère étant limitée, comme le démontrent plusieurs phénomènes optiques dont nous parlerons, il est nécessaire que ces couches ne se perdent pas dans l'espace, et que, vu leur raréfaction et leur abaissement de température, leur état physique soit modifié de telle sorte que la force élastique soit nulle. »

Laplace a indiqué cette condition indispensable ; Poisson l'a spécifiée en montrant que l'équilibre serait encore possible avec une densité limitée très considérable, pourvu que le fluide ne fût pas expansible ; enfin Biot, qui a résumé ces conditions (*Astronomie physique*), indique très bien cet état des dernières couches atmosphériques non expansibles, en disant qu'elles doivent être comme *un liquide non évaporable.* L'atmosphère est donc limitée et son poids connu ; mais il n'en est pas de même de sa hauteur.

On a cependant calculé cette hauteur en prenant pour base, soit la décroissance de la température, soit les phénomènes de réfraction lumineuse qui se produisent à l'aurore et au crépuscule. Mais on n'a pu arriver par ces divers procédés qu'à des résultats approximatifs, qui présentent entre eux de notables différences. La discussion des observations barométriques faites par Humboldt et M. Boussingault sur le Chimboraço et l'Antisana a conduit Biot à une élévation de 20,679 mètres pour la hauteur de l'atmosphère au-dessus de l'océan Pacifique. Mais d'autre part le même physicien, prenant

---

[1] *Éléments de physique terrestre et de météorologie,* ch. IV.

pour base de ses calculs l'accélération de la décroissance des températures, constatée par Gay-Lussac, jusqu'à une hauteur de près de 7,000 mètres, dans une ascension aérostatique justement célèbre, a trouvé un second chiffre qui s'écarte du premier de plus de 2,000 mètres : soit 23,000 mètres. Il ajoute que, si l'on veut, d'après la même loi d'abaissement progressif des températures, pousser jusqu'au bout les conséquences des observations de Gay-Lussac, on en déduit une limite de hauteur que l'atmosphère ne peut pas dépasser. Cette limite, où la pression serait nulle, assigne à l'atmosphère une hauteur *maxima* de 47,347 mètres, avec une densité finale excessivement faible. D'autres savants sont arrivés, par des calculs non moins irréprochables que les précédents, mais basés sur d'autres lois plus ou moins hypothétiques, à des chiffres de 70,000 et 72,000 mètres. Mairan allait jusqu'à 200 lieues, c'est-à-dire à près de 1 million de mètres. MM. Becquerel s'en tiennent aux évaluations les plus modérées. Ils pensent qu'en tous cas la hauteur de l'atmosphère n'est pas inférieure à 10 lieues ; que, selon toute probabilité, elle est d'environ 16 lieues. « Cependant, ajoutent-ils, il peut se faire que des particules d'air très rares s'étendent au delà. Quoi qu'il en soit, on peut, selon eux, admettre par approximation, quant à présent, que la hauteur de l'atmosphère est à peu près $\frac{1}{80}$ du rayon terrestre. Ainsi, en représentant par le nombre proportionnel 80 le rayon terrestre, qui a 1,500 lieues, l'épaisseur de la croûte solide et celle de l'atmosphère peuvent être représentées toutes deux par 1. »

A peine est-il besoin de faire remarquer que l'air n'existe pas seulement à la surface de la terre, mais qu'en vertu de son poids, et grâce à sa fluidité et à sa divisibilité, il pénètre partout où un accès lui est ouvert : dans les pores des corps solides et jusque entre les molécules des liquides. On le retrouve dans les tissus organiques, dans les eaux douces et salées ; le sable, la terre, les pierres même, pour peu qu'elles soient poreuses, en sont imprégnés. On est allé jusqu'à supposer que l'atmosphère extérieure n'était qu'une partie de la masse d'air condensé existant, depuis l'origine des choses, à l'intérieur du globe. Lucrèce croyait que l'air et les autres corps fluides s'étaient échappés primitivement à travers les interstices des éléments solides, comme l'eau est exprimée d'une éponge :

> *Quippe etenim primum terraï corpora quæque,*
> *Propterea quod erant gravia et perplexa, coïbant.*
> *In medio, atque imas, capiebant omnia sedes :*
> *Quæ, quanto magis inter se perplexa coïbant,*
> *Tam magis expressere ea, quæ mare, sidera, solem,*
> *Lunamque efficerent, et magni mœnia mundi*[1].

[1] « En effet, les premiers corps de la terre étaient pesants et lourds, se portaient vers le centre et tendaient à gagner le fond ; et plus ils s'amassaient ainsi, plus ils se pressaient les uns contre les

L'opinion beaucoup plus moderne dont nous parlons se rapproche, comme on le voit, de celle du poète philosophe, et elle n'est pas plus soutenable. Car, comme le font observer MM. Becquerel, l'élévation de la température due au foyer central s'oppose à la condensation des gaz, et doit limiter la présence de l'air aux couches peu profondes.

Si la hauteur de l'atmosphère est incertaine, on sait du moins dans quelle mesure cette hauteur varie sur les différents points du globe. Les observations barométriques répétées maintes fois, à des hauteurs diverses, dans tous les pays, et la connaissance des forces auxquelles obéit l'atmosphère, permettent de déterminer très exactement sa forme. Cette forme, ainsi que celle de la terre sur laquelle elle se moule, serait parfaitement sphérique, si notre planète était immobile ou animée seulement d'un mouvement de translation dans l'espace. Mais la rotation de la terre sur elle-même développe une force centrifuge qui, comme chacun sait, acquiert à l'équateur son maximum d'intensité, et va en diminuant jusqu'aux deux extrémités de l'axe, où elle cesse tout à fait. De là le renflement originel de la terre dans sa partie médiane et son aplatissement aux pôles. On conçoit aisément que cette sorte de déformation de la masse solide se fasse sentir bien plus encore sur la masse fluide et mobile qui l'enveloppe ; d'autant qu'à l'action de la force centrifuge s'ajoutent, entre les tropiques, la chaleur qui dilate considérablement l'air, et, vers les pôles, le froid qui le condense ; en sorte que le sphéroïde atmosphérique est plus aplati que le sphéroïde terrestre lui-même. D'après les calculs de Laplace, l'axe polaire et l'axe équatorial de l'atmosphère seraient entre eux dans le rapport de deux à trois.

Après avoir considéré l'étendue, la hauteur et la forme de l'atmosphère, il nous reste, pour terminer cette étude de ses caractères physiques, à parler de sa couleur et de la pression qu'elle exerce sur les corps placés à la surface de la terre. Mais la couleur n'étant qu'un effet de la réflexion ou de l'absorption des divers rayons lumineux, c'est au chapitre où nous traiterons de l'action de l'air sur la lumière qu'il convient de renvoyer cette question. Quant au poids de l'air et à sa pression, c'est un sujet assez important et qui demande assez d'attention pour qu'avant de l'aborder nous prenions un instant de repos : — le temps de passer au chapitre suivant.

autres, plus ils laissaient échapper les principes qui devaient former la mer, les astres, le soleil, la lune et les remparts de l'immense univers. »

On voit par ce passage, et par d'autres du même poème, que Lucrèce considérait les astres comme formés par la substance ignée et subtile qui, dans l'univers tel que les anciens le concevaient, occupait les plus hautes régions de l'atmosphère.

CHAPITRE IV

LA PRESSION ATMOSPHÉRIQUE. — LE BAROMÈTRE

L'année 1630 est une date mémorable. Elle fut signalée par une de ces découvertes qui font époque dans les fastes de la science. Personne, jusque-là, n'avait soupçonné que l'air fût un corps pesant, qu'il exerçât, comme l'eau, sur les corps immergés dans sa masse une pression proportionnelle à sa hauteur et à l'étendue de la surface pressée. Archimède, le grand Archimède, le père de l'hydrostatique, avait ignoré que les lois qui président à l'équilibre des liquides et des corps qui y flottent ou qui y sont plongés, s'appliquent identiquement aux gaz, et par conséquent à l'air.

Au xviie siècle, on connaissait pourtant plusieurs des effets de la pression atmosphérique, et l'on savait fort bien les appliquer à la construction des pompes, des fontaines jaillissantes, etc. Mais, au lieu de les attribuer à leur véritable cause, on les expliquait par l'aphorisme ancien : *Natura abhorret a viduo* (la nature a horreur du vide), — aphorisme que la nature, chose assez étrange, n'avait jamais démenti, parce qu'on n'avait jamais essayé d'élever l'eau, par aspiration, à plus de trente-deux pieds.

Le grand-duc de Toscane eut, en 1630, cette fantaisie ambitieuse et toute princière. Des fontainiers reçurent de lui l'ordre d'installer dans son palais des pompes capables d'élever et de distribuer l'eau jusque dans les appartements supérieurs. Cela dépassait toutes les hardiesses hydrauliques qu'on s'était permises précédemment. Les fontainiers, néanmoins, se mirent à l'œuvre sans hésiter, convaincus que, puisque Son Altesse grand-ducale voulait que l'eau montât, l'eau monterait. Les appareils furent donc établis avec grand soin. On en fit l'essai ; ils fonctionnaient parfaitement. L'eau monta jusqu'à trente-deux pieds ; on continua à pomper, l'eau ne monta plus ; on redoubla d'efforts, mais en vain. On examina les tuyaux ; point de fuite, pas la moindre fissure par où l'air pût pénétrer ; et cependant les pistons n'aspiraient plus de liquide. Grand étonnement parmi les fontainiers, grand émoi parmi les ingénieurs et les savants de Florence. Pour la première fois, la nature semblait se départir de son horreur du vide.

On en référa au grand-duc. Celui-ci ne vit qu'un homme dans toute l'Italie, dans toute l'Europe, qui fût capable d'expliquer un si étrange renversement des idées consacrées : c'était Galilée. Hélas ! Galilée, pris à l'improviste, ne sut trouver au problème qu'une solution erronée. C'était, dit-il, le poids de l'eau qui empêchait ce liquide de s'élever davantage. Au fond, il devait bien s'avouer que c'était là une piètre explication. Mais quoi ! il fallait dire quelque chose : un tel homme ne pouvait rester court devant une question de physique. Le grand-duc et les ingénieurs florentins se contentèrent de sa réponse.

Il y avait à Rome, en ce temps-là, un jeune physicien de vingt-trois ans, nommé Evangelista Torricelli. Il suivait les leçons de Castelli, élève de Galilée. Malgré sa vénération pour le grand homme qui avait été le maître de son maître, Torricelli trouva peu satisfaisante l'explication donnée par Galilée du phénomène de Florence, et il se mit en devoir d'en chercher une autre plus plausible. En y réfléchissant, il ne tarda pas à se convaincre que la prétendue horreur de la nature pour le vide était une pure imagination, sans fondement comme sans portée, une de ces phrases vides de sens qui répondent à tout sans rendre compte de rien, et qu'il faut bannir impitoyablement du répertoire philosophique. Si, comme le prétendait Galilée, c'était le poids de l'eau qui l'empêchait de dépasser dans le corps de pompe une hauteur de trente-deux pieds, pourquoi ce même poids lui permettait-il de l'atteindre ? Car enfin l'ascension de l'eau s'opérait en dépit et au rebours de la pesanteur !... N'y a-t-il donc pas là, se demanda Torricelli, quelque chose d'analogue à ce que l'on voit dans la balance : un poids faisant équilibre à un autre ? Alors il songea à l'air, dont personne ne tenait compte, et qui, étant une substance matérielle, devait, comme toute autre, obéir à la pesanteur, exercer sur les corps placés à la surface du globe une certaine pression. De là à présumer que, dans un corps de pompe, l'eau s'arrête au point où elle fait équilibre à la pression extérieure de l'atmosphère, et que ce point est précisément à trente-deux pieds, ni plus ni moins, au-dessus du niveau normal, il n'y avait qu'un pas, mais un de ces pas que le génie seul sait faire, et qui mènent un homme à l'immortalité.

Toutefois, pour transformer en certitude une présomption si nouvelle, si contraire aux idées qui avaient cours de son temps, Torricelli avait besoin de la vérifier par quelque épreuve décisive. Si elle était juste, la hauteur de la colonne liquide capable de faire équilibre à la pression de l'atmosphère devait être inversement proportionnelle à la densité du liquide. Ainsi le mercure (on disait alors *argent vif*) étant environ quatorze fois plus lourd que l'eau, et ce dernier liquide pouvant monter dans le vide jusqu'à trente-deux pieds, le premier ne monterait qu'à une hauteur quatorze fois moindre, c'est-à-dire à vingt-huit pouces. — Encore une induction qui nous paraît

aujourd'hui la plus simple du monde, mais qui pourtant n'était venue encore
à l'esprit de personne, pas même de Galilée, et dont les conséquences théo-
riques et pratiques ont été immenses.

Passant aussitôt du raisonnement à l'expérience, Torricelli prit un tube
long d'environ trois pieds et fermé à l'une de ses extrémités. Il le remplit de
mercure, et, appuyant un doigt sur l'orifice, il renversa le tube dans une
cuve contenant aussi du mercure. Puis il retira son doigt et abandonna le
métal à lui-même, en ayant soin seulement de maintenir le tube dans une
position verticale.

Expérience de Torricelli.

Il vit alors le mercure descendre, osciller pendant quelques instants, et
s'arrêter enfin à une certaine hauteur en laissant dans le tube, au-dessus
de son ménisque [1], un espace vide. La hauteur de la colonne métallique
était précisément de vingt-huit pouces. Certes, en présence d'un pareil
résultat, il fallut que le jeune physicien fût bien maître de lui pour ne point
s'élancer hors de son laboratoire et parcourir les rues de Rome en s'écriant
comme Archimède, avec une joie insensée : « Je l'ai trouvé ! »

L'expérience de Torricelli et les conclusions légitimes qu'il en tirait pro-
duisirent dans le monde savant une émotion extraordinaire. Les partisans
du *plein universel* les attaquèrent avec fureur, tandis qu'elles étaient défen-
dues par un parti nouveau, encore bien peu nombreux, que nous pouvons
appeler le *parti du vide*. En France, le parti du vide eut pour chef Pascal.

[1] On donne le nom de ménisque à la surface courbe qui termine les colonnes liquides dans les tubes
de petit diamètre, et qui est concave ou convexe, selon que le liquide mouille ou ne mouille pas le
tube. Le ménisque du mercure est toujours convexe.

Avec un tel champion, le triomphe de la vérité ne pouvait longtemps tarder. La célèbre expérience exécutée sur le Puy-de-Dôme, d'après les instructions de Pascal, par son beau-frère Florin Périer, et répétée à Paris par Pascal lui-même sur la tour de Saint-Jacques-la-Boucherie[1], ouvrit les yeux aux plus aveugles et ferma la bouche aux plus obstinés. « S'il arrive, avait écrit Pascal, que la hauteur du vif-argent soit moindre au haut qu'au bas de la montagne, il s'ensuivra nécessairement que la pesanteur et pression de l'air est la seule cause de cette suspension du vif-argent, et non pas l'horreur du vide, puisqu'il est bien certain qu'il y a beaucoup plus d'air qui pèse sur le bas de la montagne que non pas sur le sommet ; au lieu que l'on ne saurait dire que la nature abhorre le vide au pied de la montagne plus que sur le sommet. » En effet, entre les hauteurs du mercure au bas et au haut du Puy-de-Dôme, on avait observé constamment une différence de plus de trois pouces ; et Pascal lui-même constata une différence de deux lignes et demie environ au bas de la tour Saint-Jacques et sur la plate-forme de cet édifice. Les différences étaient justement proportionnelles aux hauteurs, celle du Puy-de-Dôme étant de 1,465 mètres, et celle de la tour Saint-Jacques de cinquante mètres seulement.

L'épreuve était donc décisive, et montrait en même temps l'usage qu'on pouvait faire du tube de Torricelli pour mesurer la pression de l'air à diverses hauteurs, et, par suite, ces hauteurs elles-mêmes. De là le nom de *baromètre* qui a été donné à cet appareil, dont les applications, depuis, se sont fort multipliées ; car on a reconnu que le poids de l'air varie non seulement selon les hauteurs, mais encore en raison de diverses circonstances de température, d'humidité ou de sécheresse, d'agitation ou de calme, etc. Et c'est ainsi que l'on en est venu à tirer de l'ascension ou de la dépression du mercure dans le baromètre des indications précieuses sur l'état de l'atmosphère.

Nous verrons plus loin jusqu'à quel point ces indications permettent de présumer à l'avance les changements de temps. Je me bornerai, pour le moment, à rappeler sommairement les modifications que l'admirable instrument de Torricelli a subies depuis son origine.

Le baromètre-type, celui qui se rapproche le plus de l'appareil primitif, est le baromètre *à cuvette*. Il consiste en un tube de verre long de quatre-vingts à quatre-vingt-cinq centimètres, fermé à l'une de ses extrémités, rempli de mercure qu'on a fait bouillir pour en chasser l'air et l'humidité, et renversé sur une petite cuvette contenant aussi du mercure bien pur. Le tout est fixé sur une planche où sont tracées, à partir du niveau du mercure dans la cuvette, les divisions du mètre. La partie supérieure du tube, où le vide se fait par la suspension du mercure, est désignée sous le nom de *chambre barométrique*. A la hauteur du niveau de la mer et dans les condi-

---

[1] Voir le récit de ces deux expériences dans notre *Voyage scientifique autour de ma chambre* (chap. xvii).

tions normales, la pression de l'atmosphère fait équilibre à une colonne de mercure de 758 millimètres.

Le baromètre à *siphon* est formé d'un seul tube, recourbé à sa partie inférieure en deux branches inégales. La plus courte, qui communique seule avec l'air, présente un renflement destiné à amoindrir les erreurs qu'il est impossible d'éviter complètement dans des appareils d'une construction aussi élémentaire. Ces erreurs se produisent aussi dans le baromètre à cuvette,

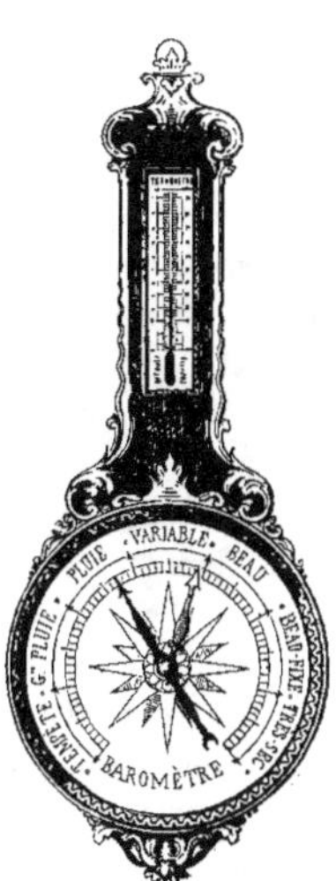

Baromètre à siphon.   Baromètre à cuvette.   Baromètre à cadran.

mais elles y sont moins sensibles. La raison en est simple. Les divisions sur lesquelles se mesure la hauteur de la colonne métallique partent du niveau du mercure dans la cuvette, ou dans la branche élargie du siphon qui en tient lieu. Mais le mercure ne peut monter d'un côté sans descendre de l'autre ; de sorte qu'à chacune de ses oscillations le point de départ des divisions se trouve ou trop haut ou trop bas, ce qui, de toute manière, détruit l'exactitude des indications. Sans doute, en donnant à la cuvette un grand diamètre par rapport au tube, on réduit à très peu de chose les changements de niveau dans la première, et cela suffit pour les baromètres ordinaires, tels qu'on en a dans les appartements. Mais pour les appareils destinés à des observations précises et rigoureuses, on a dû chercher à réaliser des dispositions telles, que le niveau du mercure, tout en s'élevant et en s'abaissant librement dans le tube barométrique, demeurât toujours constant dans la cuvette. Un constructeur français, Fortin, a obtenu le premier ce résultat par un artifice ingénieux qui permet d'élever ou d'abaisser à volonté le fond de la cuvette au moyen d'une vis terminée par une boule de buis. C'est sur cette boule que repose le sac en peau de chamois qui forme le fond de la cuvette. En tournant la vis dans un sens, on force le mercure à monter ; en la tournant dans l'autre sens, on le laisse redescendre, et l'on corrige ainsi très facilement l'effet des oscillations de la colonne barométrique.

Un perfectionnement d'un autre genre a été apporté par Gay-Lussac au baromètre à siphon. Il réside dans le mode de graduation plus que dans la forme de l'appareil. Remarquons toutefois que Gay-Lussac, au lieu de donner à la branche la plus courte du siphon un diamètre plus grand qu'à la plus petite, s'est appliqué à ce que ces deux branches présentassent, au moins dans la région où doivent arriver les deux ménisques, des diamètres exactement égaux.

Pour cela, il les a formées de deux tronçons d'un même tube parfaitement calibré. Toutes deux sont fermées à leur extrémité. Seulement la branche inférieure est percée latéralement d'un petit trou qui donne accès à l'air, mais qui ne laisse point sortir le mercure, même lorsque l'appareil est renversé. Enfin toutes deux sont placées sur une même ligne droite, et réunies par un tube capillaire, ce qui empêche que l'air puisse pénétrer dans la chambre barométrique. Quant à la graduation de l'instrument, elle fait disparaître, comme on va le voir, toute cause d'inexactitude. En effet, sur la monture sont tracées deux échelles métriques, l'une ascendante, l'autre descendante, dont le 0, ou point de départ commun, est au milieu de la longueur du siphon, en sorte que la hauteur vraie est donnée par la somme des deux distances entre le 0 et chacun des deux ménisques.

Les *baromètres à cadran*, que les gens du monde préfèrent aux baromètres *droits*, parce que leurs indications sont plus aisément observables, et que d'ailleurs ils se prêtent mieux à une ornementation élégante, sont des baromètres à siphon dont les deux branches ont le même diamètre ; la plus courte est entièrement ouverte. Un peu au-dessus de son orifice se trouve une petite poulie, sur laquelle s'enroule un fil de soie assez fin pour qu'on puisse le considérer comme sans pesanteur, et portant à ses extrémités deux petites ampoules de verre pleines de mercure et ayant le même poids. L'une de ces ampoules repose sur le ménisque du mercure, dans la branche ouverte ; l'autre lui fait équilibre : en sorte que la première suit, sans résistance sensible, tous les mouvements du mercure, et les communique à la poulie.

L'axe de cette dernière traverse le cadran et porte l'aiguille qui annonce tour à tour la pluie ou le vent, le calme ou la tempête. Le mot *variable*, qui se lit au sommet du cadran, correspond à la pression moyenne de 758 millimètres.

On voit que, dans ce système, ce sont les changements de niveau du mercure dans la petite branche du siphon qui fournissent les indications.

Voilà pourquoi, contrairement à ce que nous avons dit plus haut des autres
baromètres simples, il est nécessaire que les deux branches soient exacte-
ment du même calibre.

Malgré son apparence séduisante et son prix souvent élevé, le baromètre
à cadran est peut-être le moins exact de tous. Cela tient à ce que le méca-
nisme qui transmet et amplifie les indications les altère aussi plus ou moins,
par suite des frottements, des résistances et des dérangements auxquels il
est sujet. Notons aussi que cet instrument est d'un transport assez difficile ;
les secousses et les inclinaisons inévitables en pareil cas peuvent occasionner
la perte d'une certaine quantité de mercure et l'introduction de l'air dans la
chambre barométrique. Les mêmes inconvénients se retrouvent, du reste,

Baromètre anéroïde de M. Vidi.   Baromètre métallique de MM. Bourdon et Richard.

plus ou moins dans tous les baromètres à mercure. La longueur de ces
instruments, leur fragilité, l'obligation où l'on est de les maintenir toujours
dans la position verticale, les rendent incommodes à manier et à déplacer.
Or ce n'est pas dans les appartements, ce n'est même pas dans les cabinets
de physique qu'on a le plus besoin de consulter le baromètre : c'est à bord
des navires ; c'est dans les voyages, dans ceux surtout qui ont un but scien-
tifique, dans les ascensions aérostatiques, dans des circonstances, en un
mot, où l'instrument et son possesseur sont exposés à mille aventures. Il
était donc naturel qu'on cherchât à imaginer, pour la mesure des pressions
de l'atmosphère, des appareils moins volumineux et moins fragiles. Ce pro-
blème a été résolu par l'invention des baromètres métalliques à vide ou à
ressort, dans lesquels il n'entre ni verre ni mercure.

Ces instruments sont de deux systèmes. L'un, qui a reçu le premier et
conservé le nom de *baromètre métallique* (bien que ce nom s'applique tout
aussi justement à l'autre), est dû à MM. Bourdon et Richard. Il est fondé
sur le principe suivant : Si l'on exerce une pression à l'intérieur d'un tube
de cuivre mince à section elliptique, contourné en spirale et fermé à l'une
de ses extrémités, la spirale tendra à se dérouler. Elle tendra, au contraire,
à s'enrouler, si la pression est exercée extérieurement. On comprend que, si

la pression est toujours nulle à l'intérieur du tube, et qu'elle varie à l'extérieur, le résultat sera le même : c'est-à-dire que, la pression augmentant, la spirale se contractera, et elle se dilatera si la pression diminue. C'est ce qui a lieu dans le baromètre de MM. Richard et Bourdon. Ce baromètre se compose, en effet, d'un tube en cuivre très mince et parfaitement écroui, dans lequel on a fait le vide, et qu'on a fermé à ses deux extrémités. Ce tube est fixé par son milieu sur le fond d'une boîte circulaire, et recourbé de manière à former une circonférence presque entière. Un double levier réunit ses deux extrémités, et, par l'intermédiaire d'un engrenage, communique leurs mouvements d'éloignement ou de rapprochement à une aiguille qui parcourt un cadran tracé sur la paroi extérieure de la boîte. Les divisions de ce cadran correspondent aux différentes hauteurs du mercure dans l'ancien baromètre. On y peut ajouter, si l'on veut, les indications ordinaires : *variable, pluie ou vent,* etc.

Le baromètre métallique du second système a reçu le nom d'*anéroïde,* qui a la prétention de signifier « sans air » : prétention très mal fondée, car on serait tenté bien plutôt de traduire ce mot soi-disant hellénique par *semblable à un homme* (ἀνήρ, *homme;* ἀνέρος, forme primitive du génitif; et εἶδος, *apparence, ressemblance*). Quel besoin si pressant messieurs les physiciens ont-ils de parler le grec, qu'ils ne savent point, à des gens qui pour la plupart ne le savent pas davantage, et qui, s'ils le savent, ne peuvent que se trouver très empêchés de traduire de tels barbarismes!...

Le baromètre anéroïde donc, puisque anéroïde il y a, est dû à M. Vidi. A ne le juger que par sa forme extérieure, on le confondrait à coup sûr avec le baromètre métallique de M. Bourdon. Mais ouvrons-le, et nous verrons que la spirale est remplacée par une petite boîte en cuivre de forme lenticulaire. On a fait le vide dans cette boîte comme dans le tube de Bourdon. Ses parois sont très minces, et leur écartement est maintenu par un ressort, qui cède sous la pression de l'air lorsque cette pression augmente, et se détend lorsqu'elle diminue. L'une des parois est fixe ; l'autre est libre, et commande à une transmission de mouvement qui fait marcher l'aiguille à droite ou à gauche sur le cadran, selon que la paroi s'abaisse ou se relève.

D'ailleurs, tous les jours on perfectionne les baromètres existants ou l'on en invente de nouveaux. En 1873, MM. Hans et Hermary, par exemple, faisaient connaître un appareil de ce genre, fort original, fondé sur la comparaison d'un thermomètre à air et d'un thermomètre à liquide. Dans la malheureuse ascension du *Zénith,* en 1875, les aéronautes avaient emporté, outre leurs baromètres anéroïdes, des baromètres construits de façon que les indications fournies ne pussent être en aucun cas modifiées par les voyageurs; ils étaient analogues, eu égard aux différences d'emploi de ces instruments, à certains thermomètres *à maxima* dans lesquels il s'échappe du tube une certaine quantité de mercure.

Nous avons vu précédemment que l'air va se raréfiant à mesure qu'on s'élève à des hauteurs plus grandes : c'est-à-dire que ses molécules s'écartent, ou, en d'autres termes, que sa densité diminue. C'est là une conséquence nécessaire de son poids, en même temps que de son élasticité.

« Puisque l'air est pesant, dit Biot, les couches inférieures de l'atmosphère sont plus comprimées que les supérieures, dont elles supportent le poids. Mais, en vertu de leur élasticité, elles doivent résister à cette pression, et faire effort pour s'étendre. Par conséquent, si l'on prenait un certain volume d'air à la surface de la terre, et qu'on le portât plus haut dans l'atmosphère, il devrait s'y dilater, c'est-à-dire former un volume plus considérable [1]. »

Ce fut encore Pascal qui le premier donna la preuve expérimentale de ce principe. D'après ses instructions, son beau-frère F. Périer, qui habitait Clermont-Ferrand, prit une vessie à demi pleine d'air, la ferma hermétiquement, et la porta jusque sur le sommet du Puy-de-Dôme. A mesure qu'il montait, la vessie se gonflait par la dilatation de l'air, et lorsqu'il arriva au but de son ascension, elle se trouva toute pleine. Puis, redescendant, il la vit se dégonfler peu à peu, jusqu'à ce qu'il fût de retour au lieu du départ, au bas de la montagne, où elle était redevenue flasque comme auparavant.

Cette expérience a été répétée depuis un grand nombre de fois, de diverses manières, et elle a toujours donné le même résultat. Donc la densité de l'atmosphère diminue à mesure que la hauteur augmente, ou, en d'autres termes, elle est en raison inverse de la hauteur.

Mais il s'en faut de beaucoup qu'à une même hauteur cette densité reste constante ; elle change, au contraire, sous l'influence de plusieurs causes, et avec elle la pression de l'atmosphère ; et comme ces causes varient elles-mêmes selon les temps et les lieux, il s'ensuit que la pression moyenne n'est la même ni dans les différentes régions du globe, ni même dans les différentes parties d'une région donnée, et que pour chaque contrée elle se modifie encore suivant la saison, l'époque du mois et l'heure du jour.

Et remarquons qu'il s'agit ici, non des changements accidentels produits par les perturbations de l'atmosphère, mais des variations périodiques et sensiblement uniformes, dues à des phénomènes astronomiques ou météorologiques parfaitement réguliers. Au surplus, les causes immédiates des variations barométriques, tant périodiques qu'accidentelles, se réduisent à trois. Au premier rang se placent les changements de température, qui, en dilatant ou en contractant l'air dans une certaine région, le rendent plus léger ou plus pesant, et réagissent nécessairement sur les régions adjacentes. En second lieu viennent les déplacements de masses d'air plus ou moins considérables : déplacements qui, dans le plus grand nombre des cas, sont dus aux changements de température, mais qui dépendent aussi, bien que dans

---

[1] *Traité élémentaire d'astronomie physique*, t. 1, chap. vi.

une très faible mesure, de l'attraction qu'exercent sur l'océan aérien comme sur l'océan marin le soleil et la lune. Au troisième rang enfin on peut placer l'état hygrométrique de l'air, c'est-à-dire la quantité de vapeur d'eau qu'il contient, et dont l'influence sur les oscillations du baromètre ne saurait être négligée ; car, la densité de la vapeur d'eau étant environ de moitié moindre que celle de l'air, il est évident que la pression barométrique diminue ou s'accroît suivant que l'atmosphère est plus ou moins humide. Il est aisé de comprendre, d'après cela, comment il se fait que la moyenne des pressions n'est pas la même en été qu'en hiver, à midi qu'à minuit; qu'elle est autre au bord de la mer, autre dans l'intérieur des terres; qu'elle atteint son minimum sous l'équateur, et qu'elle va s'élevant à mesure qu'on avance vers les pôles.

Quant aux variations barométriques accidentelles et locales, elles dépendent évidemment, de la même manière, des changements qui surviennent dans l'état de l'atmosphère, dans sa température, dans la direction ou dans l'intensité du vent, etc.; et c'est la connaissance des rapports existants entre ces deux ordres de phénomènes qui permet de tirer des oscillations du baromètre des pronostics sur le beau et le mauvais temps.

Un fait remarquable et qu'il importe de signaler en terminant le présent chapitre, c'est que les moyennes annuelles des oscillations barométriques, comme les moyennes des températures, se trouvent distribuées à la surface du globe suivant des lignes à peu près parallèles, qui s'échelonnent avec une certaine régularité entre l'équateur et les pôles. Ces lignes sont appelées lignes *isobarométriques*.

En général, les oscillations du baromètre sont sensiblement semblables, et donnent des courbes parallèles lorsqu'on les étudie sur des points voisins ; mais à de grandes distances, le baromètre peut monter dans un lieu et baisser dans l'autre ; et ordinairement une baisse extraordinaire dans un point du globe est compensée par une hausse extraordinaire dans un autre point. Cela tient évidemment à ce qu'il se forme dans l'océan aérien comme des vagues qui s'étendent d'un pays à un autre pays, et dont les points voisins sont également affectés, tandis que deux points éloignés peuvent se trouver l'un à l'endroit où la vague s'élève, l'autre au point où elle s'abaisse [1].

Ces variations de pression barométrique jouent actuellement un grand rôle dans les données de la météorologie pratique et dans les prévisions du temps. Sur les cartes publiées tous les jours par les observatoires sont tracées les courbes correspondant à ces pressions pour l'Europe entière, et c'est dans le rapprochement ou l'éloignement de ces courbes, dans leurs inflexions et dans le concours d'autres éléments encore que l'on peut trouver, jusqu'à un certain point, les moyens d'établir d'utiles pronostics relatifs aux grands phénomènes atmosphériques.

---

[1] *Éléments de physique terrestre et de météorologie,* chap. IV.

CHAPITRE V

Si, avant les expériences de Torricelli et de Pascal, on eût dit à quelqu'un, fût-ce un savant : « Au sein de cet air où vous vous croyez si libre, où vous allez et venez avec tant d'aisance, vous êtes soumis à une pression égale à celle que vous supporteriez si vous marchiez au fond d'une mer de trente-deux pieds de profondeur, ou dans un bain de vif-argent dépassant votre tête de vingt-cinq pouces, » assurément ce quelqu'un eût ri au nez de son interlocuteur, ou bien l'eût regardé de travers comme un mystificateur ou un fou. Rien n'est plus vrai pourtant : l'atmosphère, en raison de son poids et de sa masse immense, exerce sur tous les corps qui se trouvent à la surface du globe une pression que nous ne soupçonnons point, parce que nous y sommes habitués, parce que, loin de nous gêner, elle nous est nécessaire, mais qui n'en est pas moins énorme.

Une fois qu'on est arrivé à savoir qu'à la surface de la terre les corps supportent, de la part de l'atmosphère, la même pression que s'ils étaient recouverts d'une couche de mercure de 76 centimètres de hauteur, il devient facile d'évaluer cette pression en kilogrammes. En effet, si l'on considère d'abord une surface de 1 centimètre carré, cette surface supportera la pression d'une colonne de mercure qui aurait 1 centimètre carré de base et 76 centimètres de hauteur. Or cette colonne pouvant évidemment être divisée en 76 parties égales, chacune de 1 centimètre cube, son volume sera de 76 centimètres cubes. Mais le centimètre cube d'eau pesant 1 gramme, pour le mercure, qui est 13,6 fois plus dense que l'eau, le centimètre cube doit peser 13 grammes 6 ; donc la colonne de mercure qu'on vient de considérer pèse soixante-seize fois 13 grammes 6, ou 1 kilogramme 33 grammes. Or, puisqu'on a vu ci-dessus que la pression de l'atmosphère sur une surface donnée est la même que celle d'une couche de mercure de 76 centimètres de hauteur, on peut donc dire que le poids de l'atmosphère sur 1 centimètre carré est de 1 kilogramme 33 grammes ; sur 1 décimètre carré, qui vaut 100 centimètres carrés, cette pression est cent fois plus grande, c'est-à-dire 100 kilogrammes 300 grammes ; et sur 1 mètre carré, qui vaut 100 décimètres carrés, elle est de 10,330 kilogrammes.

On a évalué, en moyenne, à un mètre carré et demi, ou 15,000 centimètres carrés, la superficie totale du corps d'un homme de taille ordinaire. La pression que l'atmosphère fait peser sur le corps humain est donc égale à quinze mille fois 1 kilogramme 33 grammes, ou environ quinze mille cinq cents kilogrammes. Je vois d'ici le lecteur étonné, incrédule peut-être, devant ce chiffre formidable. Que nous supportions un tel poids et que nous puissions respirer, nous mouvoir, travailler, dormir, que nous vivions enfin, que nous ne soyons pas écrasés, anéantis, que nous n'éprouvions pas la moindre gêne : voilà qui, même au XIXe siècle, peut, en effet, sembler étrange et soulever le doute dans bien des esprits, surtout si l'on ajoute que cette énorme pression, loin d'être un fardeau pour les êtres vivants, est indispensable pour maintenir l'équilibre et le jeu régulier de leurs organes ; qu'elle est une condition *sine qua non* de la vie, abstraction faite du rôle capital que l'air joue, grâce à l'action chimique de l'oxygène, dans le phénomène de la respiration. Et cependant, je le répète, rien n'est plus vrai, rien ne s'explique plus aisément.

Et d'abord la pression de l'air n'agit pas seulement de haut en bas, comme on serait tenté de le croire : elle agit aussi de bas en haut et latéralement ; en un mot, dans tous les sens. C'est là un principe d'hydrostatique qui s'applique rigoureusement à l'aérostatique ; de sorte que toutes les pressions se neutralisent réciproquement. Je me trompe : les pressions étant proportionnelles aux hauteurs, celles qui agissent latéralement se neutralisent seules ; mais la *poussée* de bas en haut est plus forte que la pression de haut en bas ; si bien que nous devons à notre grande densité spécifique de demeurer à terre. Autrement nous serions soulevés, emportés, comme sont les ballons, jusque dans les couches d'air raréfié où, l'excès de notre poids compensant enfin l'effet de la *poussée,* nous resterions suspendus en équilibre, sans pouvoir ni monter davantage ni descendre. Il n'est donc pas surprenant que, retenus au sol par la pesanteur, pressés et poussés à la fois de toutes parts, nous ne sentions point ces pressions sur une partie de notre corps plutôt que sur une autre. Mais il reste à expliquer comment notre frêle machine y peut résister. Elle y résiste par la tension et par l'élasticité des fluides qu'elle renferme, et qui la feraient éclater, la détruiraient en un instant, si elles n'étaient sans cesse tenues en respect par ce puissant contrepoids. Voyez ce pauvre petit animal qu'on a placé sous le récipient de la machine pneumatique, et qu'on a soustrait, en y faisant le vide, à cette pression salutaire. Ce n'est pas seulement le manque d'air respirable qui l'a tué : la dilatation des gaz et l'évaporation des liquides de l'organisme ont gonflé, distendu, puis déchiré les tissus; il a péri victime d'une sorte d'explosion. Qui ne sait d'ailleurs quelles sensations pénibles, douloureuses, quels accidents étranges, effrayants, ont éprouvés les personnes qui se sont hasardées jusque dans les régions où la colonne barométrique est réduite à une hauteur de quelques centimètres. Des vertiges terribles, la bouffissure des membres, l'épaississement de la langue, le sang jaillissant par le nez, par les oreilles, par la bouche : tels ont été invariablement les symptômes produits par la trop grande diminution de la pression atmosphérique. Ces effets physiologiques ne sont qu'un cas particulier de la résistance que cette pression oppose à la

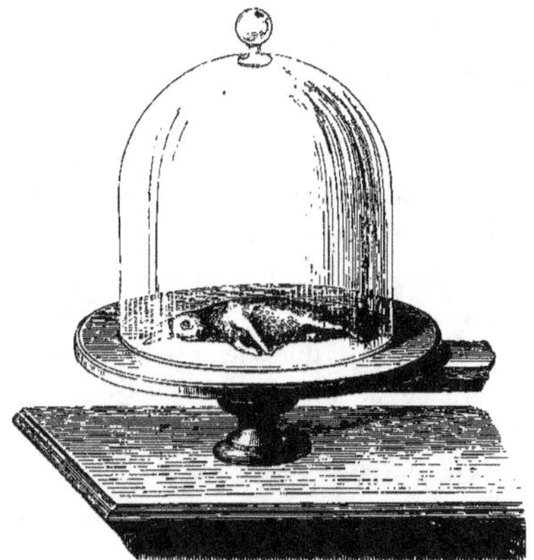

Expérience dans le vide.

dilatation des gaz et à la formation des vapeurs, et qu'on peut rendre sensible par diverses expériences.

Celle de la vessie contenant une petite quantité de gaz, et qui, introduite sous le récipient de la machine pneumatique, se gonfle et se dégonfle selon qu'on extrait l'air du récipient ou qu'on l'y laisse rentrer, est un exemple du premier de ces phénomènes. Cette expérience n'est elle-même que la répétition de celle qui fut faite en Auvergne par le beau-frère de Pascal, et dont il a été parlé au chapitre précédent.

Ces dernières années ont vu s'agiter, à ce sujet, des questions d'une haute importance, soulevées par des études expérimentales auxquelles s'attache le nom de M. Paul Bert, professeur à la Faculté des sciences et membre de l'Assemblée nationale, puis de la chambre des députés. Ces études, dont les résultats ont été exposés successivement dans une série de mémoires présentés à l'Académie des sciences, avaient trait aux effets des variations de la pression de l'air sur les animaux. La théorie à laquelle était arrivé le savant expérimentateur peut se résumer à peu près ainsi, dans ses points principaux :

Lorsqu'un animal est soumis à des pressions atmosphériques moindres ou plus fortes que la pression normale, les modifications physiologiques qui se produisent en lui sont dues, selon M. Bert, non pas, comme on l'avait cru jusqu'ici, à la pression considérée en elle-même, mais à la quantité plus ou moins grande d'oxygène qui s'introduit dans le sang par la respiration, et qui en altère plus ou moins la composition. L'animal peut donc être ou asphyxié si, la pression étant trop faible, il n'absorbe pas assez d'oxygène, et si l'*hématose* est insuffisante ; il peut éprouver, au contraire, une sorte particulière d'empoisonnement, de combustion interne si, la pression étant trop forte, il absorbe un excès d'oxygène.

Dans l'un comme dans l'autre cas, le phénomène serait purement chimique.

Quant aux effets mécaniques et physiques de la compression et la de raréfaction du milieu gazeux, M. Bert les niait, et pour les nier il invoquait des expériences qui, à première vue, semblaient, il faut le reconnaître, très concluantes.

M. Bert a enfermé des animaux dans des boîtes en tôle où il pouvait, à volonté, faire le vide plus ou moins complet, ou comprimer l'air à deux atmosphères et plus, et introduire tel gaz qu'il voulait. Eh bien ! si, en comprimant fortement le mélange gazeux, ou si, le raréfiant jusqu'à la plus extrême limite, il y maintenait artificiellement la quantité d'oxygène reconnue nécessaire à l'entretien de la respiration, les animaux n'éprouvaient pas même un malaise ; tandis que, sous une pression quelconque, les symptômes d'asphyxie se reproduisaient identiquement les mêmes, dès que l'on refusait aux animaux soumis aux expériences la ration d'oxygène qui leur est indispensable.

C'est d'après ces faits que M. Paul Bert s'était cru fondé à conseiller aux aéronautes d'emporter, dans les hautes régions de l'atmosphère, des ballonnets d'oxygène, afin de combattre, par l'inhalation de ce gaz vivifiant, les effets de la raréfaction de l'air. Les suites lamentables de la catastrophe du *Zénith* et la mort de deux aéronautes sont venues gravement ébranler cette théorie. C'est qu'il faut compter nécessairement avec les effets mécaniques et physiques de la décompression du corps humain, surtout de la décompression rapide, subite. Ces effets sont : la dilatation brusque des gaz internes, leur effort pour s'échapper à travers les tissus, les ruptures qui s'ensuivent nécessairement, et aussi l'évaporation de l'eau, évaporation d'autant plus prompte que la pression est moindre.

Un autre physiologiste, M. le docteur Jourdanet, a également étudié les effets des variations de pression de l'air sur la vie humaine ; mais M. Jourdanet est bien moins un expérimentateur, comme M. Bert, qu'un observateur. Il a réuni dans un important ouvrage[1] les résultats de ses travaux, poursuivis principalement sur les hauts plateaux de l'Amérique et surtout

---

[1] *Influence de la pression de l'air sur la vie de l'homme;* 2 vol. grand in-8° avec cartes et gravures. — Paris, libr. Masson.

au Mexique. Son point de vue spécial, c'était l'étude des climats d'altitude et des climats de montagne. C'est ainsi qu'il a observé dans le tempérament ordinaire des habitants, dans les caractères des affections endémiques, dans la fréquence ou la rareté des épidémies, des différences qui lui ont paru se rapporter d'une manière constante à la pression de l'atmosphère, et il a cru reconnaître que les phénomènes physiologiques et pathologiques constatés par lui dépendaient essentiellement de l'état de l'*hétamose,* c'est-à-dire de l'activité de la respiration et de l'absorption de l'oxygène.

Mais revenons aux effets physiques de la pression de l'air. Nous en avons déjà examiné plusieurs. Quant à l'évaporation des liquides, elle est notablement retardée et ralentie, elle peut même être entièrement empêchée, malgré l'élévation de la température, par un accroissement artificiel de la pression de l'air. A la pression et à la température ordinaires, l'eau, l'alcool, l'éther, etc., émettent constamment de la vapeur par leur surface, et si on les chauffe, il arrive un moment, qui varie suivant l'espèce du liquide, mais qui est constant pour chacun d'eux, où la masse entière se vaporise. C'est ce qu'on nomme l'ébullition. L'eau, par exemple, bout à 100° centigrades, l'alcool à 76°, l'éther à 37°. Mais à mesure que la pression de l'air augmente, le point d'ébullition s'élève ; à mesure qu'elle diminue, le point d'ébullition s'abaisse. Sur les hautes montagnes, l'eau bout bien plus facilement que dans les plaines. Au sommet du mont Blanc, c'est à 84° qu'elle entre en ébullition : ce qui rend très lente et très difficile, à cette altitude, la cuisson des aliments. Si l'on met de l'eau froide dans une capsule sous la cloche de la machine pneumatique et qu'on fasse le vide, cette eau ne tarde pas à entrer en ébullition. De l'alcool et de l'éther bouilliraient plus promptement encore, et à des températures d'autant plus basses que leurs points d'ébullition, dans les circonstances ordinaires, sont moins élevés.

Si des effets physiques de la pression de l'air on passe à ses effets mécaniques, on ne sera plus étonné de leur puissance ni des applications que l'homme en a su faire bien longtemps avant d'en connaître le principe.

La plus ancienne peut-être, et à coup sûr la plus universellement employée des machines atmosphériques, celle, en outre, qui a été le prototype de presque toutes les autres, c'est la pompe. L'inventeur de la pompe, s'il était connu, devrait être placé, sans contredit, dans la reconnaissance et dans la vénération des hommes au même rang que les inventeurs, également inconnus, hélas! de la charrue, de la voiture et du navire !

La pompe primitive, c'est évidemment la pompe aspirante. Sa construction et son mécanisme sont d'une simplicité antique; mais il n'en fallut pas moins, pour les concevoir et les appliquer, une inspiration qui, eu égard à l'état des connaissances scientifiques des anciens, suppose un génie exceptionnel ; à moins toutefois que cette belle invention n'ait été, comme tant d'autres, l'effet d'un hasard heureux.

Quoi qu'il en soit, la pompe aspirante se compose essentiellement de deux pièces : un tube, ordinairement cylindrique, qu'on nomme *corps de pompe*, plongeant dans le liquide qu'il s'agit d'élever, et, dans ce corps de pompe, une masse moulée sur sa capacité intérieure, et s'y mouvant alternativement de bas en haut et de haut en bas : c'est le *piston*. Ces deux organes, ou plutôt cet organe unique en deux parties est devenu l'instrument par excellence, et devrait être l'emblème de l'industrie, du travail, du génie de la mécanique moderne. De l'humble et rustique pompe à eau de nos

Pompe aspirante.

ancêtres, il a passé dans la pompe à feu (qu'il ne faut pas confondre avec la pompe à incendie); et la pompe à feu n'est autre chose que la machine à vapeur, présentement le premier ministre, j'ai presque dit le ministre unique du roi de la terre : en fait, à notre époque, la vraie souveraine du monde. Mais n'anticipons point, et revenons à la pompe aspirante; nous en indiquerons ensuite les métamorphoses successives.

La voici telle qu'on la construit encore aujourd'hui.

C'est le corps de pompe, qui communique par le tuyau T, appelé *tuyau d'aspiration*, avec le réservoir d'eau. Un autre tuyau *e*, disposé au sommet du corps de pompe, est destiné à l'écoulement du liquide. P est le piston, surmonté de sa tige E, qui passe dans un trou pratiqué au centre du couvercle C. Une soupape S ouvre de bas en haut, et ferme du haut en bas l'orifice supérieur du conduit T. Une autre soupape R, disposée de même, est adaptée au piston. Celui-ci se manœuvre au moyen d'un levier L, articulé sur l'extrémité de sa tige. Supposons-le au bas de sa course. Si l'on vient à le soulever, la pression de l'air refoulé vers le sommet fermera la soupape R. En même temps le peu d'air contenu dans le tuyau d'aspiration se dilatera, ouvrira la soupape S, et se répandra dans le corps de pompe au-dessus du piston; mais sa force élastique diminuera notablement et cessera

de faire équilibre à la pression extérieure de l'atmosphère, qui, agissant sur l'eau du réservoir, la fera monter dans le tuyau T, et jusque dans le corps de pompe. Lors donc que le piston sera parvenu au haut de sa course, la capacité du corps de pompe sera remplie en partie d'air et en partie d'eau. Faisons maintenant redescendre le piston : sa soupape va s'ouvrir, et livrera passage d'abord à l'air, puis à l'eau, qui, en pressant l'autre soupape S, s'est fermé elle-même le retour vers le réservoir. Quand le piston sera revenu s'appliquer contre le fond du corps de pompe, toute l'eau aspirée la première fois se trouvera sur sa face supérieure; en remontant il la refoulera

Pompe foulante.

de bas en haut, et la chassera par le conduit e. En outre, le tuyau T ne contenant plus d'air, la pression extérieure y fera monter l'eau en plus grande abondance, et au moment où le piston arrivera au haut de sa course, cette eau remplira toute la capacité du corps de pompe. Le piston redescendant alors, la soupape S se refermera, la soupape R s'ouvrira, l'eau passera au-dessus du piston, elle sera refoulée et chassée à son tour par le tube e, et ainsi de suite, tant que l'on continuera de faire jouer la pompe, et que le réservoir contiendra de l'eau.

La pompe foulante, probablement moins ancienne que la pompe aspirante, n'est cependant pas plus compliquée ; mais elle réalise sur la première un progrès notable, en permettant de faire monter l'eau à une certaine hauteur, non seulement au-dessus du réservoir, mais aussi au-dessus du corps de pompe. Il est vrai qu'en revanche elle puise directement cette eau dans le réservoir, où elle est en partie immergée. Son piston est plein ; une soupape S est adaptée au fond même du corps de pompe. Cette soupape s'ouvre de bas en haut comme dans la pompe aspirante. Une seconde soupape T, placée latéralement, s'ouvre de dedans en dehors sur l'orifice du tuyau de dégorgement D. Quand le piston monte, la pression de l'atmosphère ferme la

Manœuvre d'une pompe à incendie.

soupape T, et en même temps force le liquide à pénétrer par la soupape S dans le corps de pompe. Quand le piston redescend, la soupape S se referme, la soupape T s'ouvre, et l'eau est foulée dans le tube D, qui peut avoir une hauteur quelconque, pourvu que la force mise en œuvre pour mouvoir le piston soit suffisamment énergique.

Un troisième genre de pompe réunit les dispositions des deux systèmes précédents, et prend le nom de *pompe aspirante et foulante*. En réalité, la pompe aspirante et foulante est une pompe foulante dont le cylindre, au lieu d'être immergé dans le réservoir d'eau, communique avec ce dernier par un tuyau d'aspiration. Elle peut, par conséquent, servir à élever l'eau à de grandes hauteurs, la longueur du tuyau d'aspiration pouvant être de 8 à 9 mètres, et celle du tuyau de dégorgement n'étant limitée, ainsi que je viens de le dire, que par la puissance du moteur.

Les pompes à incendie sont des pompes foulantes à deux corps de pompe jumeaux, dont les pistons s'articulent sur un grand levier à bras égaux. Aux extrémités de ces bras sont fixées des traverses sur lesquelles plusieurs hommes peuvent agir à la fois. Les deux corps de pompe plongent dans une bâche qu'on alimente en y versant continuellement de l'eau, et renvoient le liquide dans un réservoir, où il est repris par un long tuyau en cuir que les pompiers dirigent à volonté sur les différentes parties des édifices en proie

Tâte-vin.   Vase de Tantale.   Siphon.

aux flammes. Enfin il est encore une foule de dispositions données à cet utile appareil, pour le rendre plus ou moins propre à tel ou tel usage spécial, et ce serait une besogne assez ingrate que de dresser ici la liste de tous les perfectionnements imaginés par des centaines d'inventeurs. L'une des dernières inventions est celle de la pompe dite *pulsomètre*, de Hall, décrite en 1874; c'est une pompe à vapeur sans cylindre, ni piston, ni excentrique, ni soupape, ni manivelle, ni volant. La vapeur et l'eau sont mises directement en contact dans des chambres disposées convenablement, et dans lesquelles, par suite des mouvements d'aspiration et de refoulement déterminés successivement par la vapeur, l'eau se trouve d'abord soulevée et ensuite rejetée.

Les machines pneumatiques et les machines à compression, dont on fait un si fréquent usage dans les cabinets de physique, sont de véritables pompes servant, les premières à raréfier l'air, les secondes à le condenser. La pression de l'atmosphère est appliquée, dans d'autres appareils, au déplacement des liquides, et particulièrement de l'eau, mais directement, sans le secours d'aucun mécanisme, et à l'aide de dispositions extrêmement simples.

Quoi de plus simple, en effet, que le *tâte-vin* et que le *siphon*? Le tâte-vin est un tube droit en fer-blanc, muni d'une anse et terminé à son extrémité inférieure par un petit cône à ouverture presque capillaire. On le plonge dans le tonneau dont on veut déguster le contenu. Lorsqu'il s'est rempli de liquide, on appuie le pouce sur l'orifice supérieur et l'on enlève le tube, qu'on peut transporter ainsi sans qu'il se vide, parce que la pression de l'air n'agit point sur le liquide de haut en bas, mais seulement de bas en haut; aussitôt qu'on retire le pouce, l'équilibre des pressions inférieure et supérieure s'établit, et le liquide, obéissant à la pesanteur, s'écoule par l'ouverture du cône qui termine l'instrument.

Le siphon est un tube doublement coudé, à branches inégales, qu'on emploie pour dépoter les liquides, lorsque, par un motif quelconque, on ne peut ou l'on ne veut pas déranger les vases qui les contiennent. Soit V un vase rempli d'un liquide qui a laissé un dépôt et qu'on veut, sans le troubler, faire passer dans un autre vase Z. On commence par amorcer le siphon, c'est-à-dire qu'on le remplit entièrement du même liquide qu'il s'agit de dépoter; puis, tenant un doigt appuyé sur l'orifice de la plus petite branche, on plonge cette branche dans le vase V, en ayant soin que l'autre branche se trouve au-dessus du vase Z, et l'on abandonne l'appareil à lui-même. On voit alors le liquide s'écouler par la plus longue branche, jusqu'à ce que son niveau en V affleure l'extrémité la plus courte. Pour se rendre compte de ce phénomène, il suffit de considérer que la pression atmosphérique qui agit sur le liquide contenu dans le vase V, pour le faire monter dans le tube, n'a à triompher que d'une colonne dont la hauteur est comprise entre la surface du liquide et le coude du siphon; tandis que pour refouler le même liquide dans le vase V, il faudrait qu'elle l'emportât sur le poids de la colonne contenue dans la grande branche. C'est pourquoi, le siphon étant une fois rempli, l'écoulement continue tant que l'air ne peut pas pénétrer dans la plus courte branche, ou, ce qui revient au même, tant que l'extrémité de celle-ci reste plongée dans le liquide.

On montre dans les cours de physique, pour l'amusement des élèves autant que pour leur instruction, un petit appareil qui n'est qu'une application du siphon, et qu'on désigne sous le nom de vase de Tantale. C'est une coupe de verre, dans laquelle se trouve un petit personnage qui représente, avec une ressemblance que je ne garantis point, l'infortuné « convive des dieux », victime de la jalousie du grand Jupiter, et dévoré d'une soif ardente qu'il lui est interdit d'étancher. Ayons pitié de lui; versons de l'eau dans cette coupe qui va devenir pour lui une baignoire : l'eau monte, monte; il

va donc pouvoir rafraîchir son gosier brûlant ! Point ! au moment où il va y
tremper ses lèvres, le liquide s'écoule, la coupe est vide. Nous la remplis-
sons de nouveau, elle se vide comme la première fois ; nous recommencerions
en vain, il faut y renoncer : le pauvre Tantale ne boira pas. C'est Jupiter, —
je veux dire la pression de l'air, — qui s'y oppose. En effet, sous le vête-
ment du supplicié est caché un siphon dont la petite branche se trouve dans
la coupe même, tandis que la plus grande traverse le fond et va déboucher
au dehors. Donc, lorsqu'on verse de l'eau, le siphon se remplit en même

Bouteille enchantée.

temps que la coupe ; il est amorcé lorsque le niveau de l'eau atteint le sommet
de la courbe formée par le tube ; alors, esclave impitoyable de la pesanteur,
le liquide s'écoule, et bientôt laisse le baigneur à sec.

Puisque nous parlons de physique amusante, c'est ici le lieu de révéler au
lecteur le secret de la bouteille inépuisable et miraculeuse d'où les prestidi-
gitateurs versent à la ronde, au choix des spectateurs, tout un assortiment
de liqueurs fines. Cette bouteille n'est pas en verre, mais en métal habile-
ment peint et imitant le verre. Elle est partagée intérieurement, suivant son
axe, en cinq compartiments, par des cloisons qui rayonnent du centre à la
circonférence. Chaque compartiment forme ainsi une petite bouteille à goulot
extrêmement étroit, et d'où le liquide ne peut s'écouler qu'à la condition
qu'on donne accès d'un autre côté à la pression de l'air. A cet effet, on a
ménagé dans la paroi extérieure de la bouteille cinq petites ouvertures corres-
pondant aux cinq compartiments, et disposées de telle façon que chaque

doigt de la main qui tient la bouteille ferme une de ses ouvertures. On n'a plus alors qu'à lever, par exemple, le pouce pour verser du cognac, l'index pour verser de l'anisette, et ainsi de suite. Les verres qu'on offre aux amateurs étant d'ailleurs très petits, l'opérateur, qui a bien soin encore de ne pas les remplir, peut satisfaire un grand nombre de personnes de goûts différents. Voilà tout le sortilège.

Fontaine intermittente.   Fontaine de Héron.

L'appareil dont on attribue l'invention au philosophe Héron, d'Alexandrie, dut, lorsqu'il parut, un siècle environ avant Jésus-Christ, exciter vivement l'admiration et l'étonnement. Il offre encore aujourd'hui une des plus jolies expériences que l'on puisse montrer aux gens du monde et à la jeunesse, et n'est nullement indigne de figurer dans une serre, dans un salon, même dans un boudoir : d'autant que rien n'empêche de le construire avec autant de richesse et d'élégance que tout autre objet de luxe ou de fantaisie. La fontaine de Héron, — tel est le nom de cet appareil, — se compose de deux globes de verre, A et B, placés à une certaine distance l'un au-dessus de l'autre, et réunis par deux tubes a et b. Le globe supérieur A est surmonté d'une cuvette traversée en son milieu par une tubulure à jet d'eau c, qui plonge jusque très près du fond du globe A. L'un des deux grands tubes a débouche aussi dans cette cuvette, et descend jusqu'à la partie inférieure du globe B, tandis que l'autre tube *b* va du sommet de B au sommet de A. Pour faire fonctionner cet appareil, on enlève la tubulure *c,* et par l'ouverture qu'elle laisse libre on remplit d'eau le globe supérieur A ; on remet la tubulure, et l'on verse de l'eau dans la cuvette. Cette eau s'écoule par le grand tube *a* dans le réservoir inférieur B, en chasse l'air, qui remonte par le tube *b* dans le globe A, et à son tour refoule l'eau contenue dans le globe, et la fait jaillir avec force par la tubulure. Cette eau retombe dans la cuvette, et s'écoule à son tour dans le réservoir B ; de nouvelles quantités d'air sont ainsi continuellement refoulées de ce dernier dans le globe A, et le jet d'eau continue jusqu'à ce que ce globe soit vide.

La fontaine intermittente est un appareil du même genre, et qui, comme le précédent, montre, sous une forme très ingénieuse et très élégante, les effets de la pression et de l'élasticité de l'air. Le globe A, hermétiquement fermé avec un bouchon de verre rodé à l'émeri, se remplit d'eau jusqu'à l'affleurement du tube T, qui lui sert de support et qui descend dans le bassin B. Ce tube est percé, à une hauteur qui ne doit point dépasser celle des bords du bassin, de petits trous destinés à donner accès à l'air dans le globe A. A la partie inférieure de celui-ci sont adaptées deux tubulures *t t,* qui ne se ferment point. Le bassin B est aussi muni d'un tuyau d'écoulement, dont l'orifice est tel, que son débit soit moindre que celui des deux tubulures *t t* réunies. Il arrive, en conséquence, un moment où l'eau provenant du globe A s'élève dans le bassin au-dessus des trous percés dans le tube T. Alors, l'air cessant d'avoir accès dans le globe et de presser sur la surface de l'eau qu'on y a mise, l'écoulement cesse. Puis, au bout de quelques instants, l'eau ayant baissé dans le bassin, les trous sont mis à découvert, l'air pénètre de nouveau en A, l'écoulement recommence, et ainsi de suite, jusqu'à ce que toute l'eau contenue dans le globe ait été expulsée.

CHAPITRE VI

Peu de temps après que Torricelli et Pascal eurent démontré l'incontestable réalité de la pression atmosphérique et l'existence du vide, un homme qui peut être regardé à bon droit comme le plus ingénieux physicien de cette époque, Otto de Guericke, bourgmestre de Magdebourg, entreprit de construire une pompe à l'aide de laquelle on pût extraire l'air de différents vases, et de se rendre compte, par diverses expériences, des propriétés et des effets de la pression atmosphérique comparés avec ceux qui résulteraient de l'absence de cette pression. Otto de Guericke parvint à ce but en créant le remarquable appareil que tout le monde connaît sous le nom de *machine pneumatique*, et qui figure aujourd'hui comme instrument indispensable dans tous les cabinets de physique et dans tous les laboratoires de chimie. Car le vide est devenu, lui aussi, entre les mains de la science, une force, un agent énergique, capable de donner naissance à des phénomènes qui, durant des siècles, étaient restés inconnus ou inexpliqués.

La machine pneumatique est, nous l'avons dit, une véritable pompe, mais une pompe qui, au lieu d'utiliser la pression atmosphérique, agit contre cette pression, et tend à la supprimer dans un espace donné. Imaginons une pompe aspirante dont le tuyau d'aspiration, au lieu d'être vertical et de plonger dans un réservoir d'eau, soit horizontal et aboutisse à un récipient dont on puisse, à volonté, établir ou interrompre la communication avec l'air extérieur. La soupape qui commande l'entrée de ce tuyau s'ouvre de haut en bas; une autre soupape adaptée au piston s'ouvre de la même manière. Au sommet du corps de pompe se trouve un simple orifice qui le fait communiquer avec l'extérieur. Supposons le robinet fermé et le piston au bas de sa course. Si l'on soulève le piston, l'air contenu dans le corps de pompe fermera la soupape du piston, et s'échappera au dehors par l'orifice pratiqué au sommet du corps de pompe. Quant à l'air contenu dans le récipient, il se dilatera et se répandra en partie dans le corps de pompe au-dessous du piston. Que celui-ci, maintenant, redescende : l'air intérieur fermera la soupape du tuyau d'aspiration, ouvrira celle du piston, et une certaine quantité de cet air passera dans la partie supérieure du corps de pompe. Au mouvement ascensionnel suivant, tout l'air qui aura passé ainsi au-dessus du piston sera chassé par l'orifice d'échappement, et l'air du récipient subira une nouvelle dilatation. Après un certain nombre de coups de piston, il ne restera plus dans le récipient qu'une faible quantité d'air, et il arrivera un moment où cet air sera tellement raréfié, où il aura, par conséquent, tellement perdu de sa force élastique, qu'il

Petite machine pneumatique.

ne pourra plus soulever les soupapes. Le jeu de l'appareil sera dès lors sans effet, et d'ailleurs très difficile, à raison de l'énorme pression exercée sur la face supérieure du piston par le poids de l'atmosphère. On rend, il est vrai, la manœuvre du piston moins pénible en articulant sur la tête de sa tige un levier dont la longueur multiplie la force musculaire de l'opérateur; mais ce n'est là encore qu'un artifice insuffisant, et le premier inconvénient, l'inertie des soupapes, subsiste ; nous allons voir tout à l'heure comment on l'a fait disparaître des machines pneumatiques que l'on construit aujourd'hui.

Le modèle représenté par la figure ci-dessus répond à la description théorique élémentaire que je viens de donner. C'est la machine d'Otto de Guericke dans sa simplicité primitive, sauf quelques modifications de détail auxquelles il serait inutile de nous arrêter. La petite cloche de verre que l'on voit entre le récipient et le corps de pompe, et qui communique avec le tuyau d'aspiration, renferme l'*éprouvette* ou baromètre tronqué servant à mesurer le degré de raréfaction de l'air dans le récipient. On emploie encore actuellement cette machine, malgré ses imperfections, dans les laboratoires. Elle est d'un prix

relativement peu élevé, et le vide qu'on y peut produire est plus que suffi-
sant pour les expériences chimiques.

Les perfectionnements successivement apportés à la machine pneumatique
sont très nombreux. Les plus importants sont dus à Denis Papin, à Boyle,
à Hauksbee, à de Mairan, à Babinet. De nos jours on s'est beaucoup occupé
de perfectionner le mécanisme destiné à mettre en jeu les pistons, et l'on a
substitué au levier divers systèmes de roues et de chaînes à engrenage. Nous
donnons ici le dessin d'une de ces machines. Elle est à deux corps de pompe
et à double épuisement, avec la disposition imaginée par Babinet.

P est la *platine* au centre de laquelle se dresse la tubulure ou *tetine* qui
termine le tuyau d'aspiration A A' A". Cette platine est un disque en glace
parfaitement unie et dressée, sur lequel s'appliquent les différentes cloches
dont on se sert pour les expériences, et dont les bords, dressés aussi avec
soin et enduits de graisse, ne laissent pas pénétrer entre eux et la platine la
plus petite quantité d'air. Le conduit d'aspiration traverse selon son axe la
colonne creuse A A', suit la règle A' A" et communique avec la cloche D qui
renferme l'*éprouvette*. L'éprouvette est un véritable baromètre à siphon, dont
la branche fermée et la branche ouverte sont d'égale longueur. Elle est fixée
sur une planchette de cuivre portant une double échelle divisée en millimètres
au-dessus et au-dessous du 0. Ce chiffre marque le point où le mercure s'ar-
rêterait de part et d'autre si le vide était absolu, auquel cas le niveau serait
évidemment le même dans les deux branches. Plus la pression diminue dans
le récipient, plus les ménisques des deux colonnes de mercure se rapprochent.
La somme des deux nombres compris entre les ménisques et le 0 donne donc
la mesure de la pression du gaz confiné. Au point A", le conduit d'aspiration
se bifurque en deux branches qui se rendent à chacun des deux corps de
pompe. Cette bifurcation est commandée par le robinet R, dont la structure
constitue le perfectionnement réalisé par Babinet, et permet d'obtenir le vide
presque absolu. Le robinet R est à trois voies. Une de ces voies fait commu-
niquer, ainsi que dans les machines ordinaires, le récipient avec l'air exté-
rieur; l'autre permet la communication des deux corps de pompe avec le ré-
cipient; la troisième enfin fait communiquer ensemble les deux corps de pompe,
et l'un des deux seulement avec le récipient. Grâce à cette disposition, tandis
que l'un des pistons extrait directement l'air du récipient, l'autre extrait celui
qui reste, après chaque coup, dans le corps de pompe en communication
avec le tuyau d'aspiration : en d'autres termes, un de ces deux corps de pompe
fait le vide dans le récipient, et l'autre fait le vide dans le premier.

Ce n'est pas là le seul avantage des machines à deux corps de pompe ; ce
système, dont l'adoption est bien antérieure à celle du robinet à trois voies
que je viens de décrire, a pour résultat principal de faire que la pression
extérieure favorise la manœuvre de l'appareil, au lieu d'y mettre obstacle.
En effet, tandis que dans les machines à un seul corps de pompe, la pres-

sion atmosphérique oppose au mouvement ascensionnel du piston une résistance d'autant plus grande, que le vide à l'intérieur est plus complet, ici son action sur l'un des pistons est compensée par celle qu'elle exerce sur l'autre, puisque l'un de ces pistons descend quand l'autre monte. Les tiges des pistons sont dentelées en crémaillère, et engrènent sur un pignon calé lui-même sur l'arbre qui, dans l'ancienne machine de Hauksbee, porte les manivelles destinées à faire mouvoir le système. Dans la machine que nous considérons, ces manivelles sont remplacées par deux roues d'angle C C'. en prise avec

Machine pneumatique à deux cylindres.

une troisième roue d'angle B, dentée sur une moitié seulement de sa circonférence, et qui, par conséquent, n'engrène à la fois qu'avec une des deux roues C C'. La roue B est calée sur le même arbre que la grande roue F. Cette dernière est mise en communication par une chaîne sans fin avec le pignon G, lequel tourne avec le volant V. Si nous faisons tourner ce volant à l'aide de la manivelle m, le pignon G tire la chaîne ; celle-ci entraîne la grande roue F et la roue d'angle B. Cette dernière engrenant, je suppose, sur la roue C, fait tourner de gauche à droite l'arbre qui agit sur les crémaillères, et l'un des pistons descend tandis que l'autre monte. Quand la roue B a effectué une demi-révolution, la circonférence non dentée se présente sur la roue C, et sa denture engrène sur la seconde roue C' ; l'arbre qui commande les crémaillères tourne donc en sens inverse ; le piston qui était descendu remonte, et, au contraire, celui qui était monté redescend. La machine pneumatique ainsi modifiée peut être construite de toutes les dimensions, sans qu'il faille de grands efforts pour la mettre en mouvement.

Il nous reste à examiner maintenant la structure des corps de pompe, de leurs pistons et de leurs soupapes, et à montrer comment on a fait disparaître l'inconvénient inhérent aux soupapes ordinaires dites *à clapet*, qui se soulèvent et se referment sous la pression de l'air, et demeurent immobiles lorsque cette pression est devenue trop faible. La figure ci-dessous représente la coupe d'un corps de pompe avec tous ses accessoires. Ce corps de pompe (les deux sont entièrement semblables) est un cylindre en cristal, dont les deux fonds sont formés par des plaques métalliques reliées et serrées avec des écrous. Le fond supérieur F est percé d'un petit trou l, qui reste toujours

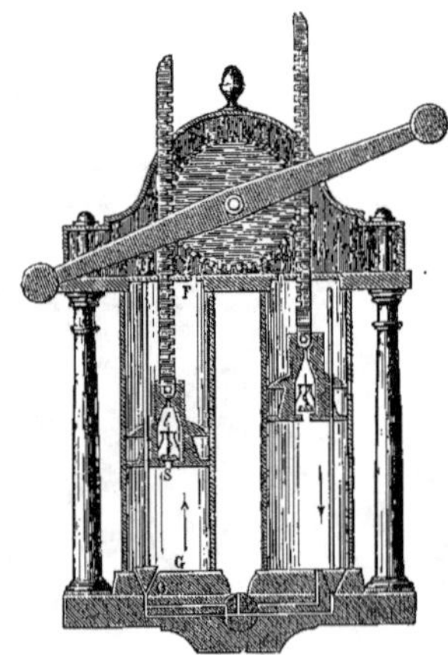

Corps de pompe et piston de la machine pneumatique.

ouvert. Le conduit d'aspiration débouche dans le fond inférieur par un orifice tronconique O, où s'engage un bouchon métallique qui le ferme hermétiquement, et fait fonction de soupape. Ce bouchon est fixé à l'extrémité d'une tige métallique qui traverse le piston à frottement, passe par le trou t, et porte, très près de son extrémité supérieure, une petite traverse U. Cette tringle se meut avec le piston, et lorsque celui-ci monte, elle débouche l'orifice O ; mais presque aussitôt la traverse U vient butter contre l'orifice opposé, et la tringle reste immobile ; puis, quand le piston redescend, elle referme l'ouverture O ; le piston continue sa course jusqu'en bas, et rouvre de nouveau la soupape en se relevant. Le jeu de cette soupape est ainsi rendu tout à fait indépendant de la force élastique de l'air confiné. Mais pour que le piston puisse, en montant, aspirer cet air, et, en redescendant, le laisser passer dans la partie supérieure du corps de pompe, il faut qu'il soit lui-même muni d'une soupape qu'on voit en son milieu sous l'étrier formé par la tige. C'est un tronc de cône surmonté d'une tige autour de laquelle s'enroule un ressort à boudin très faible. La tige traverse sans frottement une ouverture pratiquée dans la lame métallique l, sur laquelle s'appuie le ressort. Ici c'est encore la force élastique de l'air confiné qui ouvre la soupape S quand le piston descend, et c'est la pression atmosphérique qui la ferme lorsque le piston remonte.

On a construit pour certaines machines pneumatiques des corps de pompe dits « à double effet », parce que leurs pistons, à chaque mouvement ascendant et descendant, produisent le double résultat d'aspirer l'air d'un côté et de le rejeter de l'autre. Dans ce système, le piston est plein, sans soupape ;

Machine de compression.

mais le corps de pompe communique, d'une part, avec le tuyau d'aspiration par deux soupapes s'ouvrant l'une de bas en haut, l'autre de haut en bas ; d'autre part, avec l'extérieur par deux autres soupapes, dont l'une est ouverte quand la première est fermée, et l'autre fermée quand la seconde est ouverte. Cette disposition était adaptée notamment aux quatre grands corps de pompe de la puissante machine servant à aspirer l'air dans les tuyaux du chemin de fer atmosphérique établi naguère entre le Pecq et Saint-Germain-en-Laye[1].

On exécute dans les cours, à l'aide de la machine pneumatique, diverses expériences bien connues, telles que celles des *hémisphères de Magdebourg*, du *coupe-pomme*, du *crève-vessie*, etc. Ces expériences, qui font voir les effets

[1] Voir, dans les *Merveilles de l'industrie* (Chemins de fer, chap. IV), la description de cette machine.

les plus remarquables de la pression atmosphérique, sont décrites dans tous les traités de physique[1]; il serait donc superflu de nous y arrêter.

Nous avons vu la pompe employée d'abord au déplacement des liquides ; nous venons de la voir, avec quelques modifications, appliquée à raréfier l'air ; nous allons la voir servir maintenant à le comprimer.

La machine de compression a beaucoup de ressemblance avec la machine pneumatique. Elle se compose : de deux corps de pompe C C', avec leurs pistons P P', dont les tiges à crémaillère engrènent sur un pignon, et qui sont mis en mouvement, soit par une manivelle, soit par un système de roues dentées ; — d'un récipient ou réservoir de compression en cristal, à paroi épaisse, serré par des tringles à vis entre deux fonds en bronze, et enveloppé d'un treillis métallique ; — d'un conduit à trois branches, faisant communiquer ce récipient avec le corps de pompe et avec un manomètre qui mesure en atmosphères la pression intérieure. Comme dans la machine pneumatique, le couvercle de chaque corps de pompe est percé d'un trou toujours ouvert. Le fond est muni d'une soupape, et une autre soupape est disposée au centre du piston. Seulement ces deux soupapes, au lieu de s'ouvrir de bas en haut, s'ouvrent de haut en bas, de façon que, le piston étant au haut de sa course, si on le fait descendre, sa soupape se ferme, celle du fond s'ouvre, et l'air enfermé dans le corps de pompe est chassé dans le réservoir. Lorsque, au contraire, le piston remonte, sa soupape s'ouvre, celle du fond se ferme, le corps de pompe se remplit d'un nouveau volume d'air qui, à l'oscillation suivante, sera, comme le précédent, refoulé dans le réservoir. Le fond supérieur de ce dernier porte une tubulure à robinet, sur laquelle on peut visser divers appareils pour y faire passer l'air comprimé. Mais le plus souvent, lorsqu'on veut emmagasiner de l'air comprimé dans un récipient quelconque, on procède d'une façon plus expéditive et plus directe, en faisant usage de la pompe à compression.

Cette pompe consiste en un cylindre dans lequel se meut un piston massif, et qui est percé latéralement, vers son sommet, d'une petite ouverture. Le fond présente une soupape, s'ouvrant de haut en bas sur un conduit qui peut s'adapter à divers appareils. Lorsque le piston est en haut de sa course, il se trouve immédiatement au-dessus de l'ouverture latérale. Le cylindre est donc plein d'air, que le piston, en descendant, comprime et chasse par la soupape. Lorsque le piston remonte, il fait le vide au-dessous de lui ; la soupape se referme, et dès que l'ouverture est dépassée, l'air se précipite dans le corps de pompe, pour être refoulé comme la première fois ; et ainsi de suite.

C'est à l'aide de cette pompe qu'on charge le *fusil à vent*, où l'on utilise, pour lancer une balle, la force élastique de l'air comprimé.

---

[1] Voir le *Cours de physique expérimentale*, de Ganot.

Le fusil à vent se compose d'un canon qui se visse sur une crosse creuse en métal très résistant. Ces deux pièces étant séparées l'une de l'autre, on introduit une balle dans la culasse du canon et on comprime l'air dans la crosse. On peut aller jusqu'à quarante atmosphères. Une soupape ferme la crosse du dedans en dehors, d'autant plus hermétiquement que la pression est plus forte, et empêche toute déperdition d'air. Le canon est ensuite vissé sur la crosse, et l'arme est prête. Une batterie dont la détente ouvre instantanément la soupape livre passage à un jet d'air qui chasse la balle avec une grande force. Comme la soupape se referme aussitôt, une seule charge d'air suffisamment comprimé fournit de quoi tirer plusieurs coups ; mais il est aisé de deviner que la projection devient de moins en moins énergique à mesure que la crosse se vide, et qu'il arrive un moment où la balle ne va plus tomber qu'à quelques pas de la bouche du fusil. C'est alors le *telum imbelle sine ictu*, dont parle Virgile. Au début, et alors que l'arme est bien chargée, la balle peut, à trente pas, traverser une planche de un à deux centimètres d'épaisseur, et serait, par conséquent, capable de faire une blessure mortelle.

Toutes les pompes que nous venons de passer en revue sont des machines que l'homme met en jeu, par ses propres forces, pour triompher des résistances que lui opposent diverses forces physiques. Il parvient, avec leur aide, à élever de l'eau à une assez grande hauteur ou à la projeter au loin, ou bien à faire le vide dans un espace donné, ou bien, au contraire, à y condenser des gaz ; mais tout cela au prix d'un travail musculaire plus ou moins énergique, d'une fatigue plus ou moins grande, et toujours, en somme, pour d'assez minces résultats.

Or, un jour, l'homme a conçu l'idée, bien simple, n'est-ce pas ? de renverser, pour ainsi dire, le principe de ces engins, et, au lieu de s'évertuer à vaincre la pression ou l'élasticité de l'air, le poids de l'eau ou la force négative du vide, de laisser agir ces forces, de leur donner la machine à mouvoir. Et l'homme s'est créé ainsi des serviteurs d'une docilité et d'une puissance incomparable. Il suffit de citer la machine à vapeur.

Qu'était à son origine la machine à vapeur ? Un corps de pompe dans lequel un piston était poussé alternativement de bas en haut par la force élastique de la vapeur d'eau, et de haut en bas par la pression de l'atmosphère. Plus tard, l'action atmosphérique a été éliminée. On a trouvé plus avantageux d'employer la vapeur seule, et Watt a construit l'admirable machine à double effet, où la vapeur est amenée tour à tour sur la face supérieure et sur la face inférieure du piston[1]. Mais le mécanisme originel et fondamental est resté ; l'agent moteur seul a changé, et pourra changer encore. On a déjà tenté de substituer à la vapeur l'acide carbonique, l'éther, le chloroforme, et enfin le gaz d'éclairage enflammé et dilaté par l'électricité. On a employé

---

[1] Voyez, dans les *Merveilles de l'industrie*, l'histoire de la machine à vapeur, de ses transformations et de ses applications.

aussi, avec un commencement de succès, l'air comprimé. Ce système avait séduit, par sa simplicité, d'excellents esprits. Comme il rentre d'ailleurs, au premier chef, dans la mécanique atmosphérique, sa description et son histoire complète sembleraient avoir leur place marquée dans ce chapitre. Mais il en avait été de la machine à air comprimé comme de tant d'autres inventions, annoncées à leur début comme devant changer la face du monde, et qui, malgré le talent et les efforts de leurs promoteurs, n'ont pas tardé à succomber devant l'arrêt souverain de ce juge incorruptible, qu'on nomme l'expérience. Cependant la machine à air comprimé n'est pas morte ; elle a rendu d'immenses services pour les travaux de percement du tunnel du mont Cenis, et d'intéressantes expériences se poursuivent en ce moment même pour appliquer cet utile moteur à certaines lignes de tramways parisiens.

Au mont Cenis, les ingénieurs, qui disposaient d'immenses chutes d'eau, s'en sont servis pour comprimer l'air, en employant les appareils de M. Colladon, de Genève, si bien utilisés par M. Sommeiller. Des conduites d'un grand diamètre, par conséquent difficiles à entretenir et d'un prix de revient considérable, servaient à transporter l'air depuis les compresseurs jusqu'au fond de la galerie. Aujourd'hui on utilise au tunnel du Saint-Gothard les perforateurs du mont Cenis ; mais comme ils ne peuvent être appliqués avantageusement qu'avec l'air comprimé, on a dû construire des machines à comprimer l'air, mises en mouvement par la vapeur ou par une force hydraulique.

Jusque dans ces derniers temps, les résultats fournis par ces machines avaient été encore peu satisfaisants. La grande difficulté à vaincre résidait dans les effets fâcheux résultant de la chaleur développée par la compression de l'air à l'intérieur du cylindre, ainsi que dans l'impossibilité de lubrifier convenablement les surfaces frottantes. Une nouvelle machine, proposée en 1874 par le capitaine Éricsson, est venue résoudre cette difficulté, et permettre d'appliquer, avec tous ses avantages, l'air comprimé aux travaux de percement des longs tunnels dans le genre de celui du Saint-Gothard.

Une autre fort curieuse application de l'air raréfié ou comprimé, c'est ce qu'on appelle la poste atmosphérique. Ce mode de transport des dépêches existe déjà dans plusieurs capitales de l'Europe, et particulièrement à Paris, où il fait communiquer une dizaine de stations par des conduites souterraines et semble destiné à remplacer, au moins en partie, sinon tout à fait, le télégraphe électrique. On s'est d'abord servi, pour la poste atmosphérique, d'air comprimé pour pousser, dans les tubes pneumatiques, les boîtes contenant les dépêches manuscrites. C'était comme dans les sarbacanes, où l'on souffle pour chasser au loin le projectile. Aujourd'hui on fait le vide en avant des boîtes, sans dépasser la pression d'une atmosphère, et en même temps on injecte de l'air comprimé en arrière des boîtes.

La poste atmosphérique, qui réalise une vitesse de plus de 10 mètres par seconde, présente de tels avantages, que plusieurs inventeurs, parmi lesquels

MM. Mignon et Rouart, M. Crespin, ont proposé d'installer une communication de ce genre entre Versailles et la capitale. Dans le projet de M. Crespin, il y aurait une station à Bellevue, à peu près au milieu du trajet ; trois usines établies à Paris, Bellevue et Versailles comprimeraient l'air, et feraient le vide nécessaire à l'aide d'une force de 150 chevaux-vapeur. Ce projet remplacerait avec avantage, entre les deux villes, non seulement le télégraphe électrique, comme dans Paris même, mais la poste et les pigeons voyageurs ; car ces trois systèmes fonctionnent actuellement de l'une à l'autre.

Je citerai encore, comme emploi intéressant de l'air comprimé, l'application qu'on en fait, dans plusieurs villes d'Allemagne, d'Autriche, d'Italie, au traitement des diverses affections des voies respiratoires, de certaines surdités, etc., dans des appareils disposés comme ceux où M. Paul Bert a fait ses curieuses expériences. Il s'est même fondé à Paris un établissement de ce genre, et le médecin appelé à le diriger a présenté à l'Académie de médecine un mémoire où il donnait une description complète de *l'aérothérapie*, des moyens à l'aide desquels on la pratique et des résultats déjà obtenus. L'avenir dira quel profit on peut sérieusement retirer d'un mode de traitement qui me paraît encore insuffisamment éprouvé.

CHAPITRE VII

Rien ne nous paraît plus simple aujourd'hui que l'ascension d'un aérostat. Les principes élémentaires de la physique nous en fournissent aisément l'explication. Qu'est-ce, en effet, qu'un ballon gonflé de gaz hydrogène ou de gaz d'éclairage? C'est un corps plus léger que le volume d'air qu'il déplace. Comme tous les corps plongés dans un fluide, il est soumis à la fois à l'action de la pesanteur qui tend à le faire tomber, et à la *poussée* qui le sollicite en sens opposé, c'est-à-dire de bas en haut; celle-ci est la résultante des pressions exercées par l'air environnant sur chaque élément superficiel du ballon, normalement à cet élément. Elle comprend les pressions de haut en bas et celles de bas en haut; cette poussée est égale au poids de l'air déplacé par l'aérostat, et comme, grâce à la faible densité du ballon, la première force est moindre que la seconde, il obéit à cette dernière: au lieu de tomber, il s'élève jusqu'à ce qu'il arrive à une hauteur où, son poids redevenant égal à celui de l'air ambiant, l'équilibre des forces contraires se rétablit, et il demeure suspendu dans l'atmosphère.

Cela est fort élémentaire assurément. Et pourtant, lorsque, — il y a, au moment où j'écris, quatre-vingt-seize ans jour pour jour, — nos pères virent planer dans la région des nuages le premier de ces météores artificiels, rien n'égala leur étonnement et leur admiration.

C'est qu'alors la physique et la statique des gaz étaient à peine ébauchées, que l'existence de fluides élastiques autres que « l'air commun » venait seulement d'être reconnue par quelques chimistes, et qu'à force de se traduire par des théories de l'autre monde et par des tentatives insensées, l'idée si séduisante de voguer au sein de l'océan aérien avait fini par tomber au rang des chimères ridicules, avec la pierre philosophale et l'élixir d'immortalité.

Mais il n'est pas d'utopie si discréditée dans l'opinion, si solennellement condamnée par la science, qui ne passionne encore çà et là certains esprits aventureux et indisciplinés ; et il n'est pas rare qu'un hasard heureux, parfois même une conception erronée conduise inespérément à la solution du problème quelqu'un de ces rêveurs obstinés. Ainsi, tel malade que les plus savants praticiens avaient abandonné a été guéri par le remède d'un empirique ignorant, et du même coup l'art médical s'est enrichi d'un précieux remède contre une maladie réputée jusque-là incurable.

A Dieu ne plaise qu'il entre dans ma pensée de diminuer la gloire des créateurs de l'aérostation ! Certes, les frères Montgolfier n'étaient point des ignorants. L'aîné, Michel, mourut membre de l'Institut, et les arts mécaniques lui durent plus d'une invention utile. Le plus jeune, Étienne, avait montré dès l'enfance une rare aptitude pour les sciences, et il eût sans doute conquis parmi les chimistes de son temps une place distinguée, si la mort ne l'eût arrêté au milieu de sa carrière. Nous allons voir cependant que le hasard fut bien pour quelque chose dans la découverte qui a immortalisé leur nom ; ou plutôt que les lois de la physique vinrent fort à propos corriger leurs erreurs, et qu'ils durent le succès de leurs expériences à un effet tout autre que celui qu'ils s'efforçaient d'obtenir.

On sait que les frères Montgolfier dirigeaient en commun, à la fin du siècle dernier, une importante manufacture de papiers, située à Vidalon-lez-Annonay. Leurs loisirs étaient presque entièrement occupés par des études scientifiques, auxquelles le plus jeune surtout s'adonnait avec une ardeur extrême. La pensée d'ouvrir aux hommes, comme on l'a dit plus tard, la route des cieux leur fut, dit-on, inspirée par le spectacle des nuages qui, chaque jour devant leurs yeux, se formaient et flottaient sur les cimes des montagnes. Ils se demandèrent si l'homme ne pourrait pas produire une sorte de nuage artificiel, l'emprisonner dans une enveloppe légère, et s'y suspendre. Sachant que les nuages sont formés par la vapeur d'eau, ils gonflèrent d'abord avec cette vapeur, puis avec de la fumée de bois, des enveloppes en toile qui furent, en effet, soulevées, mais retombèrent presque aussitôt ; car la vapeur, en se refroidissant, se condensait sur les parois. Découragés par ce résultat, ils avaient suspendu leurs expériences, lorsqu'un jour Étienne, étant allé à Montpellier, y acheta la traduction, récemment publiée, de l'ouvrage de Priestley sur les *différentes espèces d'air*. Il lut avec avidité ce livre, où étaient exposées les propriétés des divers gaz jusqu'alors inconnus, et notamment celles de l'*air inflammable* (l'hydrogène), découvert en 1777 par Cavendish. Il entrevit dans ce fluide le véhicule de la navigation aérienne, et en revenant à Annonay il cria à son frère, du plus loin qu'il l'aperçut : « Nous pouvons maintenant voguer dans l'air ! »

Tous deux reprirent leurs essais avec une ardeur nouvelle. L'*air inflammable* leur parut, à raison de sa pesanteur spécifique, treize fois et demi moindre que celle de l'air commun, tout à fait propre à leurs desseins. Mais ce gaz avait l'inconvénient de s'échapper très promptement à travers les tissus dont

MM. Montgolfier formaient leurs enveloppes, et qu'ils ne savaient pas rendre imperméables. Ils renoncèrent donc à l'employer, et revinrent à leur idée primitive de composer, pour ainsi dire, de toutes pièces des nuages artificiels. L'électricité était alors fort à la mode ; on y avait recours pour expliquer tout ce qu'on ne comprenait pas, et on lui attribuait toutes sortes de vertus extraordinaires. Les deux frères, supposant que c'était sans doute l'électricité qui tenait les nuages suspendus dans l'atmosphère, crurent obtenir un dégagement de ce fluide en combinant une fumée alcaline, celle de la laine, avec une fumée acide, celle de la paille. Un ballon ouvert à sa partie inférieure, et sous lequel ils brûlèrent une certaine quantité de ce mélange, s'éleva, comme ils l'avaient espéré, à une assez grande hauteur, mais ne tarda pas à retomber. Ils eurent alors l'heureuse idée de suspendre un réchaud sous l'orifice, en sorte que la machine emportât avec elle la cause de son ascension. L'expérience, tentée dans ces conditions, réussit à souhait, et MM. Montgolfier se décidèrent à la renouveler publiquement : ce qu'ils firent le 5 juin 1783, à Annonay, avec un plein succès, en présence des députés aux états du Vivarais et d'une foule nombreuse. Un globe de 11 mètres 30 de diamètre, en toile doublée de papier, pesant environ 215 kilogrammes, et chargé, en outre, d'un poids de 200 kilogrammes, s'éleva en dix minutes à une hauteur de 1,500 mètres, et alla tomber à environ 2,500 mètres de son point de départ.

Il est inutile de dire que, comme le démontra bientôt après Th. de Saussure, l'ascension de ce ballon était due, non pas à la nature particulière de la fumée produite par le mélange de paille et de laine, mais simplement à la dilatation des gaz par la chaleur. Néanmoins les frères Montgolfier se persuadèrent qu'ils avaient trouvé leur *nuage électrisé*, et même qu'ils avaient découvert un nouveau gaz ; et leur erreur fut quelque temps répandue dans le public, où l'on parlait du *gaz de MM. Montgolfier,* lequel était, disait-on, deux fois moins pesant que l'air respirable.

Lorsque l'expérience d'Annonay fut connue à Paris, elle y frappa vivement l'esprit du public et du monde savant. Les deux frères furent mandés par l'Académie des sciences, et la cour et la ville, comme on disait alors, ne songèrent plus qu'à organiser des expériences aérostatiques. Un physicien nommé Jacques-Alexandre-César Charles, déjà connu à cette époque pour un professeur disert et un habile expérimentateur, n'eut pas plus tôt connaissance de la nouvelle découverte, qu'il s'occupa de la perfectionner, en substituant l'*air inflammable* au prétendu gaz Montgolfier. Il ne fut point arrêté par la facilité avec laquelle l'hydrogène s'échappe à travers les tissus, et réussit sans peine à faire disparaître cet inconvénient, en enfermant le gaz dans une enveloppe de taffetas rendu imperméable par un enduit de caoutchouc dissous dans l'essence de térébenthine.

Bientôt, grâce à lui, l'expérience d'Annonay eut à Paris sa contre-partie. Tandis que les frères Montgolfier préparaient péniblement chez le papetier

Réveillon la machine à air chaud qui devait s'élever en présence des com-
missaires de l'Académie, un ballon à air inflammable, en taffetas gommé,
construit chez les frères Robert par les soins de Charles, s'élançait du Champ-
de-Mars dans les airs, aux regards émerveillés d'une multitude immense, le
27 août 1783. Le 21 novembre suivant, un jeune savant auquel sa témérité
devait coûter la vie deux ans plus tard, Pilâtre du Rozier, osa le premier

Descente d'une montgolfière.

s'aventurer dans les airs sur une *montgolfière,* ou ballon à air dilaté. Il était
accompagné, dans cette expédition, du marquis d'Arlandes. Les deux hardis
voyageurs, partis à 1 heure 50 minutes du jardin de la Muette, allèrent des-
cendre sans accident de l'autre côté de Paris, dans un endroit appelé la
Butte-aux-Cailles, situé entre les barrières d'Enfer et de Fontainebleau. Enfin,
le 1er décembre, les physiciens Charles et Robert exécutèrent les premiers
une ascension à l'aide d'un ballon gonflé de gaz hydrogène, et enveloppé
d'un filet auquel était suspendue une nacelle où se placèrent les aéronautes.
Ceux-ci emportaient un thermomètre et un baromètre pour observer les chan-
gements de température et mesurer les hauteurs. La nacelle était chargée de
sacs de sable, et le ballon muni d'une soupape : ce qui permettait d'augmenter
la légèreté spécifique de l'appareil en jetant du lest, ou de la diminuer en
laissant échapper du gaz. Le voyage s'exécuta sans accident, et Charles et

Robert purent se convaincre que, par un temps calme, la manœuvre du ballon était extrêmement simple et facile.

A dater de ce jour, les montgolfières furent à peu près abandonnées pour les *charliennes,* ou ballons à gaz hydrogène. L'aérostation était créée, et l'on pourrait presque dire que son histoire finit là, si du moins l'histoire d'un art ou d'une science doit être, comme il me semble, celle de ses perfectionnements successifs. En effet, hormis l'invention du parachute, due à l'ancien conventionnel Jacques Garnerin, l'art aérostatique n'a réalisé depuis la fin de l'année 1783 aucun progrès considérable, et je ne puis que répéter aujourd'hui ce que j'écrivais il y a vingt ans : « On n'a rien changé et presque rien ajouté aux dispositions imaginées par Charles, et les ballons que, de nos jours, on donne en spectacle au public ne sont que la copie, indéfiniment reproduite avec d'insensibles modifications, de celui que ce physicien construisit en 1783. Charles fut donc, au moins autant que MM. Montgolfier, le père de l'aérostation ; car si ces deux frères furent, malgré leurs erreurs, assez bien servis du hasard pour arriver les premiers à un résultat pratique, tous les perfectionnements rationnels et vraiment scientifiques introduits ensuite dans la construction et la manœuvre des ballons furent exclusivement l'œuvre de Charles [1]. »

Quant aux services que l'aérostation a rendus à la civilisation et à la science, jusqu'à ces dernières années ils se réduisent aussi à peu de chose. La presque totalité des innombrables ascensions exécutées en Europe depuis quatre-vingt-dix ans n'ont été pour le public qu'un amusement, et pour les aéronautes qu'une spéculation très légitime assurément, mais dans laquelle l'intérêt scientifique n'entrait, en général, pour rien. Il faut excepter toutefois celles que de savants et courageux investigateurs ont entreprises dans le but d'étudier la décroissance des températures, les conditions électriques et magnétiques de l'atmosphère, etc. Ces explorations, parmi lesquelles il faut citer surtout celles de MM. Biot et Gay-Lussac, Bixio et Barral, Glaisher et Coxwel, Tissandier, W. de Fonvielle, Laussedat, Flammarion, etc., ont puissamment contribué, comme nous le verrons plus loin, aux progrès de la physique atmosphérique et de la météorologie.

En 1793, Guyton-Morveau proposa à la Convention d'employer les aérostats comme moyen d'observer les manœuvres des armées ennemies. Le comité de salut public chargea un jeune ingénieur, nommé Coutelle, d'organiser une compagnie d'*aérostiers,* et de construire un ballon muni de cordes à l'aide desquelles on pût le tenir captif, le faire monter ou descendre, et le diriger à volonté. Cette singulière machine de guerre fut employée en 1794 au siège défensif de Charleroi et au siège offensif de Maubeuge.

Durant la bataille de Fleurus, qui fut gagnée par Jourdan, Coutelle resta pendant neuf heures en observation, et put suivre et noter tous les mouvements de l'ennemi ; il contribua, de l'aveu du général en chef, au triomphe

[1] *La Navigation aérienne,* 1 vol. in-8°. — Tours, Alfred Mame et fils.

de l'armée française. Bonaparte, devenu premier consul, licencia la compagnie de Coutelle, et fit fermer l'*école aérostatique* qui avait été établie à Meudon. Il était convaincu que, la construction et la manœuvre des aérostats n'étant plus un secret pour aucune nation de l'Europe, les ennemis pourraient aisément opposer des ballons aux nôtres, et qu'ainsi l'aérostation militaire ne serait plus, dans la stratégie, qu'une complication inutile dont il ne résulterait pour nos armées aucun avantage.

L'emploi des aérostats à la guerre était abandonné en France, sinon d'une manière définitive, au moins pour bien des années. Cependant Carnot, qui commandait Anvers assiégé, en 1815, eut encore recours à ce moyen pour reconnaître les positions de l'ennemi. En Amérique, pendant la guerre de sécession des États-Unis, l'armée du Nord tira un très heureux parti de l'emploi des ballons captifs, combiné avec celui du télégraphe électrique, pour les reconnaissances militaires. C'était l'idée française de 1793, reprise et perfectionnée. Enfin les événements de la guerre désastreuse soutenue en 1870 et 1871 par la France contre l'Allemagne ont ajouté à l'histoire de l'aérostation une page à la fois triste et glorieuse. Le rôle des ballons, durant cette lamentable période, a été à la fois militaire, politique et social, — j'allais dire moral. — C'est surtout, en effet, comme moyen de transport et de communication entre la capitale assiégée et les départements, entre le gouvernement de Paris et sa délégation, établie d'abord à Tours, puis à Bordeaux, que les aérostats ont été utilisés. Cette poste aérienne, heureusement combinée avec l'emploi des pigeons voyageurs et avec la merveilleuse application de la photographie à la reproduction microscopique des dépêches, a été pour le monde entier un sujet d'admiration, pour nos ennemis une cause de dépit et une humiliation au milieu de leurs faciles triomphes. Des soixante-quatre aérostats qui partirent de la ville assiégée, le plus grand nombre purent atterrir, avec leurs passagers, leurs chargements de dépêches et leurs pigeons, sur des points du territoire que l'invasion avait épargnés. Quelques-uns eurent la malchance de tomber dans les lignes prussiennes. Le ballon l'*Égalité* alla descendre à Louvain; un autre fut porté jusqu'en Norwège. Deux enfin, montés chacun par un seul homme, se perdirent en pleine mer, sans qu'on ait jamais pu savoir où et comment ils avaient péri.

Il est certain que l'aérostation demeurera un art banal et à peu près stérile, jusqu'au jour où elle se transformera en *aéronautique,* c'est-à-dire jusqu'au jour où l'on saura, non plus seulement demeurer dans les airs et flotter au gré de tous les vents, mais naviguer réellement, se diriger et marcher sans le secours et même en dépit du vent. Or Dieu sait combien de tentatives infructueuses ont été faites dans ce but ; combien de projets insensés et de théories bizarres se sont produits ; combien de mémoires, de brochures, de livres ont été écrits et imprimés, sans autre résultat que de faire regarder longtemps par tous les esprits éclairés et sérieux la navigation aérienne, dans l'état actuel de la science, comme une chimère. En serait-il de cette chimère comme de l'aérostation elle-même? Se trouverait-elle un beau jour réalisée par quelque utopiste qui l'aurait poursuivie sans se soucier ni des arrêts de la science, ni de l'insuccès de ses devanciers? On ne songeait même guère plus à se le demander. On rencontrait bien encore çà et là, vers le milieu de ce siècle, quelques ingénieurs déclassés s'amusant à construire des poissons volants qu'ils dirigeaient avec facilité à huis clos, à l'abri des courants d'air, et qu'ils montraient pour cinquante centimes; mais on y faisait peu d'attention.

C'est seulement après la guerre de 1870-1871 que des recherches ont été reprises et méthodiquement poursuivies en France, en Angleterre et en Allemagne, sous les auspices des gouvernements, et spécialement de l'administration militaire de ces trois pays, en vue du parti qu'on pourrait un jour tirer des aérostats à la guerre, si l'on parvenait, sinon à les diriger à son gré comme de vrais navires aériens, au moins à les rendre un peu plus maniables et dociles qu'ils ne l'ont été depuis leur origine. Dès le lendemain de la paix de Francfort, en 1871, le gouvernement britannique instituait à Woolwich un comité militaire chargé d'exécuter des ascensions et de travailler au perfectionnement théorique et pratique de l'aérostation. L'état-major allemand, de son côté, étudie activement la question des ballons. Bien que les savants d'outre-Rhin n'aient encore rien trouvé qui ne soit bien connu en France et ailleurs, il est curieux de constater les conclusions auxquelles est arrivée la commission militaire de Berlin. Elle conseillait, en 1875, de diriger les recherches vers la détermination pratique des dimensions à donner à l'hélice motrice pour imprimer un mouvement de translation rapide à un aérostat d'un volume déterminé. Elle considérait, en outre, comme à la veille d'être résolu le problème qui consiste à faire monter et descendre l'aérostat sans perte de lest ni de gaz, ce qui permettrait aux aéronautes de se placer à volonté dans le courant dont la direction se rapprocherait le plus de celle qu'ils se proposeraient de suivre. Cette dernière visée est, à vrai dire, celle qui me semble la plus raisonnable, bien qu'une longue expérience ait déjà montré les très grandes difficultés que rencontre, même réduit à ces modestes proportions, le problème de la navigation aérienne. C'est bien autre chose lorsqu'il s'agit de navigation proprement dite, j'entends de propulsion horizontale. On se heurte ici, non plus contre des difficultés, mais contre des impossibilités. Il faut croire pourtant que la race française est bien cet *audax Iapeti genus* dont parle Horace, et qui ne doute ni ne s'effraye de rien; car nous ne chômons jamais bien longtemps d'expérimentateurs intrépides, de chercheurs entêtés qui s'obstinent à la solution des problèmes réputés insolubles. C'est ainsi qu'au milieu de ce siècle, un savant et habile ingénieur, qui s'est fait connaître d'ailleurs par de remarquables travaux de mécanique, M. Henri Giffard, sans se laisser décourager par les insuccès de ses nombreux devanciers, entreprit à son tour de réaliser l'utopie du ballon dirigeable; et, chose inattendue, à force de combinaisons ingénieuses il y réussit... presque!

Il construisit et essaya, en 1852, un premier ballon, de forme allongée, cubant 2,500 mètres, muni d'une voile-gouvernail, auquel était adaptée une machine à vapeur de la force de trois chevaux. Cette machine, disposée avec un art merveilleux pour éviter toute chance d'incendie, et réduite aux moindres dimensions et au moindre poids possibles, imprimait à une hélice de 3 mètres 40 de diamètre une rotation d'environ cent dix tours par minute. Aucun détail n'était négligé ; rien n'était laissé au hasard, et M. Giffard savait d'avance au juste de quelle force ascensionnelle il pourrait disposer, quelle vitesse il obtiendrait en air calme, dans quelles limites il pourrait lutter contre un courant contraire, ou s'écarter de la direction que le vent donnerait à son navire. Ce fut donc sans inquiétude, comme sans illusion sur le résultat de l'expérience, qu'il s'éleva, le 24 septembre 1852, à cinq heures du soir, de l'Hippodrome de Paris. S'élever, c'était déjà plus que n'avait fait avant lui aucun inventeur de ballon prétendu dirigeable. Il faisait assez grand vent. M. Giffard ne songea point à soutenir contre cette force de la nature une lutte qu'il savait trop inégale. Il se contenta d'exécuter quelques manœuvres de mouvement circulaire et de déviation latérale, en se maintenant à une hauteur de 1,500 à 1,800 mètres, jusqu'à ce que, la nuit approchant, il éteignit le feu de sa machine, lâcha sa vapeur et effectua tranquillement sa descente dans la commune d'Emcourt, près de Trappe (Seine-et-Oise). Cette première expérience fournit à M. Giffard des données d'après lesquelles il construisit, trois ans plus tard, un nouveau navire aérien, encore plus parfait que le précédent, et avec lequel il put, dit M. G. Tissandier, « tenir tête au vent pendant quelques instants. » — Tenir tête au vent pendant quelques instants! voilà donc le résultat suprême de la direction des ballons ! — Cela se passait en 1855. Depuis, pendant et après le siège, un ingénieur de la marine, M. Dupuy de Lôme, a voulu, lui aussi, mettre au jour son ballon dirigeable. Il n'a produit, à grands frais et à grand bruit, qu'un mauvais pastiche de l'aérostat Giffard. Là où M. Dupuy de Lôme s'est écarté des dispositions imaginées par M. Giffard, — dont il s'est gardé de jamais prononcer le nom, — il n'a fait que retourner à des procédés qui caractérisent l'enfance de l'art aéronautique, comme, par exemple, en remplaçant la machine à vapeur par une escouade de matelots tournant à force de bras l'arbre de l'hélice. L'appareil de M. Dupuy de Lôme fut essayé, le 2 février 1872, à Vincennes. Les résultats de cet essai furent tels, qu'on jugea inutile de le renouveler. La fantaisie de M. Dupuy a coûté à l'État une cinquantaine de mille francs. J'ai oublié de dire que M. Giffard avait fait tous les frais de ses belles expériences, les seules, il faut le dire hautement, qui, dans la longue série des tentatives faites pour transformer les aérostats en navires aériens, se présentent avec un caractère vraiment original et scientifique. Est-ce à dire que, comme l'ont déclaré quelques personnes, M. Giffard ait résolu *en principe* le problème de la navigation aérienne, qu'il ne reste, pour arriver à la solution *de fait,* qu'à réaliser

des perfectionnements de mécanisme et de construction, et qu'on n'ait plus
qu'à marcher devant soi dans une voie désormais ouverte et frayée? Nous ne
le pensons pas. Nous sommes convaincu, au contraire, que les travaux de
M. Henri Giffard marquent la limite extrême où cette voie pouvait conduire,
et que le mérite de cet éminent ingénieur est d'avoir fait, pour la direction
des ballons, tout ce qu'il est possible de faire dans l'état actuel de nos con-
naissances et de nos moyens d'action. Grâce à lui, le problème, tel qu'il avait
été posé à l'origine de l'aérostation, est désormais résolu, et résolu négative-
ment. Considéré d'une manière plus générale, il subsiste dans son intégrité.
Nous pouvons seulement aujourd'hui, en procédant par élimination, déterminer
avec assez de certitude : d'une part, les solutions qui doivent être définiti-
vement écartées; d'autre part, celle qui, si elle n'est pas possible encore,
pourra du moins le devenir.

Les divers systèmes proposés peuvent se réduire à deux principaux. Le pre-
mier, sans prétendre diriger réellement les ballons, veut simplement mettre
à profit les courants qui règnent aux diverses hauteurs de l'atmosphère, et
dont quelques-uns ont une direction régulière et une durée plus ou moins
longue. Ce système est, comme on le voit, exempt d'ambition; il se soumet
de bonne grâce au despotisme des vents; il se résigne à attendre leur bon
plaisir, à n'aller à l'orient que lorsque la brise souffle de l'ouest, au sud que
quand elle souffle du nord. Ce n'est pas là une solution, c'est un aveu d'im-
puissance, bien que des aéronautes habiles et exercés puissent tirer un parti
des plus avantageux des grands courants aériens.

Dans le second système, on se préoccupe surtout de trouver la forme qu'il
conviendrait de donner au ballon, les agrès et le mécanisme dont il faudrait
le pourvoir pour en faire un véhicule plus commode et plus rapide que la lo-
comotive et le bateau à vapeur. Car remarquons bien que l'aéronautique ne
sera qu'une chose de fantaisie, un tour de force stérile, tant qu'elle ne réa-
lisera pas un progrès sensible sur nos moyens actuels de transport.

Or le ballon, quelle que soit sa forme, n'est autre chose qu'une bulle de gaz
tenue en suspension dans l'air, devenue partie intégrante de ce fluide, impli-
quée dans toutes ses fluctuations, et incapable, par conséquent, d'acquérir un
mouvement indépendant. En effet, pour qu'un corps puisse se mouvoir dans
un milieu, la première condition, c'est qu'il possède une plus grande *masse*,
où le mouvement produit puisse s'accumuler de façon à fournir toujours une
force capable de vaincre la résistance de ce milieu ; et cette plus grande masse
suppose nécessairement une plus grande densité. Ainsi sont faits les oiseaux,
plus lourds que l'air, comme chacun sait, et aux pattes desquelles la nature
s'est bien gardée d'attacher, sous prétexte de les soutenir, de petits ballons
qui leur eussent rendu le vol impossible. Aussi faut-il admirer la naïveté des
inventeurs qui se sont imaginé qu'ils *fendraient* l'air avec des ballons pisci-
formes, conoïdes, ovoïdes. Loin de pouvoir jamais aider à la locomotion aérienne,

le ballon, quelque forme qu'on lui donne, ne saurait être qu'un impédiment, une sorte de boulet dont l'inertie paralysera toujours la marche de l'appareil qu'on y aura adapté ; et de deux choses l'une : ou cet appareil aura assez de force pour vaincre la résistance de l'air, et dans ce cas la même force lui servira également à se maintenir ; ou il ne pourra se soutenir seul, et alors la force motrice sera d'autant moins capable de triompher de la résistance atmosphérique, que cette résistance trouvera un puissant auxiliaire dans le ballon, qui portera, il est vrai, la machine, mais qu'en revanche la machine devra traîner.

Donc, pour arriver à une solution rationnelle du problème, la première chose à faire, c'est de renoncer au ballon, par la raison même que le ballon augmente le volume total de l'appareil en le rendant spécifiquement plus léger que l'air, tandis que, je le répète, un corps doit toujours être plus dense que le milieu *dans* lequel il se meut. Je souligne *dans,* afin qu'on ne m'objecte pas les navires : les navires, en effet, se meuvent *sur* l'eau, et non pas *dans* l'eau ; et d'ailleurs ils ne demandent point aux courants l'impulsion nécessaire pour lutter contre ces mêmes courants ; ce qui, soit dit en passant, est l'erreur fondamentale de tous les ballons à voiles.

Et maintenant, si l'on me demande comment je conçois qu'on puisse parvenir à naviguer dans l'air, je montre un oiseau et je réponds : Imitez cela ; construisez un navire dont la densité spécifique soit avec celle de l'air dans le même rapport que celle du corps de cet oiseau. Donnez-lui une forme analogue, et surtout trouvez un moteur capable de remplacer la force musculaire de l'animal, et de produire un mouvement d'une énergie et d'une rapidité suffisantes, sans nuire à la légèreté de l'appareil.

M. Nadar et les partisans de l'*aviation,* quoique peu versés dans la physique et dans la mécanique, ont parfaitement compris, il faut le reconnaître, la nécessité d'abandonner le ballon et de construire un oiseau artificiel. Ils veulent donner à cet oiseau, au lieu d'ailes frappant l'air obliquement ou verticalement, des ailes tournantes et de forme hélicoïde. Soit ; mais cela n'est que secondaire. L'hélice est un *organe propulseur,* et non pas un *moteur.* Comme tous ses devanciers, M. Nadar néglige le point fondamental, la production du mouvement. Sa « chère hélice », pour soutenir et faire avancer le navire, aura besoin d'opposer à l'air une surface très étendue, d'offrir une résistance considérable et de tourner avec un extrême rapidité. Or elle ne tournera pas toute seule. Le mouvement ne peut lui être donné que par une machine puissante. Quelle sera cette machine? Là est le nœud du problème, et c'est ce nœud que MM. Nadar et de la Landelle n'ont ni délié ni tranché.

Ce qui nous manque pour naviguer dans l'air, c'est précisément une force motrice à la fois douée d'une immense énergie, et n'exigeant qu'un appareil générateur de petite dimension et d'une grande légèreté.

Voilà l'*inconnu,* l'*x* faute duquel tous les projets de direction aéronautique échoueront misérablement.

CHAPITRE VIII

S'il existe sur quelque corps céleste dépourvu d'atmosphère, sur la lune, par exemple, des êtres composés et organisés de façon à vivre dans le vide, — chose, à la vérité, bien difficile à concevoir, — on peut au moins affirmer, à peu près à coup sûr, que ces êtres sont dépourvus d'un sens, l'ouïe, et d'un organe, la voix, à moins cependant qu'ils ne parlent ou ne crient et n'entendent à l'aide de quelque appareil spécial toujours en contact avec le sol. Car il n'en est pas du son comme de la lumière et de la chaleur, qui se propagent à travers le vide ou ce qu'on est convenu de nommer ainsi. Le son n'est autre chose, en effet, que la sensation produite sur l'organe de l'ouïe par un mouvement d'oscillation rapide des molécules de l'air, mouvement qui peut provenir, soit d'un déplacement brusque de ces molécules sur un certain point, soit de vibrations également rapides, imprimées par un choc ou par un frottement aux molécules d'un autre corps élastique. Ces vibrations, à la vérité, pourraient être perçues directement, ou transmises par tout autre milieu que l'air; car les corps solides et liquides transmettent le son plus distinctement et plus rapidement que les gaz. Mais l'air au sein duquel nous vivons, qui nous enveloppe constamment de toutes parts, n'en est pas moins, pour nous et pour les animaux terrestres, le véhicule indispensable du son.

Rien n'est plus propre à donner une idée du mode de propagation du son que l'effet produit à la surface d'une eau tranquille lorsqu'on y jette une pierre. Tout le monde a vu les *ondes* circulaires et concentriques qui se forment alors successivement autour du point où la pierre, en tombant, a brusquement déplacé les molécules liquides.

C'est par des ondes semblables, appelées *ondes sonores,* que le son se propage à travers les milieux élastiques, et notamment à travers l'air atmosphérique. Il y a aussi, là où le son se produit, déplacement des molécules de l'air tout autour du corps sonore, et, par suite, condensation de la couche sphérique voisine. En vertu de l'élasticité de l'air, cette condensation est bientôt suivie d'une dilatation qui réagit sur les molécules de la couche sphérique voisine, et les condense à leur tour. Cette seconde couche, par son élasticité, agit de même sur une troisième, et ainsi de suite, jusqu'à ce que ces ondulations, de plus en plus affaiblies par les résistances que chaque couche rencontre dans la couche suivante, finissent par s'éteindre tout à fait.

Ondes sonores.

Ce sont, on le devine, ces ondes sonores qui, lorsqu'elles viennent frapper l'organe auditif, déterminent la sensation du son.

On démontre, par une expérience parfaitement concluante, que le son ne se propage point dans le vide. Dans un ballon à robinet, semblable à celui qui sert à peser les gaz (voyez chap. 1er, page 15), on suspend par une tige rigide une petite sonnette. Si l'on agite le ballon plein d'air, on entend parfaitement le bruit de la sonnette ; mais mettons-le en communication avec la machine pneumatique, faisons le vide au dedans, puis fermons le robinet, et agitons de nouveau. Nous verrons bien le battant de la sonnette frapper la paroi métallique ; mais nous n'entendrons rien, parce que les vibrations de cette paroi ne se communiqueront à aucun corps qui puisse les faire parvenir jusqu'à notre oreille. La même expérience peut s'exécuter d'une manière plus saisissante, au moyen d'une sonnerie d'horloge placée sous le récipient de la machine pneumatique. Cette sonnerie, préalablement mise en mouvement, rend un son intense, que tout le monde connaît, et qui se transmet très dis-

tinctement à travers les parois de cristal du récipient, tant que celui-ci est
plein d'air. Mais si l'on fait jouer les pistons, il s'affaiblit graduellement au fur
et à mesure que l'air se raréfie. Lorsque le vide est fait, le silence se fait
aussi dans le récipient, bien qu'on voie toujours le marteau frapper le timbre ;
mais si l'on ouvre le robinet et qu'on laisse rentrer l'air peu à peu, on entend
de nouveau la sonnerie faiblement d'abord, puis mieux, jusqu'à ce qu'enfin
le son redevienne aussi distinct qu'au début de l'expérience.

On voit par là que l'intensité du son est sensiblement accrue ou diminuée,
suivant que l'air au sein duquel il se produit est plus ou moins dense. C'est
aussi ce qui résulte des observations faites par un grand nombre de physi-
ciens dans les différentes régions de l'atmosphère. Sur les cimes des hautes
montagnes, le bruit des pas, la voix, les détonations même des armes à feu
perdent beaucoup de leur force.

Th. de Saussure, ayant tiré un coup de pistolet sur le mont Blanc, n'entendit
qu'une sorte de craquement semblable à celui d'un bâton qu'on brise. Dans
les couches d'air encore plus dilaté où sont parvenus plusieurs aéronautes,
on est obligé, pour se faire entendre des personnes avec qui l'on est, de leur
parler dans l'oreille et de forcer sa voix comme pour crier, et le bruit d'un
coup de fusil ou de pistolet est comparable à celui que fait à terre la détona-
tion d'une capsule.

Remarquons ici que l'intensité du son dépend de la densité de l'air à l'en-
droit où il se produit, et non à l'endroit où se trouve l'observateur qui le
perçoit. Il n'est donc pas vrai, comme on le croit vulgairement, que le son
monte. Le son se propage également dans toutes les directions, tant horizon-
talement que verticalement, de bas en haut ou de haut en bas, et son inten-
sité décroît dans tous les sens, en raison du carré de la distance : c'est-à-
dire qu'à une distance double le son est quatre fois moins fort ; à une distance
triple, neuf fois moins, et ainsi de suite. Seulement, comme la densité de
l'air décroît à mesure qu'on s'élève, la même cause qui produit à la surface
du sol un bruit ou un son d'une certaine intensité, ne produira qu'un son plus
faible à 100 mètres au-dessus, plus faible encore à 150 mètres, et ainsi de suite.
Supposons, par exemple, une personne placée sur la plate-forme de la colonne
Vendôme, et la musique d'un régiment jouant au pied de ce monument. J'ignore
quelle est la hauteur de la colonne Vendôme ; supposons-la de 100 mètres.
Le son des instruments parviendra aux oreilles de notre observateur avec la
même intensité que si celui-ci se trouvait à terre, à la même distance des
musiciens. Mais il en sera autrement si nous mettons la personne au pied de
la colonne et les musiciens sur la plate-forme ; alors les sons lui arriveront
sensiblement plus affaiblis que dans le premier cas. D'où elle sera conduite à
ce raisonnement spécieux, mais faux : « Tout à l'heure j'étais là-haut, et les
musiciens étaient en bas ; j'entendais bien ce qu'ils jouaient. Maintenant je
suis en bas, eux sont en haut ; la distance d'eux à moi est la même, et cepen-

dant je les entends beaucoup moins bien : donc le son se propage mieux de bas en haut que de haut en bas. » La vérité est que dans les deux cas le son a été transmis suivant la même loi, mais qu'il était réellement plus intense dans le premier que dans le second.

Nous avons fait abstraction, dans tout ce qui précède, des mouvements de l'air et de sa température. On conçoit tout de suite que ce sont là des circonstances qui exercent une grande influence sur l'intensité du son. La direc-

Sonnerie dans le vide.

tion du vent ne modifie point l'intensité de son produit, mais elle modifie celle du son perçu, en favorisant ou en contrariant sa propagation. Cela revient à dire que le son ne se propage pas dans un air agité de la même manière que dans un air calme, ou que les ondes sonores se déplacent avec le vent, comme les ondulations produites dans l'eau d'une rivière par la chute d'un corps pesant se déplacent avec le courant. C'est ce que les poètes expriment en disant qu'un son est porté « sur les ailes du vent ». Tout le monde a été à même de constater que le bruit des cloches ou celui du canon s'entend au loin distinctement lorsqu'il vient du côté d'où souffle le vent, et que le contraire a lieu si le vent souffle dans une direction opposée.

Le froid, en condensant l'air, accroît l'intensité du son ; la chaleur la diminue en dilatant l'air. C'est pourquoi l'atmosphère est sonore pendant l'hiver, quand le thermomètre descend à plusieurs degrés au-dessous de zéro ; elle l'est beaucoup moins en été pendant les fortes chaleurs. De même une salle de spectacle ou de concert est moins avantageuse pour l'audition de la voix et des instruments lorsqu'elle est très fortement chauffée que lorsqu'elle est maintenue à une température modérée.

Quant aux conditions intrinsèques desquelles dépend l'intensité du son, elles résultent uniquement de l'amplitude des vibrations : plus les vibrations ont d'étendue, — en d'autres termes, plus les molécules vibrantes s'écartent de part et d'autre de leur position d'équilibre, — plus le son a de force. Il ne faut pas confondre l'intensité ou la faiblesse, en un mot, la *quantité* du son, avec sa gravité ou son acuité, c'est-à-dire avec sa *qualité*. Le son rendu par un corps élastique est d'autant plus aigu, que ce corps exécute dans un temps donné un plus grand nombre de vibrations, et par conséquent il est d'autant plus grave que ce nombre est moindre. Pour qu'un son soit perceptible, il faut qu'il ne soit ni trop grave ni trop aigu, que les vibrations ne soient ni trop lentes ni trop rapides. Le son le plus grave que nous puissions percevoir est celui qui correspond à 32 vibrations par seconde ; le plus aigu est représenté par 73,000 vibrations.

C'est peut-être ici le lieu de rendre compte de la différence qui existe entre le son et le bruit : deux mots qu'on emploie quelquefois indifféremment comme des synonymes, et dont chacun a pourtant son sens propre.

Le premier est celui par lequel on désigne, en physique, toute sensation faible ou intense, agréable ou désagréable, excitée dans l'organe de l'ouïe par les vibrations moléculaires dont j'ai parlé ci-dessus. Lorsqu'il s'agit seulement d'étudier les phénomènes au point de vue de leur origine, de leurs effets et des lois qui les régissent, en un mot au point de vue scientifique, on doit tendre à simplifier les expressions et à ne point multiplier sans nécessité les dénominations et les définitions. C'est pourquoi, en physique, le mot *son* est seul employé : c'est un terme abstrait qui suffit à représenter, dans quelque mode qu'on le considère, le sujet de l'*acoustique*.

Mais dans le langage philosophique ou littéraire, ainsi que dans le langage vulgaire, lorsqu'on se propose d'exprimer, non plus d'une manière générale la cause ou les effets d'un certain ordre de phénomènes, mais la nature et les nuances de nos sensations, ce même mot devient insuffisant, et l'on est obligé d'en restreindre la signification. On appelle donc *son*, ou plus explicitement *son musical*, celui qui produit sur l'ouïe une sensation assez nette et assez prolongée pour qu'on puisse en apprécier la valeur : en d'autres termes, ce son-là est une *note*, ou l'ensemble de plusieurs notes musicales. Si, au contraire, la sensation est trop courte pour pouvoir être appréciée, ou si c'est un mélange confus de sons discordants, ou si enfin l'ouïe est trop brusquement et trop violemment affectée pour éprouver autre chose qu'un choc étourdissant, alors le son change de nom : il s'appelle *bruit*. Ainsi on dit le son d'une voix, d'un instrument, d'une cloche, et le bruit d'une explosion, d'un vase qui se brise, d'un corps qui tombe, etc. Il y a en outre, dans chaque genre, des espèces, des variétés nombreuses. Ainsi, par exemple, parmi les bruits on distingue les claquements, les craquements, les sifflements, les détonations, les roulements, etc.

Quant aux sons proprement dits, leur classification, leurs concordances et leurs discordances sont l'objet d'un art dont la théorie est presque à elle seule une science : la musique.

Ces explications données, je continuerai d'employer, dans la suite, le mot *son* pour désigner d'une manière générale toute vibration moléculaire perceptible par l'organe de l'ouïe, sans prendre souci ni de sa qualité ni des causes diverses qui peuvent la produire. Je ne prétends en aucune façon, on le pense bien, faire de ce chapitre un traité d'acoustique, mais seulement donner un aperçu des phénomènes qui se rattachent à la production et à la propagation des sons au sein de l'atmosphère, et des lois qui y président.

Nous avons vu que l'intensité du son transmis est en raison inverse du carré de la distance. Cette intensité est, d'autre part, en proportion directe de celle du son produit : d'où il suit que, toutes choses égales d'ailleurs, un son a d'autant plus de portée qu'il a, à sa source même, plus d'intensité. Toutefois la portée du son est susceptible d'être modifiée, non seulement par des circonstances naturelles, telles que la direction du vent ou la densité du milieu ambiant, mais aussi par des moyens artificiels qu'il n'est pas sans intérêt d'indiquer. Ces moyens sont d'abord tous ceux qui augmentent ou diminuent l'intensité même du son : notamment la disposition près de sa source de substances élastiques ou non élastiques propres à renforcer le son, ou, au contraire, à l'absorber, à l'assourdir. Mais le procédé incomparablement le plus efficace auquel on puisse recourir pour accroître presque indéfiniment la portée du son, même le plus faible, consiste à utiliser le pouvoir conducteur des tubes ; et c'est ce qu'on fait en maintes circonstances. Témoin le porte-voix dont se servent les officiers de marine pour commander la manœuvre à leur bord ; témoin surtout le système *téléphonique* proposé vers la fin du siècle dernier par dom Gauthey, remis en avant de nos jours, et appliqué, mais seulement sur une petite échelle, à la transmission verbale des ordres et instructions dans un grand nombre d'établissements publics ou privés.

La théorie de ces appareils est très simple. Si le son s'éteint dans l'air libre à une faible distance de sa source, cela tient au développement toujours croissant que prennent les ondes sonores en se dispersant sous la forme sphérique. Mais en forçant ces ondes sonores à ne se propager que dans une seule direction, comme cela a lieu dans les tuyaux, et principalement dans les tuyaux cylindriques d'un petit diamètre, elles se propagent alors à une très grande distance sans affaiblissement sensible. Biot a pu ainsi entretenir avec une autre personne une conversation *à voix basse*, d'une extrémité à l'autre d'un tuyau long de 950 mètres, destiné à la conduite des eaux dans Paris, et les sons étaient perçus de part et d'autre avec une telle netteté, qu'on n'avait, dit l'illustre physicien, qu'un seul moyen de n'être pas entendu : c'était de ne pas parler du tout. Cet exemple fait assez comprendre qu'il serait facile d'établir, par ce procédé, un système de communications, non pas télégraphiques, mais *téléphoniques,* au moyen de tubes qui pourraient avoir plusieurs kilomètres de long, et par l'intermédiaire desquels les nouvelles seraient transmises de station en station, sans autre artifice que celui de la parole.

Les tubes acoustiques dont on fait usage dans les administrations sont en caoutchouc ; leur diamètre est de trois centimètres environ. Leurs extrémités sont munies de cornets en bois ou en ivoire, contre lesquels on applique la bouche pour parler, ou l'oreille pour entendre. Ces tubes, qui pendent à la muraille comme des cordons de sonnette, permettent aux directeurs de donner leurs ordres, de demander et de recevoir des renseignements, sans déranger leurs subordonnés, sans quitter leur cabinet ni même leur fauteuil. Le cornet acoustique dont se servent les personnes atteintes d'un commencement de surdité, pour entendre ce qu'on leur dit, est une application du même principe. Ce cornet est un véritable *porte-voix* renversé, dont l'extrémité conique est introduite dans l'oreille, et dont la partie évasée, ou *pavillon,* est dirigée vers la personne qui parle, de manière à recevoir et à concentrer les sons de la voix.

Puisque le son se transmet de son point de départ à des distances plus ou moins grandes, il est évident qu'il met un certain temps à parcourir ces distances, et l'on a dû chercher à déterminer le rapport qui existe entre le premier et le second de ces deux termes, autrement dit, à mesurer la vitesse du son. Or cette vitesse est très grande, sans doute, si on la compare à celle des corps que nous voyons se mouvoir sous l'impulsion des différentes forces mécaniques. Mais elle n'est pas comparable, par exemple, à celle de la lumière et de l'électricité ; elle est appréciable même pour les personnes étrangères aux procédés d'observation scientifique. On sait que l'intervalle très variable qui s'écoule entre l'apparition d'un éclair et le grondement du tonnerre est dû à ce que nous voyons le premier au moment même où il se produit, tandis que le bruit, qui pourtant est simultané, ne nous parvient qu'après un temps proportionnel à la distance. Un autre exemple bien des fois cité est celui du bûcheron qu'un observateur considère de loin, et dont il voit la cognée s'abattre sur un tronc d'arbre bien avant d'entendre le bruit du coup qu'elle a porté.

Les expériences destinées à mesurer exactement la vitesse du son ont été faites en France, avec une certaine solennité, en 1822, par les membres du Bureau des longitudes de l'Observatoire de Paris : Prony, Bouvard, Gay-Lussac, Arago et Mathieu. Un savant étranger s'était joint à eux, c'était Humboldt. On choisit deux stations facilement visibles l'une à l'autre : la tour de Montlhéry et l'un des plateaux qui avoisinent Villejuif. La distance entre les deux points fut exactement mesurée. Par une belle nuit du mois de juin on se partagea en deux groupes qui se rendirent, l'un à Montlhéry, l'autre à Villejuif, emmenant chacun une pièce de canon avec ses artilleurs. On s'était muni, en outre, d'excellents chronomètres parfaitement réglés. Au moment convenu, la pièce de l'une des stations tira. Ceux de l'autre station avaient les regards attachés, à travers l'obscurité, sur le point où elle se trouvait. Le chronomètre en main, ils notèrent l'instant précis où ils virent la lumière, puis celui où le son leur parvint. Dix minutes après leur pièce tira à son tour, et leurs collègues firent les mêmes constatations. Douze coups furent ainsi tirés alternativement, de dix minutes en dix minutes, et à chaque coup les observations furent répétées avec une ponctualité semblable. Or la distance d'une station à l'autre était de 18,612 mètres. L'intervalle moyen entre l'apparition de la lumière et l'audition des coups de canon fut trouvé de 54",6. Ce temps était précisément celui que le son avait mis à franchir l'espace compris entre les deux points d'observation : car la vitesse de la lumière est telle (308,000 kilomètres par seconde), que le temps qu'il lui fallait pour faire le même chemin est tout à fait inappréciable. On pouvait donc admettre avec certitude que le son parcourt 18,612 mètres en 54"6 : ce qui donne 340 mètres 89 centimètres par seconde, pour la température de 16 degrés au-dessus de zéro, qui était celle de l'air pendant l'expérience de Montlhéry et de Villejuif. A 10° la vitesse du son n'est plus que de 337 mètres par seconde, et de 333 mètres à 0°. A peine est-il besoin d'ajouter que l'alternance des coups de canon échangés entre les observateurs de Montlhéry et ceux de Villejuif avait pour but de faire disparaître les causes d'erreur provenant de la direction du vent, qui, si l'on n'eût établi cette compensation, eût conduit à un résultat inférieur ou supérieur à la vitesse réelle du son.

Il est impossible, en étudiant la transmission du son dans l'air, de ne point s'arrêter un instant au curieux phénomène connu sous le nom d'*écho*.

Dans l'ingénieuse mythologie des Grecs, Écho était une nymphe qui eut le malheur d'aimer éperdument le beau Narcisse. C'était une affection bien mal placée. Ce type de la fatuité demeura insensible aux soupirs de la pauvre nymphe, et mourut sottement d'amour pour lui-même. Quant à la délaissée, elle se mit à errer en gémissant dans les forêts et parmi les rochers, jusqu'à ce qu'enfin elle fut changée elle-même en rocher par la miséricorde des dieux, et ne conserva que la voix pour répéter éternellement les plaintes et les cris des mortels.

Nous sommes loin aujourd'hui du temps où ces gracieuses fictions composaient à peu près toute la science des peuples. La curiosité humaine ne se contente plus de poésie ; il lui faut un aliment plus substantiel.

Soyons donc de notre temps, et laissons la mythologie pour revenir à la physique.

Au xix° siècle, l'écho n'est plus

> ... une nymphe en pleurs qui se plaint de Narcisse :

c'est un effet de la réflexion du son, comme la répétition des images par les miroirs est un effet de la réflexion des rayons lumineux.

Lorsque les ondes sonores rencontrent un obstacle, elles sont réfléchies par les mêmes lois qui président à la réflexion d'une bille sur la bande d'un billard ; en sorte qu'un son ou un bruit parti d'un certain point est renvoyé vers ce même point, lorsque les ondes qu'il a soulevées viennent se heurter contre un mur ou contre tout autre objet situé à proximité. L'écho est donc dû à la répercussion du son. Mais pour que le phénomène se produise, il y a une condition indispensable : c'est que l'obstacle réflecteur soit à une distance d'au moins 17 mètres de l'observateur ; sans quoi, la vitesse du son étant, comme on l'a vu ci-dessus, d'environ 340 mètres par seconde, l'intervalle entre la perception du son primitif et celle du son réfléchi serait moindre qu'un dixième de seconde, temps nécessaire pour que le son parcoure 34 mètres : soit 17 mètres pour aller jusqu'à l'obstacle, et 17 mètres pour venir frapper l'oreille ; et les deux perceptions, au lieu d'être distinctes, seraient confondues. Le son serait plus fort, mais il serait simple ; il n'y aurait pas écho, mais seulement réso- nance.

Dix-sept mètres sont donc la distance nécessaire à la répercussion du son le plus bref: d'une syllabe, par exemple ; et cette distance ne comporte que l'écho monosyllabique. Si elle est double, l'écho est *dissyllabique ;* si elle est triple, l'écho est *trissyllabique,* et ainsi de suite, tant que le mouvement vibra- toire de l'air est assez intense pour être réfléchi jusqu'à l'oreille de l'obser- vateur. Quelquefois deux obstacles, deux murs parallèles, par exemple, sont placés vis-à-vis l'un de l'autre, à une distance telle, qu'ils se renvoient ré- ciproquement le son à plusieurs reprises. Dans ce cas, l'écho est *multiple.* « On cite, à douze kilomètres de Verdun, dit Ganot, un écho multiple formé par deux tours parallèles, distantes l'une de l'autre de 50 mètres environ. En se plaçant entre elles, et prononçant un mot à haute voix, il est répété douze fois. L'écho le plus remarquable en ce genre est celui du château de Simonetta, en Italie, qui répète quarante à cinquante fois un coup de pistolet. »

Remarquons, en terminant, que le son ne se réfléchit pas seulement sur des obstacles solides et résistants, mais aussi sur des surfaces liquides, sur les nuages, sur les brouillards, et même sur des couches d'air plus denses que celles où il s'est produit. A la vérité, ses réflexions sont aussi moins nettes, moins complètes, et il ne tarde pas à s'éteindre entièrement. Les obstacles, suivant leur nature, modifient ordinairement le son en le répétant ; ce qui donne lieu parfois à des effets étranges. Tel écho répète les paroles avec un accent plaintif, tel autre avec un accent moqueur. Combien de légendes fantastiques, de croyances superstitieuses, ont dû être enfantées par ces apparentes bizarreries de l'impassible nature !

CHAPITRE IX

Le son n'est dans l'air qu'un accident passager, une perturbation légère, qui affecte seulement çà et là quelques points imperceptibles de la masse atmosphérique. C'est d'ailleurs un phénomène simple, dont l'explication n'est qu'un jeu pour le physicien, et devient aisément familière, après quelques heures d'étude, aux personnes les moins versées dans les sciences, aux intelligences les plus vulgaires. On n'en saurait dire autant de la lumière, de la chaleur, de l'électricité, du magnétisme. Ce sont là des agents mystérieux, dont l'essence est inconnue, et qui donnent lieu à des effets d'une variété merveilleuse, d'une puissance extraordinaire, mais aussi d'une complication souvent inextricable. Leur rôle dans les phénomènes physiques, chimiques et physiologiques, est capital. Et si on les considère dans leurs rapports avec l'air atmosphérique, on ne tarde pas à reconnaître que toutes les modifications que ce milieu subit, — soit qu'elles lui viennent du dehors et qu'il les transmette à la terre et aux êtres placés à sa surface, soit qu'il les reçoive du monde terrestre, soit enfin qu'elles se produisent par des causes inhérentes à sa constitution même, — toutes ces modifications, dis-je, peuvent se ramener à des phénomènes calorifiques, lumineux, électriques ou magnétiques, dont l'atmosphère est à la fois le siège et le véhicule, ou plutôt, si l'on me permet l'emploi d'un terme tout philosophique, le *substratum*.

On trouvera dans la seconde partie de ce livre la description, et autant que faire se pourra, l'explication de ces phénomènes. Je me bornerai ici à dire par quels artifices théoriques la science a pu s'en rendre compte, bien qu'elle ignore absolument la nature des causes qui les engendrent. Je donnerai au chapitre suivant une idée de la manière dont ces causes inconnues agissent sur l'atmosphère, et dont l'atmosphère, à son tour, réagit sur elles. Ces actions réciproques sont autant de manifestations des propriétés de l'air. Leur connaissance est donc le complément nécessaire des notions de physique atmosphérique qui forment le sujet de cette première partie, et une introduction indispensable à l'étude de la météorologie proprement dite.

La nature procède toujours, en toutes choses, du simple au composé. Mais l'esprit humain suit une marche contraire : il va du composé au simple. Il observe d'abord des effets nombreux et variés, et sa première tendance est de les attribuer à autant de causes diverses ; puis une observation plus attentive et plus réfléchie lui fait apercevoir entre eux des analogies qui lui permettent de les grouper en catégories de plus en plus étendues, et de rapporter à une même origine tous ceux qu'il a fait entrer dans une même catégorie.

Enfin un résultat capital du progrès des sciences spéculatives a été d'accroître incessamment l'étendue de ces catégories, et d'en réduire proportionnellement le nombre. Il y a quelques années à peine que la distinction des phénomènes physiques en plusieurs classes correspondait, dans la pensée des savants, à l'existence réelle d'autant de causes différant entre elles, non pas seulement par leur mode d'action, mais par leur essence même. On considérait, par exemple, le calorique, la lumière, l'électricité et le magnétisme comme des agents pouvant avoir entre eux certains rapports, certaines analogies, mais qu'on se fût bien gardé néanmoins de ramener à un principe unique. On ne doutait point, bien entendu, qu'ils ne fussent matériels. Seulement, comme ils franchissent avec une prodigieuse rapidité des espaces immenses ; comme ils se propagent soit à travers le vide (on croyait encore au vide alors), soit à travers des corps très denses et très volumineux ; comme d'ailleurs il était de toute impossibilité de les saisir et de les peser, on pensait que ce devaient être des substances d'une fluidité et d'une subtilité prodigieuses, et on leur donnait, par ce motif, le nom de *fluides impondérables*. Les prudents préféraient les appeler *impondérés ;* car, disaient-ils, si nous ne savons pas maintenant en déterminer le poids, rien ne prouve que nous ne le saurons pas quelque jour.

On admettait, d'ailleurs, que ces fluides étaient susceptibles de s'unir en plus ou moins grande quantité avec les corps matériels, et de s'en séparer pour passer à d'autres ou pour se perdre dans l'espace. Dans le premier cas, on disait qu'ils se trouvaient à l'état latent ou caché ; dans le second cas, que les corps chauds émettaient du calorique ; les corps lumineux, de la lumière ; les corps électrisés, de l'électricité. De là le nom de théorie de l'*émission,* sous lequel on désigne cette hypothèse, laquelle était liée à celle du vide, telle que Newton et Pascal l'avaient établie.

Cette solidarité se conçoit aisément ; car, si l'espace est vide, la lumière et la chaleur que les planètes et les satellites reçoivent de leurs soleils ne peuvent être que des fluides traversant cet espace pour aller d'un monde à l'autre. Quant aux interstices qui séparent les molécules et les atomes dont se composent les corps, on ne pouvait dire qu'ils fussent vides, bien qu'on les supposât perméables au calorique, à la lumière, à l'électricité, au magnétisme. Et notamment les dilatations, les contractions, les changements d'état des corps sous l'influence de l'échauffement et du refroidissement ne s'expliquaient que par l'interposition d'un fluide, qui écartait leurs molécules lorsqu'il y pénétrait en grande quantité, et les laissait se rapprocher lorsqu'il s'échappait au dehors. Aussi la pluralité de ces fluides, qui pouvaient tous se rencontrer ensemble dans une même substance, ne laissait-elle pas d'être un peu embarrassante.

Soyons justes toutefois : la théorie de l'émission, fort dédaignée des gens qui se piquent de philosophie, a rendu à la science d'inappréciables services; elle a surtout, grâce à la facilité avec laquelle elle se prête aux démonstrations, puissamment contribué à faciliter l'enseignement et la vulgarisation de la physique : à telles enseignes qu'on est encore obligé de s'y tenir dans les cours élémentaires; car beaucoup d'enfants, et même des gens du monde, qui acceptent parfaitement l'intervention possible de trois ou quatre fluides, doués chacun de propriétés caractéristiques et distinctes, seraient arrêtés en maint endroit lorsqu'il leur faudrait appliquer à l'intelligence de certains phénomènes l'hypothèse très belle, sans doute, mais un peu abstraite, des ondulations, qu'on a maintenant substituée à celle de l'émission.

J'essayerai pourtant d'initier mes lecteurs à cette nouvelle théorie, en m'efforçant de la rendre accessible aux esprits peu familiers avec les considérations philosophiques.

Cette théorie a pour point de départ la négation du vide. Elle suppose, par conséquent, l'immensité de l'espace, les intermondes, aussi bien que les interstices moléculaires des corps, entièrement remplis par un seul fluide d'une subtilité et d'une mobilité inconcevables, auquel elle restitue le nom d'*éther*, que lui avaient donné les philosophes de l'antiquité. Et de même que le son n'est autre que l'effet de l'ébranlement communiqué à l'air ou à tout autre milieu par les vibrations des corps sonores, et se propageant sous la forme d'ondes ou d'ondulations; de même aussi les phénomènes que nous appelons chaleur, lumière, électricité, magnétisme, ne seraient que des ondulations diversement amples et rapides imprimées à l'éther par des causes inconnues, et transmises par lui aux corps plus denses ou plus grossiers que nos sens nous permettent d'observer.

Dans cette hypothèse, tous les phénomènes physiques se trouvent ramenés à des modes variés d'un seul phénomène primordial, le mouvement. A la pluralité arbitraire des fluides impondérables se substitue semblablement l'unité du principe éthéré : que dis-je? peut-être de la matière elle-même. Car, une fois lancé dans de telles théories, rien n'empêche de les pousser jusqu'à leurs dernières conséquences. Rien n'empêche d'admettre qu'une même substance élémentaire, répandue dans les espaces infinis, a pu, en se condensant plus ou moins, en groupant ses atomes de mille et mille manières, donner naissance aux gaz, aux liquides, aux solides qui, agglomérés en masses énormes, ont formé les mondes, mais que partout autour de ceux-ci elle est demeurée dans son état primitif de fluidité. On est conduit ainsi, de déduction en déduction, à rattacher aux mouvements de l'éther, non seulement les phénomènes physiques, mais encore les phénomènes astronomiques, les évolutions des corps célestes ; à expliquer de cette façon ce que Newton a appelé la gravitation, et qu'il rapportait à une cause indéfinissable, l'*attraction*. Des faits d'une haute importance fournissent, il faut bien le dire, des arguments d'une grande valeur aux partisans des ondulations. Au premier rang se place le phénomène si curieux des interférences, observé d'abord en 1650 par le P. Grimaldi, et que Thomas Young et Fresnel ont mis dans tout son jour au commencement de ce siècle, mais seulement par rapport à la lumière. Il consiste en ce que, dans de certaines conditions, *de la lumière ajoutée à de la lumière produit de l'obscurité*. Cet effet singulier, tout à fait inexplicable dans le système de l'émission, devient, au contraire, facile à comprendre, si l'on admet que la lumière se propage au sein de l'éther par des ondulations analogues à celles qu'on voit à la surface d'un liquide. Il se passe alors dans les interférences des rayons, disons mieux, des ondulations lumineuses, quelque chose de semblable à ce qui arriverait si l'on jetait d'une même hauteur, dans une eau tranquille, deux pierres de même grosseur, à peu de distance l'une de l'autre. Les ondes circulaires soulevées par cette double perturbation de l'équilibre des molécules liquides viendraient se rencontrer sur une certaine étendue ; leurs mouvements s'ajouteraient en des points donnés et détermineraient une agitation plus grande du liquide ; mais en d'autres points ils se neutraliseraient, et l'eau resterait sensiblement calme. En un mot, on conçoit que deux ondulations lumineuses puissent, en se rencontrant, produire les ténèbres, comme on conçoit que deux mouvements quelconques, égaux et contraires, produisent l'immobilité. Ce qui donne, du reste, à cette explication tous les caractères de l'évidence, c'est qu'une chose absolument semblable a lieu lorsque les ondulations sonores de même longueur se croisent de telle façon que la demi-onde condensante de l'une rencontre la demi-onde dilatante de l'autre. Les deux sons se détruisent alors réciproquement, et le silence se fait. Ainsi un seul coup d'archet sur une corde de violon, une note donnée par une flûte ou par une clarinette produisent toujours un son ; mais il peut très bien arriver que deux coups d'archet sur les cordes similaires de deux violons, que la même note donnée à la fois sur deux flûtes ou sur deux clarinettes ne produisent que le silence, et cela par un effet d'interférence sonore.

Ce n'est pas tout : si la théorie des ondulations est vraie pour la lumière, elle doit l'être aussi pour le calorique, et il doit se produire des interférences de rayons calorifiques comme il se produit des interférences de rayons lumineux. En effet, MM. Fizeau et Foucault ont démontré par l'expérience que des rayons calorifiques se rencontrant dans des conditions convenables s'entre-détruisent ; qu'avec de la chaleur on peut faire du froid. Enfin il est aujourd'hui hors de doute que, comme le mouvement mécanique se transforme en chaleur, de même aussi la chaleur est susceptible de se transformer en mouvement mécanique ; d'où il est logique de conclure que la chaleur et le mouvement mécanique ne sont, au fond, qu'une seule et même chose : ce que MM. Joule, Hirn et Tyndall ont confirmé, du reste, en déterminant, et par le calcul et par l'expérience, l'équivalent mécanique de la chaleur.

Il resterait maintenant à étendre également le système du mouvement éthéré aux phénomènes électriques et magnétiques. Or rien assurément ne s'oppose à ce qu'on admette pour ces phénomènes une troisième et une quatrième espèce de mouvement se produisant au sein de l'éther. Il faut avouer cependant qu'en fait d'électricité et de magnétisme, l'hypothèse des fluides s'est si bien prêtée jusqu'ici à l'intelligence et à la démonstration des faits observés, sinon à leur explication philosophique, que les partisans les plus déterminés de la théorie des ondulations n'ont pas cru devoir insister sur son application à cet ordre de phénomènes.

Il y aurait d'ailleurs plus d'une objection sérieuse à élever contre la doctrine qui nous occupe ; et peut-être, en l'examinant à fond, trouverait-on qu'il faut, comme on dit vulgairement, en prendre et en laisser. Elle a sans doute un côté grandiose et positif qui satisfait à la fois l'imagination et la raison. Il y a quelque chose de vraiment beau, de vraiment digne du génie philosophique moderne, dans cette conception de l'unité de la nature et de la simplicité de ses procédés. La négation du vide répond à une sorte de pressentiment de l'esprit humain, à une horreur instinctive, dont les meilleurs arguments n'avaient jamais pu triompher entièrement, alors même que le système contraire était dans toute sa puissance. Elle résout, en outre, bien des difficultés que les plus habiles ne pouvaient qu'éluder par des détours ingénieux, et que le grand Newton lui-même avait reconnu invincibles. Elle s'accorde enfin manifestement avec les récentes découvertes de l'astronomie. Un astronome de Berlin, M. Encke, a trouvé, en 1819, que les comètes éprouvent, dans leur course à travers l'espace, une résistance capable de les faire dévier sensiblement de la route que le calcul leur assigne. En observant la marche de la comète qui porte son nom, durant ses apparitions successives, en 1822 et 1832, il a remarqué que sa position véritable anticipait sans cesse, et d'une manière uniforme, sur sa position calculée d'environ deux jours à chaque révolution : c'est-à-dire que le retour de cet astre s'effectuait constamment deux jours plus tôt qu'il n'aurait dû suivant le calcul théorique. Ce fait frappa si vivement Arago, qu'il écrivit en 1831 dans l'*Annuaire du Bureau des longitudes :* « La marche de la comète à courte période vient démontrer qu'un nouvel élément devra désormais être pris en considération : je veux parler de la résistance qu'une substance gazeuse très rare qui remplit les espaces célestes, et qu'on est convenu d'appeler *éther,* oppose au déplacement de tous les corps qui la traversent. »

On a établi depuis que la déviation de cette comète est due à la résistance de la dernière atmosphère, prodigieusement dilatée, du soleil. Mais l'observation de M. Encke n'en reste pas moins une preuve du plein de l'espace, au moins en ce qui concerne notre système planétaire.

En résumé, on peut accorder, avec Lecouturier, « qu'une substance qui s'est manifestée par une pareille résistance opposée à un corps céleste soumis au calcul n'est plus hypothétique, » et avec M. William Thompson, « que l'existence d'un milieu formant à travers l'espace une communication matérielle jusqu'aux corps visibles ou invisibles les plus éloignés, ne doit plus être mise en doute. »

Mais le plein des espaces implique-t-il nécessairement la réalité du système des ondulations et l'identité d'essence entre la lumière, la chaleur, l'électricité et le magnétisme? La vitesse et l'amplitude plus ou moins grandes des vibrations de l'éther, leur direction longitudinale ou transversale suffisent-elles pour rendre compte des différences profondes que présentent les effets de ces agents? Ces vibrations donnent-elles la raison d'être des phénomènes si complexes du calorique latent et du calorique rayonnant, de la diathermanéité et de la conductibilité, des réfractions et des diffractions lumineuses, de la composition et de la décomposition de la lumière blanche, des attractions et des répulsions électriques, du pouvoir des pointes, des courants électriques et magnétiques?... Voilà ce qu'il est permis de contester, sans pour cela s'inscrire en faux contre la doctrine, très rationnelle en elle-même, je le répète, du plein universel. Et maintenant le lecteur demandera-t-il ce que c'est que l'éther? Ce serait pousser bien loin la curiosité. M. William Thompson, dont je parlais il y a un instant, incline à croire que l'éther est une continuation de notre propre atmosphère. Je n'entreprendrai pas de discuter cette opinion qui est purement arbitraire, et à côté de laquelle on pourrait élever toute autre supposition, qui ne serait ni plus ni moins soutenable ou contestable. En toute chose il faut savoir se borner, et c'est pour la science surtout une loi impérieuse, une condition indispensable de force et d'intégrité, de s'arrêter là où le terrain solide de l'observation et du calcul vient à lui manquer. A cette question indiscrète : « Qu'est-ce que l'éther? » il n'y a donc point de réponse.

Une autre question plus légitime est celle-ci : Comment accorder l'existence de l'éther avec les résultats si saisissants et si concluants des expériences de Torricelli, de Pascal et d'Otto de Guericke, touchant la pesanteur de l'air, le vide de la chambre barométrique, etc. ? — Au fond il n'y a là rien de contradictoire. La théorie du baromètre et celle de la machine pneumatique restent entières. Il faut seulement ne pas perdre de vue que les mots *plein* et *vide,* qu'on emploie dans les démonstrations, n'ont qu'un sens relatif, et non une valeur absolue. Lorsqu'on dit, par exemple, que la chambre barométrique ou le récipient de la machine pneumatique est vide, cela signifie seulement qu'il ne s'y trouve aucun corps dont il nous soit possible de constater la présence[1]; et il importe peu de savoir s'il est réellement vide ou s'il est occupé par de l'éther.

---

[1] On sait cependant aujourd'hui qu'il existe dans la chambre barométrique des traces de vapeur mercurielle.

CHAPITRE X

Nous avons étudié, dans les chapitres précédents, les phénomènes atmosphériques qui se rapportent directement à la pesanteur ou gravité, considérée comme une force universelle attirant les uns vers les autres tous les corps en raison directe de leurs masses, et en raison inverse du carré des distances. Ce sont là des phénomènes purement statiques et mécaniques, dépendant des conditions d'équilibre de l'air lui-même ou des corps qui y sont plongés. Mais l'air est le siège, ou, pour nous servir de l'expression adoptée par les physiciens, le *milieu* de phénomènes très variés et très complexes, qui jouent, par rapport aux êtres vivants, un rôle tellement important, qu'on peut les considérer comme les conditions mêmes de la vie, telle au moins que nous la pouvons observer et concevoir. Peut-on, en effet, se représenter une plante, un animal, un homme vivant sans chaleur et sans lumière? Non, sans doute. Eh bien, l'air est le réceptacle de ces deux principes essentiels de la vie : c'est lui qui les recueille, les retient et les distribue à la surface du globe terrestre.

Et d'abord il possède, par rapport à la lumière, des propriétés remarquables, et nous pouvons bien ajouter précieuses; car sans elles la terre serait un morne et lugubre séjour.

« L'air, malgré sa transparence, dit Biot, intercepte sensiblement la lumière, et la réfléchit comme tous les autres corps. Mais les particules qui le composent étant extrêmement petites et très écartées les unes des autres, on ne peut les apercevoir que lorsqu'elles sont réunies en assez grandes masses. Alors la multitude des rayons lumineux qu'elles nous envoient produit sur nos yeux une impression sensible, et nous voyons que leur couleur est bleue. En effet, l'air donne une teinte bleuâtre aux objets entre lesquels il s'interpose. Cette teinte colore très sensiblement les montagnes éloignées, et elle est d'autant plus forte, qu'elles sont plus distantes de nous... C'est encore la couleur propre de l'air qui forme l'azur céleste, cette voûte bleue qui paraît nous environner de toutes

parts, que le vulgaire appelle le ciel, à laquelle tous les astres paraissent atta-
chés. A mesure qu'on s'élève dans l'atmosphère, cette couleur devient moins
brillante. La clarté qu'elle répand diminue avec la densité de l'air qui la réflé-
chit, et sur le sommet d'une haute montagne, ou dans un aérostat fort élevé,
le ciel paraît d'un bleu presque noir.

« L'air n'est pas lumineux par lui-même, car il ne nous éclaire point pen-
dant l'obscurité. La lumière qu'il nous envoie lui vient du soleil et des astres.
Sa couleur prouve qu'il réfléchit les rayons bleus en plus grande quantité que
les autres; car on sait par expérience que la lumière est composée de rayons
différents qui produisent sur nos yeux la sensation de diverses couleurs, et ce
qu'on nomme la couleur d'un corps n'est que celle des rayons qu'il nous ré-
fléchit. L'air est donc autour de la terre comme une sorte de voile brillant,
qui multiplie et propage la lumière du soleil par une infinité de répercussions.
C'est par lui que nous avons le jour lorsque le soleil ne paraît pas encore sur
l'horizon. Après le lever de cet astre, il n'y a pas de lieu si retiré, pourvu que
l'air puisse s'y introduire, qui n'en reçoive la lumière, quoique les rayons du
soleil n'y arrivent pas directement. Si l'atmosphère n'existait pas, chaque point
de la surface terrestre ne recevrait de lumière que celle qui lui viendrait di-
rectement du soleil. Quand on cesserait de regarder cet astre ou les objets
éclairés par ses rayons, on se trouverait aussitôt dans les ténèbres. Les rayons
solaires, réfléchis par la terre, iraient se perdre dans l'espace, et l'on éprou-
verait toujours un froid excessif. Le soleil, quoique très près de l'horizon, bril-
lerait de toute sa lumière, et immédiatement après son coucher nous serions
plongés dans une obscurité absolue. Le matin, lorsque cet astre reparaîtrait
sur l'horizon, le jour succéderait à la nuit avec la même rapidité.

« On peut juger de ces conséquences par ce que l'on éprouve déjà sur les
hautes montagnes, où cependant la densité de l'air n'est pas même réduite à
la moitié de ce qu'elle est à la surface du sol. Non seulement la température
moyenne annuelle y est déjà froide, mais à peine y reçoit-on d'autre lumière
que celle qui vient directement du soleil et des astres. La clarté que l'air ra-
réfié réfléchit est si faible que, lorsqu'on est placé à l'ombre, on voit, dit-on,
les étoiles en plein jour. »

L'effet étrange de l'absence d'atmosphère serait bien plus complet et bien
plus saisissant, s'il nous était donné de nous transporter sur notre satellite. Es-
sayons d'y suppléer par l'imagination et par l'art, et comparons le riant spec-
tacle que nous offre la terre, en partie couverte de son manteau humide et on-
doyant, sillonnée de fleuves, parée d'une riche végétation, peuplée d'une
multitude d'animaux, embellie et animée encore par l'industrie de l'homme,
enveloppée enfin de ce brillant voile d'azur brodé de nuages argentés, com-
parons, dis-je, ce spectacle à l'aspect morne de la lune, avec son sol de pierre
ou de métal déchiré, crevassé, perforé même, dit-on, en certains endroits,
avec ses volcans éteints et ses pics semblables à de gigantesques tombeaux;

avec son ciel noir dont aucune vapeur ne voile la sombre profondeur, et sur
lequel apparaissent, comme des myriades de taches lumineuses, des étoiles
qui ne scintillent point. Là les jours ne sont en quelque sorte que des nuits
éclairées par un soleil sans rayons. Point d'aurore le matin, point de crépus-
cule le soir. Les nuits sont absolument noires, hormis lorsque la terre ren-
voie à son satellite cette lumière grisâtre que les astronomes appellent *lu-*

Jour terrestre.

mière cendrée. Le jour, les rayons solaires viennent se briser, se couper aux
arêtes tranchantes, aux pointes aiguës des rochers, ou s'arrêter court aux
bords abrupts des abîmes, dessinant çà et là de bizarres figures noires aux
contours anguleux et tranchés, et ne frappant les surfaces exposées à leur ac-
tion que pour se réfléchir et se perdre aussitôt dans l'espace. L'humidité, et
avec elle la végétation et la vie animale, sont absentes. S'il existait de l'eau
à la surface de la lune, elle y serait à l'état de glace aussi dure que la pierre ;
le mercure même y serait solide ; car la température de cet astre privé de vie
est celle des espaces planétaires, qui a été diversement évaluée par les phy-
siciens, mais qui n'est pas, assurément, supérieure à 69 ou 70 degrés au-des-
sous de zéro.

Telle serait aussi la température de notre globe, s'il était dépourvu d'atmo-
sphère. Il est remarquable, en effet, que l'air se comporte relativement à la

chaleur de la même manière que relativement à la lumière. Il est diathermane ou perméable à la chaleur, en même temps qu'il est transparent ou perméable à la lumière ; mais il ne laisse pas de retenir et de réfléchir en tous sens une partie de la chaleur et de la lumière que le soleil envoie à la terre, et qu'il sert de cette façon à emmagasiner, pour ainsi dire, à notre profit, en quantité d'autant plus grande qu'il est plus près de la surface du sol. C'est donc à la présence de notre atmosphère que nous devons la diffusion et la conservation autour de nous de la lumière et de la chaleur solaires. Plus l'atmosphère est dense, plus elle est susceptible de s'éclairer et de s'échauffer. Mais il résulte de récentes recherches faites par un physicien anglais, M. John Tyndall, que la plus grande densité de l'air dans ses couches les plus rapprochées du sol n'est pas la seule cause de l'accroissement de son pouvoir absorbant par rapport à la chaleur. Cet accroissement est dû surtout à la présence d'une plus forte proportion de vapeur d'eau.

« La vapeur d'eau de l'air, disent MM. Laugel et Grandeau dans une excellente notice sur les travaux de M. Tyndall, absorbe une quantité de chaleur beaucoup plus considérable que tous les autres gaz. L'oxygène et l'azote n'arrêtent pas beaucoup plus la chaleur que ne ferait le vide absolu ; mais la vapeur d'eau offre une grande résistance au passage du calorique. De même qu'une digue a pour effet d'augmenter localement la profondeur d'un cours d'eau, ainsi notre atmosphère, agissant comme une digue sur les rayons de chaleur émanés de la terre, produit une élévation locale de température autour de la surface terrestre. La chaleur n'y est point accumulée indéfiniment, pas plus que l'eau ne reste toujours derrière une digue ; elle se dissipe, mais elle est sans cesse remplacée. Si l'atmosphère était subitement dépouillée de vapeur d'eau, les gaz qui la renferment laissant échapper trop rapidement la chaleur terrestre, nous verrions bientôt la surface du globe descendre à des températures voisines de celle du vide céleste ; toute vie organique y serait arrêtée, et les eaux des mers se congèleraient partout, même sous la zone aujourd'hui dite torride. Pour apprécier de la manière la plus sûre la température des espaces interplanétaires, il faudrait pouvoir s'élever jusqu'à une couche atmosphérique qui ne contiendrait plus de traces de vapeur d'eau[1]. »

L'éloignement de la terre est aussi une cause de refroidissement de l'air. En raison même de sa diathermanéité, ce mélange gazeux n'est pas échauffé directement par les rayons solaires, mais indirectement par la réverbération du sol, c'est-à-dire par un second rayonnement qui s'épuise en peu de temps, comme le prouve l'abaissement de la température pendant la nuit. Ces considérations font aisément concevoir les causes du froid excessif qui règne dans les hautes régions de l'air, et de la perpétuité des glaces sur les cimes des grandes montagnes, alors même que ces montagnes sont situées dans des pays

---

[1] *Revue des sciences et de l'industrie pour la France et l'étranger*, 2ᵉ année. — Paris, 1863.

dont le climat est le plus brûlant ; mais il est très difficile de déterminer exactement le rapport entre la décroissance de la température et l'altitude des lieux ou des couches atmosphériques. La saison, le climat, le vent régnant, l'heure

Jour lunaire.

de la journée et principalement l'état hygrométrique de l'air tendent à modifier notablement ce rapport. Toutefois on l'évalue approximativement, en moyenne, à 1 degré pour 187 mètres d'élévation dans la zone torride, et 1 degré pour 150 mètres dans la zone tempérée. Dans les régions polaires, selon MM. Becquerel, le décroissement ne se fait sentir qu'à une certaine hauteur, qui n'a pas encore été déterminée. En effet, à Ingloolich, par 69°21' de latitude boréale, le capitaine Parry a enlevé un cerf-volant à 130 mètres de hauteur avec un thermomètre à minima. La température de l'air à cette hauteur était de 31 degrés au-dessous de zéro, comme sur les glaces de la mer[1].

Humboldt a trouvé 1 degré d'abaissement pour 181 mètres sur le Chimboraço. De Saussure avait trouvé 1 degré pour 144 mètres sur le mont Blanc. Le physicien Charles, dans son ascension en ballon à gaz hydrogène, en 1785, éprouva une température de — 7 degrés Réaumur à 3,000 mètres environ. Gay-Lussac, dans le célèbre voyage aérien qu'il exécuta le 16 septembre 1804, trouva, à une hauteur de 7,000 mètres, un froid de près de 10 degrés au-dessous de glace. Dans la cour de l'observatoire de Paris, d'où il était parti, le thermomètre marquait plus de 28 degrés au-dessus de 0. L'écart était donc de 38 degrés ; ce qui donnerait 1 degré pour 190 mètres environ. Mais, comme le fait observer Biot, le décroissement n'avait pas été uniformément réparti dans l'intervalle parcouru par le savant observateur. Il s'était accéléré à mesure que la hauteur augmentait. Dans la couche d'air immédiatement inférieure à celle où le ballon cessa de monter, une diminution de 1 degré centésimal de la température répondait à une différence de niveau de 196 mètres. A la hauteur de 6,952 mètres, le même abaissement n'exigeait plus que 156 mètres, etc.[2].

MM. Barral et Bixio, dans leur première ascension aérostatique, le 29 juin 1850, trouvèrent 7 degrés centigrades seulement à 5,983 mètres ; mais dans une seconde ascension, le 26 juillet suivant, s'étant élevés, comme Gay-Lussac, à plus de 7,000 mètres, ils eurent à endurer dans cette région la température extrêmement basse de — 39 degrés. « On s'attendait si peu à cet abaissement de température, dit L. Foucault, que les instruments étaient impropres à l'accuser, leur graduation n'étant pas prolongée assez bas ; presque toutes les colonnes étaient rentrées dans les cuvettes, et par 2 degrés de moins encore le mercure se congelait en brisant tous les tubes. Il importe de remarquer que ce froid s'est fait sentir très brusquement, et que c'est à partir seulement des 600 derniers mètres que la loi de température s'est troublée brusquement, pour plonger les observateurs dans les frimas que probablement le nuage transportait avec lui[3]. » Ce nuage était une masse énorme d'au moins 5,000 mètres d'épaisseur, presque entièrement formé de petites aiguilles de glace, et au sein duquel un mouvement ascensionnel, provoqué par le jet de presque tout leur lest, avait subitement porté les deux aéronautes.

MM. Welsh et Glaisher, dans les ascensions hardies qu'ils ont exécutées, de 1852 à 1862, pour étudier la constitution physique de l'atmosphère, ont reconnu que, si le décroissement de la température n'est pas uniforme, ses inégalités paraissent du moins assujetties à certaines lois à peu près constantes.

[1] *Éléments de physique du globe*, chap. i, § 5.
[2] *Astronomie physique*, t. 1, chap. vi.
[3] *Journal des Débats* du 27 juillet 1850.

Ainsi, d'après M. Welsh, la température décroît uniformément jusqu'à une certaine élévation, qui varie suivant les jours ; puis le décroissement éprouve une sorte d'arrêt dans une couche de 600 à 900 mètres, dont la température est sensiblement égale sur toute son épaisseur, ou même s'élève d'abord un peu pour redescendre ensuite graduellement, mais moins vite que dans les régions inférieures de l'atmosphère.

On se rappelle que M. Glaisher a fait, pendant les années 1861 et 1862, huit ascensions, et qu'il est parvenu plusieurs fois jusqu'à une hauteur de 8,300 mètres; ce qui donne à ses observations, je le dis sans jeu de mots, une très grande portée. Voici quels sont, en substance, les résultats obtenus par cet audacieux explorateur de l'atmosphère ; on remarquera qu'ils s'accordent parfaitement avec ceux qu'a obtenus M. Tyndall dans les expériences dont il a été parlé ci-dessus.

« Quand on s'élève en ballon vers un ciel nuageux, la température s'abaisse d'ordinaire jusqu'à ce qu'on arrive aux nuages; quand on les a dépassés, on observe toujours une élévation de quelques degrés; puis la température va de nouveau en s'abaissant. Quand on s'élève par un ciel clair, la température initiale est, toutes choses égales d'ailleurs, plus élevée que dans le cas précédent, et la différence est mesurée à peu près par l'élévation qu'on observe en sortant des nuages. Jamais la diminution de chaleur n'est absolument régulière; on trouve presque toujours dans l'atmosphère des couches d'air chaud, et parfois on en rencontre jusqu'à quatre ou cinq successivement. Les couches chaudes se montrent jusqu'à une hauteur de 5 à 6 kilomètres. Elles ont de 300 à 3,000 mètres d'épaisseur, et leur excès de température varie de 1 à 10 degrés centigrades. On voit donc que jusqu'au-dessus de la zone des nuages la succession des températures est très variable, et nullement conforme à la loi longtemps admise, qui impliquait une diminution de 1 degré environ pour 200 mètres. Supposons maintenant le ciel sans nuages : jusqu'à une hauteur de 350 mètres, la diminution est d'environ 1 degré pour 90 mètres; au delà elle devient plus petite, et à la hauteur de 4,500 mètres elle n'est plus que de 1 degré pour 200 mètres; enfin, plus haut encore, il faut traverser plus de 200 mètres pour que la température s'abaisse de 1 degré.

CHAPITRE XI

L'ÉLECTRICITÉ ET LE MAGNÉTISME

Nous verrons bientôt quelle action souveraine la chaleur exerce sur les mouvements de l'atmosphère, sur la formation des nuages et leur résolution en pluie ou en neige, en un mot, sur tous les phénomènes météorologiques dont l'ensemble constitue ce qu'on appelle communément le beau et le mauvais temps. Deux autres agents physiques, l'*électricité* et le *magnétisme,* ont aussi, dans la production de plusieurs de ces phénomènes, une part considérable. L'électricité et le magnétisme sont, comme la chaleur et la lumière, des causes dont la nature intime échappe à nos recherches, et ne comporte que des définitions conjecturales. On ne les connaît réellement que par leurs effets. Il en est de même, au surplus, de la pesanteur, et en général de toutes les forces physiques, chimiques et physiologiques. Mais, pour se rendre compte des phénomènes, pour distinguer les uns des autres et en déterminer les caractères, on a recours à un artifice qui est connu dans la science sous le nom d'hypothèse ou de théorie. Faute de connaître en son essence la cause d'un certain ensemble de phénomènes, on la suppose. Quand on dit, par exemple, que la pesanteur est la force en vertu de laquelle les corps pesants sont attirés vers le centre de la terre en raison directe de leur masse et en raison inverse du carré des distances, cela ne signifie point que cette force existe réellement, — on l'ignore, et l'on ne sait même pas ce que c'est qu'une force, — mais cela veut dire simplement que les choses se passent comme si cette force existait.

Ainsi entendue, une hypothèse est bonne tant qu'elle suffit à l'explication et à la démonstration d'un ordre donné de phénomènes. Le jour où l'on constate des phénomènes nouveaux qu'il est impossible de rapporter logiquement à la cause jusqu'alors admise, celle-ci est abandonnée, et l'hypothèse ancienne fait place à une hypothèse nouvelle qui pourra un jour, elle aussi, être remplacée par une autre. C'est ainsi qu'en physique l'hypothèse des *ondulations* s'est substituée depuis quelques années à celle de l'*émission*, qui ne se prêtait plus d'une manière satisfaisante à l'explication des phénomènes de chaleur et de lumière. Cette théorie, nous l'avons exposée au chapitre IX. Toutefois elle semble n'avoir fait jusqu'ici que peu de progrès dans l'enseignement classique. J'ouvre, par exemple, un traité de physique publié par deux savants professeurs de l'Université. J'y retrouve, aux chapitres *Électricité* et *Magnétisme*, les mêmes procédés de démonstration, les mêmes théories en usage dans les collèges il y a trente ans. J'y retrouve la distinction des deux électricités statique et dynamique, celle du fluide positif et du fluide négatif: — une étrange invention que celle-là; car je défie bien qu'on me dise ce que c'est qu'un fluide qui existe en plus et un fluide qui existe en moins, et comment de la combinaison de ces deux fluides en peut résulter un troisième, qui existe à la fois en plus et en moins, ou qui n'existe ni d'une façon ni de l'autre!... J'y retrouve les courants, les attractions, les répulsions, les pôles magnétiques, etc. De l'éther et des ondulations, pas un mot. Pourquoi? Parce que les auteurs, admettant la théorie des ondulations comme vraie pour la chaleur et la lumière, la regardent comme fausse pour l'électricité et le magnétisme? non, sans doute; mais, je suppose, parce qu'ils ont pensé sagement que cette théorie, ainsi que toutes les théories générales, est à la science ce qu'un toit est à un édifice, et qu'on se hâte trop de vouloir donner ce couronnement à une science dont les matériaux sont encore insuffisants et mal assemblés. Il faut dire pourtant que les mots qu'on emploie ainsi dans la science ne sont souvent que de simples images indépendantes de toute notion précise sur la nature intime des choses; seulement il est évident que pour les élèves, pour le vulgaire, ces artifices de langage sont propres à fausser l'esprit et à donner des idées inexactes de ce qui est en réalité.

Quoi qu'il en soit, et sans nous attarder davantage dans ces considérations abstraites, examinons les propriétés de l'air dans ses rapports avec l'électricité et le magnétisme. Très perméable, comme on sait, à la lumière et à la chaleur, en d'autres termes, très transparent et très diathermane, mais très mauvais conducteur de la chaleur, qui ne se propage dans sa masse que par le déplacement des molécules, l'air paraît se comporter, à l'égard de l'électricité et du magnétisme, d'une façon particulière, mais sur laquelle on ne possède jusqu'ici que des données fort incomplètes. On peut dire, en thèse générale, qu'il conduit très mal l'électricité, et aussi qu'il s'électrise difficilement, et d'ordinaire faiblement. Les observateurs qui ont étudié la constitution électrique de l'atmosphère l'ont trouvée tantôt électro-positive, tantôt électro-négative lorsque le temps était nuageux, et toujours électro-positive lorsque le ciel était serein. La saison, la température, l'humidité ou la sécheresse sont autant de circonstances qui influent d'une manière très marquée sur son état électrique. En dehors de la relation directe qui existe entre les phénomènes électriques et les changements de température, on sait que l'évaporation des liquides, et en particulier de l'eau, est toujours accompagnée d'un dégagement d'électricité d'autant plus intense, que l'évaporation est plus rapide et plus abondante. Aussi la plupart des physiciens pensent-ils que l'évaporation de l'eau à la surface de la terre est une des principales sources de l'électricité atmosphérique. Et comme la formation des vapeurs est d'autant plus active que la température est plus élevée, il s'ensuit que c'est pendant les fortes chaleurs qu'il s'accumule dans l'atmosphère le plus d'électricité.

Cette électricité ne tarde pas à être reprise par les nuages, qui, en se formant, commencent par être électrisés positivement; ces premiers nuages agissent par influence sur ceux qui se forment ensuite, et qui, n'étant que faiblement électrisés, perdent le fluide positif qu'ils avaient emprunté à l'atmosphère pour ne conserver que le fluide négatif. « Q'un nuage faiblement électrisé, disent MM. Boutan et d'Almeida, se trouve au-dessous d'un nuage très fortement chargé, des phénomènes d'influence auront lieu : l'électricité positive du nuage le plus faible sera repoussée tout entière; puis une décomposition du fluide neutre se fera, et sur le nuage le plus faible se développera du fluide négatif. Alors, que par une cause quelconque ce nuage ainsi influencé soit en communication avec le sol, que, par exemple, il touche le flanc d'une montagne, il perdra son électricité positive libre, et se trouvera chargé d'électricité négative. Voici une preuve de la vérité de cette théorie : quand par un jour serein on lance un jet d'eau à une grande hauteur dans l'atmosphère, les gouttes qui tombent sont chargées d'électricité négative; on le constate en les recevant sur un électroscope [1]. »

L'air, n'étant point conducteur de l'électricité, oppose à la reconstitution du fluide neutre entre deux corps, — deux nuages, par exemple, diversement électrisés, — une résistance qui ne peut être vaincue que par une certaine tension existant de part et d'autre : tension qui doit être d'autant plus forte que la distance entre les deux corps est plus grande. Le rapport entre la densité de l'air et la résistance qu'il oppose au passage de la décharge électrique n'a pas été exactement déterminé; mais plusieurs physiciens, et en dernier lieu M. de la Rive, ont établi que l'air, comme les autres gaz, atteint, à un certain degré de raréfaction, son maximum de conductibilité, et que cette conductibilité va ensuite de nouveau en diminuant jusqu'au vide absolu, à travers lequel la propagation n'a plus lieu.

La question de savoir si et dans quelles limites la force électrique diminue à mesure qu'on s'élève dans l'atmosphère est loin jusqu'à présent d'être décidée, bien qu'un grand nombre de savants aient tenté de la résoudre par l'observation.

Robertson et Lhoest, dans l'ascension aérostatique qu'ils firent à Hambourg, le 18 juillet 1803, crurent remarquer qu'à une hauteur où leur baromètre ne marquait plus que 12 pouces $\frac{4}{100}$, ce qui correspond à une altitude d'environ

---

[1] *Cours élémentaire de physique,* liv. III, chap. IV. — 1 vol. in-8°. Paris, 1864.

4,300 mètres, les phénomènes d'électricité statique étaient sensiblement affaiblis, le verre, le soufre et la cire à cacheter ne s'électrisant presque plus
par le frottement. Gay-Lussac et Biot, dont l'ascension, exécutée l'année suivante sous les auspices de la classe des sciences de l'Institut, avait pour objet
de contrôler les observations recueillies par Robertson relativement à la diminution des forces électrique et magnétique dans les régions supérieures de
l'air, trouvèrent, au contraire, une électricité résineuse (ou négative) « croissant avec les hauteurs ». « Résultat conforme, dit Biot, à ce que l'on avait
conclu par la théorie, d'après les expériences de Volta et de Saussure. »
Enfin M. Glaisher a constaté, dans une de ses ascensions, que l'air était
chargé d'électricité positive, et que la quantité d'électricité diminuait, à
mesure qu'on s'élevait, jusqu'à 7,000 mètres ; au delà de ce point elle était
trop faible pour être observée. Ce dernier résultat, d'accord avec ceux que
MM. Gassiot et de la Rive ont obtenus, donne raison à M. Robertson contre
Biot et Gay-Lussac, et même contre Saussure et Volta, ce qui du reste ne
doit point surprendre, si l'on songe combien la science de l'électricité était
encore peu avancée au commencement de notre siècle.

Nous ne pouvons nous arrêter en ce moment aux phénomènes que produit
l'électricité au sein de l'atmosphère. On sait qu'elle se manifeste par des effets
qui peuvent parcourir presque le cercle entier des phénomènes naturels :
physiques, mécaniques, chimiques, physiologiques. L'électricité est une source
de lumière, de chaleur, de magnétisme ; elle est susceptible de produire des
effets mécaniques très puissants ; elle paraît être l'agent spécial des compositions et des décompositions chimiques, des mouvements nerveux et de la circulation organique. Les effets lumineux de l'électricité sont des plus remarquables : la lumière électrique ne ressemble ni à celle du soleil et des astres,
ni à celle qu'on obtient par la combustion des huiles, des graisses ou du gaz.
Elle a un éclat qui lui est propre, et peut acquérir une intensité extrême. La
lumière électrique qu'on obtient artificiellement en faisant passer un courant
voltaïque par deux cônes de charbon juxtaposés, par deux fils de platine, par
deux lames de kaolin (terre à porcelaine), etc., jouit d'un pouvoir éclairant
supérieur à celui de toutes les autres sources lumineuses dont nous disposons.
On a trouvé que quarante-huit couples à charbon faibles éclairent autant que
cinq cent soixante-douze bougies ; et quarante-six couples plus forts ont
donné une lumière équivalant au quart de celle du soleil. La lumière électrique
est si vive, qu'avec cent couples elle peut donner des maux d'yeux très douloureux, et qu'avec six cents un seul instant suffit pour occasionner des maux
de tête et d'yeux violents, et pour brûler le visage, comme le ferait un fort
coup de soleil.

Les liens étroits qui rattachent le magnétisme à l'électricité, la simultanéité constante des effets directs de celle-ci avec les manifestations de celui-
là, sont de nature à faire supposer que ces deux agents ne sont que les

formes différentes, mais inséparables, d'une même force, d'un même principe.

Tous ceux qui possèdent quelques notions de physique savent ce que c'est qu'un aimant et les pôles d'un aimant. On sait aussi que, de même que les électricités de même nom se repoussent, et les électricités de nom contraire s'attirent ; de même aussi les pôles magnétiques de nom contraire s'attirent, et les pôles de même nom se repoussent ; de telle sorte que, si au pôle austral d'un barreau aimanté on présente l'extrémité d'une aiguille également aimantée, et

Boussole de déclinaison.

suspendue de façon à pouvoir tourner librement autour de son centre dans un plan horizontal, cette extrémité sera attirée ou repoussée suivant qu'elle sera, qu'on me passe cette expression surannée, chargée du fluide boréal ou du fluide austral. Mais maintenant éloignons le barreau aimanté, et laissons l'aiguille prendre spontanément son équilibre : nous la verrons osciller pendant quelque temps, puis s'arrêter dans une certaine position ; et si nous essayons de l'en écarter, elle y reviendra toujours, dès qu'elle sera abandonnée à elle-même. Cette position est telle, que le pôle austral de l'aiguille est dirigé à très peu près vers le nord, et, par conséquent, son pôle boréal vers le sud. C'est en vertu de ce fait, constamment observé sous toutes les latitudes, que les physiciens ont assimilé le globe terrestre à un énorme aimant ayant ses pôles magnétiques voisins de ses pôles astronomiques, et exerçant sur tous les barreaux aimantés librement suspendus la même action, non pas attractive, mais simplement directrice, que nous venons de reconnaître. A

peine est-il besoin de rappeler que la *boussole*, cet instrument si merveilleux
en sa simplicité, ce guide infaillible des navigateurs, n'est autre chose qu'une
aiguille aimantée reposant, par son milieu creusé en chape, sur un pivot très
aigu, et mobile autour de ce pivot dans un plan horizontal. Ce pivot est au
centre d'un cercle horizontal sur lequel est figurée une *rose des vents*, et dont
le diamètre N.-S. représente le méridien géographique, tandis que l'axe de
l'aiguille elle-même, le méridien magnétique. L'angle que ces deux méri-
diens forment entre eux est ce qu'on nomme l'angle de *déclinaison*. L'aiguille

Boussole d'inclinaison.

étant toujours dirigée vers le nord magnétique, les points N, S, O, E de la
rose qui lui est solidaire coïncident, plus ou moins exactement, avec les quatre
points cardinaux, quelle que soit la position de l'instrument ; et le navigateur,
en consultant l'instrument, connaît toujours la route que suit son vaisseau.

L'action directrice dont la boussole marine est une si précieuse application
n'est pas la seule que le magnétisme terrestre exerce sur l'aiguille aimantée.
En effet, au lieu de poser cette aiguille sur un pivot vertical, suspendons-la,
toujours par son centre, à un axe horizontal autour duquel elle puisse tourner
librement comme le fléau d'une balance, et dirigeons son pôle austral vers
le pôle boréal de la terre. Nous supposons, bien entendu, que les deux moitiés
sont parfaitement symétriques et de même poids. Cependant, au lieu de se
tenir horizontalement en équilibre, l'aiguille s'incline spontanément ; son pôle
austral s'abaisse, et forme avec l'horizon un certain angle qui est toujours le
même pour une même latitude magnétique, c'est-à-dire pour une même

distance au pôle magnétique, mais qui va en diminuant jusqu'à l'équateur magnétique, où l'aiguille redevient horizontale, et en augmentant jusqu'au pôle magnétique, où elle prend une position tout à fait verticale. C'est au moins ainsi que les choses se passent sur notre hémisphère. L'inverse a lieu sur l'hémisphère austral. Là c'est le pôle boréal de l'aiguille aimantée qui s'incline vers la terre, et forme avec l'horizon un angle d'autant plus grand, qu'on approche davantage du pôle magnétique austral du globe. On désigne ce singulier phénomène sous le nom d'*inclinaison magnétique*, et l'instrument qui sert à le produire est appelé *aiguille* ou *boussole d'inclinaison*.

J'ai dit que l'aiguille de la boussole marine, qui est une boussole de déclinaison, indique « plus ou moins exactement » la position réelle des quatre points cardinaux. C'est qu'en effet l'angle qu'elle forme avec le méridien géographique n'est pas constant. On peut en dire autant de l'angle d'inclinaison. L'un et l'autre varient selon les lieux et selon les temps ; aussi construit-on des boussoles dites de *variation*, destinées à indiquer et à mesurer les oscillations de l'aiguille aimantée.

La déclinaison est orientale ou occidentale, selon que le pôle magnétique est à l'est ou à l'ouest du pôle terrestre. Parmi les variations qu'elle subit, les unes sont régulières, les autres accidentelles. On donne aux variations régulières des noms différents, suivant la durée de leur période. Ainsi elles sont séculaires, annuelles ou diurnes.

Par suite des variations séculaires, l'aiguille aimantée accomplit, à l'est et à l'ouest du méridien géographique, des oscillations dont la durée est de plusieurs siècles. A Paris, en 1580, le pôle austral de l'aiguille était à l'est de la méridienne géographique ; la déclinaison égalait 11° 30'. L'écart angulaire, après avoir décru d'une manière continue, a passé par 0 en 1663. Puis la déclinaison est devenue occidentale, et en 1814 elle a atteint un maximum de 22° 34'. Depuis cette époque, la déclinaison a constamment diminué ; elle n'égale plus aujourd'hui que 18 degrés environ.

Les variations annuelles n'ont frappé les physiciens que vers la fin du xviiie siècle. Le premier, Cassini remarqua, en 1784, que, depuis l'équinoxe de printemps jusqu'au solstice d'été, l'aiguille aimantée rétrograde vers l'ouest, du 22 juin au 21 mars suivant. Il évalua à une vingtaine de minutes l'amplitude de l'oscillation pour une année.

Soixante-deux ans avant la découverte des variations annuelles, en 1722, Graham avait observé des variations diurnes. Ces dernières sont surtout sensibles de sept heures du matin à dix heures du soir. Au lever du soleil, l'aiguille se met en marche vers l'ouest, et ne s'arrête qu'à une heure de l'après-midi. Elle rétrograde ensuite vers l'est jusqu'au soir, et demeure à peu près immobile pendant la nuit.

On a depuis reconnu deux périodes semi-diurnes ; la plus forte est celle du jour ; celle de nuit est plus faible. Dans notre hémisphère, le pôle nord de

l'aiguille marche vers l'ouest depuis le matin jusque vers le milieu du jour,
et vers l'est jusqu'à la nuit ; puis il va de nouveau vers l'ouest et revient vers
l'est à peu près au milieu de la nuit.

Quant aux variations accidentelles, qu'on désigne plus ordinairement sous
le nom de perturbations, elles correspondent aux *orages magnétiques,* dont
nous nous occuperons plus loin, et qu'une solidarité mystérieuse semble rat-
tacher aux changements physiques de la photosphère solaire.

Mais quel est, dans tous ces phénomènes, le rôle de notre atmosphère ?
Est-elle sans influence sur le magnétisme ? Oppose-t-elle un obstacle à son
action, ou lui sert-elle, au contraire, comme à la lumière et à la chaleur, de
véhicule et de réceptacle ? Ce sont là des questions auxquelles la science n'a
pas répondu jusqu'ici, et qu'il ne semble pas que les physiciens aient pris
grand souci de résoudre. Plusieurs cependant ont cherché à s'assurer si
l'action magnétique, dont on place le foyer au sein du globe terrestre, perd
de son intensité dans les couches élevées de l'atmosphère. Mais ici encore les
observations les mieux faites n'ont donné que des résultats incertains.

Il paraît cependant établi que la force magnétique, aux différentes hauteurs,
est influencée par des causes locales non encore déterminées ; que probable-
ment ces causes résident surtout dans des conditions de température et dans
l'état électrique des diverses couches de l'atmosphère ; qu'enfin l'intensité
magnétique ne décroît qu'avec une extrême lenteur. Mais quelle loi préside
à ce décroissement ? quelle est la limite où s'arrête l'action de ce principe
qu'on a nommé arbitrairement *magnétisme terrestre,* comme si la terre seule
en était la source, et qui pourrait bien être aussi universel que la lumière
ou la chaleur ? Ce sont là des problèmes dont la solution est encore, selon
l'expression de Pline, « cachée dans la majesté de la nature, *in majestate
naturæ abdita.* »

CHAPITRE XII

Depuis que les hommes ont commencé, si je puis ainsi dire, à contempler l'univers avec les yeux de l'esprit, à réfléchir sur ce qui se passe autour d'eux, ils ont dû être frappés de ce fait, que l'aspiration et l'exhalaison de l'air est, chez tous les animaux, l'acte essentiel et caractéristique de la vie ; que tout être privé d'air succombe au bout de quelques instants; que l'air même altéré, mélangé de certaines émanations, de certaines vapeurs, devient malsain ou mortel. Cela est si vrai que, dans les langues les plus anciennes, *respirer* et *vivre, expirer* ou *cesser de respirer* et *mourir,* sont des expressions absolument équivalentes.

Un autre fait non moins remarquable, qui n'a pu échapper aux hommes les plus ignorants, c'est que faute d'air toute flamme, comme toute vie, s'éteint étouffée. Les peuples anciens avaient parfaitement saisi l'analogie étroite de ces deux phénomènes ; ils avaient deviné que le feu et la vie sont au fond une seule et même chose, et le premier était pour eux, ainsi que pour nous, l'emblème de la seconde.

Et pourtant des milliers d'années se sont écoulées, des générations sans nombre ont passé avant que, même parmi ceux qui s'étaient donné pour tâche d'interroger la nature, quelqu'un songeât à rechercher ce que c'était en réalité que l'air, à quel principe merveilleusement actif il devait cette propriété unique d'entretenir la vie et le feu.

Ce fut seulement au xviie siècle que l'attention des chimistes se porta sur ce grave problème. A cette époque, John Mayow prouva qu'il existe dans l'air un gaz qui est l'agent spécial de la combustion et de la respiration, et qui se fixe sur les métaux calcinés. Mais les expériences de ce chimiste, — dont à peine encore on sait aujourd'hui le nom, — passèrent inaperçues, tandis que la fameuse théorie du *phlogistique,* imaginée par G.-E. Sthal, était adoptée comme une révélation d'en haut par le monde savant. Voici sommairement en quoi consistait cette théorie célèbre, qui pendant plus d'un siècle régna sans partage et sans opposition dans la science.

Selon Stahl, le phlogistique était un fluide contenu dans toutes les matières combustibles, et qui s'en échappait sous l'influence d'une température élevée. D'après cela, un corps qui brûlait, un métal qui se changeait en *chaux* ou en *terre* (on appelait ainsi les oxydes métalliques), perdaient leur phlogistique. Stahl ne pouvait ignorer cependant que les terres sont plus pesantes que leurs radicaux métalliques, ce qui prouve bien évidemment qu'au lieu de contenir quelque chose de moins, elles contiennent quelque chose de plus. Mais ni lui ni personne ne vit là une difficulté, et plus tard, lorsque les novateurs français s'avisèrent de cette objection, les disciples fidèles du chimiste allemand ne craignirent pas de répondre que « le phlogistique possédait le singulier privilège d'*ôter du poids* aux corps avec lesquels il était uni ».

Le succès de la théorie du phlogistique s'explique pourtant par ce qu'elle avait, malgré sa fausseté, de large et de séduisant, et par le peu qu'on savait alors de la constitution de l'air, et en général des propriétés des gaz. En 1731, Stahl écrivait que, « dans aucune circonstance, il n'était possible de faire prendre à l'air une forme solide en le combinant et en le fixant sur certaines matières. » Une assertion aussi catégorique, émanée d'un homme qui jouissait d'une aussi grande autorité, ne pouvait manquer d'exercer sur les recherches des chimistes une fâcheuse influence; aussi s'écoula-t-il encore plusieurs années avant qu'aucun d'eux se hasardât à rien tenter en dehors des données de cet axiome magistral. Cependant, vers 1770, le chimiste anglais Hales osait soutenir que « l'air de l'atmosphère, le même que nous respirons, entre dans la composition de la plus grande partie des corps; qu'il y existe sous forme solide, dépouillé de son élasticité et de la plupart des propriétés que nous lui connaissons; que cet air est en quelque sorte le lien universel de la nature, le ciment des corps; que, même après avoir existé sous forme solide et concrète, et avoir passé par des épreuves de toute espèce, il peut, dans certaines circonstances, redevenir un fluide élastique semblable à celui de notre atmosphère; qu'en un mot, véritable Protée, tantôt fixe, tantôt volatil, il doit être compté au rang des principes chimiques, et occuper comme tel le rang qu'on lui a toujours refusé. »

A la même époque, la découverte de l'*air fixe* (acide carbonique) par Black, et celle de l'*air inflammable* (hydrogène) par Cavendish, ouvrirent aux études chimiques un nouvel horizon, et l'on se décida enfin à secouer le joug des doctrines de Stahl, auxquelles la découverte de l'oxygène ne devait pas tarder à porter le coup fatal. C'est encore à un chimiste anglais, Priestley, que revient l'honneur d'avoir inauguré cette révolution mémorable.

« Il y a, je crois, dit-il, peu de maximes en physique mieux établies dans tous les esprits que celle-ci : que l'air atmosphérique, abstraction faite des

diverses matières étrangères qu'on a toujours supposées dissoutes et mêlées
dans cet air, est une substance élémentaire simple, indestructible et inaltérable
au moins autant que l'est l'élément de l'eau. Je m'assurai cependant bientôt,
dans le cours de mes recherches, que l'air de l'atmosphère n'est pas une
substance inaltérable, puisque le phlogistique (Priestley croyait encore au
phlogistique) dont il se charge par la combustion des corps, par la respiration

Découverte de la composition de l'air. — Expérience de Scheele.

des animaux et par différents procédés phlogistiques, l'altère et le déprave au
point de le rendre totalement incapable de servir à l'inflammation des corps, à
la respiration des animaux et aux autres usages auxquels il est propre... Mais
j'avoue que je n'avais aucune idée de la possibilité d'aller plus loin dans cette
carrière, et d'arriver au point d'obtenir une espèce d'air plus pur que le meil-
leur air commun...

« Le 1ᵉʳ août 1774, je tâchai de tirer de l'air du précipité *per se* (notre
oxyde rouge de mercure), et je trouvai sur le champ que, par le moyen de
ma lentille, j'en chassais l'air très promptement. Ayant recueilli de cet air en-
viron trois à quatre fois le volume de mes matériaux, j'y admis de l'eau et
trouvai qu'elle ne l'absorbait pas ; mais ce qui me surprit plus que je ne puis
l'exprimer, c'est qu'une chandelle brûla dans cet air avec une vigueur remar-

quable ; un morceau de bois y étincelait exactement comme du papier trempé
dans une dissolution de sel de nitre, et s'y consuma très rapidement. »

Ayant ensuite calciné du minium (composé d'acide plombique et d'oxyde
de plomb), Priestley obtint de nouveau le même *air* si propre à activer la
combustion, ce qui le confirma dans l'idée que le mercure calciné « doit
emprunter de l'atmosphère la propriété de fournir cette espèce d'air, le

Découverte de la composition de l'air. — Expérience de Lavoisier.

procédé de cette préparation étant semblable à celui par lequel on fait le
minium ».

Une fois engagée dans cet ordre de recherches, il fallait que la chimie eût à
tout prix le mot de l'énigme : nul respect des paroles d'un maître, nulle auto-
rité de doctrine ne devait plus l'arrêter. A peine Priestley avait-il publié ses re-
cherches, que le pharmacien suédois Guillaume Scheele décrivait, dans son
Traité de l'air et du feu, publié en 1777, l'expérience par laquelle il avait sé-
paré l'air commun en deux éléments, dont l'un s'était fixé sur le *foie de soufre
alcalin* (sulfure de calcium), et l'avait transformé en gypse (sulfate de
chaux); tandis que l'autre, demeuré dans le vase, manifestait, par son
inaptitude à entrer dans les combinaisons chimiques, ses propriétés en
quelque sorte négatives. Il indiquait aussi le procédé très simple à l'aide

duquel il avait obtenu artificiellement l'*air de feu* (c'est l'oxygène qu'il appelait ainsi), procédé qui est encore employé dans les laboratoires pour préparer ce gaz.

Malheureusement Schœle ne comprit nullement la portée de ses expériences, qui sont pour nous aujourd'hui si claires et si concluantes. Il se perdit, pour les expliquer, dans un dédale de considérations confuses, où il fit intervenir le phlogistique, la prétendue combinaison de ce principe avec l'air, et je ne sais quelles autres chimères, qui ne firent que l'éloigner de la vérité. Il était réservé au plus grand des chimistes français, à l'immortel Lavoisier, de débrouiller ce chaos, de déterminer d'une manière simple, nette, lumineuse, la véritable composition de l'air atmosphérique et les rôles respectifs des éléments dont il est essentiellement formé. J'emprunte aux *Mémoires de l'Académie des sciences* les principaux passages de la note dans laquelle Lavoisier rend compte de l'expérience admirable qui le conduisit à la détermination, non plus seulement hypothétique, mais positive et palpable, de la composition de l'air.

« J'ai renfermé, dit-il, dans un appareil convenable cinquante pouces cubiques d'air commun ; j'ai introduit dans cet appareil quatre onces de mercure très pur, et j'ai procédé à la calcination de ce dernier, en l'entretenant pendant douze jours à un degré de chaleur presque égal à celui qui est nécessaire pour le faire bouillir... Au bout de douze jours, ayant cessé le feu et laissé refroidir les vaisseaux, j'ai observé que l'air qu'ils contenaient était diminué de huit à neuf pouces cubiques, c'est-à-dire d'environ un sixième de son volume. En même temps il s'était formé une portion assez considérable, et que j'ai évaluée à environ quarante-cinq grains, de mercure *per se* (oxyde rouge), autrement dit de chaux de mercure.

« Cet air, ainsi diminué, ne précipitait nullement l'eau de chaux ; mais il éteignait les lumières, et faisait périr en peu de temps les animaux qu'on y plongeait... ; en un mot, il était dans un état absolument méphitique... Il paraissait donc évident que, dans l'expérience précédente, le mercure, en se calcinant, avait absorbé la partie la meilleure, la plus respirable de l'air, pour ne laisser que la partie méphitique ou non respirable. L'expérience suivante m'a confirmé de plus en plus cette vérité.

« J'ai soigneusement rassemblé les quarante-cinq grains de chaux de mercure qui s'étaient formés pendant la calcination précédente ; je les ai mis dans une très petite cornue de verre, dont le col, doublement recourbé, s'engageait sous une cloche remplie d'eau, et j'ai procédé à la réduction sans addition. J'ai retrouvé, par cette opération, à peu près la même quantité d'air qui avait été absorbée par la calcination, c'est-à-dire huit à neuf pouces cubiques environ ; et en recombinant ces huit à neuf pouces avec l'air qui avait été vicié par la calcination du mercure, j'ai rétabli ce dernier assez exactement dans l'état où il était avant la calcination, c'est-à-dire dans l'état d'air commun : cet air ainsi rétabli n'éteignait plus les lumières ; il ne faisait plus périr les animaux qui le respiraient ; enfin il était presque autant diminué par l'air nitreux que l'air de l'atmosphère.

« Voilà l'espèce de preuve la plus complète à laquelle on puisse arriver en chimie, la décomposition de l'air et sa recomposition ; et il en résulte évidemment :

« 1° Que les quatre cinquièmes de l'air que nous respirons sont dans l'état de *mofette,* c'est-à-dire incapables d'entretenir la respiration des animaux, l'inflammation et la combustion des corps ; 2° que le surplus, c'est-à-dire un cinquième seulement du volume de l'air, est respirable ; 3° que dans la calcination du mercure cette substance métallique absorbe la partie salubre de l'air pour ne laisser que la mofette. »

CHAPITRE XIII

CE QU'IL Y A DANS L'AIR (SUITE)

« L'analyse de l'air par Lavoisier, dit avec raison M. Dehérain, inaugure la chimie nouvelle. » Elle donne, en effet, la clef du phénomène de la respiration des animaux, de la combustion, de l'oxydation des métaux et de la réduction des oxydes. Il suffit de traduire dans le langage de la chimie moderne les conclusions de l'illustre chimiste, d'appeler oxygène l'air respirable ou air vital (*air déphlogistiqué* de Priestley, *air de feu* de Scheele), d'appeler azote la mofette ou air méphitique, pour retrouver dans ces quelques lignes le résumé de tout ce que les recherches ultérieures des chimistes nous ont appris de la composition de l'air, et des rôles respectifs de ses éléments. Ces recherches ont démontré que l'air atmosphérique libre, qu'il soit pris dans les profondeurs les plus considérables ou aux plus grandes hauteurs, à la surface des mers ou dans l'intérieur des continents, présente toujours et partout les mêmes proportions d'azote ou d'oxygène, savoir : en poids, 7,699 du premier et 2,301 du second ; en volume, 79,19 d'azote et 20,81 d'oxygène. Il renferme en outre des quantités variables, et relativement très petites, d'acide carbonique et de vapeur d'eau.

L'oxygène et l'azote sont les deux principes constituants, essentiels et primordiaux de l'air atmosphérique. Ils n'y sont point à l'état de combinaison, mais seulement à l'état de mélange intime, en sorte que chacun d'eux conserve intégralement ses propriétés. L'un et l'autre sont des gaz insipides, inodores, incolores. L'oxygène a une densité supérieure à celle de l'air : la densité de l'air étant représentée par 1,000, celle de l'oxygène est 1,105 ; un litre de ce dernier gaz pèse donc, à la température de 0 degré et à la pression barométrique normale, 1,43 centigr. L'azote a une densité plus faible : 0,97 ; aussi un litre de gaz ne pèse-t-il que 1,25 centig. Tous deux sont des gaz permanents, c'est-à-dire qu'ils supportent sans se liquéfier le froid le plus intense et la pression la plus énorme qu'il nous soit possible de produire. Mais s'ils ont entre eux, par leurs caractères physiques, une grande ressemblance, il en est tout autrement au point de vue de leurs propriétés chimiques : celles de l'azote sont à peu près nulles; c'est un corps inerte, et dont la présence dans l'air semble avoir pour but unique de tempérer les affinités extrêmement énergiques de l'oxygène. Celui-ci est l'agent le plus puissant des combinaisons et des décompositions chimiques. Uni à l'hydrogène, il constitue l'eau. En se fixant sur les métaux, il forme les bases (*chaux, terre et alcalis* des anciens chimistes); de sa combinaison avec les métalloïdes résultent la plupart des acides, qui, s'unissant eux-mêmes avec les bases, forment les sels. Le feu qui nous chauffe ou nous éclaire est toujours l'effet de la combinaison de l'oxygène avec un corps organique riche en carbone ou en hydrogène (houille, bois, graisse, huile, gaz d'éclairage, etc.). Enfin l'oxygène seul entretient la respiration des animaux, véritable combustion lente, où l'excès de carbone et d'hydrogène dont le sang a été chargé par la nutrition est brûlé et transformé en vapeur d'eau (oxygène et hydrogène) et en acide carbonique (oxygène et carbone), et source principale de la chaleur qui se répand et se maintient incessamment dans tout le corps, tant que dure la vie.

L'oxygène est encore aujourd'hui considéré comme un corps simple. En sera-t-il toujours ainsi? Il est permis d'en douter. Déjà l'on sait que sous l'influence de fortes décharges électriques, ou lorsqu'il se trouve à l'état *naissant,* c'est-à-dire au sortir d'une combinaison, l'oxygène ne se ressemble plus à lui-même. Il acquiert une odeur forte, piquante, ressemblant beaucoup à celle de l'acide sulfureux. Cette odeur a été remarquée par toutes les personnes qui ont eu la fortune de se trouver assez près d'un endroit où la foudre tombait pour observer les effets du terrible météore, et assez loin pour n'en pas devenir victimes. Elle a fait naître et entretient encore dans le vulgaire l'opinion que la foudre n'est autre chose qu'un jet de soufre enflammé. Cependant la même odeur se manifeste aussi lorsqu'on tire des étincelles d'une machine électrique, et quand on dégage l'oxygène de l'eau au moyen d'un courant voltaïque, c'est-à-dire dans des circonstances où l'on peut s'assurer que le soufre et l'acide sulfureux ne sont pour rien dans ce qui se passe. Dès 1786, Van Marum avait observé ce phénomène. Il avait vu que l'oxygène électrisé est absorbé par le mercure avec une rapidité extraordinaire; mais il avait attribué l'odeur du soufre à la *matière électrique,* et l'oxydation du mercure à l'acide azotique que l'oxygène pouvait contenir. Ce ne fut qu'en 1840 que M. Schœnbein crut reconnaître que cette substance odorante et oxydante n'était autre que l'oxygène lui-même, dans un état particulier. Il lui donna le nom d'*ozone.* L'ozone a été étudié depuis par MM. Frémy, Becquerel et Houzeau, qui ont confirmé par de nombreuses expériences les vues de M. Schœnbein. On admet donc aujourd'hui que ce gaz est identique à l'oxygène, mais qu'en outre de l'odeur particulière dont je viens de parler, il jouit de propriétés bien plus énergiques que celles qu'on observe dans l'oxygène normal. Ses affinités sont, pour ainsi dire, exaltées ; il est plus oxydant, plus comburant ; il déplace l'iode de ses combinaisons ; mis en présence de l'eau oxygénée, il revient à l'état d'oxygène ordinaire, en détruisant autant d'eau oxygénée qu'il en faut pour fournir un volume d'oxygène égal à celui de l'ozone détruit. Ce dernier fait, découvert par M. Schœnbein, l'a conduit à supposer l'existence de deux espèces d'oxygène actif : l'un, auquel il conserve le nom d'ozone ; l'autre, qu'il appelle l'*antozone*. Ce serait ce dernier qui se trouverait dans l'eau oxygénée (bioxyde d'hydrogène), et qui lui communiquerait ses propriétés singulières. De la combinaison de l'ozone et de l'antozone résulterait l'oxygène ordinaire, ou neutre.

On sait maintenant qu'il existe de l'ozone dans l'atmosphère, mais en quantité très variable, selon les lieux. Quelques savants ont attribué à ce principe une grande influence sur la salubrité ou l'insalubrité de l'air. Un chimiste, — M. Braconnot (de Nancy), je crois, — a même avancé qu'en temps de choléra la mortalité augmentait ou diminuait infailliblement suivant que l'air des localités infestées contenait moins ou plus d'ozone. Des observations et des expériences longuement suivies, souvent répétées et d'une exactitude inattaquable, pourraient seules nous apprendre ce qu'il y a de vrai dans ces assertions, qui ne s'appuient que sur des preuves insuffisantes. La présence même de l'air et la valeur des procédés ozonométriques employés n'ont pas été sans soulever des objections. Cependant les recherches patientes poursuivies depuis plus de dix ans à ce sujet ont permis à M. Houzeau de déterminer rigoureusement la proportion d'ozone existant dans l'air. Dès 1872, il présentait à l'Académie des sciences les premiers résultats de ses observations, et des résultats absolus. Ainsi l'air de la campagne, pris à 2 mètres de hauteur au-dessus du sol, contient au maximum $\frac{1}{150}$ de son poids d'ozone. Cette proportion paraît augmenter à mesure qu'on s'élève au-dessus du sol. Dans ce mémoire, M. Houzeau confirmait l'origine de l'ozone, attribué généralement à l'oxygène de l'air modifié par l'électricité.

MM. Houzeau et Renard et M. Boillot ont produit des quantités considérables d'ozone en faisant agir sur l'oxygène ou même sur l'air atmosphérique les *effluves* électriques, c'est-à-dire l'électricité sans chaleur ni lumière apparente, et constituant une force nouvelle, d'une application des plus intéressantes. C'est ainsi que M. Boillot a imaginé un appareil qui permet d'obtenir jusqu'à 45 et 46 milligrammes d'ozone par litre d'oxygène.

L'ozone exerce dans l'atmosphère une action purifiante par la propriété énergique qu'il possède de détruire des gaz délétères émanés des substances organiques en décomposition. C'est un puissant oxydant et un décolorant actif, et les hygiénistes se sont plus d'une fois préoccupés des moyens de rendre plus importante la proportion qu'on en trouve dans l'atmosphère. Un savant anglais, le Dr Robertson, dans un mémoire lu à la session de 1875 de l'association britannique pour l'avancement des sciences, traçant le plan d'une cité idéale, qu'il appelait *Hygiæa,* et dans laquelle tous les principes de l'hygiène moderne

seraient scientifiquement appliqués, prévoyait l'établissement d'appareils spé-
ciaux pour la production en grand de l'ozone et l'assainissement de l'atmo-
sphère de la grande ville.

Nous nous occuperons plus loin de la vapeur d'eau qui fait partie de
notre atmosphère, et des phénomènes météorologiques qui se rattachent à
sa production et à sa condensation. Je me bornerai, pour le moment, à
faire remarquer que son importance, au point de vue de la physiologie
animale et végétale, est beaucoup plus grande qu'on ne serait tenté de le
croire. Un air chargé d'humidité est très favorable à la végétation ; il est
malsain pour la plupart des animaux, et en particulier pour l'homme ; un
air entièrement sec serait également funeste aux plantes et aux animaux,
en activant outre mesure la transpiration et l'évaporation des liquides de
l'organisme.

Nous venons de voir que, dans l'acte de la respiration, les animaux trans-
forment en acide carbonique une certaine quantité d'oxygène. Cette quantité est
considérable. L'air expiré par un homme en repos, dans l'état de santé, con-
tient en moyenne 4 pour 100 d'acide carbonique. Un adulte vigoureux rend,
dans l'espace de vingt-quatre heures, 867 grammes ou 443,409 centimètres
cubes de gaz. En outre, des sources naturelles abondantes, et d'innombrables
foyers allumés par la main de l'homme, versent continuellement dans l'atmo-
sphère des torrents d'acide carbonique. Il doit donc sembler étonnant que,
malgré cela, depuis que la terre est habitée, l'air n'ait pas cessé d'être respi-
rable, et ne contienne toujours que des traces d'acide carbonique. Mais il ne
faut pas oublier que, tandis que les animaux absorbent de l'oxygène et rendent
de l'acide carbonique, les plantes, au contraire, absorbent de l'acide carbo-
nique, s'assimilent le carbone, et restituent à l'air de l'oxygène ; qu'ainsi la
composition chimique de l'atmosphère n'est point altérée. D'ailleurs, « le calcul
montre, dit M. Dumas, qu'en exagérant toutes les données, il ne faudrait pas
moins de huit cent mille années aux animaux vivant à la surface de la terre
pour faire disparaître l'oxygène en entier. Par conséquent, si l'on supposait que
l'analyse de l'air eût été faite en 1800, et que pendant tout le siècle les
plantes eussent cessé de fonctionner à la surface du globe entier, tous les
animaux continuant d'ailleurs à vivre, les analystes, en 1900, trouveraient
l'oxygène de l'air diminué de $\frac{1}{8000}$ de son poids, quantité qui est inaccessible
à nos méthodes d'observation les plus délicates, et qui, à coup sûr, n'influe-
rait en rien sur la vie des animaux ou des plantes...

« En ce qui concerne la permanence de la composition de l'air, nous
pouvons dire, en toute assurance, que la proportion d'oxygène qu'il ren-
ferme est garantie pour bien des siècles, même en supposant nulle l'in-
fluence des végétaux, et que néanmoins ceux-ci lui restituent de l'oxygène
en quantité au moins égale à celle qu'il perd, et peut-être supérieure ; car
les végétaux vivent tout aussi bien aux dépens de l'acide carbonique fourni

par les volcans qu'aux dépens de l'acide carbonique fourni par les animaux eux-mêmes[1]. »

L'acide carbonique a passé longtemps pour un gaz vénéneux. On confondait alors ses effets avec ceux de l'oxyde de carbone, qui se produit d'abord dans les fourneaux lorsque la combustion du charbon est encore peu active, et qui, brûlant à son tour avec une jolie flamme bleue, passe à l'état d'acide carbonique. La vérité est que l'acide carbonique, loin d'être un poison, jouit, au contraire, de propriétés salutaires. Ingéré dans les organes digestifs avec les boissons gazeuses, il exerce sur ces organes et sur toute l'économie une action légèrement stimulante, qui le fait souvent recommander par les médecins. En Allemagne, on l'emploie depuis plusieurs années pour guérir les douleurs rhumatismales et traumatiques[2], et en France on l'utilise également, soit à titre d'anesthésique local, soit en raison de ses propriétés cicatrisantes. Respiré en petite quantité avec l'air normal, il n'incommode point; mais il est aisé de comprendre que, dans un espace confiné où il est substitué en tout ou en partie à l'oxygène, la respiration devienne pénible et bientôt impossible. Les hommes ou les animaux périssent alors par asphyxie.

« L'acide carbonique, dit M. J. Girardin[3], est à coup sûr un des corps les plus répandus dans la nature... Il se rencontre, pur ou presque pur, dans les diverses cavités ou grottes que présentent les pays volcaniques, et quelques-uns des terrains calcaires. Il existe aussi au fond des puits, dans les mines et dans les carrières. Comme il est plus pesant que l'air (sa densité est de 1,529), il n'occupe jamais que la partie inférieure de ces cavernes, à moins que la quantité qui se dégage continuellement du sol ne soit assez considérable pour les remplir entièrement, ce qui arrive dans quelques localités... Dans les mines mal aérées et dans les houillères, il manifeste souvent sa présence en éteignant les lumières des mineurs, et en rendant leur respiration excessivement pénible; ils le nomment *mofette asphyxiante*. »

Les grottes d'où s'exhale du gaz acide carbonique sont très communes sur le territoire de Naples et dans quelques parties de l'Italie. La plus célèbre est la *grotte du Chien*, située au bord du lac d'Agnano, près de Puzzuolo. Son nom lui vient de ce que, de temps immémorial, les habitants du voisinage exercent l'industrie d'offrir aux étrangers qui viennent visiter cette grotte le spectacle de l'asphyxie d'un chien : asphyxie incomplète ordinairement.

Les substances que nous venons de passer en revue, — à savoir : l'azote, l'oxygène, la vapeur d'eau et l'acide carbonique, — entrent toujours et partout, en proportions sensiblement constantes, dans la composition de l'air. Mais il en est d'autres, en très grand nombre, qui peuvent s'y trouver mêlées, quelquefois en assez grande quantité pour exercer une action délétère sur les

---

[1] *Essai sur la statistique chimique des êtres organisés.* Paris, 1864.
[2] En plongeant le membre malade ou blessé dans une atmosphère d'acide carbonique.
[3] *Leçons de chimie élémentaire appliquée aux arts industriels* (2 vol. in-8°, Paris, 1860), t. I, 3° leçon.

hommes et sur les animaux qui les respirent. Dans ce cas, on les désigne sous le nom de *miasmes*. Ces substances étrangères sont gazeuses, liquides ou solides. Parmi les gaz, qui le plus souvent altèrent la pureté de l'air, il faut citer l'oxyde de carbone, l'acide azotique, l'ammoniaque, l'hydrogène carboné, l'hydrogène phosphoré, et l'hydrogène sulfuré ou acide sulfhydrique.

L'ammoniaque est un des corps dont la présence dans l'atmosphère est le

La grotte du Chien près de Pouzzoles.

plus fréquente, surtout au-dessus des lieux habités ; et cela s'explique aisément, puisque ce gaz est un produit constant de la décomposition des matières animales. On a évalué à 0 milligr. 42 la quantité d'ammoniaque contenue dans un litre d'eau de pluie à la campagne. Pour les villes, la proportion serait bien plus forte. A Paris, par exemple, d'après M. Barral, l'eau tombée pendant l'année 1851 renfermait 3 milligr. 86 d'ammoniaque. M. Boussingault a trouvé pour moyenne générale 3 milligr. 08. « Il n'y aurait, au reste, rien de surprenant, dit cet éminent chimiste, à ce que la pluie, après avoir lavé l'atmosphère d'une grande cité, contînt plus d'ammoniaque. Paris, sous le rapport des émanations, peut être comparé à un tas de fumier d'une étendue considérable. »

« Ceci, remarque M. Dehérain, n'est pas flatteur pour la capitale du monde civilisé ; mais il n'en est pas moins vrai qu'à de certains jours d'été, quand la population se porte en foule sur les grandes voies de communication, on y sent très nettement l'odeur d'ammoniaque. »

Les brouillards et la neige absorbent encore plus d'ammoniaque que l'eau de pluie; ce qui explique et l'odeur désagréable des premiers, et l'heureux effet que produit sur les champs le séjour de la seconde.

La présence de l'hydrogène sulfuré dans l'air est, comme celle de l'ammoniaque, un résultat de la décomposition, disons mieux, de la putréfaction des

Gaz des marais (hydrogène protocarburé) recueilli dans un flacon.

substances animales; mais elle n'est heureusement que locale et accidentelle. L'hydrogène sulfuré se reconnaît aisément à son odeur d'œufs pourris. Il s'exhale abondamment des fosses d'aisance, des sentines où sont accumulées les immondices des grandes villes, de certains marécages tourbeux où des cadavres d'animaux sont mêlés à des détritus de végétaux, enfin de plusieurs sources d'eaux minérales. C'est un gaz extrêmement délétère : $\frac{1}{1500}$ suffit pour tuer un oiseau.

L'hydrogène protocarboné se forme en grande partie dans la vase des marécages; aussi lui a-t-on donné le nom de *gaz des marais*. On peut le recueillir en agitant cette vase avec un bâton au-dessous d'un entonnoir plongé dans l'eau et surmonté d'un flacon renversé. En outre il se dégage du sol dans certaines localités, où l'on peut l'enflammer; et comme il brûle parfois d'une manière continue, les habitants du pays l'utilisent pour faire cuire leurs aliments. « Il existe en Italie, sur la pente septentrionale des Apennins, des dégage-

ments de gaz qui soulèvent une boue imprégnée de sel marin, et forment ces
volcans de boue appelés *salze*. Il existe de semblables sources de ce gaz dans
le département de l'Isère, en Angleterre, en Crimée, sur les bords de la mer

Feux follets.

Caspienne, en Perse, à Java, au Mexique[1]. » C'est le même gaz qui, dans les
mines de houille, constitue avec l'air ce mélange détonant dont les formidables
explosions sont justement redoutées des mineurs. Ceux-ci le désignent sous le
nom de *feu grisou*.

[1] H. Debray, *Cours élémentaire de chimie*, 1 vol. in-8°. Paris, 1863.

Enfin l'hydrogène phosphoré se dégage, dit-on, surtout pendant les nuits d'été qui succèdent à de chaudes journées, des tourbières et plus encore des cimetières ; et comme il s'enflamme spontanément au contact de l'air, on l'a considéré longtemps comme donnant naissance à ces flammes bleuâtres qui voltigent dans l'air au gré du vent. On sait que, suivant une croyance superstitieuse encore très répandue dans les campagnes, ces *feux follets* attirent à leur suite les gens égarés ou attardés, et les conduisent à quelque rivière où ils se noient, à quelque fondrière où ils se brisent les os. L'hydrogène phosphoré résulte de la décomposition de la matière cérébrale et nerveuse des animaux, et principalement de l'homme : matière dont le phosphore est un des éléments.

M. Jules Lefort, membre de l'Académie de médecine, qui a fait d'intéressantes expériences sur la destruction des gaz passant à travers une couche de terre, ne croit pas aux feux follets que la légende populaire place dans les cimetières; il ne croit pas non plus, par suite, aux prétendues exhalaisons fournies par la putréfaction des corps inhumés.

« Dans les cimetières, dit-il[1], le dégagement de vapeurs lumineuses mobiles, sous l'influence de la putréfaction, n'est pas possible, ainsi qu'on l'écrit encore chaque jour, parce que la profondeur à laquelle se produit la décomposition cadavérique en permettrait pas, soit à du phosphure de soufre, soit à de l'hydrogène phosphoré (s'il était capable de prendre naissance) de traverser une épaisseur aussi considérable du sol sans se détruire complètement.

« Tous les chimistes savent aujourd'hui que ces dérivés du phosphore ne sont pas gazeux et qu'ils se décomposent avec accompagnement de lumière, pour peu qu'ils reçoivent le contact de l'air. Or le sol, même dans ses parties les plus profondes, contient toujours de l'air atmosphérique plus ou moins normal, qui réagirait sur ces substances inflammables à mesure de leur entraînement par l'acide carbonique ou tout autre gaz inerte, tel que l'hydrogène.

« S'il n'en était pas ainsi, le voisinage des nécropoles comme celles des grandes villes serait inhabitable, attendu que les autres gaz infects qui se forment en même temps dans la putréfaction cadavérique suivraient le même chemin que ces matières phosphorées. »

J'ai tenu à citer ces quelques lignes du savant chimiste, d'abord parce qu'elles protestent, comme on le voit, contre un vieux préjugé populaire, et ensuite à cause de l'intérêt qui s'attache, en ce moment surtout, à tout ce qui touche les cimetières, leurs émanations et les dangers qu'ils peuvent présenter pour les grandes agglomérations urbaines.

Les liquides qui peuvent se trouver en suspension dans l'atmosphère sont très peu nombreux, ou plutôt ils se réduisent à un seul, l'eau. Les nuages et les brouillards ne sont autre chose que des masses d'eau extrêmement divisée,

---

[1] *Mémoire sur le rôle du phosphore et des phosphates dans la putréfaction.*

à l'état de vésicules, ou de gouttelettes, ou même de petites aiguilles de glace. Il arrive que, par suite de circonstances particulières, les gouttelettes en suspension dans l'air contiennent des substances acides, alcalines, salines, etc. Au bord de la mer, par exemple, l'air recèle des gouttelettes imperceptibles d'eau salée provenant de l'écume des vagues, et qui lui donnent une saveur salée quelquefois très sensible.

Quant aux corps solides qui perpétuellement nagent dans l'atmosphère, ils sont de plusieurs sortes.

Peu de recherches directes avaient été entreprises jusqu'ici pour l'étude de ces corpuscules aériens, sur lesquels on disserte tant, surtout depuis les discussions soulevées à propos de la génération spontanée. Si j'excepte une étude de M. Pouchet sur *l'examen microscopique des poussières atmosphériques*, on ne peut citer, jusqu'à ces derniers temps, presque aucun travail ayant cette étude pour objet. M. Gaston Tissandier s'occupe pourtant depuis plusieurs années de cette question, et il a présenté à l'Académie des sciences un certain nombre de mémoires remplis d'observations curieuses.

Il résulte de ses recherches que la quantité de matières solides contenues dans un mètre cube d'air, à Paris, peut varier de 6 à 23 milligrammes ; ces poussières varient, en volume, de un sixième à un millième de millimètre, et il en tomberait, en vingt-quatre heures, environ 2 kilogrammes sur une surface équivalente à celle du Champ-de-Mars.

Analysées, ces poussières ont donné de 25 à 30 % de matières organiques, et 66 à 75 % de matières minérales (cendres) ; dans ces derniers le fer se trouve en proportions notables, sous forme de petites granulations, comme des gouttelettes, de petits grains d'oxyde de fer magnétique, et M. Tissandier affirme qu'une partie des corpuscules aériens flottant dans notre atmosphère provient des espaces planétaires ; la chose n'est pas impossible, mais est-elle suffisamment prouvée à l'heure qu'il est ? je n'en suis pas sûr.

On a constaté encore au sein de l'air la présence de l'iode, du phosphore, de l'amidon ; de germes d'êtres microscopiques, d'infusoires et de cryptogames ; de débris de matières végétales. On peut se faire une idée de l'incalculable multitude de ces corpuscules, en considérant l'air éclairé par un faisceau de rayons solaires pénétrant dans un endroit relativement obscur. Il y a là tout un monde d'infiniment petits ; et ces infiniment petits, êtres organisés ou poussières, exercent peut-être, en maintes circonstances, sur la santé et sur la vie une influence non moins puissante et non moins funeste que celle des émanations gazeuses susceptibles de se dissoudre dans la vapeur d'eau ou dans l'air lui-même.

DEUXIÈME PARTIE

PHÉNOMÈNES DE L'AIR

CHAPITRE I

LE TEMPS

« Il est, dit M. Laugel, une science à la portée de tous les esprits, qui pour être cultivée, même avec succès, ne demande presque aucune préparation, qui fournirait facilement une ressource admirable à ceux qui, peu disposés à s'assujettir à des études préliminaires longues et ardues, se sentiraient néanmoins quelque goût pour l'observation des phénomènes naturels : on pourrait l'appeler simplement la science de la pluie et du beau temps, bien qu'elle se décore d'ordinaire du nom magnifique de météorologie. Le baromètre, le thermomètre, la girouette, sont les simples instruments qu'elle emploie ; son champ est l'atmosphère terrestre, dont elle s'efforce d'analyser les mouvements réguliers ainsi que les perturbations. Comme M. Jourdain faisait de la prose sans le savoir, ainsi nombre de gens ont fait et font encore de la météorologie sans en connaître même le nom[1]. »

M. Laugel compare justement les gens qui font de la météorologie sans en connaître même le nom, à ceux qui, comme M. Jourdain, font de la prose sans le savoir. Mais il y a météorologie et météorologie, de même qu'il y a prose et prose. De ce que tout le monde s'exprime en prose, il ne s'ensuit point que l'art oratoire ou l'art d'écrire soit un art facile ; et de ce que tout le monde s'occupe du beau et du mauvais temps, il ne s'ensuit pas davantage que la météorologie soit « à la portée de tous les esprits ». Je ne vois pas moins de

---

[1] *Science et philosophie. — Progrès de la météorologie.*

différence entre la météorologie telle que l'entend le vulgaire, et celle que
nous enseignent les Kaemtz, les Maury, les Jensen, les Arago, les Humboldt,
les Dove, les Becquerel, qu'entre le langage d'un M. Jourdain et celui d'un
Bossuet ou d'un Mirabeau ; entre le style d'un écrivain public et celui d'un
Pascal, d'un Voltaire ou d'un Lamartine. Tout le monde aussi fait de la politique :
est-ce à dire que tout homme ait en soi l'étoffe d'un Colbert ou d'un Turgot ?

Prétendre que la météorologie n'exige, pour être cultivée même avec succès,
aucune préparation, est donc, selon moi, une erreur grave, dangereuse même
jusqu'à un certain point, et à laquelle il est fâcheux de voir un savant, un
penseur du mérite de celui que je viens de citer, prêter l'appui de son autorité.
Le nombre est assez grand de ceux qui se mêlent d'interpréter, d'expliquer,
voire de prédire les phénomènes atmosphériques. Dieu sait l'abus que font
les ignorants de la pluie et du beau temps, du chaud et du froid. Dieu sait
quels lieux communs se débitent et se répètent à perpétuité sur cette matière,
qui est, on le sait du reste, la ressource de tous les diseurs de riens, « la
planche de salut qu'on tend aux timides et aux sots, » dit M. Laugel lui-même.
M. Laugel reconnaît que les habitants des villes, qui parlent sans cesse du
temps, ne s'y connaissent guère, et n'y trouvent qu'un thème banal de con-
versation. Mais il ne veut point qu'on dédaigne la « science pratique » des
paysans et des matelots, « fruit d'une expérience séculaire. Si les explications
qu'elle propose sont souvent erronées, les faits qu'elle prend pour base sont,
selon lui, *toujours certains.* » Voilà, ce me semble, une affirmation bien
absolue, et qui m'étonne venant d'un écrivain aussi profondément pénétré
que l'est M. Laugel de la haute mission de la science. On ne peut nier qu'à
force d'observer les phénomènes de l'atmosphère avec une attention com-
mandée par leurs plus chers intérêts, les agriculteurs et les marins ne soient
parvenus à se faire une sorte de *compendium* météorologique, contenant sur
les signes du temps quelques données exactes. Mais de combien d'erreurs,
de préjugés, de superstitions même ces notions tout empiriques ne sont-elles
pas mêlées ! Est-il un seul paysan qui ne fasse entrer comme élément fonda-
mental dans toutes ses prévisions les phases de la lune ; qui n'accepte comme
axiomes indiscutables un certain nombre de dictons où la rime, — et quelle
rime ! — tient lieu de raison et de bon sens ; qui n'ait une foi entière dans
les prédictions saugrenues de l'*Almanach Liégeois* ou autre, dont les volumes
achetés chaque année composent d'ordinaire toute sa bibliothèque ?

C'est faire trop bon marché de la théorie, que de croire qu'une science
qui n'explique point les phénomènes qu'elle observe, ou qui les explique par
des hypothèses irrationnelles, puisse jamais arriver, si ce n'est par hasard,
à des résultats de quelque valeur. Tant que, sous les noms d'alchimie et d'art
hermétique, la chimie s'est fourvoyée dans le dédale des recherches chimé-
riques, qu'elle a constaté et reproduit, sans pouvoir les expliquer, des com-
binaisons et des décompositions, ses progrès n'ont marché qu'avec une excessive

lenteur ; elle a pris, au contraire, un rapide essor à partir du jour où elle a pu se rendre logiquement compte des actions réciproques des corps. Pourquoi en serait-il autrement de la météorologie ? Par quel privilège aussi échapperait-elle à la loi de solidarité qui régit le développement des sciences, et qui permet tout au plus de les partager en deux ou trois groupes, jusqu'à un certain point indépendants les uns des autres, mais formant chacun un tout indissoluble ?

On est convenu de distinguer les sciences mathématiques ou sciences exactes des sciences physiques, et celles-ci des sciences naturelles. Mais tout en plaçant, par exemple, l'astronomie et la mécanique dans le premier groupe, on est obligé de reconnaître que ces deux sciences, étroitement liées entre elles, ne le sont guère moins avec la physique ; que celle-ci à son tour est inséparable de la chimie ; que d'autre part l'astronomie se rattache directement à la géologie, qui suppose elle-même la connaissance de la physique et de la minéralogie, et qui rentre avec cette dernière dans la classe des sciences dites naturelles : si bien qu'on ne peut exceller dans une quelconque de ces sciences fondamentales sans posséder aussi celles du même groupe, et souvent encore une ou deux d'un groupe voisin.

Or la météorologie appartient manifestement au groupe des sciences physiques ; mais elle n'a point, en réalité, d'existence propre. Tous les phénomènes qu'elle comprend sont dus à des causes physiques ou mécaniques. Elle n'est donc qu'une branche de la physique ; et comme elle se confond à peu près entièrement avec ce qu'on nomme la physique du globe, elle se trouve ainsi rattachée par certains points à l'astronomie, à la géologie, surtout à la géographie physique. Cela est si vrai, qu'elle n'a réellement pris naissance que du jour où ces sciences ont pu donner la clef des phénomènes atmosphériques, demeurés si longtemps inexplicables. Si l'on n'avait, grâce aux découvertes et aux calculs des physiciens et des astronomes, déterminé les mouvements de notre globe, les actions qu'il reçoit du soleil et de la lune, la marche des saisons ; si l'on n'avait pénétré les mystères de l'électricité et du magnétisme, de la chaleur et de la lumière ; si la chimie enfin, aidée de la physique, n'avait fait connaître la véritable constitution de l'atmosphère, à quoi se réduirait la météorologie ? A ce qu'elle était pour les anciens, et à ce qu'elle est encore aujourd'hui pour les bonnes gens dont on nous vante la « science pratique » : c'est-à-dire à un fatras d'observations incohérentes, souvent erronées, sur le chaud et le froid, la pluie et la sécheresse, la direction des vents, les aspects du ciel, la couleur et la forme des nuages. Et des observations même exactes, n'en déplaise à M. Laugel, ne peuvent avoir de valeur qu'à la condition d'être raisonnées ; un fait ne porte en soi son enseignement que si on en connaît la cause, si l'on sait par quel lien il se rattache aux faits du même ordre. Autrement il reste à l'état d'énigme: chose dont les esprits les moins éclairés ne s'accommodent point, et qu'à défaut d'explica-

tion rationnelle ils résolvent tant mal que bien par des hypothèses de fan-
taisie.

Les instruments dont se sert le météorologiste sont simples, dit-on. M. Laugel
cite le baromètre, le thermomètre, la girouette. Il eût pu en ajouter quelques
autres qui ne sont pas moins nécessaires : les anémomètres, les pluviomètres,
les udomètres, les hygromètres, les électroscopes, les boussoles d'inclinaison,
de déclinaison, d'intensité et de variations, les magnétomètres. Ces appareils
ne sont pas, en général, d'une structure très compliquée ; mais ils sont déli-
cats à manier ; il faut savoir s'en servir, et surtout saisir le sens de leurs
indications, comprendre leur langage. Et ce langage, — qu'on me passe cette
métaphore vulgaire, — est de l'hébreu pour une personne étrangère à la
physique. Mettez entre les mains d'un ignorant le traité de météorologie le
plus élémentaire : il sera arrêté dès la première page par des considérations
dont il n'entendra pas un mot, et il fermera le livre.

En résumé, l'étude des phénomènes de l'air présente des difficultés qu'il
ne faut pas se dissimuler ; elle exige des aptitudes et une somme de connais-
sances faute desquelles les météorologistes improvisés s'exposent à bien des
mécomptes. En revanche il en est peu d'aussi attrayantes ; il en est peu qui
piquent plus vivement la curiosité, et qui, à tout prendre, la satisfassent
plus aisément, pourvu qu'on n'aspire pas au rôle de prophète, et qu'on n'ait
pas la prétention de tout savoir sans avoir eu la peine de rien apprendre. Car
s'il n'est pas donné au premier venu d'être bon météorologiste, non plus que
d'être bon médecin ou bon ingénieur, il n'est personne qui, doué d'un esprit
curieux des choses de la nature, ne puisse s'initier avec un peu d'application
aux principes fondamentaux de la météorologie. Une fois en possession de ces
principes, on trouve, dans l'observation directe des variations atmosphériques
et dans la lecture des ouvrages où elles sont décrites ou expliquées, une
occupation pleine de charmes, une source de jouissances toujours nouvelles.
Le temps n'est plus ce lieu commun banal auquel on a niaisement recours
lorsqu'on ne sait de quoi parler, et qui est épuisé lorsqu'on a répété pour la
millième fois les cinq ou six phrases que tout le monde sait par cœur : le
temps est un vaste ensemble de faits dont la connaissance et l'intelligence
nous importent au plus haut point ; c'est un sujet de recherches intéressantes,
de discussions sérieuses et instructives ; c'est en outre un spectacle d'une
magnificence et d'une variété incomparables, et dont on sent d'autant plus
vivement les beautés, qu'on connaît mieux les ressorts invisibles qui en chan-
gent à chaque instant la mise en scène. Dire quel sens nous attachons à ce
mot, le *temps,* c'est dire de quel point de vue nous allons considérer le grand
objet qu'il représente. Cet objet, je le répète, est essentiellement complexe.
Il comprend une multitude de phénomènes dont l'origine et le lieu échappent
nécessairement aux observateurs superficiels, souvent aussi à ceux qui savent
le mieux interroger la nature. Les apparences mêmes de ces phénomènes

peuvent être trompeuses. Nous nous efforcerons de les voir, non seulement tels qu'ils semblent être, mais tels qu'ils sont réellement. Nous rechercherons les forces qui les engendrent, les lois qui les régissent, les influences qu'ils exercent. Chacun d'eux soulèvera ainsi une triple question de cause, de rapport et d'effet. La science positive est le seul oracle auquel nous demanderons d'y répondre. Lorsqu'il nous arrivera de la trouver muette, nous nous garderons bien de suppléer à son silence par des explications arbitraires; car la science est le seul guide que nous puissions suivre avec sécurité : là où ce guide hésite, la raison nous prescrit de nous arrêter, et d'attendre qu'il ait frayé plus loin le chemin de la vérité.

CHAPITRE II

Nous avons vu au chapitre vii de la première partie ce que serait la chaleur pour le globe terrestre, si celui-ci n'avait point d'atmosphère. Voyons maintenant ce que serait l'atmosphère, je ne dis pas si elle était sans chaleur[1], mais si elle était toujours, dans toutes ses parties, également chaude ou froide. Oh! dans ce cas, la météorologie serait une science bien simple; car la météorologie est la science des mouvements, des changements d'état, des perturbations de l'air; et l'air serait immobile, ou ses mouvements seraient à peine sensibles et d'une régularité parfaite; son état ne changerait point; il ne serait sujet à aucune perturbation. Il n'y aurait ni beau ni mauvais temps, ni temps sec ni temps humide, ni saisons ni climats. Les habitants de la terre jouiraient d'un printemps, ou d'un été, ou d'un hiver perpétuel; les eaux seraient toujours gelées, ou toujours tièdes, ou toujours en vapeur; la végétation n'existerait point, ou elle serait toujours en activité : le tout suivant le degré de température au-dessous ou au-dessus de zéro qu'il vous plaira de supposer.

S'il en est autrement, c'est que la température est inégalement répartie à la surface du globe, et que pour un même lieu elle éprouve, selon l'époque de l'année, selon l'heure du jour, sous l'influence de causes nombreuses qui se combinent ou se contrarient de mille manières, de continuelles alternatives d'abaissement et d'élévation. Ce sont ces alternatives qui produisent dans l'air les contractions et les dilatations d'où résultent l'accroissement et la diminution de la pression barométrique et les fluctuations de la masse atmosphé-

---

[1] On conçoit un corps dénué de chaleur quand on admet que la chaleur est un mouvement des particules de la matière. Au zéro absolu, le mouvement qui occasionne les effets de la chaleur n'existerait plus; ce qui ne veut pas dire qu'il n'y ait plus de mouvement du tout : il y aurait eu dans l'abaissement graduel de la température une transformation de mouvement calorifique en un autre. On pense que le zéro absolu est peu éloigné de $-273°$. Cela n'est évidemment qu'une hypothèse, mais elle n'a rien d'absurde.

rique; qui déterminent la formation et la précipitation des vapeurs aqueuses;
qui font que le ciel est limpide et bleu, ou qu'il se couvre d'épais nuages;
que des ruisseaux se transforment en fleuves impétueux, ou des torrents en
paisibles cours d'eau; que les campagnes disparaissent sous les frimas, ou
se parent de verdure et de moissons; que les arbres agitent au vent leurs
branches dépouillées, ou se couvrent de feuillage et se chargent de fruits.

C'est donc par la chaleur qu'il convient de commencer l'étude des phéno-
mènes de l'air. Et d'abord il n'est pas inutile de donner quelques explications
sur le sens qu'on doit attacher à ces mots : chaleur, froid, température, calo-
rique. On croit communément que ce dernier mot n'est que le synonyme scienti-
fique du terme vulgaire de chaleur. Cela n'est pas exact. Ces deux mots, bien
que les physiciens eux-mêmes les emploient souvent dans le même sens, ont ce-
pendant des significations bien distinctes. Le calorique est proprement la cause
inconnue dont dépendent tous les phénomènes d'échauffement et de refroidis-
sement, la dilatation et la contraction des corps, leur liquéfaction et leur va-
porisation, leur solidification. Les mots « chaleur et froid » n'expriment autre
chose que les sensations contraires que nous éprouvons au contact des corps,
suivant que leur température est élevée ou basse. Enfin la température elle-
même est l'état actuel du calorique sensible dans ces corps. Soit qu'on ad-
mette l'hypothèse de l'émission ou celle des ondulations, en d'autres termes,
soit qu'on voie dans le calorique un fluide spécial ou une vibration particulière
du fluide universel, on constate, comme fait d'expérience, que tous les corps
émettent sans cesse du calorique, qu'ils rayonnent en tous sens, et qu'ils se
refroidiraient indéfiniment s'ils ne recevaient à leur tour le calorique que leur
envoient les autres corps. Suivant donc qu'un corps émet plus ou moins de
calorique à un moment donné, on dit qu'il est plus ou moins chaud ou froid,
ou que sa température est plus ou moins élevée. D'où l'on voit qu'il ne faut
pas confondre la température d'un corps avec la quantité de calorique qu'il
contient. De ce qu'un corps, à un instant donné, nous fait éprouver un sensa-
tion de chaleur plus intense qu'un autre corps, nous aurions tort de conclure
qu'il en contient davantage. Comme exemple propre à établir cette distinction,
nous pouvons dire qu'à poids égal l'eau bouillante contient plus de calorique
que le fer rouge, quoique la température de celui-ci soit évidemment beau-
coup plus élevée.

On ne peut mesurer d'une manière absolue ni la quantité de calorique con-
tenue dans un corps, ni celle qu'il émet; mais on mesure d'une manière rela-
tive, c'est-à-dire en prenant un terme de comparaison arbitraire, la quantité
de chaleur que les corps absorbent ou abandonnent lorsque leur température
s'élève ou s'abaisse d'un nombre déterminé de degrés; c'est la *calorimétrie*.
On mesure de même, à l'aide des instruments appelés *thermomètres*, les chan-
gements qui surviennent dans l'état thermique des corps, en un mot, leur
température.

Les thermomètres sont tous fondés sur le même principe, à savoir sur les dilatations et les contractions que les corps et notamment les liquides éprouvent en s'échauffant et en se refroidissant. Tout le monde sait que les thermomètres employés pour mesurer la température de l'atmosphère, — les seuls dont nous ayons à nous occuper ici, — consistent en un tube capillaire plus ou moins long, muni à son extrémité inférieure d'une ampoule ou réservoir qui contient du mercure ou de l'alcool. Des divisions appelées degrés sont tracées, soit sur l'instrument lui-même, soit sur la monture à laquelle il est fixé. Le mercure a l'avantage de se dilater et de se contracter d'une manière uniforme, de ne point donner de vapeur à la température ordinaire et de ne bouillir qu'à une température très élevée (360°). Aussi est-ce de ce métal qu'on se sert pour la construction des thermomètres-étalons qui doivent être d'une grande précision. L'alcool se dilate et se contracte moins régulièrement; il émet des vapeurs à toutes les températures, et bout à 76°; mais, tandis que le mercure se solidifie à 40° au-dessous de zéro, l'alcool ne se congèle point, à quelque refroidissement qu'on le soumette. Les thermomètres à alcool conviennent donc parfaitement pour la mesure des températures très basses.

On sait aussi que l'échelle en usage en France et dans beaucoup d'autres pays est l'échelle centigrade; que le zéro de cette échelle correspond à la température de la glace fondante, et son centième degré à celle où l'eau distillée entre en ébullition sous la pression moyenne de soixante-seize centimètres; que les divisions sont continuées au-dessous du zéro et au-dessus du point 100°; que pour écrire l'indication d'une température supérieure à zéro, on place ordinairement en avant du chiffre des degrés le signe + (*plus*), et qu'on fait précéder du signe — (*moins*) le chiffre des degrés représentant une température inférieure à 0°; mais que cette distinction des degrés positifs et des degrés négatifs n'est que conventionnelle, et ne signifie nullement que les premiers soient des degrés de *froid*, et les seconds des degrés de *chaleur*.

Revenons maintenant aux phénomènes de chaud et de froid que présente l'atmosphère. La presque totalité de la chaleur répandue à la surface de la terre et retenue dans son enveloppe gazeuse est fournie par le soleil. Les roches qui forment la croûte solide du globe conduisent si mal la chaleur, que celle qui provient du feu central ou des couches intérieures incandescentes arrive à peine à la surface en assez grande quantité pour fondre, en un an, une pellicule de glace de six millimètres d'épaisseur, qui couvrirait cette surface entière. On voit que si notre planète venait par malheur à perdre son soleil et à n'avoir plus pour se chauffer que son propre foyer, les êtres qui l'habitent ne tarderaient pas à périr; car elle reviendrait à la température des espaces célestes : température qu'il est impossible d'évaluer exactement, mais qui, à coup sûr, est tout à fait incompatible avec la vie végétale, et que les animaux ne supporteraient pas longtemps. Elle atteindrait, d'après M. Pouillet, le chiffre formidable de — 140°; mais les autres physiciens sont arrivés

par leurs calculs à des résultats plus modérés. Fourier dit de — 50° à — 60° ;
Svanberg, — 50°,3 ; Arago, 56°,7 ; Péclet, — 60° ; Saigey, de — 65° à — 77° ;
sir John Herschell, — 91°. En tout cas, et si basse que soit la température
de l'espace, elle n'en exerce pas moins une action bienfaisante en s'opposant,
dans une certaine mesure, au refroidissement indéfini de la terre elle-même.
« De prime abord, dit Humboldt, il doit paraître singulier d'entendre parler

Glaciers.

de l'influence relativement bienfaisante que cette effroyable température de
l'espace, si inférieure au point de congélation du mercure, exerce sur les cli-
mats habitables de la terre, ainsi que sur la vie des animaux et des plantes.
Pour sentir la justesse de cette expression, il suffit cependant de réfléchir
aux effets du rayonnement. La surface de la terre échauffée par le soleil, et
même l'atmosphère jusqu'à ses couches supérieures, rayonnent librement vers
le ciel. La déperdition qui en résulte dépend presque uniquement de la dif-
férence de température entre les espaces célestes et les dernières couches
d'air. Quelle énorme perte de chaleur n'aurions-nous donc pas à subir par
cette voie, si la température de l'espace, au lieu d'être de — 60°, ou de — 90°,
ou même de — 140°, se trouvait réduite à — 800° ou à mille fois moins encore ! »

La température de l'air varie, en vertu des propriétés physiques de ce gaz,
suivant son plus ou moins de densité, et en vertu de sa composition selon

9

qu'il est plus ou moins chargé de vapeur d'eau. De ces causes intrinsèques résulte un abaissement de température sensiblement proportionnel à l'élévation des couches atmosphériques ; à ce refroidissement de l'air est due l'existence des neiges et des glaces éternelles, partout où se trouvent des montagnes assez hautes pour que leurs sommets atteignent les régions où l'air ne s'échauffe jamais au delà du point de congélation de l'eau. J'ajouterai à ce sujet que l'altitude de ces régions dépend de la latitude : en d'autres termes, que la limite des neiges perpétuelles est, d'une manière générale, d'autant moins élevée qu'on s'avance plus près des pôles, et d'autant plus qu'on s'approche davantage de l'équateur. Dans les régions arctiques, et à plus forte raison dans les régions antarctiques, la ligne qui forme la limite des neiges perpétuelles descend jusqu'au niveau de la mer. « Sous l'équateur et en Amérique, dit encore Humboldt, la limite inférieure des neiges atteint la hauteur du mont Blanc de la chaîne des Alpes, puis elle baisse vers le tropique boréal ; les dernières mesures la placent à trois cent douze mètres environ plus bas, sur le plateau du Mexique, par 19° de latitude nord. Elle s'élève, au contraire, vers le tropique austral. »

La répartition de la température dans le sens horizontal peut, comme celle des pressions barométriques, être représentée par des lignes à peu près parallèles dans leur direction générale, et s'échelonnant avec une certaine régularité entre l'équateur et les pôles. On donne le nom d'*isothermes* aux lignes qui réunissent tous les points pour lesquels la moyenne thermométrique annuelle est la même. En réunissant sur une mappemonde tous les lieux qui ont la même moyenne estivale, on a de nouvelles courbes appelées *isothères* (ἴσος, égal ; θέρος, été) ; et celles qui passent par les oints ayant une même moyenne hibernale sont dites *isochimènes* (χειμών, hiver). C'est à Humboldt qu'on doit ce mode ingénieux de représentation graphique qui, dit-il lui-même, donnera une base certaine à la climatologie comparée, si les physiciens consentent à réunir leurs efforts pour le perfectionner.

Quant aux lignes isothermes, Humboldt a établi que leur forme est modifiée par un très grand nombre de causes, dont les unes élèvent la température moyenne, tandis que les autres l'abaissent. Parmi les premières, il signale :

La proximité d'une côte occidentale, dans la zone tempérée ;

La forme découpée des continents, et la présence de méditerranées et de golfes pénétrant profondément dans les terres ;

La direction sud ou ouest des vents régnants, s'il s'agit de la bordure occidentale d'un continent situé dans la zone tempérée ;

La rareté des marécages, l'absence de forêts sur un sol sec et sablonneux ;

La sérénité constante du ciel pendant l'été ; enfin le voisinage d'un courant océanique ayant sa source dans l'un des estuaires équatoriaux.

Les principales causes d'abaissement de la moyenne thermométrique annuelle sont :

L'élévation de la contrée au-dessus du niveau des mers ;

Le voisinage d'une côte orientale, pour les hautes et les moyennes latitudes ;

La configuration compacte d'un continent dont les côtes sont dépourvues de golfes, ou une grande extension des terres vers le pôle ;

Des chaînes de montagnes fermant l'accès aux vents tièdes ; des forêts interceptant les rayons du soleil ;

Un ciel nébuleux pendant l'été, limpide pendant l'hiver ;

Enfin le voisinage d'un courant pélagique venu des régions polaires.

CHAPITRE III

La surface du globe, considérée au point de vue de la distribution des températures, peut être divisée et subdivisée en un très grand nombre de régions, dont chacune présente un ensemble de conditions météorologiques qui lui est propre, et qui constitue ce qu'on nomme un climat.

Les anciens géographes avaient partagé l'hémisphère boréal, le seul qui leur fût connu, en trente zones parallèles, distinguées les unes des autres par la durée de leur plus long jour au solstice d'été. Vingt-quatre de ces zones, comprises entre l'équateur et le cercle polaire, étaient appelées *climats horaires* ou de demi-heure, parce que, de l'un à l'autre, la différence entre les plus longs jours était d'une demi-heure. Les six autres zones, comprises entre le cercle polaire et le pôle même, étaient dites *climats de mois,* parce qu'à partir du cercle polaire le plus long jour de chacune de ces zones était d'un mois plus long que celui de la précédente. Ainsi le climat équatorial était celui où les jours sont toujours égaux aux nuits, et durent, par conséquent, douze heures ; c'était le premier. Le second était celui où le plus long jour est de douze heures et demie ; le troisième, celui où le plus long jour est de treize heures ; et ainsi de suite jusqu'au vingt-quatrième, où, à l'époque du solstice d'été, le soleil demeure pendant vingt-quatre heures au-dessus de l'horizon. Le premier climat de mois s'étendait depuis le cercle polaire jusqu'au parallèle au-dessus duquel le soleil reste levé, une fois par an, pendant un mois entier ; le second allait de ce parallèle à celui où le plus long jour est de deux mois ; et ainsi de suite jusqu'au climat polaire, où l'année se compose d'un seul jour et d'une seule nuit, chacun de six mois.

On a donné le nom de climats astronomiques à des divisions où il n'est tenu compte, en effet, que de deux circonstances purement astronomiques, savoir : la durée plus ou moins longue de la présence du soleil au-dessus de l'horizon aux époques successives de l'année, et l'incidence plus ou moins

oblique des rayons de cet astre lors de son passage au méridien : circon-
stances fondamentales, il est vrai, car c'est de leur concours que résulte le
phénomène des saisons, si étroitement lié à celui des climats, qu'on pourrait
définir ces derniers : les différentes manières d'être des saisons dans les diffé-
rentes contrées. Mais ces manières d'être, bien que gouvernées essentiellement,
par le cours du soleil et par la latitude du lieu, ne laissent pas d'être modifiées

Paysage des tropiques.

encore par une multitude de causes secondaires qu'il n'est pas permis de né-
gliger. Ces causes ont conduit les météorologistes modernes à distinguer des
climats astronomiques, qui ne sont guère qu'une conception théorique, les
climats physiques ou atmosphériques, qui sont les climats réels, et de l'an-
cienne climatologie astronomique on n'a conservé que les cinq grandes divi-
sions ou *zones* formées, de part et d'autre de l'équateur, par les tropiques et
par les cercles polaires. Tout le monde sait que la zone intertropicale a reçu le
nom, un peu hyperbolique, de zone torride; que les zones polaires sont
appelées plus justement zones glaciales ; qu'enfin celles qui, sur chaque
hémisphère, occupent l'espace compris entre le cercle polaire et le tropique,
sont dites zones tempérées.

Cette division a sans doute, comme toutes les divisions de ce genre, l'incon-
vénient d'être trop absolue, trop tranchée, de ne tenir aucun compte des

transitions. Il est certain, par exemple, que les zones qu'on nomme tempérées auraient pu être elles-mêmes partagées en trois bandes, dont la médiane seule aurait mérité de conserver la qualification primitive de tempérée, tandis que les deux extrêmes eussent été bien désignées, par exemple, sous les noms de zone sub-torride ou sub-tropicale, et de zone sub-polaire ou sub-glaciale.

Quoi qu'il en soit, on ne peut nier que la nouvelle division n'ait sur l'ancienne de grands avantages. En premier lieu, elle n'a rien d'arbitraire : elle est fondée sur des données astronomiques positives et précises, puisque les tropiques sont les cercles qui passent par les points solsticiaux, et les cercles polaires, ceux qui limitent, autour des extrémités de l'axe terrestre, les rayons où les jours et les nuits atteignent et dépassent la durée de vingt-quatre heures. En second lieu, elle donne tout d'abord une idée saisissante et, en somme, assez vraie de la constitution climatérique qui caractérise chacune des zones. En effet, sur toute la ligne équinoxiale, où les jours sont constamment égaux aux nuits, les rayons du soleil arrivent suivant une direction qui, lors du passage de l'astre au méridien, est presque verticale, et qui l'est rigoureusement deux fois par année ; après quoi le soleil s'écarte, tantôt à droite, tantôt à gauche, de 23°28', c'est-à-dire jusqu'au tropique. Il est vrai que l'équateur thermal (on entend par là la courbe qui relie ensemble tous les points où la moyenne annuelle de la température est la plus élevée) ne coïncide pas sur tous ses points avec l'équateur géographique. Mais ces divergences ne sont dues qu'à des circonstances secondaires, telles que l'altitude des lieux, la nature du sol, la présence ou l'absence de grandes masses d'eau, etc., qui déterminent en certains endroits une absorption de chaleur plus grande qu'en d'autres endroits ; et il n'en est pas moins incontestable qu'à l'équateur la terre reçoit du soleil plus de chaleur que partout ailleurs.

À mesure qu'on s'éloigne de ce grand cercle, soit vers le nord, soit vers le sud, les rayons solaires prennent une direction plus constamment oblique ; cependant, pour la zone torride, cette direction reste voisine de la verticale, et tous les lieux compris dans cette zone ont au moins un jour où, à midi, les rayons tombent perpendiculairement sur le sol. Aussi leur température se rapproche-t-elle beaucoup de celle de l'équateur, lorsque même, par l'effet de quelqu'une des causes dont j'ai parlé ci-dessus, elle n'est pas plus élevée encore. Passé les tropiques, l'incidence des rayons solaires est toujours plus ou moins oblique ; l'inégalité des jours et des nuits devient de plus en plus sensible ; la température moyenne s'abaisse graduellement, sinon régulièrement. Enfin, à partir du cercle polaire, les rayons calorifiques et lumineux prennent une direction presque parallèle à l'horizon ; les jours d'été et les nuits d'hiver durent de vingt-quatre heures à six mois. On conçoit donc que, dans l'intérieur de ces cercles, la moyenne thermométrique soit moindre qu'en aucune partie des zones précédentes. Il faut ajouter cependant que, de

même que l'équateur thermal s'écarte de la ligne équinoxiale, de même aussi
ce n'est pas aux pôles mêmes du globe que règne la plus basse température.
Les *pôles du froid* paraissent même être situés à une assez grande distance
des pôles géographiques.

Aux conditions générales de température qui résultent de la direction des
rayons solaires et des longueurs relatives des jours et des nuits, correspondent

Paysage polaire.

des différences profondes dans le cours et la tenue des saisons, dans l'état
ordinaire de l'atmosphère et dans la nature de ses perturbations, ainsi que
dans les caractères de la faune et de la flore de chaque zone, et dans ceux
des races humaines qui peuplent les continents et les îles des deux hémi-
sphères.

Si nous considérons d'abord les saisons, nous voyons qu'au pôle on n'en
compte que deux, dont on peut dire à la lettre qu'elles sont, l'une par rapport
à l'autre, « le jour et la nuit ». A mesure qu'on s'éloigne de cette morne ré-
gion, outre que la moyenne thermométrique de l'année s'élève, et que les
durées des jours et des nuits deviennent moins inégales, on passe moins
brusquement de l'hiver à l'été et de l'été à l'hiver. Dans les zones tempérées,
les époques de transition entre les deux saisons extrêmes sont elles-mêmes
de véritables saisons intermédiaires; en sorte que les habitants de ces zones

ont quatre saisons, dont deux, l'hiver et l'été, commencent aux solstices, et deux autres, le printemps et l'automne, commencent aux équinoxes.

On sait que les saisons sont inverses dans les deux hémisphères boréal et austral ; que l'été règne dans le premier hémisphère lorsque la terre décrit la plus grande portion de son orbite, et dans le second lorsqu'elle décrit la plus petite ; et qu'en conséquence l'un a constamment des étés plus courts et des hivers plus longs que l'autre : ce qui achève d'expliquer le refroidissement de l'hémisphère austral.

Sous les tropiques, la distinction des saisons s'efface presque complètement. Il n'y a plus de printemps ni d'automne, ni même, à proprement parler, d'été et d'hiver. Les habitants de la région équatoriale voient deux fois chaque année le soleil sur leurs têtes ; après quoi le soleil s'écarte tour à tour, vers le sud et vers le nord, de 23° environ. Il semble donc que ces contrées doivent avoir deux étés compris entre deux automnes, ou, si l'on veut, entre deux printemps. Mais lorsque le soleil est à l'équateur et darde perpendiculairement ses rayons vers la terre, la chaleur extrême qu'il développe détermine en même temps la formation d'énormes quantités de vapeur d'eau, qui bientôt se condensent et donnent lieu à des orages violents et à des averses torrentielles ; en sorte que ces deux prétendus étés sont les plus mauvaises saisons des climats équatoriaux. On les désigne sous le nom de saisons des pluies ou d'hivernages. Au contraire, lorsque le soleil incline vers l'un ou l'autre tropique, ses rayons, étant moins perpendiculaires, absorbent beaucoup moins de vapeurs, et il en résulte deux saisons moins chaudes, mais sèches et sans orages. Dans le voisinage des tropiques, au lieu de deux saisons sèches et de deux hivernages, il n'y en a plus, d'ordinaire, qu'une de chaque espèce, et la différence de température entre l'une et l'autre est peu sensible. Au surplus, les contrées tropicales et en général les contrées chaudes présentent, selon les conditions géographiques où elles se trouvent placées, selon la nature de leur sol, l'abondance et la rareté des cours d'eau, etc., des caractères climatériques très divers.

Il existe des pays où l'on ignore ce que c'est que des saisons, et où la pluie est un phénomène à peu près inconnu. On sait que l'Égypte jouit d'un ciel toujours limpide et bleu, et que la fécondité proverbiale de son sol, qui fournit, presque sans culture, trois ou quatre récoltes par an, n'est due qu'aux inondations périodiques du Nil. Au Pérou, à côté de contrées où il pleut presque toute l'année, il en est d'autres où il ne pleut jamais, et qui cependant ne laissent pas de nourrir une luxuriante végétation.

« La partie du littoral de la mer du Sud où gît le guano, dit M. Boussingault, offre cette particularité que, sur une étendue considérable, depuis Tumbes jusqu'au désert d'Atacama, la pluie est, pour ainsi dire, inconnue, tandis qu'en dehors de ces limites, au nord de Tumbes, dans les forêts impénétrables et marécageuses du Choco, il pleut presque sans interruption.

A Payta, placé au sud de cette province, lorsque je m'y trouvai, il y avait dix-sept ans qu'il n'avait pas plu. Plus au sud encore, à Chocope, on citait comme un événement mémorable la pluie de 1726. Il est vrai qu'elle dura quarante nuits, car elle cessait pendant le jour. »

C'est grâce à la différence des températures et des climats que la nature présente, selon les latitudes, des aspects si divers, et que les espèces végétales et animales et les races humaines sont distribuées à la surface du globe d'après des lois qui ne souffrent que des exceptions très restreintes.

CHAPITRE IV

LES VENTS. — CIRCULATION GÉNÉRALE DE L'ATMOSPHÈRE

L'air est bien rarement à l'état de repos. Presque toujours il éprouve des déplacements, tantôt graduels et lents, tantôt brusques et rapides; il se transporte d'un lieu à un autre en masses plus ou moins grandes. De là dans l'atmosphère des fluctuations, des courants qu'on appelle *vents*. En un mot, le vent n'est autre chose que l'air en mouvement. C'est donc un phénomène très simple en lui-même, mais dont l'importance dans l'économie physique de notre globe est immense. C'est le vent qui donne à l'atmosphère, en mélangeant incessamment ses diverses parties, une composition partout la même, partout également propre à l'entretien de la vie chez les animaux et chez les plantes; c'est le vent qui renouvelle l'air là où il a subi quelque altération : dans les villes notamment, où, sans cette agitation salutaire, il tendrait à se surcharger d'émanations qui le rendraient irrespirable. C'est le vent qui apporte dans les contrées torrides la fraîcheur des climats froids, et qui adoucit ces derniers en y faisant circuler l'air tiède des zones méridionales; c'est le vent qui répand sur les continents les vapeurs aqueuses fournies par l'évaporation des mers; c'est le vent enfin qui favorise la reproduction des végétaux en agitant leurs tiges et leurs branches, en soulevant le pollen des fleurs mâles et en transportant au loin cette poussière vivante qui va tomber sur les fleurs femelles et féconder leurs carpelles.

La météorologie considère dans les vents : leur direction actuelle et leur direction moyenne ; leur marche, leur vitesse ou leur force; leurs causes et les lois qui les régissent, et d'où résultent leur caractère permanent ou accidentel, général ou local, leur origine, leur température, etc.

La direction actuelle d'un vent est son caractère le plus apparent et le plus facile à observer. Pour la déterminer, on suppose l'horizon partagé en quatre arcs égaux par deux diamètres perpendiculaires entre eux, dont l'un est dirigé du sud au nord, l'autre de l'est à l'ouest. Les points où ces diamètres coupent

l'horizon sont les quatre *points cardinaux*. Mais ces points seraient insuffi-
sants, car le vent peut prendre une foule de directions intermédiaires. On
indique ces directions par de nouveaux diamètres qui partagent l'horizon en
seize parties égales, et l'on a ainsi, sauf des différences négligeables, l'indi-
cation de toutes les aires du vent. La figure qui représente ces divisions, et
que nous donnons ci-dessous, est connue sous le nom de *Rose des vents*. On y
a tracé, outre les lettres N, S, E, O (nord, sud, est, ouest), les initiales N.-E.,
E.-N.-E., S.-O., S.-S.-O., etc., qui signifient *nord-est, est-nord-est, sud-ouest,*

Rose des vents.

sud-sud-ouest, etc. A peine est-il besoin de rappeler que l'aire du vent s'ex-
prime toujours par le point d'où il vient, et jamais par celui vers lequel il
souffle : ainsi vent d'ouest veut dire vent qui vient de l'ouest; vent du sud-est,
vent qui vient du sud-est, etc.

Lorsqu'on sait s'orienter et qu'on peut trouver autour de soi quelques objets
susceptibles d'être impressionnés par les mouvements de l'air, il est aisé de
reconnaître la direction du vent; mais on a souvent recours à un instrument,
le plus ancien sans doute de tous ceux qui servent aux observations météoro-
logiques : je veux parler de la girouette. On sait que la girouette consiste en
une feuille de métal, ordinairement de fer-blanc ou de zinc, découpée d'une
façon plus ou moins élégante, et mobile sur une tige à laquelle est fixée une
croix horizontale, dont les bras portent à leurs extrémités les lettres N, S, O, E,
découpées à jour. La girouette se place sur la partie la plus élevée du toit des
édifices.

Il faut bien avouer toutefois que la girouette est un instrument primitif, dont la précision laisse à désirer. Exposée à toutes les intempéries de l'air, elle se rouille et se détériore, devient paresseuse, n'obéit plus aux impulsions du vent. Il arrive aussi que sa tige se déjette, et alors, déplacée de sa position d'équilibre, la girouette retombe toujours du même côté. D'ailleurs elle est ordinairement placée à une faible hauteur, où divers obstacles peuvent dévier le vent de sa direction normale, et où elle n'est, en tous cas, impressionnée que par des courants inférieurs, dont l'influence sur le temps est nulle, ou du moins secondaire. Il n'est pas rare que l'atmosphère soit parcourue par plusieurs courants superposés et entre-croisés. Dans ce cas, le courant principal, celui qui, si l'on peut dire ainsi, gouverne le temps, est en général placé à une grande hauteur, quand même il n'est pas le plus élevé de tous, et c'est la marche des nuages qui le fait connaître. Là est le meilleur et le plus sûr indice de l'aire du vent.

La direction moyenne du vent est un des éléments les plus propres à faire connaître le climat d'un lieu, car elle se relie étroitement à l'état hygrométrique de l'air, à la fréquence ou à la rareté des pluies. On ne peut la déterminer que par une série d'observations journalières, faites avec soin pendant une ou plusieurs années. Dans nos contrées, la prédominance des vents d'ouest et du sud-ouest est la marque d'un climat doux, mais pluvieux; celle des vents du nord et du nord-est, d'un climat sec et froid; celle du vent du sud, d'un climat chaud et orageux.

On sait que la force vive ou l'effet mécanique d'un corps qui se meut a pour expression $M\,V^2$, c'est-à-dire la *masse* de ce corps multipliée par le carré de sa *vitesse*. Or la masse ou la densité de l'air ne variant que dans des limites très restreintes, la force du vent dépend presque entièrement de sa vitesse et croît comme le carré de celle-ci. J'emploierai donc indifféremment ces deux termes : force du vent, et vitesse du vent. Cette propriété, non moins variable que la direction, n'est pas à beaucoup près aussi facile à déterminer exactement. Ce n'est que grâce aux récents progrès de la physique et de la mécanique qu'on est parvenu à construire des appareils désignés sous le nom d'*anémomètres* (de ἄνεμος, vent, et μέτρον, mesure), qui permettent de la mesurer avec précision.

Comme les vents sont toujours produits par une rupture d'équilibre dans l'atmosphère, il semblerait au premier abord qu'ils dussent reconnaître un grand nombre de causes diverses. Mais un examen attentif a permis de ramener toutes ces causes à des différences de température entre des contrées voisines. L'opinion vulgaire, se fondant sur l'analogie qui existe entre l'Océan marin et l'Océan atmosphérique, attribue à l'attraction de la lune et à celle du soleil une influence considérable sur les déplacements de l'air. Or il est aisé de démontrer qu'ici l'analogie conduit à des conclusions erronées.

Sans doute l'air est soumis, comme l'Océan, à l'attraction luni-solaire. Il y est même d'autant plus sensible que sa mobilité est plus grande, et que ses couches extrêmes sont plus éloignées du centre du globe. Il y a donc, incontestablement, des marées atmosphériques, qui suivent les mêmes lois que les marées neptuniennes; mais les oscillations qui en résultent peuvent à peine se faire sentir près de la terre. On sait, en effet, que l'attraction sidérale s'exerce proportionnellement aux masses; que chaque molécule d'un corps soumis à une force quelconque obéit également à cette force, que le corps dont il fait partie soit très rare ou très dense; que seulement, dans le premier cas, le

Girouettes et paratonnerres.

nombre des molécules attirées est, à volume égal, plus grand que dans le second : ce qui ne modifie en aucune façon l'action même de la force. Il faut se rappeler aussi que l'effet de l'attraction luni-solaire sur l'Océan est superficiel et se réduit à peu de chose, puisque les plus hautes marées n'élèvent pas de plus de vingt à vingt-cinq mètres le niveau de la mer sur un point donné. Transportons cet effet à l'atmosphère, dont la hauteur est peut-être égale à cinquante ou soixante fois la profondeur moyenne de l'Océan, et nous serons obligés d'avouer que la part de l'attraction luni-solaire dans les mouvements qui agitent l'enveloppe de notre globe est tout à fait insignifiante. Les vents plus ou moins violents qui soufflent sur nos côtes à l'entrée du printemps et de l'automne, et qu'on connaît sous le nom de *tempêtes d'équinoxe*, n'ont avec les grandes marées qu'un rapport de coïncidence, et sont dus à une rupture d'équilibre produite par les changements de température qui se manifestent à cette époque de l'année.

C'est, je le répète, dans les changements de température qu'éprouvent à chaque instant les diverses parties de l'atmosphère qu'il faut chercher la véritable cause des vents : car l'air, en s'échauffant, se dilate, augmente de volume; en se refroidissant, il se contracte, il diminue de volume. L'équilibre, ainsi rompu sur des étendues plus ou moins grandes, tend à se rétablir : ce qui ne peut avoir lieu que par l'afflux de l'air froid vers les parties raréfiées, et par l'écoulement de l'air dilaté vers les régions abandonnées par l'air le plus dense.

Ainsi un vent chaud se dirigeant dans un sens donne nécessairement naissance à un vent froid se dirigeant en sens contraire, et réciproquement; et le premier affecte les couches supérieures de l'air, tandis que le second se trouve près de la surface du sol. Ce phénomène est parfaitement représenté par une ingénieuse et très simple expérience de Franklin. Soient deux chambres contiguës, dont une seulement est chauffée. Ouvrez la porte qui les fait communiquer : il s'établira aussitôt, de la chambre froide vers la chambre chauffée, un courant inférieur, et de celle-ci vers celle-là un courant supérieur. On s'en assurera en posant une bougie sur le plancher, et en en tenant une autre élevée près du sommet de la porte : la flamme de la première se dirigera de la chambre fr. ide vers la chambre chaude, et la flamme de la seconde en sens contraire. Tous les vents peuvent se ramener ainsi, soit à un phénomène de tirage semblable à celui que nous produisons à l'aide de nos cheminées, soit à un phénomène inverse. La formation et la précipitation des vapeurs et les autres circonstances accessoires qui interviennent dans ces agitations se rapportent toujours aux mêmes causes, c'est-à-dire à des phénomènes d'échauffement et de refroidissement.

Les vents généraux et permanents qui constituent proprement la circulation générale de l'atmosphère sont les *alizés* et les *contre-alizés*. D'après le savant météorologiste F. Maury, ils partagent la surface du globe en neuf zones. La zone centrale est celle des calmes de l'équateur, où l'air fortement échauffé est animé d'un mouvement ascensionnel, et vers laquelle afflue incessamment l'air plus froid des deux hémisphères. Au nord de cette première zone, se trouve celle des alizés du N.-E., et au sud celle des alizés du S.-E. Nous voyons ici une preuve de la déviation que le mouvement diurne de la terre fait subir aux grands courants qui, du nord et du sud, se dirigent vers le foyer équatorial. Au delà des alizés, on rencontre deux nouvelles zones de calme : celle du Cancer et celle du Capricorne; puis viennent au sud les contre-alizés du N.-O., et au nord les contre-alizés du S.-O.; enfin, aux pôles, aucun courant ne se fait sentir, ce qui donne encore deux zones extrêmes de calme. Maury a représenté cette distribution des courants et des calmes constants par une figure qu'il nomme le *diagramme des vents*.

En résumé, les alizés ne sont autre chose que les deux grands courants froids de surface qui, de chaque hémisphère, arrivent au foyer équatorial suivant une direction rendue oblique par la rotation terrestre. Ils apportent là des masses d'air qui s'échauffent, se dilatent, s'élèvent et forment deux courants supérieurs et divergents, lesquels vont remplacer aux pôles l'air qui en avait été déplacé. Ce sont ces deux courants de retour que Maury appelle les contre-alizés. L'atmosphère est ainsi, comme l'Océan, le siège d'un vaste système de courants et de contre-courants, qui mélangent continuellement ses parties les plus éloignées et assurent l'identité de sa composition.

La prédominance des terres, leur configuration et leurs reliefs accidentés, et, plus que tout cela, les différences de température entre les continents asiatique, africain et australien qui enserrent l'océan Indien, troublent, ou plutôt modifient dans cet océan la régularité de l'alizé du nord-est, et transforment ce vent constant en deux courants périodiques alternatifs, qui soufflent chacun très régulièrement pendant six mois de l'année. Ces deux courants sont connus sous le nom de *moussons,* qui n'est qu'une corruption du mot arabe et malais *moussin* (saison). L'alizé du sud-est, qui règne dans la partie méridionale de l'océan Indien, n'éprouve aucune perturbation ; mais dans la partie septentrionale, au nord de l'équateur, le vent du nord-est ne souffle que d'octobre en avril ; c'est un vent de sud-ouest, au contraire, qui souffle d'avril en octobre. Le premier est, pour l'Inde, la mousson d'hiver, et le second, la mousson d'été.

L'alternance des moussons s'explique par celle des saisons, entre les deux hémisphères austral et boréal. Pendant l'hiver de l'hémisphère boréal, l'été règne dans l'hémisphère austral ; alors la température du continent asiatique se refroidit, tandis que les contrées et les mers situées au sud de l'équateur, l'Afrique et la Nouvelle-Hollande, reçoivent du soleil une plus grande quantité de chaleur. Il se forme, en conséquence, un courant qui va des régions les plus froides vers les régions les plus chaudes, c'est-à-dire du nord au sud, mais qui, dévié par la rotation de la terre, prend la direction du nord-est. Durant l'autre moitié de l'année, les phénomènes se renversent : c'est l'hémisphère boréal qui est dans la saison chaude, et l'hémisphère austral qui est dans la saison froide. La mousson souffle donc du sud au nord ; ou plutôt, — en raison de la position du continent asiatique par rapport au continent africain et à l'Australie, d'où arrive surtout l'air froid ; en raison aussi du mouvement terrestre, que doivent devancer les masses d'air s'éloignant de l'équateur, — la mousson arrive du sud-ouest. Les deux périodes sont parfois séparées par un calme plus ou moins prolongé ; mais ordinairement le changement de mousson se fait d'une façon très brusque et sans transition.

Ce n'est pas seulement dans l'Asie méridionale et dans l'océan Indien qu'on rencontre des moussons ou vents réguliers ; mais leur périodicité change selon les climats. Ceux de la Méditerranée sont appelés vents étésiens (du grec ἔτος). Ce sont les *etesiæ* des anciens.

Outre les vents dont nous venons de parler, et qu'on peut appeler « à grandes périodes », on observe dans un bon nombre d'endroits, surtout au bord de la mer, des vents qui changent soir et matin, par suite de l'échauffement et du refroidissement alternatifs résultant du rayonnement solaire pendant le jour, et du rayonnement terrestre pendant la nuit. C'est ce qu'en météorologie on nomme les *brises journalières,* ou simplement les *brises.* Dans les contrées maritimes on dit souvent aussi vents de terre et brises de mer.

L'alternance de ces vents s'explique par l'échauffement inégal de la terre et de la mer. Vers neuf heures du matin, la température est à peu près la même sur la terre et sur la mer, et l'air est en état d'équilibre. A mesure que le soleil s'élève au-dessus de l'horizon, le sol s'échauffe plus que l'eau; il en résulte un vent de terre supérieur, qu'on reconnaît souvent à la marche des nuages élevés, et une brise marine soufflant en sens contraire. Au moment du *maximum* de température de la journée, cette brise acquiert sa plus grande force ; mais vers le soir l'air de la terre se refroidit, et au coucher du soleil il a la même température que l'air marin. Il en résulte quelques heures de calme parfait. Pendant la nuit la terre se refroidit plus que l'eau, et il règne un vent de terre dont le *maximum* de force coïncide avec ce moment du *minimum* de la température des vingt-quatre heures, qui est aussi celui où la différence de température entre la terre et la mer est la plus grande possible.

M. Fournet, professeur à la faculté des sciences de Lyon, a constaté qu'il existe, dans les pays montagneux, des brises de jour et de nuit tout à fait semblables aux brises de mer. Le matin, il s'établit, le long des flancs des montagnes, un courant ascendant qui persiste pendant la plus grande partie de la journée, mais qui, le soir, est remplacé par un courant descendant. Ces brises sont bien connues des montagnards, ainsi que des habitants des vallées, qui les désignent dans leurs dialectes respectifs sous les noms de *vésine,* de *pontias,* de *rebas,* d'*aloup du ben,* de *solore,* etc. M. Fournet explique le courant ascendant du matin par l'action calorifique du soleil levant sur les versants et les cimes des montagnes, et le courant descendant du soir par l'échauffement de la plaine, beaucoup plus considérable pendant le jour que celui de la montagne.

Nous savons tous combien, dans les climats tempérés où nous vivons, les vents sont variables. Ce n'est pas certes dans la zone des alizés qu'on eût inventé ce proverbe, si populaire chez nous : « Changeant comme le vent. » C'est que la zone intermédiaire, qui n'engendre point de grands courants, est le lieu où se rencontrent tous les vents généraux allant soit de l'équateur au pôle, soit du pôle à l'équateur. Ces vents, ayant alors perdu en grande partie leur température et leur impulsion premières, sont susceptibles de se modifier, et se modifient, en effet, sous l'influence d'une multitude de causes. Toutefois leur mutabilité n'est pas telle, qu'on ne puisse reconnaître dans chaque région la prédominance de certains vents ou leur retour à des époques assez régulières, et que leurs changements ne soient soumis à des lois qu'il est possible de déterminer. Ainsi M. Dove a reconnu qu'en Europe les vents se succèdent généralement dans l'ordre suivant : sud, sud-ouest, ouest, nord-ouest, nord, nord-est, est, sud-est, sud ; et il a justement assimilé cette rotation à celle des aiguilles sur le cadran d'une horloge : elle s'accomplit, en effet, dans le même sens. Il a constaté en outre, — et c'est ce que tout le

Le simoun.

monde est à même de vérifier, — que cette succession des vents a surtout lieu en hiver avec une grande régularité, et qu'elle se relie d'une manière à peu près constante aux oscillations du baromètre et du thermomètre, en un mot, aux changements de temps.

De même que les montagnes aux neiges éternelles communiquent au vent du nord, déjà froid naturellement, une température très basse, de même aussi les grandes plaines arides, brûlées par le soleil, absorbent rapidement d'énormes quantités de chaleur qu'elles renvoient au fur et à mesure à l'atmosphère ; en sorte que lorsque les déserts de l'Afrique, par exemple, sont balayés par le vent du sud ou du sud-est, ce vent acquiert dans sa marche une température de plus en plus élevée et une vitesse de plus en plus grande. Il soulève et entraîne en outre des nuages de poussière et de sable qui achèvent de le rendre presque irrespirable. Tel est le vent du sud-est si fréquent dans les déserts de l'Afrique et de l'Arabie, et si redouté des voyageurs qui traversent ces grandes mers de sable pendant la saison chaude. En Arabie, en Perse et dans la plupart des contrées de l'Orient, ce vent est connu sous les noms de *simoun,* de *semoun* ou de *samoun,* dérivés de l'arabe *samma,* qui signifie poison. Dans la partie occidentale du Sahara, on l'appelle *harmattan;* en Égypte, on le nomme *chamsin* (cinquante), parce qu'il souffle chaque année pendant cinquante jours environ, depuis la fin d'avril jusqu'en juin, époque où commence l'inondation du Nil. La plupart des auteurs le désignent de préférence sous le nom de *simoun,* et ceux qui en connaissent l'étymologie ne manquent pas d'insister sur sa signification terrible, et sur les ravages qu'il cause, « sans réfléchir, dit Kaemtz, que, semblables aux enfants, les peuples non civilisés appellent poison tout ce qui est désagréable ou dangereux. » Le fait est que le simoun, lorsqu'il souffle pendant plusieurs jours de suite, ce qui est rare, peut devenir funeste aux hommes et aux animaux qu'il surprend au milieu du désert. Sa haute température et la vitesse dont il est animé déterminent à la surface du corps une évaporation rapide, qui sèche la peau, accélère outre mesure la respiration, enflamme le gosier et cause une soif dévorante. En même temps il vaporise l'eau dans les outres, et prive ainsi les malheureux voyageurs des moyens d'étancher l'ardeur qui les consume. Le sable brûlant dont il est chargé, et qui pénètre dans les yeux et dans les voies respiratoires, met le comble à leurs souffrances. On sait que le simoun anéantit jadis l'armée de Cambyse. Bien des fois depuis ce vent a fait périr des caravanes entières, et, il y a quelques années seulement, il faillit être funeste au corps d'armée que commandait le général Desvaux.

L'harmattan, très fréquent dans le Sahara occidental, où il souffle souvent cinq à six et quelquefois quinze jours de suite, est accompagné, dit M. A. Maury, d'un brouillard si obscur, qu'on n'aperçoit le soleil que pendant quelques heures après midi. Il dépose sur les plantes et sur la peau une poussière minérale, ordinairement blanche; il dessèche avec une incroyable rapidité les végétaux et tous les objets humides. Tout craque et se fend. Les nègres, pour échapper aux douleurs cuisantes que l'harmattan leur cause aux yeux, aux lèvres, au palais et sur les membres, ont soin de s'enduire de graisse tout le corps.

Ce n'est pas seulement dans les déserts de sable de l'Afrique et de l'Asie que les vents chauds sont à redouter, mais dans presque toutes les contrées continentales voisines des tropiques. Dans l'Inde, ces vents sont connus sous le nom de *souffle des diables.* Ils sévissent fréquemment durant la saison sèche et répandent dans les campagnes, et jusque dans les villes, l'effroi et la dévastation. Les effets délétères de ces vents ont été sans doute, comme ceux du simoun, fort exagérés. La qualification de souffles empoisonnés que leur appliquent, par exemple, deux historiens anglais, William Thorn et John Macdonald Kimseil, est évidemment hyperbolique. Il est certain toutefois que des vents animés d'une vitesse formidable, emportant avec eux des flots de sable, et dont la température s'élève à 40° et plus, doivent exercer sur leur parcours une action malfaisante, et devenir surtout funestes aux Européens, qui ne savent nullement s'en garantir. A la Louisiane, au Chili, dans les *llanos* ou *pampas* de l'Orénoque, on redoute aussi certains vents brûlants et, dit-on, malsains. Sur les côtes de la Nouvelle-Hollande, les vents de terre ont également une très haute température.

Enfin, dans l'Europe méridionale règnent souvent en été des vents chauds, appelés *sirocco* en Italie et *solano* en Espagne. Ces vents ont probablement la même origine que le simoun. Kaemtz suppose cependant que, dans certains cas, ils peuvent prendre naissance sur les rochers arides de la Sicile ou dans les plaines de l'Andalousie.

On peut considérer comme appartenant à la même famille que le *sirocco* et le *solano,* probablement même le *simoun,* le vent chaud qui à certaines époques de l'année souffle sur la Suisse, quelquefois avec la violence d'un véritable ouragan. Ce vent est connu dans le pays sous le nom de *fœhn.* M. W. Hüghes, major du génie des armées de la Confédération, en parle comme il suit dans son livre intitulé *les Glaciers* [1] *:*

« Dans les Alpes, le fœhn, plus actif encore que le soleil, peut, d'après les expériences faites à Grindenwald, diminuer de 60 à 70 centimètres en douze heures l'épaisseur de la couche de neige. Né dans les sables du Sahara. le fœhn traverse la Méditerranée et se précipite sur les contreforts des Alpes avec une violence quelquefois extrême. Son arrivée est annoncée par une baisse subite du baromètre, et produit une prostration complète des forces.

« Quand il souffle avec une semblable violence, le fœhn prend des proportions d'un fléau ; ajoutons toutefois que rarement, et seulement aux environs des équinoxes, il atteint le paroxysme de sa fureur. Le plus souvent il aborde les Alpes en bienfaiteur. Dès le mois d'avril il attaque l'hiver, qui depuis huit mois régnait sans partage, et le force à gagner les hauteurs ; souvent aussi ce qu'il a conquis en huit jours il le perd en une seule nuit de tourmente : l'hiver redescend et reprend l'avantage. Cependant, à force d'assauts réitérés et persévérants, le printemps est vainqueur, et l'hiver se retranche sur ses hauteurs inexpugnables, d'où il ne descendra qu'en septembre, pour prendre sa revanche... Le fœhn est tellement la condition essentielle de l'été, que les montagnards, témoins chaque année de ces luttes, ont coutume de dire : « Le « bon Dieu et le soleil doré ne peuvent rien contre la neige si le fœhn ne leur « vient en aide. »

[1] Un vol. grand in-18, Paris, 1867. Challamel aîné, éditeur.

CHAPITRE V

L'atmosphère est sujette à des perturbations, à des convulsions dont la violence, l'étendue, la durée peuvent varier considérablement, et qui revêtent en outre, selon la cause qui les produit, des caractères tout différents. Il importe donc de distinguer ces phénomènes les uns des autres ; de ne point confondre les orages avec les tempêtes, les trombes avec les cyclones. Les orages sont des phénomènes essentiellement électriques. Les trombes paraissent avoir la même origine. Les tempêtes et les ouragans ne sont autre chose que des vents animés d'une très grande vitesse et dus, comme tous les vents, à des ruptures d'équilibre produites dans la masse atmosphérique par la dilatation ou la contraction de l'air, par l'évaporation ou la précipitation abondante et rapide des grandes quantités d'eau dans une région circonscrite, par le renversement des courants périodiques, etc.

On se rappelle que c'est à partir de la vitesse de vingt-cinq à trente mètres par seconde que, pour les marins, le vent perd son doux nom de *brise,* et devient bourrasque, puis tempête ou tourmente, puis enfin ouragan. Ce dernier terme exprime le plus haut degré de force que puisse atteindre le vent. Il correspond à une vitesse de cent cinquante à cent soixante-dix kilomètres par heure. Mais les tempêtes ne diffèrent pas seulement par leur plus ou moins d'intensité : elles se distinguent encore les unes des autres, d'une manière beaucoup plus tranchée, par la nature de leur mouvement, qui peut être rectiligne ou giratoire. Sous les zones tempérées ou polaires, les tempêtes rectilignes sont de beaucoup les plus fréquentes, tandis que sous les tropiques on a surtout à redouter les tempêtes tournantes ou cyclones. Les vents de saison, tels que le *mistral* et le *gallego* des côtes de la Méditerranée, le *simoun* des déserts de l'Afrique et de l'Asie, le *souffle des diables,* les *pamperos* (vents des pampas de l'Amérique méridionale), le *sirocco* et le *solano* d'Italie et d'Espagne, prennent d'ordinaire toute la violence de véritables tempêtes. Les vents

de nord-ouest, notammen', rendent très dangereux en hiver la navigation de
la Méditerranée et les abords de la côte africaine.

Il ne faudrait pas prendre trop à la lettre la qualification de rectilignes qu'on
applique aux tempêtes de nos climats. En réalité, ces tempêtes suivent d'or-
dinaire une courbe plus ou moins flexueuse ; mais leur mouvement de trans-
lation ne se complique pas, comme celui des cyclones, d'un mouvement de

Tempête du 2 décembre 1863 sur la côte du Finistère.

rotation sur elles-mêmes. Elles embrassent souvent une immense étendue en
largeur, parcourent avec une extrême rapidité plusieurs centaines de lieues
et ne s'arrêtent, en perdant peu à peu leur vitesse, qu'après avoir marqué
leur passage sur la mer et sur les continents par de terribles ravages. Des
observations barométriques faites méthodiquement sur un grand nombre de
points à la fois ont permis d'analyser ces météores et d'en déterminer, pour
ainsi dire, le mécanisme.

En Europe, la plupart des tempêtes viennent de l'ouest ou du sud-ouest ;
mais lorsqu'elles suivent cette dernière direction, qui est la plus ordinaire,
il n'est pas rare qu'arrivées à une certaine hauteur, rencontrant un courant
du nord ou du nord-est, elles se détournent brusquement, redescendent vers
le sud, et quelquefois reprennent de nouveau leur direction primitive. Quel-
ques météorologistes les considèrent comme les contre-coups des cyclones de

la zone torride. Cette opinion est d'autant plus vraisemblable, que ces tempêtes surviennent généralement dans la saison où les cyclones se déchaînent au-dessous de l'équateur. Quoi qu'il en soit, elles ne sont pas moins dangereuses pour les navigateurs que leurs congénères des régions tropicales. Leur passage à travers l'océan Atlantique et leurs apparitions dans la Méditerranée sont toujours signalés par d'innombrables sinistres de mer. A terre, elles perdent beaucoup de leur force, et n'occasionnent guère dans les villes et dans les campagnes que des dégâts relativement insignifiants.

Une de celles qui ont laissé parmi les marins les plus lugubres souvenirs est la tempête du mois de novembre 1703. Le célèbre auteur de *Robinson Crusoé*, Daniel de Foe, en a laissé une monographie très détaillée, publiée en 1704. Elle atteignit son maximum d'intensité dans la nuit du 26 novembre, et fit d'affreux ravages sur les côtes de l'Angleterre et des Pays-Bas, et dans presque toute l'Europe septentrionale.

MM. Zurcher et Margollé parlent d'une autre tempête qui, en 1836, commença à Londres, aussi au mois de novembre, vers dix heures du matin, et qui, le même jour, atteignit la Haye à une heure, Emden à quatre, Hambourg à six, Stettin à neuf heures et demie. Sa vitesse était donc, en moyenne, de trente mètres par seconde. Michelet, dans *la Mer*, a décrit avec son inimitable talent la tourmente d'octobre 1859 (toujours du sud-ouest), qui dura cinq jours et cinq nuits, et sema de naufrages toutes nos côtes occidentales. Des tempêtes non moins violentes ont sévi sur l'océan Atlantique et sur l'Europe, en octobre 1862 et au commencement de décembre 1863.

Nous voici arrivés aux véritables ouragans (*hurracan*, mot indien ou caraïbe) [1], aux terribles tempêtes tournantes des régions tropicales. Ces tourbillons sont surtout fréquents dans la zone des calmes de l'équateur; car l'état d'équilibre auquel ces calmes sont dus n'est rien moins que stable : la moindre perturbation dans le régime des vents périodiques le renverse, et l'on voit alors succéder à l'immobilité de l'air des tempêtes justement redoutées des marins qui fréquentent ces parages, et des hommes qui ont fixé leur demeure sur les côtes et dans les îles de l'océan Indien ou de la mer des Antilles. Les premiers navigateurs portugais et espagnols qui furent à même de les observer les avaient désignés sous les noms de *travados* et de *tornados*. Dans les Indes et dans l'Indo-Chine, on les appelle *typhons*. Enfin le savant ingénieur anglais Piddington, qui les a particulièrement étudiés, et qui a indiqué le pre-

---

[1] Dans la *Description de l'Inde occidentale* adressée à Charles-Quint per Fernando de Oviédo, on lit ce qui suit relativement aux superstitions des Indiens de la terre ferme :

« Quand le démon veut les terrifier, il les menace du *hurracan*, ce qui veut dire tempête. Le hurracan se lève si violemment, qu'il renverse les maisons et arrache beaucoup d'arbres. J'ai vu des forêts profondes entièrement détruites sur l'espace d'une demi-lieue en longueur et d'un quart de lieue en largeur; tous les arbres, grands et petits, étaient déracinés. C'était un spectacle si terrible à voir, qu'il paraissait être sans nul doute l'ouvrage du diable : on ne pouvait le considérer sans terreur. » (*Les Tempêtes*, par MM. Margollé et Zurcher, note 8.)

mier la loi de leur mouvement, leur a donné le nom de *cyclones*, que les météorologistes ont définitivement adopté. Ce nom est assez justifié par le double mouvement de rotation sur eux-mêmes et de translation en ligne courbe qui est le caractère propre des ouragans dont nous parlons.

M. L. Maillard, dans son savant ouvrage intitulé *Notes sur l'île de la Réunion*, cite un fait qui ne peut laisser aucun doute sur la marche particulière aux cyclones. Il y a quelques années, le navire *la Maria*, déclaré incapable de tenir la mer, dut, à l'approche d'un cyclone et par ordre supérieur, être abandonné dans la rade de Saint-Denis. Ayant chassé sur ses ancres, il fut

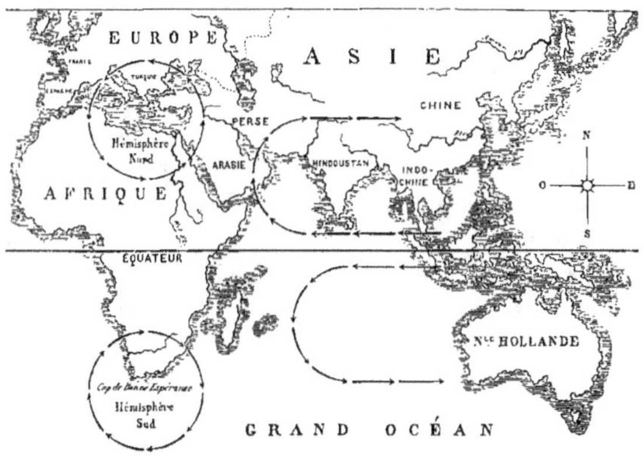

Mouvement de rotation et de translation des cyclones.

entraîné au large par le tourbillon. Dieu sait quelle route il fit, quelle courbe immense il décrivit, emporté ainsi par la tourmente. Le fait est que le lendemain il reparut au sud-ouest de l'île, en vue de Saint-Leu, où il eût été jeté à la côte si, par bonheur, ses ancres, qu'il avait toujours traînées avec lui, ne se fussent accrochées au fond ; de telle sorte qu'il resta mouillé sur la rade, où il supporta bravement le reste de la tempête. Ce fut là que son équipage vint le reprendre pour le conduire à Maurice, où il fut réparé.

« S'il n'y avait eu que *rotation*, dit M. Maillard, le tourbillon eût naturellement ramené le navire à son point de départ ; mais comme il fut soumis aussi au mouvement général de *translation* du cyclone, qui voyageait du N.-E. au S.-O., c'est à Saint-Leu qu'il vint si heureusement faire côte. »

Les cyclones, ces grandes convulsions de l'atmosphère, qu'on a comparées aux maladies de l'organisme, ne sont, non plus que celles-ci, soumises au hasard. Dans ces désordres, il y a encore un certain ordre ; car ce sont, en définitive, des phénomènes naturels, et aucun phénomène, quel qu'il soit, ne se produit qu'en vertu de certaines lois. Or, de même que les médecins peu-

vent tracer à l'avance la marche d'une maladie, en indiquer les prodromes,
les symptômes, la durée et la terminaison probables, de même aussi les mé-
téorologistes connaissent les signes précurseurs et la marche des spasmes de
l'océan aérien. Romme, Redfield, Maury, Keller, Dove et Piddington ont dé-
terminé la loi qui préside à leur foudroyante évolution.

« La loi principale des cyclones, dit M. Maillard, est leur tourbillonnement,
qui, dans l'hémisphère nord, marche en sens inverse des aiguilles d'une
montre, et, dans l'hémisphère sud, marche dans le même sens que ces aiguilles.
Ce tourbillonnement, dont la vitesse, quelquefois assez faible, peut aller jus-
qu'à cent et deux cents milles à l'heure, s'opère autour d'un centre qui lui-
même a un mouvement de translation dont la direction est variable, mais à
peu près connue. Ainsi, vers l'équateur, ce mouvement va de l'est à l'ouest,
puis s'infléchit vers le nord ou le sud, dans l'hémisphère nord ou sud.
Par 20° ou 25° la ligne de translation se courbe de plus en plus, finit par de-
venir nord et sud par 25° ou 30°, et décrit ensuite une autre partie de para-
bole à peu près semblable à la première.

« Le mouvement de translation des cyclones, qui varie d'un à cinq milles
à l'heure, est en moyenne de cinq à dix milles, et leur diamètre entre cin-
quante et cent milles. (Dans les mers de Chine, la marche des typhons varie
quant à la direction de translation; la loi des cyclones ne peut donc s'appli-
quer entièrement à ces phénomènes.) »

La figure ci-dessus, dessinée d'après celle que M. Maillard a donnée dans
son ouvrage, représente le double mouvement de rotation circulaire et de trans-
lation parabolique des cyclones. On peut d'ailleurs se faire une idée très exacte
de ces formidables ouragans, en considérant les petits tourbillons de vent
rendus visibles par la poussière qu'ils soulèvent sur nos routes, sur nos pro-
menades, et qui sont, pour ainsi dire, des miniatures de cyclones. Au centre
du météore, il règne ordinairement un calme relatif, quelquefois même un
calme absolu, qu'on attribue à la raréfaction de la colonne d'air autour de
laquelle le cyclone tourne comme un immense anneau : c'est l'axe, ou,
comme disent les Espagnols, l'*œil* de la tempête. Il n'est pas rare de voir
en ce point les nuages se dissiper, l'azur ou les étoiles du ciel apparaître
un instant; ou, si la région du calme est très restreinte, le centre du cyclone
se révèle seulement par un cercle plus pâle dessiné sur le sombre voile des
nuages.

C'est pourtant près de ce centre que la force du tourbillon est le plus à
craindre; en sorte que les marins surpris par l'ouragan doivent, avant tout,
chercher à s'éloigner de son centre et de sa ligne de translation présumée.
Lorsque les vents sont bien établis, le vent régnant étant tangent au cyclone,
« le centre se trouve toujours sur la perpendiculaire intérieure à la direction
du vent, c'est-à-dire à droite de la marche du vent dans l'hémisphère sud,
et à gauche dans l'hémisphère nord. » (Maillard.)

Les cyclones s'annoncent d'ailleurs, assure-t-on, plusieurs jours à l'avance par des signes auxquels ne se méprennent guère les habitants des contrées tropicales et les marins accoutumés à naviguer dans ces parages.

Ouragan à l'île de la Réunion.

« Sous l'effort de l'ouragan, disent MM. Margollé et Zurcher, une immense partie de l'atmosphère est entrée en vibration. Bientôt aussi une longue houle se lève; la mer brise sur les rochers et se couvre d'écume.

« Durant cinq à six jours, de nombreux cirrus se forment dans le ciel encore clair. Ces nuages légers et très élevés, composés de fines aiguilles de glace, se dissolvent bientôt en une couche blanchâtre, laiteuse, dans laquelle on voit fréquemment des halos. De lourdes nuées leur succèdent, en même temps qu'une panne sombre se montre à l'horizon.

« Tous les observateurs parlent de l'étrange couleur que revêtent les nuages au lever et au coucher du soleil. L'aspect du ciel est menaçant. Un brouillard rouge, qui teint à la fois la mer et le ciel, s'étend sur tous les objets, et donne au soleil cette couleur sanglante que Virgile, dans ses *Géorgiques,* indique comme un signe précurseur des tempêtes. Le phénomène, assez rarement, il est vrai, dure pendant la nuit, aux clartés de la lune, et la mer se couvre en même temps de lueurs phosphorescentes. Quelquefois le vent alizé, qui soufflait en brise régulière, tombe pendant vingt-quatre heures; le calme règne, interrompu seulement par quelques bouffées d'air chaud, étouffant. La nature semble réunir toutes ses forces pour accomplir l'œuvre de dévastation qui va marquer le passage funeste du météore.

« Chacun se réfugie dans les endroits les moins élevés et les plus couverts, quelquefois dans une *maison d'ouragan,* solidement construite en pierres de taille. L'impression produite sur les animaux est surtout remarquable. Ils semblent agités par une vive anxiété. Les oiseaux de mer rallient de toutes parts la terre, où ils cherchent un abri contre les fureurs de la tempête qu'ils pressentent.

« Le banc de nuages noirs aperçu à l'horizon se couronne souvent d'une immense flamme électrique. Dans la mer de Java, suivant Piddington, des éclairs multipliés *s'en écoulent,* semblables à une cascade lumineuse. Quelquefois des rayons s'élèvent simultanément au-dessus d'une frange pourprée, comme dans les aurores boréales... A partir de l'instant où tombent les premières rafales, la violence de la tempête s'accroît jusqu'au voisinage du centre. Une épaisse voûte de nuages a couvert le ciel. De l'abîme ténébreux, la pluie, souvent la grêle, se précipitent comme des torrents, et se mêlent à l'écume que le vent arrache à la mer.

« Au commencement des cyclones, un bruit sourd, étrange, s'élève quelquefois et tombe « avec un gémissement semblable à celui du vent dans les vieilles « maisons pendant les nuits d'hiver ». (Piddington.) Un bruit analogue, qui vient du large et qui annonce les tempêtes, est connu en Angleterre sous le nom d'*appel de la mer.* Les rafales qui déchirent l'air pendant le cyclone font entendre, disent les relations, comme un rugissement de bêtes sauvages, un effroyable tumulte de voix sans nombre et de cris de terreur. Sur le passage du centre, un bruit formidable ressemblant à des décharges d'artillerie, un continuel grondement de tonnerre, la voix même de l'ouragan, éclate et domine tout.

« Près de ce centre, où le plus grand vide se produit, le vent paraît décrire, en s'élevant, une spirale immense. Sa furie redouble. Dans l'axe du cyclone, une puissante succion élève la mer en montagne conique, et forme la lame de tempête qui, en avançant sur la surface de l'Océan, inonde les côtes et produit le terrible phénomène des *ras de marée* [1]. »

En résumé, les lois qui régissent les cyclones, les signes qui les précèdent et les symptômes qui les caractérisent sont aujourd'hui assez bien connus pour qu'on ait pu tracer aux marins, avec certitude, la conduite à tenir, les manœuvres à exécuter, soit pour éviter le météore, soit pour diminuer notablement les périls dont il menace ceux qui n'ont pu s'écarter à temps de son chemin.

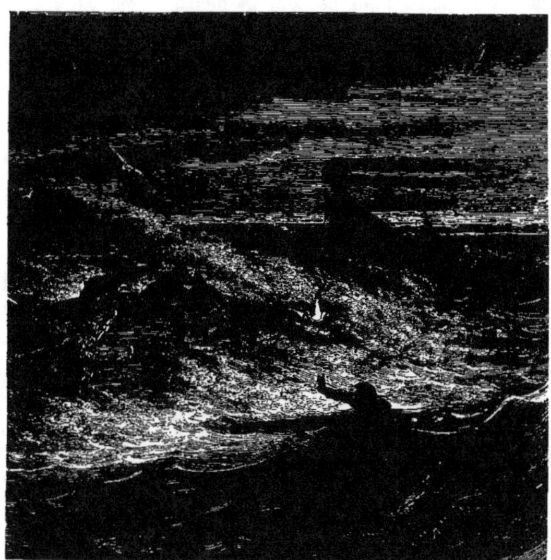

Cyclone sur la côte de Mozambique.

On distingue, en effet, dans le cyclone un côté dangereux et un côté maniable : le côté dangereux est celui où la vitesse du vent est égale au mouvement de rotation plus le mouvement de translation ; le côté maniable est celui où la vitesse est égale au premier mouvement diminué du second. D'où il suit que si l'on n'a pu éviter le cyclone on doit, s'il est possible, se jeter dans le côté maniable.

Il existe donc des règles pratiques de manœuvres qui mettent les navires à même d'éviter, dans une certaine mesure, les dangers de ces tourmentes atmosphériques : ces règles, formant ce qu'on appelle la *loi des tempêtes*, sont dues à Piddington, Ried et Redfield ; elles ont été souvent mises en doute, et M. Faye, membre de l'Académie des sciences, qui depuis plusieurs années

---

[1] Je laisse à MM. Margollé et Zurcher la responsabilité de cette explication des ras de marée : explication très contestable, et à laquelle on en a opposé d'autres également hypothétiques. Voyez, à ce sujet, le chapitre v de la seconde partie des *Mystères de l'Océan*.

s'occupe activement de cette question, a pris leur défense dans l'*Annuaire du Bureau des longitudes* pour 1875.

Mais quelle est la cause qui produit au sein de l'air ces effroyables convulsions? Nul encore n'a pu trouver à cette question une réponse vraiment satisfaisante. Il est certain que cette cause est fort complexe; qu'il faut la chercher dans un concours de circonstances dérivant à la fois de la constitution météorologique des zones tropicales, et du régime des vents pendant la saison chaude dans ces régions. Mais ce sont là des données vagues, dont il est bien difficile de tirer une explication précise. On n'a pas beaucoup avancé le problème en disant que les cyclones sont engendrés par les courants d'air qui, de points opposés, se précipitent vers les endroits où l'air est fortement échauffé par les rayons du soleil, et qui, dans leur parcours, rencontrent la surface de l'Océan où l'évaporation et, par suite, la tension électrique sont très intenses. Cette théorie générale s'applique également à toutes les tempêtes, à tous les vents : elle ne rend point compte des propriétés spéciales des cyclones et du double mouvement qui leur est propre. Il serait superflu de discuter une question à laquelle la science n'a fait jusqu'ici que des réponses hypothétiques. Nous nous en tiendrons, en conséquence, après les quelques observations ci-dessus, à l'étude du météore considéré en lui-même et dans ses plus remarquables effets.

Les cyclones se produisent toujours, ainsi que je viens de le dire, dans la saison la plus chaude. Aux îles Mascareignes, où ils sont si fréquents et si funestes, ils surviennent ordinairement en décembre, janvier ou février; jamais plus tard qu'en mars. Ils sont souvent doubles ou triples, c'est-à-dire qu'ils se composent de deux ou trois cyclones qui se meuvent presque parallèlement. Meldrum, directeur de l'observatoire de l'île Maurice, a découvert qu'un cyclone n'est pas seul; il est suivi d'un *anticyclone* de sens contraire, lequel peut être lui-même suivi d'un cyclone de sens direct, et ainsi de suite. En outre, cet auteur pense que le mouvement de l'air est en spirale et non circulaire, comme l'a dit M. Bridet, officier de notre marine. De là, d'après Meldrum, un changement dans la règle que les marins doivent suivre pour fuir le centre; celle de Bridet est encore usitée; elle n'est pas sûre quand on est trop près du centre. Dans les hautes latitudes, les cyclones perdent de leur intensité, et se transforment en tempêtes, ou coups de vent rectilignes : leur côté appelé dangereux, — celui où les vitesses de rotation et de translation s'ajoutent, — se faisant seul sentir. Le commandant Maury a le premier fait remarquer que les perturbations atmosphériques, et notamment les cyclones, sont surtout fréquentes aux abords des grands courants océaniques, et que le Gulf-Stream, par exemple, joue un rôle important dans les mauvais temps de l'Atlantique. On observe cependant aussi, quoique plus rarement, des tempêtes tournantes dans la Méditerranée. Il paraît prouvé que le naufrage de la *Sémillante,* qui périt pendant la guerre de Crimée sur les écueils du canal Bonifacio, entre la

Corse et la Sardaigne, fut causé par un véritable cyclone, dont la violence mit en défaut toute l'habileté des excellents officiers qui commandaient ce navire.

Les cyclones sont ordinairement accompagnés de pluies torrentielles et de phénomènes électriques qui se manifestent surtout pendant le passage de la seconde moitié du tourbillon. Quelquefois aussi on voit des trombes apparaître dans leur axe. Cette circonstance explique la confusion que beaucoup d'auteurs ont faite entre ces deux phénomènes, très distincts cependant quant à leur cause, à leur mode de production, à leur aspect et à leur action. Il ne faudrait pas croire, du reste, que les prodromes et les symptômes des tempêtes tournantes se reproduisent partout et toujours d'une façon identique. Ces phénomènes varient, dans de certaines limites, d'une contrée à l'autre. D'après le médecin anglais Boyle, qui a séjourné sur la côte occidentale d'Afrique, les *tornados* de ces parages s'annoncent par une petite tache claire, de couleur argentée, qui apparaît d'abord à une grande hauteur dans le ciel, puis descend avec lenteur vers l'horizon en grandissant. A mesure qu'elle approche, cette tache s'entoure d'un anneau noir qui s'étend dans toutes les directions, et finit par l'envelopper d'une obscurité impénétrable. « A ce moment, dit le docteur Boyle, la vie semble suspendue sur la terre et dans l'atmosphère; une inquiète attente oppresse tous les êtres. L'esprit resterait abattu sous le coup d'une terreur anticipée, s'il n'était relevé par l'éclair d'une large flamme électrique, par les grondements de la foudre qui se rapproche rapidement, et dont les éclats deviennent formidables. Alors un tourbillon terrible se précipite avec une incroyable violence de la partie la plus sombre de l'horizon, enlevant les toits, brisant les arbres et désemparant les navires qu'il surprend. A ce tourbillon succède un déluge de pluie, qui tombe à torrents et termine cette affreuse convulsion. »

Le caractère essentiel commun à tous les cyclones, c'est la vitesse extraordinaire du vent, vitesse qu'aucun instrument ne peut mesurer, et qu'on n'évalue à peu près que par ses effets. On l'a comparée à celle d'un boulet de canon, au quadruple de celle d'une locomotive lancée à toute vapeur. Ces comparaisons ne semblent point hyperboliques, lorsqu'on songe à la force effrayante que l'air, ce fluide si léger, d'une si faible masse, acquiert par la seule rapidité de son mouvement.

Dans l'ouragan qui dévasta la Guadeloupe le 25 juillet 1825, des maisons solidement bâties furent renversées, et un édifice neuf, construit aux frais de l'État avec la plus grande solidité, eut une aile entière complètement rasée. Le vent avait imprimé aux tuiles une telle vitesse, que plusieurs pénétrèrent dans les magasins à travers des portes et des volets très épais. Une planche de sapin qui avait un mètre de long, vingt-cinq centimètres de large et vingt-trois millimètres d'épaisseur, se mouvait dans l'air avec une telle rapidité, qu'elle traversa d'outre en outre une tige de palmier de quarante-cinq centi-

mètres de diamètre. Une pièce de bois de quatre à cinq mètres de long et de
vingt centimètres d'équarrissage, projetée par le vent sur une route empierrée, battue et fréquentée, pénétra dans le sol de près d'un mètre. Une belle
grille de fer, servant de clôture à la cour du palais du gouverneur, fut descellée et rompue. Enfin trois canons de vingt-quatre furent poussés par le
vent jusqu'à la rencontre de l'épaulement de leur batterie.

L'année 1874 a eu à enregistrer un des plus violents phénomènes de ce
genre que l'on eût encore étudiés. Une des missions envoyées en Asie par
notre Académie des sciences pour observer le passage de Vénus sur le soleil,
au mois de décembre 1874, était dirigée, comme on sait, par M. Janssen,
membre de l'Institut. Cette mission, se rendant à Yokohama, au Japon,
s'embarqua le 16 août 1874, à Marseille, sur l'*Ava*, paquebot des Messageries maritimes, et arriva en rade de Hong-Kong le 22 septembre. Quelques
heures avant, un typhon furieux avait complètement dévasté cette ville, le
port et les environs. Cinq navires à vapeur et un grand nombre de bâtiments
à voiles avaient péri dans ce désastre, qui a coûté la vie à plus de mille
personnes. Par bonheur, les bâtiments des Messageries et ceux de la Compagnie péninsulaire et orientale avaient échappé, sans avaries graves, à ce terrible sinistre.

On avait un moment conçu de vives craintes sur la mission conduite par
Janssen, surtout après la réception d'un télégramme adressé le 22 septembre
par le savant astronome à l'Académie des sciences, et dont voici le texte :

*Éprouvé grand typhon, rade Hong-Kong. Désastre. Personnel, matériel
saufs. Repartons.*

Le point ayant été mis par erreur après le mot *personnel,* au lieu d'être
placé après *désastre,* la dépêche avait un sens tout différent et fort alarmant.
Heureusement une autre dépêche vint bientôt rectifier la première et dissiper
les inquiétudes.

CHAPITRE VI

L'HUMIDITÉ ET LA SÉCHERESSE. — LES NUAGES ET LES BROUILLARDS
LA ROSÉE, LE SERIN
LA PLUIE, LE VERGLAS, LA NEIGE, LE GRÉSIL

On a déjà vu que la vapeur d'eau est un des éléments constituants de l'air,
mais que la proportion pour laquelle elle entre dans sa composition est peu
considérable. Cette proportion est, en outre, très variable. Un certain espace
ne peut jamais contenir qu'une quantité limitée de vapeur. Cette quantité est
la même, que l'espace dont il s'agit soit d'ailleurs parfaitement vide, comme
l'est, par exemple, la chambre barométrique, ou qu'il contienne déjà de l'air
ou tout autre gaz proprement dit. Dans les deux cas, lorsque l'espace ou
l'air qui y est compris a absorbé toute la vapeur qu'il est capable de recevoir,
on dit qu'il est *saturé*. Mais le point de saturation varie avec la température.
Si dans deux vases d'égale capacité, l'un vide, l'autre plein d'air sec, ayant
même température, on introduit une quantité d'eau telle, que la totalité de
cette eau transformée en vapeur soit nécessaire pour la saturer, on verra,
dans le vase vide, l'eau se vaporiser et disparaître très rapidement ; elle se
vaporisera et disparaîtra aussi dans l'autre, mais beaucoup plus lentement.
Le vase vide sera donc saturé immédiatement ; tandis que l'espace plein d'air
ne le sera qu'après un temps d'autant plus long que la densité de l'air sera
plus grande, ou, en d'autres termes, que l'air sera plus comprimé. D'où l'on
voit que la pression de l'air est sans influence sur le point de saturation d'un
espace donné, mais qu'elle a pour effet de retarder la formation et l'expansion
des vapeurs. Si maintenant on ajoute de part et d'autre une nouvelle quan-
tité d'eau, il ne se formera plus de vapeur, à moins qu'on n'élève la tem-
pérature. Bien plus, comme l'addition d'un certain volume de liquide dans
les deux vases aura nécessairement diminué l'espace précédemment saturé,
cet espace ne pouvant plus contenir la même quantité de vapeur, une
partie de cette dernière reviendra à l'état liquide, ou, comme disent les

physiciens, se *précipitera*. Un abaissement de température produirait le même résultat.

On conçoit aisément, d'après cela, qu'au sein de l'atmosphère la formation et la précipitation des vapeurs dépendent exclusivement de la température; que, dans les divers phénomènes auxquels cette formation et cette précipitation donnent lieu, ce soit toujours la chaleur qui, comme dans les vents et les tempêtes, joue le principal rôle; qu'en un mot, ici encore, le soleil, — « ce grand agitateur des masses aériennes, » — disait Babinet, exerce sur le *temps* une action souveraine, modifiée, bien entendu, par une foule de causes secondaires.

C'est, en effet, sous l'influence de la chaleur solaire que les mers, les fleuves, les lacs, les étangs émettent successivement des vapeurs qui se répandent dans l'atmosphère. La plus ou moins forte proportion de vapeurs que l'air tient en dissolution constitue son humidité ou sa sécheresse, ou, pour nous servir d'une expression plus scientifique, son état *hygrométrique* ou sa fraction de *saturation*.

Il est d'un grand intérêt, dans les recherches météorologiques, de déterminer l'état hygrométrique de l'air, en d'autres termes, le rapport qui existe entre la quantité de vapeur qu'il contient actuellement, et celle qu'il renfermerait s'il était saturé à la même température. On fait usage, pour cela, d'instruments appelés *hygromètres*. Ces instruments sont aujourd'hui très nombreux; mais ils peuvent être tous ramenés à quatre espèces, savoir : les hygromètres *chimiques,* les hygromètres *à absorption,* les hygromètres *à condensation* et les *psychromètres*.

Les hygromètres chimiques sont des appareils dans lesquels on fait passer, à l'aide d'un *aspirateur,* un volume d'air déterminé, dont la température est connue, sur une substance très avide d'eau, telle, par exemple, que le chlorure de calcium. Cette substance a été pesée avant l'expérience. On la pèse de nouveau après que l'air lui a abandonné toute son humidité. La différence représente évidemment la quantité de vapeur d'eau que l'air tenait en dissolution. On en déduit par le calcul la fraction de saturation.

Les hygromètres à absorption sont fondés sur la propriété que possèdent certaines matières organiques de s'allonger lorsqu'elles absorbent de l'humidité, et de se raccourcir, au contraire, en se desséchant. A cette espèce d'instrument appartiennent les hygromètres populaires qui sont censés annoncer la pluie et le beau temps, et auxquels le vulgaire accorde une confiance aussi peu justifiée que le nom de *baromètre* qu'on leur donne communément. Je veux parler de ces figures en carton, représentant soit un moine qui ôte son capuchon quand le temps est au beau, et qui le rabat sur sa tête quand la pluie menace, soit un chat qui tient sa patte baissée dans le premier cas, et, dans le second, la relève vers sa tête comme « pour faire sa toilette ». Le moteur de ces petites machines prophétiques est une *corde de boyau,* fixée par une de ses extrémités à la planchette qui soutient la figure, et par l'autre au capuchon du moine ou à la patte du chat. Cette corde est tordue, et sa torsion change lorsque le

temps est humide, ce qui fait tourner l'extrémité mobile du boyau à laquelle
est attaché l'index; malheureusement ce résultat ne se produit qu'avec une ex-
trême lenteur; de sorte qu'il n'est pas rare de voir la prédiction suivre l'événe-
ment, au lieu de l'annoncer.

Le célèbre physicien Théodore de Saussure a construit un hygromètre à
cheveu, dont le mécanisme est analogue à celui des instruments dont je viens
de parler, et qui, bien que beaucoup plus délicat, ne laisse pas de présenter
aussi de graves imperfections. Il se compose d'un cadre sur lequel est tendu
un cheveu, fixé invariablement par un bout, tandis que l'autre bout s'enroule
sur une poulie à double gorge. Sur la seconde gorge de la poulie est enroulé,

Hygromètres populaires.

en sens contraire du cheveu, un fil de soie auquel est suspendu un petit
contrepoids, de manière à maintenir le cheveu toujours également tendu. Une
aiguille fixée à la poulie décrit sur un cadran des arcs proportionnels aux
allongements et aux raccourcissements du cheveu. Il est indispensable que ce
dernier, avant d'être adapté à l'instrument, ait été dégraissé dans l'éther, puis
lavé à grande eau. Il faut, en outre, que le mécanisme de la poulie et de l'ai-
guille soit extrêmement léger et mobile. Enfin la graduation du cadran doit
être faite en prenant le point cent, ou de saturation, dans un vase hermétique-
ment fermé et contenant une épaisse couche d'eau. Le point zéro ou de sé-
cheresse extrême doit être déterminé dans le même vase, où l'eau est rem-
placée par de l'acide sulfurique concentré. L'hygromètre à cheveu doit être
accompagné d'une table construite pour chaque cheveu en particulier, qui in-
dique la fraction d'humidité pour chaque nombre. Le degré 72 est voisin de la
fraction $\frac{1}{2}$. C'est que, comme M. Regnault l'a prouvé, malgré toutes les pré-
cautions, des hygromètres à cheveu peuvent bien être comparables entre eux
lorsqu'ils ont été construits avec des cheveux de même espèce, lessivés de la
même manière, et qu'ils ont été réglés dans le même vase; mais il n'en est

plus ainsi pour des hygromètres dont les cheveux diffèrent seulement de nature, à plus forte raison quand les points extrêmes n'ont pas été déterminés dans des conditions identiques.

En 1752, Le Roy, médecin de Montpellier, s'avisa le premier, pour mesurer la quantité de vapeur dissoute dans l'air, de condenser cette vapeur sur les parois extérieures d'un vase métallique, contenant de l'eau qu'il refroidissait en y ajoutant successivement de petits morceaux de glace. Un thermomètre plongé dans le vase donnait la température de saturation de l'air ambiant : ce qu'on a appelé le *point de rosée*. Plusieurs physiciens ont construit depuis des appareils de formes et de dispositions différentes, mais destinés également à mesurer la fraction de saturation de l'air par la condensation de sa vapeur.

La méthode dite *psychrométrique*, dont la première idée appartient à Gay-Lussac, se réduit à l'observation comparative de deux thermomètres, dont l'un est simplement exposé à l'air ambiant, tandis que le réservoir de l'autre est constamment humecté par une mèche de coton trempée dans l'eau.

Tout le monde sait qu'il y a des vents secs et des vents humides, et que leur plus ou moins de sécheresse ou d'humidité dépend à la fois de leur température et de la nature des régions sur lesquelles ils ont passé. En Europe, par exemple, les vents de l'est et du nord-est sont toujours secs ; les vents de l'ouest, du nord-ouest et du sud-ouest sont toujours humides. On peut dire que la tension de la vapeur d'eau, par les différents vents, suit une gradation descendante depuis le nord-est jusqu'au sud en passant par l'est, et ascendante depuis le sud jusqu'au nord-est en passant par l'ouest et le nord.

L'humidité de l'air par les différents vents varie d'ailleurs selon les saisons. D'après les observations de Kaemtz, ce sont les vents de l'E. et du N.-E. qui, en hiver, sont les moins chargés de vapeur, et néanmoins les plus humides, parce qu'en raison de leur basse température ils sont aussi les plus rapprochés de leur point de saturation. En été, ce sont les vents d'O. et de S.-O. dont la fraction de saturation est la plus forte. Au printemps, ce sont les vents du N. et du N.-O. ; et en automne, ceux du N.-O. et du S.-E. La moyenne hygrométrique de l'hiver est la plus élevée ; puis vient celle de l'automne, puis celle du printemps, et en dernier lieu celle de l'été.

Quant aux variations hygrométriques locales, il est évident que, toutes choses égales d'ailleurs, elles tiennent d'une part à l'altitude, de l'autre à la présence ou à l'absence, à l'abondance ou à la rareté des eaux. On sait que la quantité absolue de vapeur dissoute dans l'air va en diminuant avec la chaleur de l'équateur aux pôles ; mais on ignore jusqu'à présent si, dans des localités semblables, bien que situées à des distances inégales du pôle, l'humidité relative se comporte de la même manière ou d'une manière différente. Sur l'Océan, à toutes les latitudes, l'air doit être à l'état de saturation. Cependant, comme l'eau de mer est salée, la tension de vapeur est un peu moindre qu'elle ne serait pour de l'eau pure, à température égale ; ou, en d'autres

termes, elle est la même que si l'eau était pure et que la température fût un
peu plus basse qu'elle n'est en réalité.

Sur les côtes, à latitude égale, l'humidité est plus grande qu'en aucun lieu
des continents, et elle diminue à mesure qu'on pénètre dans l'intérieur. Cette
loi, sauf les irrégularités dues à la présence des lacs ou des cours d'eau, ne
souffre point d'exception. Elle se vérifie aussi bien dans la Sibérie que dans
les plaines de l'Orénoque, dans l'intérieur de la Nouvelle-Hollande que dans
les déserts de l'Asie ou de l'Afrique. Ces déserts, où l'eau manque presque
entièrement, ne sont le siège d'aucune évaporation sensible; mais, d'autre
part, l'ardente température qui y règne, accrue encore par la réverbération
du sable, s'oppose aux précipitations aqueuses. L'air qui y afflue des latitudes
supérieures conserve donc toute la vapeur dont il est chargé; mais il acquiert
une température qui diminue d'autant sa fraction de saturation. Ce n'est donc
pas sans raison que les voyageurs parlent du vent « desséchant » des déserts,
et l'on peut se faire une idée de l'avidité avec laquelle l'air absorbe l'humi-
dité partout où il la rencontre, après avoir passé ou séjourné dans ces four-
naises de la zone torride.

Lorsque l'air est très chargé de vapeur d'eau et que sa température vient
à s'abaisser, il arrive souvent que, par le fait de ce refroidissement, son
point de saturation est dépassé. Une partie de la vapeur qu'il contenait doit
revenir à l'état liquide. Mais elle n'y revient pas toujours sous la même
forme. Le plus ordinairement même, avant de se précipiter en eau, elle
passe par un état particulier de division qui lui permet de rester suspendue
dans l'air, tantôt près du sol, tantôt à des hauteurs plus ou moins grandes,
jusqu'à ce que, par l'effet d'une grande accumulation, d'un nouveau refroi-
dissement ou d'une perturbation électrique de l'atmosphère, elle se condense
tout à fait ou même se congèle, et tombe en plus ou moins grande abondance.
Les divers modes de précipitation de la vapeur contenue dans l'air donnent
lieu aux phénomènes de la rosée, du givre ou gelée blanche, des brouillards,
des nuages, de la pluie, de la neige, du grésil et enfin de la grêle.

La rosée a été autrefois le sujet de bien des hypothèses erronées, de bien
des fables. Ce qui intriguait fort les physiciens (au temps où les physiciens
savaient peu de chose de la chaleur et de ses effets sur les corps), c'est que
la rosée se produit toujours la nuit, quand le temps est beau; et cette sorte
de pluie tombant sans qu'on la voie ni qu'on la sente tomber, en l'absence de
tout nuage, ne leur semblait pas un moindre prodige que les foudres éclatant
dans un ciel serein. Plusieurs la prenaient pour la *sueur de la terre;* d'autres
pour une pluie très fine, venue des hautes régions de l'atmosphère; quelques-
uns même y voyaient une émanation des astres, et lui attribuaient des pro-
priétés merveilleuses. C'est un médecin anglais, le docteur Welsh, qui a
donné enfin de ce prétendu prodige une explication très simple et très satis-
faisante. Il a montré que le phénomène de la rosée est le même qui se passe

journellement sous nos yeux, lorsque de la *buée* se dépose sur les vitres de nos appartements, la température extérieure étant peu élevée, ou sur la surface d'une carafe contenant de l'eau fraîche, qu'on apporte dans une pièce chaude; que ce n'est, en un mot, qu'une condensation de vapeur produite par le refroidissement des couches d'air en contact avec une surface refroidie.

Pendant le jour, sous l'action des rayons solaires, l'air s'imprègne plus ou moins de vapeur. Lorsque le soleil a disparu derrière l'horizon, la terre ne reçoit plus de chaleur; c'est elle, au contraire, qui rayonne dans l'espace la chaleur qu'elle a reçue; au lieu de s'échauffer, elle se refroidit, et elle se refroidit d'autant plus, que le ciel est plus pur; car si le ciel est voilé de nuages, ceux-ci rendent à la terre une partie de la chaleur qu'elle leur envoie. Les couches d'air en contact avec le sol participant à son refroidissement, la vapeur qu'elles contenaient se condense, humecte la terre, ruisselle sur les pierres, ou se suspend en gouttelettes limpides aux brins d'herbe et aux pétales des fleurs. Si le temps est assez froid pour que la température s'abaisse au-dessous de zéro, la rosée se congèle et devient du *givre* ou de la *gelée blanche*.

La gelée blanche ne se produit pas seulement en automne ou en hiver, mais aussi au printemps, surtout dans le mois d'avril, époque où souvent, dans nos climats, souffle le vent du nord-est. Les journées sont belles et tièdes, partant l'évaporation est abondante; mais les nuits sont froides et longues encore. Le rayonnement nocturne devient alors funeste aux jeunes pousses, que le froid désorganise et roussit comme si elles eussent été brûlées.

Le vulgaire qui, dans ces nuits claires et froides, voit la lune briller au ciel de tout son éclat, attribue cet effet au pauvre astre, qui n'en peut mais. C'est la *lune rousse,* dit-il, qui grille les plantes. D'illustres physiciens, Arago entre autres, se sont donné la peine de combattre cet absurde préjugé, qui n'en persiste pas moins parmi le peuple des campagnes. Heureusement ce préjugé-là n'induit pas, comme tant d'autres, les cultivateurs en des actes contraires à leurs intérêts. Tout en attribuant à tort à la lune une action malfaisante dont elle n'est nullement coupable, ils ne laissent pas de prendre des précautions qui atténuent ou empêchent le mal : à savoir, de couvrir pendant la nuit leurs plantes potagères avec des toiles ou des nattes de paille. Ils croient les garantir ainsi des rayons dangereux de la lune; ils les garantissent, en réalité, du refroidissement qui leur serait fatal.

Ce qu'on nomme le *serein* est un phénomène très analogue à la rosée. Seulement, tandis que celle-ci se dépose pendant toute la nuit et principalement aux approches du matin, le serein ne se produit que le soir, en été, après le coucher du soleil. C'est une petite pluie très fine, qui tombe sans que le ciel soit nuageux, et qui provient de la vapeur condensée au sein des couches peu élevées de l'atmosphère.

Il faut, on le voit, des circonstances particulières, une nuit froide et sereine succédant à une journée chaude ou tiède, un refroidissement brusque du sol

et des couches d'air qui l'avoisinent, pour amener directement la précipitation
de la vapeur sous forme de gouttes d'un certain volume et d'un certain poids.
Ordinairement les choses ne se passent pas ainsi. Avant de se condenser tout à
fait et de retomber sur la terre, la vapeur passe par un état en quelque sorte
intermédiaire, qui est celui auquel on applique communément — et impro-
prement — le nom de vapeur, c'est-à-dire par l'état de globules très ténus,
mélangés de petites gouttelettes, et dont l'agglomération en grandes masses
constitue les *nuages* et les *brouillards*.

Disons tout de suite que ces deux mots désignent un seul et même phéno-
mène : toute la différence est que les brouillards demeurent à la surface du
sol, tandis que les nuages flottent dans les régions supérieures de l'atmo-
sphère. L'aéronaute dans la nacelle de son ballon, le voyageur sur les cimes
des hautes montagnes, traversent souvent des nuages qui pour eux deviennent
des brouillards ; et lorsque, environnés d'un air limpide, ils abaissent leurs
regards vers les contrées placées au-dessous d'eux, ils y voient fréquemment
des masses vaporeuses aux contours arrondis et argentés, ayant le même aspect
que les nuages qui se meuvent au-dessus de leur tête, et ne différant, en
effet, de ceux-ci que par leur position. Le spectacle de brouillards vus ainsi
de haut, par une belle matinée ou par une belle nuit, est assurément un des
plus saisissants et des plus curieux que les campagnes accidentées offrent aux
amateurs de pittoresque. On l'observe journellement dans les pays de mon-
tagnes, sur les vallées arrosées par des cours d'eau ou coupées de marécages.
Le soir, les brouillards se forment souvent avec assez d'abondance pour cou-
vrir la vallée d'une nappe irrégulière, du sein de laquelle on voit saillir çà et
là un arbre, un clocher d'église, une pointe de rocher, qu'on dirait noyés dans
une inondation ou bien ensevelis sous des monceaux de neige. A mesure que
la nuit s'avance, le brouillard va s'épaississant ; mais aux premiers rayons du
soleil, au premier souffle de la brise du matin, il s'entr'ouvre çà et là, se dé-
chire, se subdivise en masses inégales. Bientôt ce ne sont plus que des nuages
disséminés dans les gorges, dans les prairies, sur les flancs des collines. On
dirait d'énormes moutons aux formes bizarres, à la toison blanche et flocon-
neuse, errant et paissant sous la garde d'un pasteur invisible, et qui, les uns
après les autres, disparaissent, s'évanouissent comme une vision fantastique.

Les brouillards sont surtout épais et fréquents dans les contrées humides,
marécageuses, au-dessus des fleuves, des rivières, des lacs, lorsque la tem-
pérature de l'air est froide, et que celle du sol et des eaux se maintient à un
degré plus élevé. C'est ce qu'on remarque, par exemple, pendant la plus grande
partie de l'année, dans les Pays-Bas et la Grande-Bretagne, et pendant l'hiver
à Paris. Londres est bien connu pour son atmosphère presque constamment
brumeuse, et la renommée des brouillards de la Tamise n'est point usurpée.
Il ne se passe point d'année, à Londres, où l'on ne soit plusieurs fois obligé
d'allumer en plein jour les becs de gaz pour permettre aux passants de se

reconnaître et de se guider tant bien que mal dans les rues. A Paris même, nous avons tous vu, en certains jours de novembre et de décembre, les agents de police échelonnés de distance en distance avec des torches à la main, pour éclairer la marche des citadins.

On peut, d'après cela, se faire une idée de ce que sont les brumes de mer dans certains parages, notamment dans les hautes latitudes, sur le parcours des grands courants d'eau tiède dont les abondantes vapeurs se condensent incessamment au sein d'une atmosphère très froide. Ces brumes, très persistantes, et qui embrassent de vastes étendues, sont pour les marins, sur les routes très fréquentées par les navires, une source de sérieux dangers. Les feux et les signaux ne s'apercevant pas à quelques mètres de distance, il en résulte souvent, entre les navires qui se croisent au milieu de ces ténèbres impénétrables, des abordages meurtriers. La perte de l'un des bâtiments au moins, sinon de tous deux, est à peu près certaine. Tantôt, s'ils sont de force très inégale, c'est le plus fort qui passe par-dessus le plus faible; tantôt c'est un navire qui enfonce son avant dans le flanc de l'autre, le coupe en deux, et lui-même, brisé par la violence du choc, ne peut ni porter secours à sa victime, ni se défendre contre la mer qui l'envahit et le fait sombrer.

On pourrait appeler les brouillards des nuages terrestres, et les nuages des brouillards aériens. Il est à remarquer cependant que si les seconds s'abaissent souvent vers la terre, ils n'y retombent jamais tout à fait, au lieu que les premiers demeurent rarement près du sol. Ceux-ci se dissipent par l'effet de la chaleur; ou bien ils achèvent de se condenser sous forme d'une petite pluie très fine, vulgairement connue sous le nom de *bruine* et de *crachin;* ou bien enfin ils s'élèvent dans l'air et deviennent des nuages proprement dits. MM. Becquerel pensent même que l'origine de tout nuage est un brouillard. Ce qu'il y a de certain, c'est qu'en général la constitution de ces deux variétés de météores est identiquement la même. Je dis *en général,* parce que dans certains nuages, tels que celui que MM. Bixio et Barral traversèrent avec leur aérostat le 26 juillet 1850, l'eau est à l'état solide. Mais, dans la grande majorité des cas, les nuages, comme les brouillards, sont formés d'une multitude infinie de très petites sphérules, dont Kaemtz évalue le diamètre moyen à deux cent vingt-quatre dix-millièmes de millimètre, entremêlées d'une grande quantité de gouttelettes d'eau. Ces sphérules sont-elles pleines ou creuses? Les météorologistes ne sont pas d'accord sur cette question. Cependant la plupart inclinent vers la seconde hypothèse, et considèrent ces éléments des nuages et des brouillards comme autant de petites bulles remplies, soit d'air, soit de vapeur, et dont l'eau n'est que l'enveloppe. Ils les appellent, en conséquence, des *vésicules de vapeur* ou de la *vapeur vésiculaire.*

Quoi qu'il en soit, il se présente ici une question très importante, et qui a fort exercé la sagacité des physiciens : c'est celle de savoir quelle force tient suspendues à plusieurs centaines, à plusieurs milliers de mètres au-dessus du sol, les particules d'eau ou de glace qui constituent les nuages, et comment il se fait que ces derniers ne tombent jamais, bien que leur poids spécifique soit incontestablement plus considérable que celui de l'air. Cette apparente anomalie s'explique, en somme, d'une manière assez simple.

Nous devons admettre, dit Kaemtz, que les vésicules de brouillard sont plus lourdes que le milieu dans lequel elles sont suspendues ; cependant elles s'élèvent avec une grande rapidité... En effet, un nuage n'est pas une masse immobile, comme on pourrait le croire en l'observant de loin ; il est, au contraire, dans un mouvement perpétuel. Quand les vésicules entraînées par le vent arrivent dans un air sec, elles se dissolvent, tandis que du côté du vent la vapeur se précipite à l'état vésiculaire. Ainsi un nuage immobile en apparence s'abaisse souvent lentement, et sa partie inférieure se dissout continuellement, tandis que la supérieure s'accroît sans cesse par l'addition de nouvelles vésicules.

« Il existe, en outre, une force directement opposée à la chute des nuages : c'est celle des courants ascendants. Par un beau temps, la vésicule tombe avec une vitesse d'environ trois décimètres par seconde ; mais le courant ascendant a une vitesse beaucoup plus considérable, et par conséquent il entraînera la vésicule.

« Qui n'a observé, ajoute le savant météorologiste, des graines, des plumes, du sable, etc., élevés à une hauteur prodigieuse, et transportés à de grandes distances? A plusieurs myriamètres de la côte d'Afrique, des navires ont été couverts de sable venant du Sahara, et l'on sait que le vent transporte à des distances énormes les cendres vomies par les volcans. Ces corps sont cependant beaucoup plus denses que les vésicules d'eau. Ne cherchons donc point à expliquer leur suspension par des causes extraordinaires ; elle est aussi facile à comprendre que celle de la poussière. »

Rien sans doute n'est plus varié, rien n'est plus changeant que les formes et l'aspect des nuages. Cependant une observation attentive et suivie permet de constater, au milieu de leurs métamorphoses continuelles, la prédominance de certains types qui, dans des circonstances météorologiques déterminées, apparaissent constamment, et qui, en se combinant, en se fusionnant dans d'autres circonstances, donnent naissance à des sous-types, à des espèces intermédiaires faciles à reconnaître.

Howard a distingué les nuages, d'après leur forme, en quatre espèces principales, savoir : les *cirrus*, les *cumulus*, les *stratus* et les *nimbus*.

Les *cirrus* (en latin, boucle ou mèche de cheveux), appelés par les marins *queues de chat*, et par les paysans suisses *nuages de sud-ouest*, sont des nuages légers et diaphanes, qui ressemblent, soit, comme leur nom l'indique, à des mèches de cheveux plus ou moins frisées, soit à des faisceaux de longs filaments, soit à des réseaux déliés. Ils occupent toujours les plus hautes régions de l'atmosphère, et l'on sait aujourd'hui qu'ils sont formés de particules de glace ou de flocons de neige très divisés ; ce qui s'explique par la basse température qui règne au sein des couches d'air très raréfiées où ils sont suspendus.

« L'apparition des cirrus, dit Kaemtz, précède souvent les changements de temps. En été, ils annoncent de la pluie; en hiver, de la gelée ou du dégel. Même quand les girouettes sont tournées vers le nord, ces nuages sont souvent entraînés par des vents du sud ou du sud-ouest, et bientôt ceux-ci se font aussi sentir à la surface de la terre. » On peut admettre que ces nuages sont amenés par des vents du sud, qui déterminent la baisse du baromètre, et dont les vapeurs se précipitent à l'état de pluie. Telle est du moins la théorie de M. Dove, et elle justifie la dénomination sous laquelle les paysans suisses ont désigné ce genre de nuages.

Les *cumulus* (*balles de coton* des marins) sont bien reconnaissables à leur forme arrondie et mamelonnée à la partie supérieure, rectiligne à la partie inférieure, à leurs contours nettement dessinés et d'un blanc argenté. On les voit très souvent, dans les beaux jours, étagés au-dessus de l'horizon, où ils présentent l'aspect de montagnes couvertes de neige. Ils sont moins élevés que les cirrus; mais ils se maintiennent cependant, d'ordinaire, à d'assez grandes hauteurs.

Les *stratus* (ce mot latin signifie couche) forment à l'horizon de longues et larges bandes. Leur couleur fondamentale est le gris; mais comme ils se produisent surtout le soir à la tombée du jour, du côté de l'ouest, les feux du soleil couchant les teignent de couleurs très vives et très belles. On observe aussi des stratus du côté de l'orient, au lever du soleil, et quelquefois même en plein jour, sur divers points de l'horizon; mais ils sont alors, ou plus diffus, ou combinés avec d'autres nuages, et revêtent un caractère mixte dont je parlerai tout à l'heure.

Enfin les *nimbus* sont de grands nuages très épais, de nuance foncée, frangés, déchiquetés ou estompés sur les bords, et nageant dans les couches inférieures de l'air, quelquefois avec beaucoup de lenteur, d'autres fois avec une extrême rapidité. Ce sont des nuages de mauvais temps; lorsqu'on les voit apparaître, on peut affirmer à coup sûr que la pluie ne se fera pas attendre. Howard appelait les nimbus des *cirro-cumulo-stratus*, pour indiquer qu'il les considérait comme un mélange de tous les autres nuages; et en effet, c'est lorsque, par suite de l'abondance des vapeurs vésiculaires, une grande masse de nuages divers, occupant en hauteur et en largeur une vaste étendue, viennent à se réunir et à se souder, que le ciel se charge de nimbus, et que la pluie ou la neige commence à tomber.

Aux trois formes fondamentales des cirrus, des cumulus et des stratus[1] se

---

[1] Par respect pour la langue latine, à laquelle ces noms sont empruntés, quelques auteurs, notamment M. L. Maillard (*Notes sur l'île de la Réunion*), que j'ai cités plus haut, disent au pluriel *cirri, cumuli, strati, nimbi*. Je me permettrai de faire observer que, dans son zèle pour la grammaire latine, M. Maillard oublie que *strati* est un *barbarisme*, le substantif *stratus* (génitif *stratûs*) appartenant à la quatrième déclinaison.

rattachent les formes mixtes que·les météorologistes désignent sous les noms de *cirro-cumulus, cirro-stratus, cumulo-stratus, strato-cumulus*.

Les cirro-cumulus se produisent lorsque les cirrus restent stationnaires. Ils indiquent en général un temps sec, et sont fréquents en été, rares en hiver. Ce sont des nuages moutonneux et ondulés qui font le *ciel pommelé,* lequel, selon un dicton populaire, « n'est pas de longue durée ». Le fait est

NUAGES. — 1. Stratus. — 2. Cumulus. — 3. Cirrus. — 4. Nimbus.

qu'ils sont ordinairement le signe d'un changement prochain dans l'état de l'atmosphère ; mais ce changement est au moins aussi souvent favorable que défavorable. Selon Kaemtz, les cirro-cumulus annoncent la chaleur. Les cirro-stratus, au contraire, précèdent le vent et la pluie, et se voient fréquemment dans les intervalles des orages. Ces nuages se juxtaposent en bandes horizontales qui, au zénith, montrent un grand nombre de nuages allongés et déliés, mais qui, à l'horizon, apparaissent sous la forme d'une seule couche très longue et très étroite.

Les cumulo-stratus prennent naissance lorsque les cumulus deviennent plus épais, se rejoignent et s'étendent sur le ciel. Ils ne tardent guère à se changer en nimbus. Kaemtz distingue les cumulo-stratus des strato-cumulus. Ceux-ci se rapprochent plus que les premiers des stratus par leur forme ; mais ils sont placés plus haut que les stratus. Ils se montrent surtout dans l'après-midi, en masses très denses, arrondies, à contours irréguliers, et le soir ils envahissent le ciel tout entier.

L'abondance des nuages varie comme celle des vapeurs, mais dans des conditions différentes, selon l'heure du jour, la saison, la direction du vent, l'état électrique de l'atmosphère, le climat. Ces circonstances se combinent ou se contrarient de cent manières ; en sorte qu'il est impossible d'en préciser les effets, et qu'il faut s'en tenir sur ce sujet à des données générales et approximatives.

En général donc, le ciel est plus couvert le matin avant le lever, et le soir après le coucher du soleil qu'au milieu du jour et même que pendant la nuit. Vers midi, ce sont les rayons du soleil qui dissolvent dans l'air la vapeur vésiculaire. La nuit, ce sont les courants supérieurs résultant de l'ascension de masses d'air échauffées pendant le jour, qui chassent et dissipent les nuages. Quelques physiciens attribuent aussi au rayonnement de la lune un pouvoir calorifique capable de contribuer à ce résultat, sinon de le déterminer intégralement.

Je n'apprendrai rien au lecteur en disant que l'air est plus souvent chargé de nuages en hiver qu'en été, plus souvent aussi au printemps qu'en automne.

L'état électrique de l'atmosphère paraît dépendre lui-même de la température, et du plus ou moins d'activité de l'évaporation à la surface du sol ; puis il réagit ensuite sur la précipitation des vapeurs. Je traiterai plus loin du rôle, si important et encore si mal connu, de l'électricité dans les perturbations atmosphériques.

Pour ce qui est des vents, on conçoit, sans qu'il soit besoin d'y insister, que ceux qui sont à une température élevée tendent à dissoudre les vapeurs, tandis que les vents froids tendent à les condenser. On remarque cependant que dans nos contrées les vents tièdes du sud, du sud-ouest et de l'ouest sont les plus nuageux, tandis que par les vents du nord-est et de l'est le ciel est presque toujours serein. C'est que les premiers arrivent des régions chaudes, où ils se sont imprégnés d'une grande quantité de vapeur ; à mesure qu'ils avancent vers le nord, ils se refroidissent, et cette vapeur passe à l'état vésiculaire. Le contraire a lieu pour les vents du nord-est, par exemple, qui ont passé sur des pays froids, où l'évaporation est peu considérable, et qui, s'échauffant sous nos latitudes, s'éloignent d'autant plus de leur point de saturation.

A mesure que des latitudes polaires où, pendant la plus grande partie de l'année, le ciel est voilé de brumes épaisses, on descend vers la zone tropicale, on voit le ciel devenir plus pur et plus transparent. Son état ordinaire peut toutefois varier d'une manière très notable, par suite de circonstances tout à fait locales. J'ai déjà indiqué ces circonstances et les effets qui s'y rapportent. Je dirai seulement ici quelques mots d'un phénomène très remarquable que présente la zone des calmes équatoriaux : c'est l'immense ceinture de nuages

qui enveloppe en cet endroit le globe terrestre tout entier, sur une largeur d'en-
viron cinq degrés. Maury compare cette ceinture à l'anneau de la planète de
Saturne, et la désigne sous le nom de *cloud-ring*. Elle est soumise à un dépla-
cement annuel qui suit la déclinaison du soleil, et lui fait parcourir l'espace
compris entre le cinquième degré de latitude sud et le quinzième de latitude
nord.

Le cloud-ring, « en voyageant, dit M. Zurcher, avec la zone des calmes équato-
riaux, protège alternativement contre l'ardeur du soleil les divers parallèles
qu'il couvre, et y ramène la pluie à des époques déterminées... Les décharges
électriques sont très fréquentes au sein de ce sombre dais de nuages. Le son
s'y répercute comme au milieu des montagnes, et les marins qui traversent
les régions qu'il couvre entendent le roulement continuel du tonnerre... La
pluie continuelle dégage une énorme quantité de calorique latent, qui contribue
puissamment à produire dans la région équatoriale la raréfaction d'air par
laquelle sont créés les vents alizés. C'est aussi à cette raréfaction qu'on doit
attribuer la baisse très sensible du baromètre dans toute l'étendue de la zone. »

Lorsque les vésicules aqueuses dont se composent les nuages s'accumulent
et se réunissent en gouttes assez grosses pour que l'action des courants hori-
zontaux et celle des courants ascendants ne suffisent plus à les tenir en suspen-
sion, elles tombent sous forme de *pluie*. Des causes particulières, et jusqu'ici
peu connues, interviennent évidemment dans ce phénomène, plus complexe
qu'on ne pourrait le croire au premier abord ; car l'explication très simple que
je viens d'en donner, d'après les météorologistes les plus autorisés, ne rend pas
compte des caractères très divers qu'il présente dans des circonstances en
apparence identiques. Ces causes favorisent ou contrarient, retardent ou accé-
lèrent la condensation et la précipitation des vapeurs vésiculaires.

Tout le monde a pu remarquer que, dans certains cas, le ciel demeure
pendant de longues heures, quelquefois pendant des journées entières, obscurci
par d'énormes nuages sans qu'il tombe une goutte de pluie ; que, dans d'autres
cas, la pluie s'échappe en abondance, soit d'un nuage isolé, soit d'une nappe
étendue, mais peu compacte ; que tantôt les gouttes sont très ténues et très
pressées, tantôt elles sont d'un volume énorme et très écartées les unes des
autres ; tantôt enfin ce ne sont pas des gouttes qui tombent, mais des filets
continus, ou même de véritables flots ; que si, en général, la pluie commence
faiblement pour augmenter ensuite, puis cesser graduellement, il n'est pas
rare non plus de voir des *grains* qui débutent à l'improviste avec une extrême
intensité, pour s'arrêter aussi tout à coup, comme par enchantement.

A côté de ces bizarreries inexplicables, il en est dont un examen un peu
attentif donne aisément la raison. Ainsi il arrive souvent que la pluie tombe
abondamment à une grande hauteur, sur le sommet d'une montagne, tandis
que, sous les mêmes nuages, elle est nulle ou presque nulle à la surface du sol ;
ou réciproquement, que la pluie est très faible en haut et très forte en bas.

C'est que, dans le premier cas, les gouttes, en approchant de terre, passent par des couches d'air sec et chaud où elles se vaporisent en tout ou en partie ; dans le second cas, les couches inférieures sont humides et froides, et les gouttes de pluie s'y grossissent par la condensation de nouvelles quantités de vapeur.

Une foule de causes influent sur l'abondance ou la rareté des pluies dans les divers pays : les vents régnants, la proximité de la mer, les saisons, la latitude. En thèse générale, on peut dire que plus un pays est chaud, plus l'évaporation y est considérable, et plus il y doit pleuvoir. On remarque, en effet, que, toutes choses égales d'ailleurs, l'abondance des pluies diminue de l'équateur au pôle. Cependant cette règle souffre de nombreuses exceptions, dues à diverses circonstances locales. Une carte météorologique dressée par M. Berxgaus indique quatre régions où il ne pleut jamais. Ce sont, en Afrique, le grand désert du Sahara ; en Asie, le nord de l'Inde ou de la Chine (ou de l'Indo-Chine) ; en Amérique, quelques points du Mexique et des côtes du Pérou ou du Chili.

D'après les relevés donnés par M. de Gasparin dans sa *Météorologie agricole*, la partie de l'Italie située au nord des Apennins est la contrée de l'Europe où il pleut le plus. L'Angleterre vient ensuite, puis la France méridionale, etc. La Russie n'arrive qu'au dernier rang. A Paris, la hauteur d'eau qui tombe annuellement est de 0^m564, répartie comme il suit : pour l'hiver, 0^m107 ; pour le printemps, 0^m174 ; pour l'été, 0^m161 ; pour l'automne, 0^m122. C'est donc en hiver qu'il tombe le moins d'eau. On a trouvé à Bordeaux, pour hauteur moyenne des pluies tombées en un an, 0^m650 ; à Madère, 0^m767 ; à la Havane, 2^m32 ; à Saint-Domingue, 2^m73.

Lorsqu'en hiver, par un changement de temps subit, la pluie vient à tomber après une gelée de quelques jours, en touchant le sol, dont la température est restée inférieure à $0°$, elle se congèle et forme à sa surface cette couche glacée qu'on nomme *verglas*. La pluie continuant à tomber et le sol s'échauffant peu à peu, cette couche finit par se dissoudre.

Les Parisiens se souviendront longtemps du verglas du 1er janvier 1875. Vers dix heures du soir, la pluie fine et serrée qui tombait depuis quelque temps déjà commença à se congeler, et en peu d'instants le sol de la ville était recouvert d'une couche de glace rendant impossible la circulation des voitures et même des piétons. Une foule de personnes durent rester cette nuit-là dans les maisons où elles étaient allées passer la soirée, et celles qui sortirent des théâtres vers minuit eurent mille peines à rentrer chez elles. De nombreux accidents ont été causés par ce dangereux verglas, et les journaux de l'époque fourmillent d'épisodes tantôt tristes, tantôt burlesques, qui ont signalé cette nuit mémorable.

Quand la température de l'air est voisine de zéro, surtout lorsqu'elle est au-dessous, les vapeurs vésiculaires, au lieu de se condenser en pluie, se précipitent en particules glacées, qui, réunies en petites masses, constituent la *neige*. Kaemtz dit que plus la température de l'air s'abaisse, moins il tombe de neige, parce qu'alors l'atmosphère contient moins de vapeurs. Il est cependant constant que, dans les pays où l'hiver est très froid, il tombe chaque année de grandes quantités de neige. Il est bien vrai que dans ces pays et dans cette saison l'air contient moins de vapeurs ; mais à mesure que la température se refroidit, les vapeurs formées précédemment ou apportées par les vents chauds se condensent en grande abondance, et les nimbus, au lieu de verser de la pluie, donnent de la neige.

Le *grésil* résulte probablement de ce que les flocons de neige, passant par des couches moins froides que celles où ils se sont formés, éprouvent un commencement de fusion, puis se congèlent de nouveau par suite de l'évaporation qui se produit, et du mouvement très rapide que le vent leur imprime. C'est surtout à l'époque des giboulées de mars et d'avril que le grésil tombe mêlé à de la pluie. Ce mode de précipitation est vulgairement désigné sous le nom de *neige fondue*. Il ne faut pas confondre le grésil avec la grêle, qui accompagne exclusivement les orages électriques, et dont il sera parlé au chapitre suivant.

CHAPITRE VII

Les météorologistes distinguent aujourd'hui deux sortes d'orages : les orages électriques et les orages magnétiques. Sous la dénomination d'orages électriques, nous comprenons tous les phénomènes par lesquels se manifeste l'électricité atmosphérique, c'est-à-dire les orages proprement dits, avec les météores aqueux et ignés qui les précèdent ou les accompagnent, et les trombes.

« Les hautes régions de l'atmosphère, disent MM. Zurcher et Margollé, sont un immense réservoir d'électricité qui s'écoule vers le sol, tantôt silencieusement, tantôt au milieu des éclats de la foudre. Le premier mode de communication se manifeste surtout en hiver. En été, quand l'air est sec, il n'est plus conducteur du fluide, qui se concentre alors dans les nuages. L'équilibre des forces électriques est rompu, et ne se rétablit que par les conflagrations de l'orage. »

Sauf dans des cas assez rares, l'orage qui va éclater est toujours précédé d'un travail sourd, plus ou moins lent, plus ou moins sensible. Son approche affecte à la fois les éléments, les êtres animés et les plantes. Les personnes nerveuses sont alors en proie à une agitation vague, quelquefois à des spasmes douloureux. Les malades, les blessés, les valétudinaires ressentent une impression pénible, qui n'est pas toujours sans gravité. Les animaux donnent des signes de malaise ; les plantes elles-mêmes semblent prises de langueur, et l'on dirait qu'elles attendent avec anxiété le feu qui va les consumer, ou la pluie bienfaisante qui va les ranimer.

Ces effets sont dus à un état particulier de l'atmosphère que, dans le midi de la France, on nomme la *touffe :* espèce de calme plat où nul souffle ne vient corriger l'élévation de la température. On voit le ciel se charger de nuages très denses que le P. Beccaria comparait à des masses de coton amoncelées. Ces nuages semblent se gonfler, diminuent de nombre et augmentent de volume sans se séparer de leur première base. Les contours, d'abord nombreux et distincts, se fondent ensuite peu à peu les uns dans les autres, de manière à ne plus laisser à l'ensemble que l'aspect d'un nuage unique. A ce moment, de brusques rafales balayent en tourbillonnant la surface du sol. Puis le vent cesse, ou plutôt il remonte. Les montagnes nuageuses se mettent en mouvement, roulent les unes sur les autres, s'attirent, se heurtent, se repoussent, comme les vagues d'un sombre océan agité par une tempête intérieure. Bientôt la pluie tombe. Ce sont d'abord de larges gouttes clairsemées, puis de longs filets verticaux, de plus en plus pressés. En même temps les éclairs sillonnent les nues, le tonnerre gronde, les éclats de la foudre se succèdent à des intervalles plus ou moins rapprochés, lorsque même ils ne se produisent pas à la fois sur plusieurs points du ciel. L'orage est alors dans toute sa force. Il dure ainsi, en se déplaçant lentement sous l'impulsion du vent, jusqu'à ce que l'atmosphère se soit allégée des masses d'eau qui s'y étaient accumulées, et que l'équilibre électrique se soit rétabli.

Le symptôme essentiel et caractéristique des orages, ce sont les explosions de la foudre. Depuis les travaux de l'abbé Nollet, de Dalibard, de Buffon, du docteur Bergeret, de Romas, et surtout depuis les admirables découvertes de Benjamin Franklin, l'opinion unanime des physiciens est que la foudre est un phénomène identique par sa nature avec l'étincelle électrique qu'on tire du conducteur de la machine électrique, ou de la bouteille de Leyde ; qu'il est dû à la recomposition du *fluide neutre* par la combinaison violente des électricités contraires, soit entre deux nuages, soit entre un nuage et la terre. Cette théorie, toutefois, si plausible qu'elle nous paraisse, si universellement qu'elle soit admise, laisse place à des doutes et à des obscurités qui ne permettent pas encore de donner de la foudre une définition scientifique. Il faut, pour éviter toute erreur, et pour que la définition s'applique à toutes les hypothèses présentes et à venir, se contenter d'indiquer exactement les faits sensibles qui constituent ce phénomène. C'est pourquoi nous dirons, avec Arago, que la foudre est un météore qui se manifeste, quand le ciel est couvert de certains nuages, par un jet subit de lumière, et par un bruit plus ou moins fort et prolongé. Ce jet de lumière, c'est l'*éclair*. Le *tonnerre* n'est que le bruit qui accompagne l'explosion de la foudre.

Arago et la plupart des météorologistes divisent les éclairs en trois espèces.

La première comprend les éclairs *linéaires,* qui se montrent sous l'aspect d'un filet de lumière très mince et très arrêté sur les bords. La lumière de ces éclairs est toujours très vive, et en général d'un blanc bleuâtre ; on en a vu cependant de rouges et de violacés. Malgré leur rapidité proverbiale, ils ne se propagent pas en ligne droite : presque toujours ils serpentent et décrivent dans l'espace une courbe sinueuse ou une courbe brisée à angles variables. Quelquefois aussi on les voit se partager, à un certain point de leur course, en plusieurs branches parfaitement distinctes. Ce sont les éclairs les plus dangereux, ceux qui atteignent le plus souvent les objets terrestres, qui portent avec eux la mort et l'incendie, et constituent proprement la foudre.

La lumière des éclairs de la seconde espèce, au lieu d'être restreinte à des traits sinueux presque sans largeur apparente, est diffuse, et embrasse d'immenses étendues. Tantôt ces éclairs n'illuminent que le contour des nuages; tantôt on dirait que ceux-ci s'entr'ouvrent pour leur livrer passage, et alors toute la surface du nuage est comme inondée de lumière. Les éclairs diffus sont de beaucoup les plus communs. « Dans un orage ordinaire, dit Arago, il s'en produit des milliers pour un éclair sinueux et fulgurant. »

Les éclairs de la troisième espèce diffèrent totalement des précédents; ils sont extrêmement rares, et remarquables surtout par deux caractères bien tranchés, savoir : leur forme sphérique, qui les a fait désigner sous le nom d'*éclairs en boule,* et leur mouvement de translation, qui est relativement très lent. Tandis que les éclairs ordinaires ne durent qu'une fraction de seconde, les éclairs en boule persistent pendant plusieurs secondes ; on peut aisément les suivre et apprécier leur vitesse. Ils présentent encore d'autres particularités étranges : souvent on les voit rebondir à la surface du sol ; quelquefois ils éclatent comme des bombes, avec un fracas épouvantable ; d'autres fois ils laissent après eux une traînée de particules enflammées, qu'on a comparées aux fusées de nos feux d'artifice. On ignore complètement l'origine de cette sorte d'éclairs, qui a soulevé parmi les savants les plus vives discussions, et dont on serait tenté de révoquer en doute la possibilité, s'ils n'avaient été observés et décrits par des témoins dignes d'une confiance absolue.

Deslandes, dans une note adressée à l'Académie des sciences sur l'orage célèbre qui éclata en Bretagne dans la nuit du 14 au 15 avril 1778, dit que l'église de Couesnon, près de Brest, fut détruite par « *trois globes de feu* de trois pieds et demi de diamètre chacun, qui, s'étant réunis, avaient pris leur direction vers l'église d'un cours très rapide ».

Le 16 juillet 1750, une maison de Dorking (Surrey) fut fortement endommagée par un coup de-foudre. « Tous les témoins de l'événement, dit Arago, déclarèrent qu'ils avaient vu dans l'air de grosses boules de feu (*large balls of fire*) autour de la maison foudroyée. »

« Le 20 juin 1772, dit encore Arago, pendant qu'un orage grondait sur la paroisse de Steeple-Aston (Wiltshire), on vit dans les airs un globe de feu osciller pendant assez longtemps au-dessus du village, et se précipiter ensuite verticalement sur les maisons, où il produisit beaucoup de dégâts. »

Les savants Schübler, Muncke, Kaemtz, Peltier ont également donné la description de phénomènes semblables, qu'ils avaient eux-mêmes observés. M. le professeur Jamin cite, dans son *Cours de physique,* l'exemple suivant, qu'il tenait d'une honorable personne, Mme Espert, qui habitait lors de l'événement la cité Odiot, près des Champs-Élysées, à Paris. « Passant devant ma fenêtre, qui est très basse, dit cette dame, je fus étonnée de voir comme un gros ballon rouge, absolument semblable à la lune lorsqu'elle est colorée et grossie par les vapeurs. Ce ballon descendait lentement et perpendiculairement du ciel sur un arbre des terrains Beaujon. Ma première idée fut que c'était une ascension de M. Grimm; mais la couleur du ballon et l'heure (six heures et demie) me firent penser que je me trompais, et tandis que mon esprit cherchait à deviner ce que ce pouvait être, je vis le feu prendre au bas de ce globe suspendu à quinze à vingt pieds au-dessus de l'arbre. On aurait dit du papier qui brûlait doucement avec de petites étincelles ou flammèches; puis, quand l'ouverture fut grande comme trois fois la main, tout à coup une détonation effroyable fit éclater toute l'enveloppe, et sortir de cette machine infernale une douzaine de rayons de foudre en zigzags, qui allèrent de tous côtés, et dont un vint frapper une des maisons de la cité, où il fit un trou dans le mur, comme l'aurait fait un boulet de canon. Ce trou existe encore. Enfin un reste de matière électrique se mit à étinceler comme une flamme blanche, vive et brillante, et à tourner comme un soleil de feu d'artifice. »

Enfin voici à ce sujet une observation due à M. Gaultier de Claubry, et qui se rapporte à l'orage du 9 juillet 1874, à Paris.

Le thermomètre marquait 37 à 38 degrés. La couleur du ciel était ardoise, assez uniforme; quelques nuages seulement s'y trouvaient stationnaires. Deux orages se distinguaient, du S.-O. et de l'E.-N.-E., lorsqu'un coup formidable se fit entendre en même temps qu'éclatait la foudre. M. Gaultier de Claubry était à la fenêtre de son appartement, situé au quatrième étage, rue du Cardinal-Lemoine, d'où la vue est très étendue. Une flamme parut dans la rue Thouin, presque en face; une forte commotion se fit sentir.

C'est dans la rue Blainville que s'est produit le principal effet, venant de l'E.-N.-E. Une masse de feu passa par-dessus l'école des sœurs, et, après avoir dégradé quelques maisons, se précipita sous la forme d'une *boule* de 25 à 30 centimètres de diamètre sur le pavé, roula sur le trottoir, et éclata. Une partie pénétra dans une boutique pour y éclater de nouveau, et fondit en partie un fil de fer fixé au plancher et qui soutenait un tuyau de poêle.

Une ouvrière resta comme pétrifiée; elle avait perdu l'ouïe, elle balbutiait et pouvait à peine se servir de ses membres. Ces symptômes disparurent promptement. Le magasin avait été rempli comme de *flammes*. La tête de la maîtresse du magasin semblait en feu; une légère brûlure à l'angle externe de l'œil droit résulta de ce phénomène.

Une forte odeur de soufre en combustion se faisait remarquer, et l'air était à peine respirable. Le concierge de cette maison, qui se trouvait sur le pas de la porte, sentit pénétrer dans ses vêtements une matière brûlante, qui lui semblait les enflammer; la lumière qui l'enveloppa était comme une *flamme*.

Une dame de la rue Thouin se vit également enveloppée de flammes. Une autre dame de la place Lacépède éprouva la même sensation et fut légèrement brûlée à la jambe. Enfin, rue Lhomond, une personne ressentit une commotion dans le bras droit, en saisissant le bouton d'une sonnette.

Le thermomètre ne marquait plus que 21 degrés après cette phase de l'orage.

Quelques météorologistes admettent une quatrième et une cinquième espèce d'éclairs.

Les éclairs de la quatrième espèce sont ceux qu'on appelle communément *éclairs de chaleur*, parce qu'ils se manifestent toujours par les temps très chauds ; le vulgaire, n'entendant aucun bruit après leur apparition, les considère comme un simple effet de l'élévation de la température, plutôt que comme un phénomène électrique et orageux. Mais de toutes les théories émises sur l'origine de ces prétendus éclairs de chaleur, la plus plausible est celle qui les rattache à la seconde espèce (celle des éclairs diffus), et les attribue à des orages éloignés, dont les tonnerres ne peuvent être entendus à cause de la distance, mais dont les éclairs projettent leur lumière, soit directement, soit par réflexion, au-dessus de l'horizon. Quant à des éclairs *sans tonnerre*, l'observation n'en a point fait connaître d'une manière positive qui méritent réellement cette qualification, à moins qu'on ne l'applique aux *feux Saint-Elme*, qui, dans le système de certains auteurs, constituent la cinquième espèce d'éclairs.

Ces météores ignés étaient bien connus des anciens, qui les considéraient comme des prodiges d'un heureux augure, et les appelaient *Castor et Pollux*. Le nom de feux Saint-Elme, sous lequel ils sont connus des modernes, vient d'une croyance très répandue au moyen âge parmi les marins, qui voyaient dans l'apparition de ce phénomène un signe de la protection de saint Elme, et le saluaient par des cris d'allégresse et des actions de grâces. On les explique maintenant par l'état fortement électrique de nuages surbaissés qui, au lieu de se décharger violemment et par explosions, se mettent en communication avec le sol par l'intermédiaire des corps aigus et élevés, en sorte que la recomposition du fluide neutre s'opère lentement, sans autre indice apparent que des aigrettes lumineuses qui semblent attachées à l'extrémité des corps conducteurs. Il n'est pas rare que les feux Saint-Elme accompagnent les orages ordinaires, dont ils annoncent, dit-on, la fin prochaine. Mais le plus souvent ils apparaissent dans les nuits orageuses comme des flammes, ou plutôt des lueurs, — car ils sont tout à fait inoffensifs, — adhérentes au sommet des clochers, aux girouettes, aux paratonnerres, à l'extrémité des mâts des navires, à la pointe des armes des soldats en campagne, quelquefois même aux cheveux ou aux vêtements.

Plusieurs observateurs ont signalé d'autres phénomènes électro-lumineux dont on pourrait faire une sixième espèce d'éclairs, et que plusieurs auteurs ont appelés, en effet, *éclairs ascendants* ou *éclairs terrestres*. Ils consistent dans de larges et brillants météores, dont la terre est d'abord le siège, et qui disparaissent au bout d'un temps plus ou moins long, avec ou sans explosion,

soit sur place, soit après un déplacement plus ou moins étendu et plus ou
moins rapide. Enfin rien n'empêcherait de considérer comme des éclairs con-
tinus les curieux phénomènes de phosphorescence dont s'accompagnent cer-
tains orages, dans lesquels les nuages, les gouttes de pluie, les grêlons, et
même l'eau qui ruisselle sur le sol jettent de vives lueurs blanches, bleuâtres
ou rougeâtres.

Feu Saint-Elme.

Disons maintenant quelques mots du tonnerre, qui est à la foudre ce que
la détonation est à l'explosion d'une arme à feu.

Dans la grande majorité des cas, ce bruit n'est entendu qu'un certain temps
après l'apparition de l'éclair ; mais nul n'ignore qu'il se produit dans le même
instant, et que l'intervalle qui s'écoule entre les deux perceptions est dû à
la différence énorme de vitesse qui existe entre la lumière et le son. Il est
facile, d'après cela, de mesurer l'éloignement des nuages orageux par le
nombre de secondes qui sépare l'éclair du tonnerre, chacune de ces secondes
représentant une distance de trois cent trente-sept mètres. Les plus grands
intervalles sont de quarante-cinq à cinquante secondes. Tout le monde a
remarqué que lorsque la foudre éclate à quelques mètres seulement de l'en-
droit où l'on est, le bruit se fait entendre en même temps que l'éclair brille.
Dans ce cas, la détonation est extrêmement violente et de très courte durée ;
elle ressemble assez bien au bruit que ferait une pile d'assiettes tombant du
haut d'une maison sur le pavé.

Lorsque la décharge électrique a lieu à une certaine distance, son bruit présente, selon les circonstances, des caractères très divers. Toutefois le bruit, — on pourrait dire le son du tonnerre, — est ordinairement plein, très grave et vraiment majestueux. Les expressions de grondements, de roulements, qui ont passé dans le langage usuel, rendent bien la nature de ce bruit qui se prolonge quelquefois pendant plus d'une demi-minute, avec des diminutions et des recrudescences successives d'intensité. Ces roulements inégaux, et en apparence capricieux, sont dus aux répercussions que les accidents du terrain et les nuages eux-mêmes font éprouver au son primitif.

Je dois mentionner ici ce singulier contre-coup auquel donne lieu quelquefois la « chute du tonnerre », et que les physiciens ont justement appelé le *choc en retour*.

Ce phénomène consiste en une commotion plus ou moins forte, parfois mortelle, que des hommes ou des animaux ressentent au moment où la foudre éclate, et non pas sur eux, mais à une distance qui peut être considérable. Voici comment on l'explique.

Un nuage électrisé, passant au-dessus du sol, décompose d'abord insensiblement l'électricité neutre des corps assez rapprochés de lui pour être soumis à son influence. L'électricité contraire à celle du nuage est attirée à la surface et aux extrémités supérieures de ces corps, tandis que l'autre est repoussée dans le réservoir commun. Si, après cela, le nuage s'éloigne ou s'élève sans avoir occasionné d'explosion, son influence s'évanouit graduellement. Mais supposons que la décharge vienne à s'opérer; en d'autres termes, que la foudre éclate entre le nuage et quelqu'un des corps influencés. Que se passe-t-il alors? Le nuage, tout à l'heure chargé d'électricité négative, a recomposé son fluide neutre aux dépens du fluide positif du corps foudroyé. Son influence sur les autres corps cesse tout à coup; l'électricité positive qui s'était accumulée sur ceux-ci rentre aussitôt dans le sol, ou bien elle attire brusquement l'électricité de nom contraire, nécessaire pour la neutraliser. Ces corps sont donc foudroyés, eux aussi, bien que, pour ainsi dire, en sens inverse de celui qui a reçu la décharge, et ils éprouvent une secousse, un choc dont l'intensité dépend de leur distance au nuage et de leur plus ou moins grande conductibilité pour le fluide électrique. Ce choc n'est d'ailleurs jamais accompagné du dégagement de chaleur et de lumière qui caractérise la décharge électrique directe.

La crainte des dangers de la foudre a conduit les hommes à chercher les moyens de garantir eux, leurs habitations, leurs richesses, des atteintes du terrible météore. Mais pendant bien des siècles ils n'ont eu recours dans ce but qu'à des conjurations superstitieuses ou à des moyens empiriques quelquefois nuisibles, toujours impuissants. Il était réservé à Franklin de doter l'humanité du merveilleux talisman qu'elle avait cherché si longtemps en vain. Chacun sait que le *paratonnerre* est une application de la conductibilité

des métaux pour le fluide électrique, et du *pouvoir des pointes,* constaté aussi
par le célèbre physicien de Philadelphie.

Cet admirable appareil, — je dis admirable par sa simplicité et son effica-
cité, — consiste en une barre ou verge de fer fixée sur le faîte des édifices,
ou sur les navires au sommet du grand mât, communiquant par sa partie
inférieure avec un conducteur (chaîne ou tige métallique) qui pénètre profon-

L'orage.

dément dans le sol ou plonge dans la mer, et terminée à son extrémité supé-
rieure par une pointe en platine, ou mieux en cuivre doré.

On ne construit plus aujourd'hui un seul bâtiment de quelque importance
qui ne soit surmonté d'un paratonnerre. Sur la demande du gouvernement,
l'Académie des sciences a publié en 1823 une instruction relative à la con-
struction et à la pose des paratonnerres. Un supplément a été ajouté à cette
instruction en 1854, et de temps en temps l'Académie en rappelle les disposi-
tions, complétées ou modifiées suivant les progrès de la science. On admet
qu'un paratonnerre protège un espace circulaire d'un rayon double de sa hau-
teur. Ainsi l'action d'un paratonnerre de huit mètres de hauteur s'étend à
seize mètres à la ronde. Il faut donc élever autant de paratonnerres que le
bâtiment a de fois trente-deux mètres d'étendue longitudinale.

Les orages semblent engendrer les éléments les plus opposés. Ils n'éclatent guère que pendant les fortes chaleurs de l'été, — au moins est-ce toujours alors qu'ils sont le plus violents, — et un de leurs effets les plus ordinaires est de faire tomber sur la terre une pluie de véritables glaçons, quelquefois très volumineux. Cette pluie de glaçons, la *grêle*, pour l'appeler par son nom, est encore pour les physiciens un problème incomplètement résolu. Plusieurs théories ont été proposées pour expliquer sa formation ; aucune n'a pu être acceptée comme entièrement satisfaisante. Elles supposent toutes des circonstances qui accompagnent ordinairement, mais non pas toujours, la chute de la grêle, ou qui ne sont guère accessibles à l'observation.

Ce qu'il y a de certain, c'est que la grêle ne ressemble point du tout au grésil, dont la formation, comme on l'a vu plus haut, s'explique aisément. Outre qu'elle ne se produit que dans la saison chaude, et qu'elle s'échappe exclusivement des nuages orageux, on a remarqué qu'elle accompagne les orages diurnes beaucoup plus souvent que les orages nocturnes. Elle consiste d'ailleurs en grains de glace, d'une forme et d'une structure particulières. Ces grains sont, en général, arrondis ou piriformes. On en voit aussi d'aplatis, d'autres anguleux, ou hérissés d'aspérités. Ils paraissent formés, pour la plupart, de couches concentriques, les unes opaques, les autres diaphanes, enveloppant un noyau central opaque, assez semblable à un grain de grésil, et qui semble être l'embryon primitif du grêlon. Quelques-uns offrent une structure rayonnée. Quant à leur volume, il est extrêmement variable. Les plus petits sont gros à peu près comme des grains de chènevis ; il n'est pas rare d'en voir atteignant les dimensions d'un pois ou d'une noisette. Il en est qui ont le volume d'un œuf. On cite quelques orages qui ont fait tomber, en certains endroits, des grêlons pesant quatre cents à cinq cents grammes ; enfin l'on a parlé de grêlons dont le poids allait jusqu'à deux kilogrammes, et qui, le 15 mai 1829, enfoncèrent les toits de plusieurs maisons dans la ville de Cazorta, en Espagne.

Il est bien établi aussi que les nuages porteurs de grêlons, au lieu de se former localement, dans quelques régions, sont toujours des météores voyageurs, erratiques ; et cette observation fournit à M. Faye la base d'une théorie très ingénieuse et assez plausible de la formation de la grêle.

Au lieu de considérer isolément la manière dont, un orage étant donné, la grêle peut s'y former, il faut, selon le savant académicien, considérer à la fois, d'une manière générale, tous les caractères des orages, les distinguer et les classer. Ces caractères, dit M. Faye, sont les suivants :

1° Les nuages, qui ordinairement ne donnent aucun indice de tension électrique, sont, pendant les orages, complètement chargés d'électricité ; 2° dans ces nuages, situés à 1,200 mètres, par exemple, au-dessus du niveau de la mer, il se forme incessamment des quantités de glace énormes, et, pour ainsi dire, inépuisables ; 3° les orages, au lieu de se former sur place, de rester stationnaires et de se dissiper par épuisement, comme on le croyait naguère, voyagent avec une vitesse de dix, quinze et quelquefois vingt lieues à l'heure.

Les nuages n'ont qu'une étendue restreinte, et passent au-dessus d'un lieu donné en quelques minutes ; mais ils parcourent souvent une longue distance et ne cessent, tout en marchant, d'engendrer et de verser la grêle. Ces trois caractères essentiels des orages à grêle étant donnés, M. Faye ne pense pas qu'on en doive chercher l'origine dans les régions inférieures, dans des courants ascendants « formés on ne sait comment » ; car dans les basses régions de l'atmosphère règnent : 1° un calme complet ; 2° une chaleur étouffante ; 3° une tension électrique à peine sensible, c'est-à-dire précisément trois conditions incompatibles avec la production de la grêle. C'est donc dans les régions supérieures qu'il faut chercher, et c'est là que l'on trouve les conditions favorables, à savoir : le froid, le mouvement et la tension électrique. En effet, Gay-Lussac a constaté, — et d'autres physiciens ont confirmé cette observation, — que la tension électrique s'accroît à mesure qu'on s'élève ; à une ou deux lieues d'altitude, au-dessus de la zone des nimbus, ordinairement très peu électrisés, s'étend comme une vaste nappe d'électricité positive, qui enveloppe le globe et se meut incessamment vers l'un et l'autre pôle, déchargeant son électricité dans le sol, soit par des coups de tonnerre, soit par des aurores boréales.

Voilà pour la tension électrique. Quant à la température des hautes régions de l'atmosphère, on sait qu'elle atteint des limites négatives telles, qu'on peut quelquefois à peine les mesurer. On sait encore que les *cirrus,* qui sont les nuages de ces hautes régions, sont exclusivement formés de petites aiguilles de glace. Enfin on connaît aussi aujourd'hui le mouvement propre des courants supérieurs, qui semblent tout à fait indépendants des couches inférieures, et qui, ayant dans nos climats une vitesse et une épaisseur très grandes, représentent une énorme provision de force vive. Cette force vive ne descendrait pas jusqu'à nous, si les courants supérieurs avaient toujours la même vitesse. Mais il n'en est pas ainsi, et, par l'effet de l'inégalité de vitesse des courants, il se forme dans la masse aérienne supérieure des gyrations, de véritables tourbillons ou cyclones ayant une tendance d'autant plus marquée à se propager de haut en bas, que leur vitesse est plus grande.

Ces tourbillons sont, d'après M. Faye, les véritables agents générateurs de la grêle ; ce sont eux qui, d'abord chassant à leur périphérie les aiguilles de glace des cirrus, les agglomèrent en petits grains qu'ils entraînent ensuite de haut en bas au contact et jusque dans la masse du nuage orageux. Là les grains, à raison de leur température extrêmement basse, grossissent plus ou moins en congelant à leur surface, en couches superposées, l'eau vésiculaire des nimbus. En même temps, la forte tension électrique des nappes supérieures entraînées par le tourbillon se communique au nuage, à la surface duquel s'accumule l'électricité positive, et l'orage ne tarde pas à éclater.

M. Faye cite, à l'appui de sa théorie, une très curieuse observation de feu M. Lecoq, de son vivant professeur à la faculté des sciences de Clermond-Ferrand, et correspondant de l'Académie des sciences. M. Lecoq a vu de

très près, sur le Puy-de-Dôme, la grêle se former et tomber dans des condi-
tions qui sont bien à peu près celles que suppose M. Faye.

« Je voyais de loin, a-t-il écrit, la grêle se précipiter des nuages inférieurs
et tomber sur le sol... Le nuage qui la laissait épancher avait les bords den-
telés et offrait dans ces bords mêmes un mouvement de tourbillonnement qu'il
est difficile de décrire. Il semblait que chaque grêlon fût chassé par une ré-
pulsion électrique; les uns s'échappaient par-dessous; les autres en sortaient
par-dessus. Enfin ils partaient dans tous les sens... Après cinq à six minutes
de cette agitation extraordinaire, à laquelle les bords antérieurs des nuages
semblaient seuls participer, la grêle cessa, et le nuage à grêle, qui n'avait
pas cessé de s'avancer très vite, continua sa route vers le nord. »

Bientôt après, M. Lecoq était enveloppé d'un second nuage à grêle. Malgré
les coups de foudre qui partaient à quelques mètres de lui, il demeura coura-
geusement pour observer jusqu'au bout le phénomène. Les grêlons avaient à
peu près le volume d'une noisette et présentaient la structure ordinaire. Ils
étaient nombreux, pressés et animés d'une grande vitesse horizontale. Plu-
sieurs vinrent frapper M. Lecoq, mais sans lui faire de mal. La majeure partie
du nuage passant au-dessus de sa tête, il entendait distinctement le sifflement
des grêlons, ou plutôt un bruit confus formé d'une infinité de petits bruits par-
tiels. Notez que tout cela se passait au sein du nuage, qui ne laissa échapper
sa charge de grêle qu'à une demi-lieue au delà du point où se trouvait l'obser-
vateur.

Un autre météorologiste, M. Colladon, est venu à son tour apporter à l'Aca-
démie les résultats de ses observations sur deux orages de grêle qui se sont
produits en Suisse et dans le sud-est de la France le 7 et le 8 juillet 1875.
L'auteur a complété et contrôlé ce qu'il a vu de ses yeux, à l'aide des des-
criptions publiées dans les journaux, des relations de ses correspondants per-
sonnels et des rapports officiels destinés à constater l'importance des dégâts.
Ces deux orages ont été marqués par des séries d'éclairs muets, de formes
très capricieuses, qui se succédaient sans interruption, surtout dans l'orage
du 7. D'après les renseignements recueillis par M. Colladon, les grandes nuées
électrisées d'où s'échappe parfois la grêle ne sont pas un seul corps conduc-
teur chargé d'électricité. Elles ne forment pas non plus, comme l'avait sup-
posé Volta, deux couches placées l'une au-dessus de l'autre à une assez grande
distance, et se renvoyant de haut en bas et de bas en haut les grêlons comme
les plateaux métalliques se renvoient les balles de moelle de sureau dans l'ex-
périence de la *danse des pantins*. Toutefois la théorie que propose M. Colladon
se rapproche beaucoup plus de celle de Volta que de celle de M. Faye. Selon
cet observateur, les groupes orageux se composent d'un grand nombre de
centres électriques distincts, assez rapprochés les uns des autres, et pouvant
être assemblés diversement. Cette constitution complexe de la masse nuageuse
où se forme la grêle est rendue visible par les formes capricieuses des éclairs

qui sillonnent tantôt une partie, tantôt une autre de sa surface, et qui dessinent des lignes sinueuses, ou des courbes ouvertes ou même fermées, ou encore des arabesques, ou qui, d'autres fois, se divisent en plusieurs branches. Ces divers éclairs, dit M. Colladon, se montrent dans toutes les parties, mais surtout dans la partie moyenne d'un ensemble de nuages élevés « que des lueurs incessantes semblent parcourir d'une manière discontinue, chaque éclair étant composé de plusieurs lueurs successives ».

C'est entre les foyers électriques multiples dont se compose la nuée orageuse que les grêlons sortiraient ballottés par l'effet de leur énorme tension positive ou négative, et qu'ils s'envelopperaient alternativement d'aiguilles de glace, de grains de grésil et de gouttes d'eau glacée. M. Colladon suppose que la vitesse de leurs oscillations doit se ralentir à mesure que leur volume augmente ; ce qui rend assez bien compte de l'épaisseur croissante, du centre à la circonférence, des couches superposées qui enveloppent le noyau central. « En outre, on peut concevoir, ajoute l'auteur, que pendant que les grêlons sont ainsi suspendus au sein des nuages et fortement électrisés, plusieurs d'entre eux, pourvus de protubérances, doivent prendre un mouvement gyratoire, comme le feraient des tourniquets électriques ; ils grossissent plus rapidement dans le sens du rayon de rotation, et doivent finalement acquérir la forme de grêlons plats et réguliers, comme ceux qui sont tombés en grand nombre le 7 juillet. »

Enfin M. Planté, dans plusieurs notes présentées à l'Académie des sciences en 1875 et 1876, s'est appuyé sur des expériences de laboratoire pour affirmer que la cause génératrice de la grêle est surtout l'électricité, qui, par son accumulation dans les nuages et la puissance instantanée de ses décharges, détermine la formation subite et la chute des globules de glace. Les vents, les tourbillons, l'abaissement de la température ont sans doute aussi leur part dans le phénomène ; mais cette part, selon M. Planté, est secondaire, ou plutôt préparatoire, car elle consiste seulement à placer dans des conditions convenables les éléments sur lesquels l'électricité doit exercer son action.

CHAPITRE VIII

Les orages, avec leurs traits de feu et leurs projectiles de glace, sont assurément un terrible fléau ; mais l'électricité atmosphérique se manifeste quelquefois par un phénomène plus effrayant et plus étrange encore. Je veux parler des trombes.

D'après Peltier, qui les a particulièrement étudiés, ces météores, heureusement assez rares, n'ont rien de commun avec les tourbillons de vent produits par les courants qui se rencontrent. Ils sont dus exclusivement à une tension électrique extraordinaire des nuages, et c'est cette tension qui engendre, suivant le lieu où elle se forme, selon l'état de l'atmosphère ambiante, les perturbations secondaires qu'on a prises à tort pour les causes du phénomène principal. C'est cette tension du nuage qui le fait allonger verticalement et descendre vers la terre, où son influence développe et attire l'électricité de nom contraire ; c'est à cette tension qu'il faut attribuer les actions attractives ou répulsives si irrésistibles que la trombe exerce sur les objets placés à la surface du sol ou sur les eaux de l'Océan.

MM. Becquerel, dans leurs *Éléments de physique terrestre et de météorologie,* définissent les trombes : « des amas de vapeurs épaisses, animées souvent d'un mouvement rapide de rotation et de translation, ayant la plupart du temps la forme d'un cône dont la base est dirigée le plus souvent vers les nuages, le sommet vers la terre, et quelquefois dans une position inverse. Ces amas font entendre un bruit assez semblable à celui d'une charrette courant sur un chemin rocailleux.

« Ces météores déracinent les arbres, les dépouillent de leurs feuilles, les foudroient, les élèvent et les transportent à de grandes distances. Ils renversent les maisons, enlèvent leur toiture, les carreaux et même les pavés, détruisent ou brisent tout ce qui se trouve sur leur passage ; souvent ils déversent la pluie et la grêle ; souvent aussi ils sont accompagnés de globes de feu, lancent des éclairs, font entendre le bruit du tonnerre, et se dissipent assez ordinairement après. »

Heureusement les trombes peuvent se former au-dessus de l'Océan, parcourir de grandes distances et se dissiper sans avoir rencontré un navire. Mais sur terre elles signalent toujours leur passage par des désastres, .et laissent derrière elles le sol jonché de débris, et quelquefois, hélas! de cadavres. Leurs effets, même lorsqu'ils ne sont pas meurtriers, ont toujours ce caractère d'irrésistible violence qui frappe de terreur l'homme et les animaux; ils étonnent aussi, comme ceux de la foudre, par leur bizarrerie, et l'on conçoit que les peuples ignorants, toujours enclins à personnifier les forces de la nature, aient vu, dans ces énormes serpents noirs vomis par les nuées orageuses, des monstres infernaux ou des divinités malfaisantes.

C'est dans la zone des calmes équatoriaux que les trombes marines sont le plus fréquentes. Elles s'engendrent là dans des amas de nuages orageux qui constituent le cloud-ring. Les trombes terrestres se montrent aussi de temps en temps sous les latitudes chaudes et tempérées. Elles paraisent être très rares dans le voisinage des pôles.

La France a été visitée, depuis un demi-siècle, par un certain nombre de trombes, dont quelques-unes resteront tristement célèbres dans nos annales météorologiques.

M. Becquerel cite comme une des plus terribles celle qui se manifesta à Châtenay, canton d'Écouen (Seine-et-Oise), et qui ravagea une partie de cette commune, le 18 juin 1839.

Il est peu de personnes qui n'aient lu jadis dans les journaux le lamentable récit de la catastrophe qui, en 1845, dévasta les villages de Monville et de Malaunay, en Normandie. Des maisons furent incendiées; une usine importante fut détruite, et un grand nombre de malheureux ouvriers furent ensevelis sous ses décombres.

Plus récemment, le 18 juin 1863, une trombe a parcouru et ravagé plusieurs communes des environs de Loudun.

A la suite d'une journée très chaude, un orage éclatait, vers six heures du soir, sur l'arrondissement dont cette ville est le chef-lieu. Presque aussitôt une trombe se forma au-dessus de la plaine d'Angliers, à droite de l'orage, dont elle suivit parallèlement la marche. « Elle ressemblait, dit la relation publiée par le *Journal de la Vienne,* à un serpent gigantesque ou bien à une colonne torse, dont les ondulations étaient dues probablement au mouvement gyratoire dont le météore était animé. Elle franchit d'abord la distance qui sépare Angliers de la Roche-Rigault, et atteignit à ce dernier point toute sa puissance. En passant du plateau de la Roche-Rigault dans la petite vallée de la Rivière, entre Maulay et Chaunay, elle éprouva un affaissement soudain. Les nombreux spectateurs qui, du haut des collines de Maulay, suivaient sa marche avec une anxiété fiévreuse, crurent alors qu'elle s'était évanouie; mais ils la virent bientôt, avec une inexprimable terreur, se relever semblable à un immense jet de fumée, passer à quelques centaines de mètres de l'endroit où ils se trouvaient, enlever et renverser tout ce qui s'offrait sur son passage, puis rester quelques instants comme immobile, pour reprendre ensuite sa marche vers le bourg de Ceaux, où elle exerça ses derniers ravages. »

La question de la nature et du mode de génération des trombes, que les météorologistes avaient laissé dormir pendant plusieurs années, a été récemment remise à l'ordre du jour, et a été discutée fort doctement par des savants du plus haut mérite; mais on ne peut dire que, dans ce cas, une lumière bien vive ait jailli du choc des opinions. Les uns semblent avoir raison, à moins que les autres n'aient raison de leur côté, auquel cas ce seraient les premiers qui auraient tort : ceux-ci distinguant profondément les trombes des cyclones, comme des phénomènes d'ordre tout différent; ceux-là, au contraire, considérant les trombes et les cyclones comme des phénomènes de même famille, sinon tout à fait de même espèce. Nous retrouvons en tête de ces derniers M. Faye, qui applique aux trombes comme aux cyclones et au fœhn sa fameuse théorie des tourbillons descendants. Parmi les autres se distingue un savant officier de notre marine, M. le contre-amiral Mouchez, confrère de M. Faye à l'Académie des sciences. Au fond, il se pourrait bien qu'il y eût dans ce débat une question de mots plutôt que de choses, et que l'on disputât faute de s'être préalablement entendu sur la valeur des termes qu'on emploie. Mais encore, en se plaçant à ce point de vue, doit-on convenir qu'il n'est pas toujours aisé d'attribuer à tel phénomène donné le nom qui lui convient exactement. Nous avons tous lu dans les auteurs et dans les journaux la description des météores redoutables qui traversent une contrée avec une rapidité foudroyante, renversant, détruisant tout sur leur passage. Mais ces météores, que sont-ils? L'un dit *trombe;* un autre, *cyclone;* un troisième, pour ne pas se compromettre, se servira d'une expression vague : *ouragan* ou *tourbillon.* Au fait, de quoi s'agit-il? c'est ce qu'il faudrait savoir. On doit rendre au moins à M. le contre-amiral Mouchez cette justice que, lorsqu'il a voulu donner sa théorie des trombes, les météores qu'il a décrits *de visu* étaient bien de véritables trombes et ne pouvaient être confondus ni avec les cyclones ou tempêtes tournantes, ni avec de simples bourrasques ou avec des tourbillons de vent. La trombe est, en effet, un nuage orageux affectant une forme et possédant des propriétés *sui generis;* elle ne se produit que dans des circonstances particulières, que M. Mouchez a parfaitement indiquées, et qui n'ont absolument rien de commun avec celles qui précèdent et accompagnent le cyclone.

« La trombe, dit M. Mouchez dans une note communiquée à l'Académie des sciences le 29 décembre 1873, prend toujours naissance au bas d'un nuage particulier, d'un nimbus fort dense, dont elle n'est qu'un appendice, et *elle ne paraît pouvoir se former qu'en calme plat, ou avec une très faible brise, car un vent même modéré la dissipe immédiatement.* Toutes les trombes que j'ai

eu l'occasion d'observer se sont formées dans les conditions suivantes, toujours identiquement les mêmes : calme plat, ciel généralement dégagé en
quelque point de l'horizon, et couvert dans d'autres de nuages noirs très
denses terminés dans la partie inférieure par une ligne droite horizontale, et
dans la partie supérieure par des masses floconneuses beaucoup plus claires;
la ligne inférieure se dessine souvent sur un ciel bleu ou voilé de légers cirrus.

Trombe aux environs de Loudun.

« Quand ces circonstances se rencontrent avec d'autres circonstances encore
inconnues, on voit se former, près de la partie inférieure d'un nuage, une
protubérance qui s'allonge lentement vers la mer, et prend bientôt la forme
d'une colonne ou tube, qui reste verticale si le calme est absolu, et s'ondule
légèrement s'il existe quelque souffle de brise. Quand ce tube, dont la partie
supérieure est toujours enveloppée d'un second tube ou manchon plus diffus,
atteint les 4/5 environ de la hauteur du nuage, on voit la surface de l'eau
commencer à bouillonner sous la trombe; puis on aperçoit très distinctement,
quand on est à une petite distance, un jet de vapeur s'élever de la mer, en
gerbe verticale, autour du pied de la trombe si celle-ci est verticale, et en
faisceau oblique faisant l'angle de réflexion égal à l'angle d'incidence si la
trombe est inclinée. Pendant que cette émission de vapeur ou d'eau a lieu,
le tube s'éclaircit de plus en plus, et finit par ne plus apparaître que sous

la forme de deux traits noirs très déliés. Quand le jet de vapeur a cessé, la trombe paraît avoir terminé son œuvre, car elle commence à se dissoudre par sa partie inférieure et à remonter lentement vers le nuage, dans lequel elle va bientôt se perdre. »

Nous voilà loin des tourbillons et des tempêtes tournantes. On conviendra aussi que le météore dépeint par M. Mouchez avec la précision d'un observateur qui a vu et bien vu ce dont il parle ne ressemble guère à ceux dont on trouve en maint endroit la description et l'image, et qu'on voit représentés sous la forme d'un cône nuageux plus ou moins ondulé, au-dessous duquel s'élève de la surface de la mer un autre cône liquide. Dans ces images, la trombe semble agir par aspiration. Dans la description de M. Mouchez, au contraire, elle paraît jouer le rôle d'un puissant soufflet qui refoule l'eau et la fait bouillonner d'abord, puis jaillir en poussière. La trombe, dans sa forme la plus simple, est donc un tube où l'air est projeté de haut en bas. Ce tube, on vient de le voir, est toujours enveloppé à sa partie supérieure d'une sorte de manchon, ce qui est déjà fort étrange et suppose l'action de deux colonnes d'air circulaires et concentriques. Quelle force soudaine peut déterminer, au milieu du calme de l'atmosphère, un mouvement vertical si étroitement et si nettement circonscrit? A quelles lois obéit cette force, qui se manifeste, puis s'évanouit sans qu'on sache ni comment elle prend naissance ni pourquoi elle cesse d'agir?...

M. Mouchez n'a jamais vu que les trombes fussent accompagnées d'éclairs ni de tonnerre. La pluie non plus ne coexiste pas avec la trombe : elle la précède rarement; mais elle la suit presque toujours. La durée totale du météore est de dix à vingt minutes. D'après les mesures assez exactes que M. Mouchez a pu prendre de trombes observées par lui à une distance de un ou de deux milles dans le golfe Persique et dans l'archipel de la Sonde, le diamètre inférieur du tube est de 5 à 10 mètres; son diamètre supérieur est deux ou trois fois plus grand; la hauteur du nuage varie entre 200 et 500 mètres. Le clapotis de la mer s'étend sur un cercle dont le diamètre est quatre ou cinq fois celui du météore, et la hauteur des vagues ne dépasse pas 1 mètre; d'où M. Mouchez conclut que les trombes ne sauraient faire courir le moindre danger à un navire, et que même une légère embarcation, rencontrant une trombe, ne recevrait qu'une forte douche d'eau ou de vapeur. Tout se passe le plus tranquillement du monde, et les diverses phases du phénomène se succèdent avec une régularité méthodique. M. Mouchez ne sait s'il existe réellement de ces « trombes de tempêtes » aux allures violentes, et dont les effets terribles ont été dépeints par quelques narrateurs à l'imagination vive et impressionnable. Quant à lui, il n'a jamais vu que des « trombes de calme », qui lui ont paru bien inoffensives, et ceux de ses collègues qui ont été, comme lui, à même d'observer les phénomènes de la mer, se sont accordés pour confirmer son témoignage. Pour ce qui est de l'explication physique de ce sin-

gulier météore, M. Mouchez la donne sous toute réserve, en disant simple-
ment que « l'impression produite sur les témoins était exprimée par l'idée
qu'une masse d'air étalée, subitement refroidie, tombait par son propre poids
à travers des nuages doués d'une force de cohésion particulière ». Il faut
avouer que voilà une explication qui n'explique pas grand'chose; car il reste-
rait à savoir d'où peut provenir le refroidissement subit de cette masse d'air
devenue tout à coup si pesante; comment cette masse d'air froid et lourd se
trouve isolée au milieu d'une atmosphère chaude; pourquoi elle tombe à tra-
vers des nuages d'une certaine sorte, et non à travers d'autres; quelle est cette
« force de cohésion particulière » dont les nuages en question sont exception-
nellement doués : autant de points sur lesquels ni M. Mouchez ni personne n'est
à même de nous renseigner.

On remarquera d'ailleurs que, dans la description qu'en donne le savant
marin, il n'est nullement parlé de mouvement gyratoire; en revanche, M. Mou-
chez est très affirmatif sur ce point, que l'action de la trombe est une action
foulante, de haut en bas, et non *aspirante,* de bas en haut : en quoi elle peut
se rattacher, du moins par un côté, à la théorie favorite de M. Faye.

Un savant suédois, M. Hildebrandsson, a décrit de son côté un phénomène
qui est, si l'on veut, une trombe, mais à coup sûr une trombe d'une tout autre
espèce que celles dont parle M. Mouchez : celles-ci, nous venons de le voir,
sont incapables de faire aucun mal, et elles n'ont rien de commun avec les ou-
ragans et les cyclones. Celle-là, au contraire, est une trombe tournante, qui
a marqué son passage par de graves dégâts. Elle s'est produite le 18 août 1875,
près de Hallsberg, dans la province de Kerissa, où elle a ravagé une grande
étendue de pays. M. Hildebrandsson en a fait l'objet d'une enquête dont il a
communiqué les résultats à l'Académie des sciences d'Upsal. M. Faye a cru
reconnaître à première vue, dans la trombe de M. Hildebrandsson, un de
ces tourbillons descendants qui lui sont chers, tandis que M. Hildebrandsson
y voit un tourbillon ascendant et aspirant. Or il semble résulter des témoi-
gnages que la trombe était descendante et non ascendante.

La déclaration d'un témoin oculaire, M. Lars Anderson, propriétaire à
Wissberga-Utgard, ne laisse point de doute à cet égard. M. Lars Anderson
raconte, en effet, qu'il était avec un valet dans la forêt au moment de la ca-
tastrophe, tout près du lieu où avait commencé la dévastation (à 130 mètres du
centre et à une vingtaine de mètres seulement du bord de la trombe, d'après
le plan dressé par M. Hildebrandsson). « Le temps était variable, dit-il, de-
puis le matin, et il pleuvait par intervalles. Quelques moments après une
averse très forte, *une masse de nuages venant du sud* s'abaissa subitement au-
dessus de nos têtes; je criai avec effroi au valet de prendre garde. » Dans le
même instant l'éclair tombe sur un sapin à 130 mètres d'eux; on entend un
fracas assourdissant, et en un clin d'œil tous les arbres sont renversés jusqu'à
la limite de la forêt, où la trombe pratique, dit le mémoire de M. Faye, une

trouée de 150 mètres de *largeur*. — Est-ce bien *largeur* qu'il faut lire? cela
semble énorme : n'est-ce pas plutôt *longueur?*... Quoi qu'il en soit, la trombe, à
partir de la lisière du bois, continue son chemin, détruisant sur son passage
les maisons et couchant les blés dans les champs, « comme si l'on y avait fait
passer un pesant rouleau. »

Cette dernière particularité n'est certes pas en faveur de l'hypothèse qui fait
agir la trombe par aspiration, et je m'étonne que M. Faye ne l'ait pas rele-
vée contre son adversaire. Celui-ci se préoccupe seulement de la manière dont
les arbres ont été arrachés. Il remarque que, sur le bord de la trouée faite
dans la forêt, tous les arbres étaient couchés obliquement au parcours de la
trombe, et dirigés vers la ligne centrale : preuve évidente, selon lui, que la
pression s'exerçait du dehors en dedans, et qu'il devait y avoir au centre
un minimum de pression barométrique.

A quoi M. Faye réplique que, si l'on considère le mode d'action mécanique
de cette sorte de tarière que constitue, selon lui, la trombe, on ne peut s'é-
tonner que, sur plus de mille arbres arrachés ou brisés entre deux hautes
bordures d'arbres restés debout, ceux des bords aient été, par la résistance
élastique de cette double palissade naturelle, rejetée sur l'axe du trajet. « Ces
arbres, dit M. Faye, devaient forcément, après avoir été tordus, arrachés ou
cassés, retomber dans la tranchée, la cime plus ou moins dirigée vers la ré-
gion centrale. » Et il insiste sur ce qui, d'ailleurs, tranche le débat, à savoir
que M. Lars Anderson et son valet ont vu, de leurs yeux vu, *la trombe des-
cendre.* Il termine en reproduisant ses conclusions antérieures, nullement
entamées, confirmées au contraire, à ce qu'il lui semble, par l'exemple de la
trombe de Hallsberg. Ces conclusions sont les suivantes :

1° Les mouvements gyratoires à axe vertical se produisent dans l'atmo-
sphère aux dépens des inégalités de vitesse des grands courants horizontaux.
Comme les tourbillons que nous voyons dans les cours d'eau, et auxquels ils
ressemblent mécaniquement, ils sont toujours descendants. Leur fonction mé-
canique est d'épuiser sur le sol résistant la force vive qu'ils recèlent ; ils
suivent le fil du courant supérieur avec la vitesse uniformisée et réduite de
celui-ci.

2° Les mouvements tourbillonnaires à axe non vertical ne sont pas persis-
tants et de forme géométrique comme les premiers ; ils tendent à se détruire
à mesure qu'ils se forment, et prennent ainsi l'allure de mouvements tumul-
tueux.

3° Les mouvements gyratoires à axe vertical, connus sous le nom de *trombes,*
de *tornados,* de *cyclones,* sont de même nature, et ne diffèrent essentiellement
que par leurs dimensions, leur durée et l'étendue de leur parcours, etc.

Je m'arrête à cette dernière conclusion, qui est la plus importante, on pour-
rait dire la plus grave, et qui donne lieu à de sérieuses contradictions. Qu'il
se produise dans l'air, par suite des inégalités de vitesse de courants paral-

lèles ou par la rencontre de courants suivant des directions différentes, qu'il se produise, disons-nous, des tourbillons tout à fait comparables à ceux des cours d'eau, ayant comme ceux-ci une direction descendante, soit verticale, soit oblique, et présentant des dimensions et une puissance extrêmement variables ; que l'action aspirante attribuée par M. Hildebrandsson et par quelques autres météorologistes à ces tourbillons soit une pure illusion : sur ces deux points M. Faye aura, je le crois, facilement gain de cause, et sa théorie a du moins cette qualité précieuse d'être satisfaisante pour l'esprit et conforme aux idées générales de la cinématique. Mais où cette théorie devient difficilement soutenable, c'est lorsqu'il identifie les trombes avec les cyclones. Car si, dans le phénomène décrit par M. Lars Anderson, on reconnaît bien un tourbillon d'air entraînant dans son mouvement gyratoire et descendant une masse nuageuse électrisée, on n'y peut trouver qu'une ressemblance éloignée avec le météore nuageux très bizarre, mais au demeurant très inoffensif, que M. Mouchez a maintes fois observé.

CHAPITRE IX

Tous les voyageurs qui ont visité les régions arctiques parlent de splendides phénomènes qui très souvent illuminent les longues nuits de ces latitudes, et remplacent jusqu'à un certain point, pour les habitants, la lumière solaire. Ces phénomènes, ce sont les *aurores boréales,* ou plutôt les *aurores polaires;* car les hardis navigateurs qui, de nos jours, se sont avancés jusqu'au delà du cercle antarctique ont observé là aussi des *aurores* semblables. Il faut donc appliquer à ce genre de météores une dénomination qui leur convienne également, soit qu'ils se produisent dans le voisinage du pôle boréal ou du pôle austral. Le mot *aurore* lui-même, servant à désigner un phénomène qui n'a rien de commun avec le lever du soleil, est loin d'être irréprochable. Aussi quelques physiciens ont-ils adopté le terme de *lumière polaire,* qui a l'avantage de ne rien préjuger relativement à la cause et à la nature, encore peu connues, de ces merveilleuses apparitions.

Il y a un siècle et demi que Halley, le premier, émit une théorie qui rattachait les aurores boréales au magnétisme terrestre. Selon de Mairan, c'étaient des lambeaux de l'atmosphère lumineuse du soleil, que la terre rencontrait sur sa route, et qu'elle emportait avec elle.

En 1740, les observations de Celsius vinrent donner raison à Halley, en établissant que, lors de l'apparition des aurores boréales, l'aiguille aimantée éprouvait une agitation inaccoutumée. Néanmoins ces deux savants n'attribuaient au magnétisme qu'un rôle secondaire dans ce phénomène, qu'ils considéraient comme essentiellement électrique. Cette opinion fut aussi celle de Franklin et de Dalton. Ce dernier produisit à l'appui de ses vues toute une théorie qu'il serait superflu de répéter. Je ne m'arrêterai pas non plus à celle de Biot, qui supposait le météore composé d'une multitude infinie de petites parcelles métalliques, servant de conducteurs aux électricités contraires des diverses couches de l'atmosphère.

Kaemtz a rattaché les aurores boréales à des effets d'induction produits par des changements dans l'intensité magnétique du globe : changements qui seraient dus eux-mêmes à des variations de température ou à toute autre cause. Cette explication, très vague, n'avançait nullement la solution du problème.

Plus récemment les physiciens sont revenus à l'hypothèse de Halley, et les

Lumière polaire.

expériences de Faraday, qui est parvenu à faire naître de la lumière par la seule action des forces magnétiques ; les observations de Humboldt, d'Arago, du général Sabine, admirables les travaux de M. de la Rive, qui, perfectionnant encore les procédés de Faraday, a pu reproduire artificiellement, avec une étonnante exactitude, les aurores boréales ; enfin les ingénieuses expériences de M. G. Planté, sur lesquelles je reviendrai tout à l'heure, — tous ces faits ne permettent plus aujourd'hui de douter que la lumière polaire ne doive être attribuée au magnétisme. Il y a plus : le général Sabine a fait ressortir, dans un mémoire présenté à la Société royale de Londres en 1862, la concordance singulière qui existe entre l'apparition des aurores boréales et les variations périodiques des taches solaires. Depuis la publication de ce mémoire, de nouvelles observations sont venues confirmer celles du général Sabine.

Ces dernières années ont vu surgir de nouvelles tentatives pour l'explication des aurores polaires et la détermination de leurs causes ; et les travaux qui ont été communiqués sur ce sujet à l'Académie des sciences peuvent encore se ranger sous les deux catégories que je viens d'indiquer : les uns attribuant le phénomène à une cause *atmosphérique,* ou du moins terrestre, c'est-à-dire admettant que le théâtre de l'action se trouve dans notre atmosphère ou à ses limites, et procède de forces physiques propres à notre globe ; les autres lui assignant un caractère beaucoup plus général et lui attribuant une cause *cosmique,* qui aurait son siège soit dans le soleil, soit dans l'ensemble du système qui a le soleil pour foyer.

Un savant qui s'est fait remarquer par plusieurs publications intéressantes, M. Harold Tarry, un des laborieux physiciens de l'observatoire fondé à Mont-Souris, combattit, en 1872, la théorie de l'origine *atmosphérique* des aurores boréales, et prit en main la cause de la théorie *cosmique* en attribuant ces phénomènes à l'action des volcans solaires. Les éruptions de ces volcans enverraient sur notre globe d'énormes quantités d'électricité qui, arrivant sur notre planète, y produiraient les orages magnétiques, accompagnés des phénomènes lumineux qui caractérisent les aurores boréales.

Cette même théorie cosmique des aurores polaires a été appuyée par une suite de considérations développées dans un mémoire de l'habile physicien Silbermann, où il voulait prouver que ces manifestations lumineuses sont liées au phénomène des étoiles filantes ; de sorte que l'apparition d'une aurore ferait pressentir l'existence d'un essaim de corpuscules planétaires dans le voisinage de notre terre.

A la théorie atmosphérique et terrestre se rattachent les recherches plus récentes d'un autre physicien distingué, M. G. Planté, qui a communiqué à l'Académie des sciences, dans le courant du mois de mars 1876, un mémoire contenant l'exposé d'une explication expérimentale très ingénieuse des aurores polaires. Les expériences de M. G. Planté et les conclusions qu'il en déduit semblent de nature à confirmer, en les complétant, les travaux de son devancier M. de la Rive. M. Planté a mis le courant électrique fourni par une batterie puissante en présence de masses aqueuses tant à l'état liquide qu'à l'état de vapeur, et il a réussi à produire ainsi une série de phénomènes tout à fait analogues aux aurores polaires.

Quoi qu'il en soit, la connexité des aurores polaires avec le magnétisme terrestre est aujourd'hui mise hors de doute, et l'on sait, avec non moins de certitude, que ces phénomènes ne sont qu'une conséquence des perturbations qui se produisent dans l'équilibre des forces magnétiques du globe : perturbations que nos sens ne perçoivent pas, mais qui nous sont révélées par les oscillations insolites, on pourrait dire par l'agitation de l'aiguille aimantée. Puis il arrive un moment où l'équilibre magnétique, quelque temps rompu, se rétablit, et alors apparaît la lumière polaire. Ce n'est donc pas sans raison

qu'on a donné le nom d'orages magnétiques à ces perturbations, dont la
cause est encore incertaine, mais dont l'analogie avec les orages électriques
ne peut être méconnue. D'après cela, la lumière polaire est aux orages magné-
tiques ce que les éclairs sont aux orages électriques : elle n'est point le phéno-
mène lui-même, encore moins la cause du phénomène; elle en est l'effet et
la conclusion.

On trouve dans plusieurs ouvrages des dessins représentant des aurores

Aurore polaire observée à Bossekop en 1838.

polaires. Un grand nombre d'auteurs ont décrit ces météores avec détail, soit
de visu, soit d'après le témoignage d'observateurs très dignes de foi [1]. De
tous ces documents il résulte que la lumière polaire peut se présenter sous
des aspects très différents. C'est tantôt un grand arc lumineux entouré de
jets brillants, et se dessinant sur un segment sombre qui semble reposer sur
l'horizon; tantôt c'est une sorte de calotte parabolique dont la convexité est
dirigée en haut, et qui darde ses rayons vers la terre; tantôt une *gloire* formée
de faisceaux lumineux irréguliers qui partent d'une ligne centrale obscure;
ou bien un arc sombre semé de plaques brillantes presque rectangulaires,
et dont la circonférence émet çà et là quelques fusées d'une lumière plus
pâle; ou bien enfin c'est un immense rideau de lumière, s'enroulant et se

[1] Humboldt, dans son *Cosmos;* Kaemtz, dans son *Cours de météorologie;* MM. Becquerel, dans leurs
Éléments de physique terrestre et de météorologie, etc.

déroulant sur lui-même, et suspendu au-dessus de l'horizon. La plupart des observateurs s'accordent à dire qu'en général une aurore boréale se compose de trois parties distinctes, savoir : le *segment obscur,* l'*arc lumineux* et la *couronne.*

L'apparition de la lumière polaire s'annonce plusieurs heures, souvent une journée à l'avance, par la déviation et l'agitation de l'aiguille aimantée, seul symptôme sensible de l'orage magnétique. Puis le météore se forme graduellement dans la direction du pôle magnétique. Pendant l'hiver de 1838-1839, une commission de savants français, établie à Bossekop, sur la baie d'Alten (Finmark occidental), a pu se livrer sur cette apparition à des observations suivies. Le travail de ces savants est assurément le plus complet qui ait jamais été fait sur ce genre de phénomène, au point de vue descriptif. Du 7 septembre 1838 au commencement d'avril 1839, pendant une période de deux cent six jours, la commission française compta cent quarante-trois aurores boréales, qui furent surtout fréquentes du 17 octobre au 25 janvier, pendant l'absence du soleil ; de sorte que cette nuit de soixante-dix fois vingt-quatre heures offrit soixante-quatre aurores, sans compter celles que l'état trop nuageux du ciel ne laissait pas apercevoir, mais qui étaient accusées par les perturbations de la boussole.

« On voit assez souvent, dit Humboldt, des *aurores australes* dans nos climats (Dalton en a observé plusieurs en Angleterre), et l'on voit des *aurores boréales* entre les tropiques : au Mexique, par exemple, au Pérou et même jusqu'au quatrième degré de latitude australe (le 14 janvier 1831)... L'aspect du phénomène dépend de la position de l'observateur : chacun voit son aurore boréale, de même que chacun voit son arc-en-ciel. Il faut distinguer entre la zone terrestre où l'apparition lumineuse, quand elle s'y manifeste, est partout visible au même instant, et les zones beaucoup moins étendues où elle se produit presque toutes les nuits. Souvent la même aurore a été observée à la même heure en Angleterre et en Pensylvanie, à Rome et à Pékin ; seulement la fréquence de ces apparitions diminue avec la latitude magnétique, ou, en d'autres termes, elle décroît à mesure que le lieu de l'observation s'éloigne, non du pôle terrestre, mais du pôle magnétique. »

Nous avons aussi en France, de temps en temps, des aurores boréales. Elles sont bien loin, il est vrai, de la magnificence de celles qu'on admire dans les régions polaires ; mais c'est encore quelque chose, pour un citadin de Paris, de Lyon, de Pontoise ou de Quimper, pour un paysan de la Beauce ou de la Limagne, que de pouvoir dire qu'il a vu une aurore boréale. Or une foule de nos concitoyens et contemporains peuvent se donner cette satisfaction. Les aurores polaires se sont multipliées en France, dans le courant des années 1859 et 1860, à tel point qu'on a pu croire qu'elles allaient devenir pour nous, comme pour les Groënlandais et les Lapons, un phénomène vulgaire. Des aurores boréales ont été visibles en France le 1er septembre, le 1er, le 2 et le

18 octobre 1859, le 9 avril 1860, le 18 mars et le 15 avril 1869, le 24 octobre 1870, et le même phénomène s'est reproduit avec une fréquence inusitée à partir du 4 février 1872 jusqu'au mois de janvier de l'année suivante.

L'aurore polaire de 1870 fut caractérisée par des jets lumineux rectilignes analogues à ceux de l'aurore du 15 avril de l'année précédente. Je ne m'y arrête pas. Les nuits de Paris étaient alors éclairées par les lueurs sinistres de la canonnade et des incendies, et l'on avait d'autres soucis que d'observer les phénomènes célestes.

L'aurore boréale du 4 février 1872 est une des plus belles que l'on ait vues en France dans notre siècle : elle offrait le spectacle d'une immense coupole illuminant le ciel de ses brillantes radiations. Plusieurs descriptions de ce magnifique phénomène furent adressées, comme d'ordinaire, à l'Académie des sciences. MM. Fron, de l'Observatoire, Salicis, Laussedat, Goulier, Chapelas, Emmanuel, exposèrent les résultats de leurs observations faites à Paris. Un grand nombre d'autres personnes avaient pu contempler le splendide météore en France, en Angleterre, en Belgique, en Espagne, en Italie, et jusqu'en Turquie. Les perturbations magnétiques furent très remarquées sur toute l'étendue de la région qu'il avait visitée. A l'observatoire de Paris, il fallut renoncer à enregistrer les variations de l'aiguille, tant ses mouvements étaient précipités et désordonnés.

Les boussoles et les aiguilles des appareils télégraphiques furent dérangées et affolées à partir de quatre heures, d'abord sur la ligne de l'Est, de l'Allemagne, de l'Autriche, puis sur celle de la Suisse, par Besançon et par Dijon. A cinq heures, les fils des environs de Paris étaient eux-mêmes sous le coup de la perturbation.

La lumière de l'aurore était assez vive pour que les physiciens aient pu l'analyser au spectroscope. M. Prasmowski et M. Cornu firent des observations d'après lesquelles les raies propres à l'hydrogène, à l'oxygène, à l'azote faisaient défaut; cela prouvait que le phénomène, comme l'indique d'ailleurs une des théories que nous avons signalées plus haut, avait son siège au delà des limites de l'atmosphère.

D'autres aurores boréales ont suivi, la même année, la magnifique explosion du 4 février 1872. Celles du 9 mai, des 7 et 10 juillet, du 8 août 1872, du 7 janvier 1873, ont pu être observées sur une multitude de points, et décrites dans tous leurs détails. Les théories par lesquelles on cherche à expliquer ce merveilleux phénomène ont profité de ces études plus approfondies, et nous avons dit entre quelles opinions semble se partager encore aujourd'hui à ce sujet le monde savant.

CHAPITRE X

PHÉNOMÈNES LUMINEUX

Biot comparait très poétiquement l'atmosphère à un voile diaphane et brillant dont la terre serait enveloppée. Ce voile est assez transparent pour laisser arriver jusqu'à nous la lumière des astres à travers une épaisseur de plusieurs myriamètres. Sa transparence n'est cependant pas absolue : la lumière ne la traverse pas sans obstacle. Une partie, très faible à la vérité, est absorbée ; le reste est soumis à des modifications qui varient selon l'état de l'atmosphère.

Nous avons déjà vu que c'est en se réfléchissant en tous sens sur les particules de l'air que la lumière se répand partout autour de nous ; que des objets qu'elle ne frappe pas directement sont néanmoins éclairés, et que l'air la fait pénétrer avec lui jusque dans les endroits les plus retirés. Nous avons vu aussi que l'azur du ciel est encore un effet de la réflexion des rayons lumineux par les molécules de l'air[1]. Mais il n'est peut-être pas hors de propos de s'arrêter un instant à ce remarquable phénomène, le premier qui frappe l'attention lorsqu'on aborde l'étude de l'optique atmosphérique.

On sait que la lumière blanche se compose de sept lumières partielles, qu'il est possible de rendre distinctes les unes des autres en faisant passer un faisceau de rayons solaires à travers un prisme de cristal. Les éléments qui composent ce faisceau, étant inégalement réfrangibles, se séparent, et si l'on place un écran derrière le prisme, on voit s'y peindre une figure de forme elliptique allongée, où l'on distingue sept branches transversales diversement colorées, et disposées dans l'ordre suivant : violet, indigo, bleu, vert, jaune, orangé, rouge. Cette figure, c'est le *spectre solaire*.

Les teintes si diverses que présentent les corps s'expliquent d'une manière très satisfaisante par la propriété que ces corps possèdent de décomposer la

---

[1] Il convient d'ajouter ici que, d'après les récentes et ingénieuses expériences de M. Tyndall, les corpuscules, les poussières que l'air tient en suspension jouent un rôle considérable dans la réflexion et la diffusion de la lumière.

lumière blanche, d'absorber certains rayons colorés et d'en réfléchir certains autres. Les corps blancs sont ceux qui réfléchissent la lumière sans la décomposer ; les corps noirs sont ceux qui absorbent la totalité des rayons colorés : ce qui revient au même que s'ils n'en recevaient point. Dans l'obscurité absolue, tous les corps sont noirs. Cela posé, il est aussi aisé de se rendre compte de la couleur bleue de l'air que de la couleur de toute autre substance solide, liquide ou gazeuse.

L'air, en vertu de sa transparence, laisse passer sans la décomposer la plus grande partie de la lumière solaire. Une autre partie est réfléchie, mais tous ses éléments ne le sont pas également : l'air laisse passer plutôt les rayons de l'extrémité rouge du spectre, et réfléchit de préférence les rayons bleus. Le bleu est donc la couleur par réflexion des particules de l'air. Seulement, comme cette couleur est très faible, elle ne devient perceptible que lorsque l'air est en grande masse.

« Lorsqu'un corps réfléchit de préférence certains rayons de lumière blanche, disent MM. Becquerel, c'est qu'il transmet ou absorbe les rayons complémentaires. Ainsi les particules d'air qui reçoivent un faisceau de lumière blanche réfléchissent une partie de ce faisceau, mais principalement les rayons bleus, et transmettent ou éteignent les autres.

« L'optique des gaz, ajoutent ces savants physiciens, n'est pas encore assez avancée pour que l'on puisse connaître avec certitude toutes les circonstances d'absorption et de transmission des rayons à travers l'air ; mais d'après toute probabilité, en suivant la marche d'un faisceau de rayons solaires qui traversent une masse d'air, ce faisceau doit perdre des rayons bleus par la diffusion sur les particules d'air, et devrait devenir jaunâtre s'il traversait une couche atmosphérique suffisamment épaisse. D'après cela, l'air, de même que l'eau, doit être classé parmi les substances qui sont d'une couleur différente par réflexion et par transmission. »

Le changement qui s'opère dans la lumière transmise à travers des couches d'air d'une grande épaisseur est un fait aisé à constater pour tout le monde. En effet, même par un temps parfaitement serein, à mesure que le soleil incline vers l'horizon, et que, par conséquent, ses rayons ont à traverser, pour arriver jusqu'à nous, une épaisseur gazeuse plus considérable, sa lumière devient plus jaune, et elle s'affaiblit au point qu'on peut le regarder sans fatigue, tandis que nul œil ne peut supporter son éclat lorsqu'il est au zénith. Or cet affaiblissement et cette altération de la lumière solaire ne peuvent être attribués à l'éloignement de l'astre, et sont dus exclusivement à l'action absorbante de l'air. Il faut tenir compte toutefois, comme le font observer MM. Becquerel, des vapeur dont l'air le plus pur n'est jamais exempt, et qui jouent sans doute un grand rôle dans ces phénomènes : ainsi se produisent les teintes jaunes ou rougeâtres que prennent à nos yeux le soleil et la lune vus à travers les nuages. Lorsque, à certains jours, le soleil couchant se montre

d'une couleur rouge, cela tient évidemment à ce que nous le voyons à travers
une atmosphère chargée de vapeurs; aussi cette couleur du soleil est-elle géné-
ralement, et non sans raison, considérée comme un pronostic d'humidité.

Tout le monde sait que le jour commence peu à peu avant que le soleil
émerge au-dessus de l'horizon, et que, le soir, il ne s'éteint entièrement qu'un
certain temps après la disparition de l'astre : qu'en un mot on passe, par une
transition insensible, de la nuit au jour et du jour à la nuit. Cette transition,
ce clair-obscur qui précède le lever et qui suit le coucher du soleil, constitue
le *crépuscule*. C'est encore un effet de la diffusion de la lumière au sein de l'at-
mosphère, et nous connaissons maintenant l'origine des teintes dorées et pour-
prées dont l'horizon se colore, et qui se reflètent plus ou moins sur toute la
voûte céleste. L'aspect du ciel pendant le crépuscule dépend de la quantité,
de la nature et de la disposition des vapeurs et des nuages dont il est chargé.
Lorsque le ciel est parfaitement pur, tout se réduit à une coloration jaunâtre ou
légèrement rosée qui se répand sur sa partie orientale ou occidentale; lorsque
l'horizon est nuageux, le crépuscule est accompagné de ces effets de lumière si
variés et souvent si splendides, que nous avons tous mille fois admirés, et dont
la reproduction fidèle est un des triomphes de l'art du paysagiste. Il arrive ordi-
nairement alors qu'entre les nuages dont les bords reflètent les rayons dorés
du soleil, cette nuance, se mêlant à l'azur du ciel, se change en un vert
tendre, qui va se fondre avec le bleu pâle des couches plus rapprochées du
zénith. Toutes choses étant d'ailleurs supposées semblables, les effets crépus-
culaires sont à peu près les mêmes le matin et le soir; mais ils se produisent
suivant un ordre inverse, puisque, dans le premier cas, le soleil se lève au-
dessus de l'horizon, et que, dans le second, il se couche au-dessous. On re-
marque en outre que l'aurore ou crépuscule du matin, a une durée moindre
que le crépuscule du soir. C'est que la durée du crépuscule dépend de la hau-
teur de l'atmosphère, « ou, pour parler plus exactement, dit Biot, de la hauteur
des parties de l'air dont la densité est encore assez grande pour renvoyer une
lumière sensible. » Elle varie par conséquent avec la température, puisque
par la chaleur l'air se dilate et augmente de hauteur, et que par le froid il se
contracte et sa hauteur diminue. Or à la fin de la journée, surtout en été,
les couches inférieures de l'air, qui réfléchissent le plus abondamment la lu-
mière, se sont échauffées et dilatées; à la fin de la nuit, elles se sont refroidies
et condensées. Notons aussi que, par les mêmes causes, l'atmosphère est or-
dinairement plus nuageuse, mais aussi plus limpide le soir à l'occident que le
matin à l'orient. Avec l'air échauffé durant le jour, les vapeurs se sont dis-
soutes, les nuages se sont élevés, et hormis le cas de mauvais temps, où la
masse sombre des nimbus dérobe aux regards le soleil couchant, l'horizon ne
présente guère que des cumulus et des strato-cumulus, dont les contours bien
limités et les formes rectilignes ou arrondies se prêtent merveilleusement aux
jeux de la lumière. Le matin, avant le lever du soleil, les vapeurs se sont

précipitées, les nuages se sont abaissés, l'atmosphère n'a qu'une transparence
laiteuse qui éteint en grande partie les « feux de l'aurore ». De là, entre les
effets de l'un et de l'autre crépuscule, une dissemblance qui a été remarquée
par la plupart des observateurs.

On comprend aisément que si l'inégalité de température entre le soir et le
matin influe sur les durées relatives du crépuscule, les saisons et les climats

Le mirage.

doivent exercer sur ce phénomène une action encore plus sensible. Ainsi on
constate qu'en été les lueurs du jour apparaissent longtemps avant le lever,
et persistent longtemps après le coucher du soleil. En hiver, au contraire, le
jour se lève brusquement, et la nuit tombe avec rapidité.

Entre les climats chauds et les climats froids, la différence de durée du cré-
puscule est encore plus sensible; mais elle tient alors moins à l'état de l'at-
mosphère qu'à la position géographique du lieu. Il ne faut pas oublier que
l'éloignement angulaire du soleil au-dessous de l'horizon pendant la nuit est
d'autant plus grand qu'on approche davantage de l'équateur, et d'autant
moindre qu'on est plus près du pôle.

Lorsque le soleil et la lune sont près de l'horizon, ils donnent lieu à une
illusion d'optique qui leur prête à nos yeux des dimensions beaucoup plus
considérables que celles que nous leur attribuons lorsqu'ils approchent du

zénith. Il suffit cependant de les regarder à travers un tube de carton ou de verre noirci pour les retrouver tels que nous les voyons au sommet du firmament. « Cette illusion, disent encore MM. Becquerel, doit être attribuée à la même cause qui nous fait paraître le ciel comme une voûte surbaissée ; en effet, nous apercevons vers l'horizon une succession de corps dont nous jugeons facilement la distance relative, et dont nous sommes habitués à comparer les grandeurs et les positions ; nous pensons alors que l'atmosphère doit s'étendre bien au delà de ces corps, et que les astres sont situés beaucoup plus loin ; tandis que vers le zénith rien ne se trouve disposé pour nous permettre de comparer la position et la distance des objets. Il résulte de là que les distances dans le sens vertical sont beaucoup plus mal appréciées que dans le sens horizontal, et que nous pouvons quelquefois nous tromper beaucoup dans nos évaluations. Comme nous croyons les objets et les astres plus éloignés dans le sens horizontal que dans le sens vertical, quoique nous les voyions toujours réellement sous le même angle visuel, il en résulte qu'ils nous paraissent plus grands dans le premier cas que dans le second : c'est une question de jugement, et non d'évaluation angulaire ; car, vers l'horizon, le diamètre vertical est plus diminué par l'effet de la réfraction qu'il ne l'est au zénith. »

La scintillation des étoiles est une autre illusion d'optique produite principalement par l'inégale réfraction que la lumière éprouve en traversant tour à tour des couches d'air, tantôt plus, tantôt moins denses. La scintillation consiste dans un déplacement apparent de l'astre, et dans les changements que semblent éprouver son intensité lumineuse et même sa couleur. Ces changements sont très rapides ; on dirait que l'étoile oscille et tremble sur son axe, que son rayonnement s'affaiblit et se ravive d'un instant à l'autre ; qu'elle est tour à tour jaune, rouge, verte, bleue. C'est auprès de l'horizon que la scintillation est le plus intense. Elle est aussi beaucoup plus remarquable dans les étoiles fixes que dans les planètes ; elle dépend d'ailleurs de l'état du ciel. D'après les observations de Kaemtz, elle est très marquée quand des vents violents règnent dans l'atmosphère, et quand le ciel est alternativement serein et couvert.

La même cause qui produit cette scintillation engendre dans des circonstances particulières, et heureusement très restreintes, une illusion d'un tout autre genre, dont le nom a une triste signification, et qu'on emploie toutes les fois qu'on veut exprimer un leurre funeste, un espoir décevant. C'est le *mirage* que je veux dire. Le mirage est un phénomène de réfraction. Avant de le décrire et de l'expliquer, il est indispensable de rappeler en peu de mots ce que c'est que la réfraction. Rien de plus simple.

Toutes les fois qu'un rayon de lumière passe obliquement d'un milieu diaphane dans un autre de densité différente, il est dévié de sa direction primitive. Si le second milieu est plus dense que le premier, le rayon se rapproche de la perpendiculaire, ou, comme on dit en physique, de la *normale*

au point d'incidence. Il s'en éloigne, au contraire, en passant d'un milieu
plus dense dans un milieu moins épais. Toute la théorie de la réfraction
est là.

Et maintenant, lecteur, veuillez vous transporter avec moi par la pensée
dans un des grands déserts de l'Afrique ou de l'Asie. Suivons des yeux une
caravane, ou, si mieux vous aimez, un détachement de notre armée, cheminant,
sous un ciel d'airain, sous un soleil de feu, à travers cette mer de sables
brûlants. Depuis plusieurs jours ils marchent ainsi sans avoir pu rencontrer
un bouquet d'arbres pour s'y reposer à l'ombre, une source pour y tremper
leurs lèvres desséchées. La fatigue les accable, la soif les dévore. Tout à coup
ils aperçoivent dans le lointain quelques palmiers, quelques broussailles
poussant parmi des rochers, et se reflétant dans une nappe limpide. Point
de doute : c'est un lac, un vrai lac au milieu du désert ! c'est de l'eau que,
par miracle, le soleil n'a pas pompée ! Ils vont donc pouvoir étancher leur
soif ! Que dis-je ? Ils savourent déjà en espérance les délices d'un bain ! Leur
courage se ranime ; ils doublent le pas ; ils marchent, ils marchent ; mais à
mesure qu'ils approchent la vision s'affaiblit, et lorsque, exténués, consumés,
ils atteignent le but, ils reconnaissent avec désespoir qu'ils ont été les jouets d'une
inconcevable illusion. Ils ne trouvent au pied des roches et des palmiers qu'un
peu de terre à peine humectée par quelque infiltration souterraine, et là où ils
avaient vu distinctement une nappe d'eau, ils foulent toujours de leurs pieds
meurtris un sable rougeâtre et calciné. C'était un mirage !... Lors de l'expédition
d'Égypte, l'armée de Bonaparte fut vivement impressionnée par ce phéno-
mène étrange, et jusque-là mystérieux pour la science même. Ce fut l'illustre
Gaspard Monge qui en donna le premier l'explication dans un mémoire pré-
senté par lui à l'Institut du Caire, et inséré dans la *Décade égyptienne,* revue
scientifique spécialement consacrée à la publication des travaux de cette
compagnie.

J'essayerai de résumer brièvement la théorie du célèbre géomètre, aujour-
d'hui reproduite dans tous les traités de physique élémentaire.

Lorsque le soleil darde ses rayons sur le sol sablonneux des déserts, celui-ci
est porté à une haute température qui se communique aussitôt aux couches
d'air les plus voisines et les dilate fortement. La couche d'air en contact
immédiat avec le sol, étant la plus échauffée, est aussi la plus dilatée ; puis
la densité des couches augmente jusqu'à une certaine hauteur où elle est
maxima, et elle va ensuite en diminuant dans les régions supérieures de l'at-
mosphère. Cela posé, soit, par exemple, A un palmier poussé, comme pous-
sent les palmiers, sur un filon de terre un peu moins desséché que le sable
environnant. Considérons seulement son sommet A par rapport à un observa-
teur placé en B, supposé sur le même plan horizontal. Quelques-uns des
rayons partis du sommet du palmier arriveront directement à l'œil de B, et
lui feront voir l'arbre dans sa position réelle. Mais d'autres rayons, tels que

A R, tomberont obliquement sur la première couche C C' d'air raréfié, où ils se réfracteront en s'éloignant de la normale $n\,m$. En pénétrant dans les couches de moins en moins denses, au-dessous de C C', le même rayon A R sera de plus en plus dévié, jusqu'à ce qu'il arrive à une couche-limite inférieure, où son obliquité sera telle qu'il se réfléchira et se relèvera, en traversant de nouveau les couches d'air, cette fois de plus en plus denses. Alors, au lieu de s'éloigner de la normale, il s'en rapprochera au contraire, et arrivera, en décrivant une courbe R B symétrique à la première, jusqu'à

Explication du mirage.

l'observateur. Celui-ci rapportera naturellement la position de l'image apportée par le rayon A R B à la direction B A' suivant laquelle le rayon est venu frapper sa rétine, et verra par conséquent le point A en A'. En appliquant la même construction aux autres points du palmier A, on comprend facilement que l'observateur placé en B doit percevoir une image renversée du palmier, telle qu'il la verrait si cet arbre se réfléchissait sur une nappe d'eau. Le mirage se présente quelquefois sous d'autres apparences, mais il est toujours dû à une cause semblable.

Revenons sous notre climat inégal et brumeux : la lumière du soleil et celle de la lune, modifiées par les vapeurs vésiculaires, par les gouttelettes d'eau et les aiguilles de glace que l'atmosphère tient en suspension, vont nous présenter encore plus d'un curieux phénomène. En voici un qui, depuis le jour où, selon le récit biblique, il apparut au patriarche Noé comme le signe de l'alliance conclue entre le Seigneur et le genre humain, n'étonne plus personne, mais qui n'a rien perdu de sa beauté, et qui est demeuré aux yeux du peuple un signe favorable, la promesse du beau temps après l'orage. Les mythologues grecs en avaient fait l'écharpe d'Iris, messagère des dieux. On l'a nommé l'*arc-en-ciel*. Nous verrons ci-après jusqu'à quel point ce charmant météore mérite sa bonne réputation.

Dans les nuances brillantes dont il se pare, et dans l'ordre suivant lequel elles sont disposées, il est facile de reconnaître d'abord un effet analogue à celui du prisme, c'est-à-dire un effet de la dispersion ou de la décomposition

L'arc-en-ciel.

des rayons lumineux ; mais le phénomène est un peu plus compliqué. L'arc-en-ciel se forme dans les nues opposées au soleil, et qui commencent ou qui achèvent de se résoudre en pluie ; ou, pour mieux dire, ce n'est pas dans ces nues elles-mêmes qu'il se forme, mais dans les gouttelettes liquides qui s'en échappent. On observe également sinon des arcs, au moins des tronçons d'arcs-en-ciel sur la pluie artificielle formée par une cascade ou par un jet d'eau. Chaque gouttelette d'eau représente une petite sphère translucide où les rayons sont à la fois réfractés et décomposés, puis réfléchis, et viennent frapper l'œil de l'observateur lorsque, par leur réflexion, ils coïncident avec son rayon visuel. La forme affectée par les arcs-en-ciel vient de ce que les rayons efficaces qui arrivent à l'œil doivent faire un angle constant de 42° environ avec la droite qui va du soleil à l'œil, et l'astre, au lieu d'être circulaire, aurait une forme différente, que l'axe serait le même. Leur peu d'épaisseur tient à ce que les rayons, pour donner naissance au jeu multiple de lumière que je viens d'indiquer, doivent frapper les gouttelettes sous un certain angle. L'apparition du météore dépend donc des positions relatives du soleil et des nuages, et de celle de l'observateur. On a établi que les arcs-en-ciel ne se produisent que lorsque le soleil est à moins de 42° 2' au-dessus de l'horizon, ce qui n'a lieu que le matin et le soir.

Le 16 février 1873, M. Gaston Tissandier, dans une ascension consacrée à des expériences météorologiques, a observé un phénomène des plus curieux, un arc-en-ciel entièrement circulaire. M. Boussingault a fait remarquer, à ce propos, que ce fait est communément observé dans les ascensions sur les montagnes, et il en a cité plusieurs exemples.

Il est rare que l'arc-en-ciel soit simple ; presque toujours il est double. Dans ce cas, l'arc intérieur est celui dont les nuances sont les plus vives. L'arc extérieur est plus pâle, et ses couleurs sont disposées dans un ordre inverse. Et maintenant l'arc-en-ciel annonce-t-il le beau temps, comme on le croit communément ? Pour répondre à cette question, analysons le phénomène.

Une averse, un orage vient de passer. La nuée pluvieuse a suivi sa course dans l'atmosphère, ordinairement de l'ouest à l'est, ou du sud-ouest au nord-est. Le soleil à son déclin, que le nimbus voilait tout à l'heure, est maintenant découvert ; il rayonne sur lui, et donne naissance à l'arc-en-ciel. Voilà une présomption pour le rétablissement du beau temps. Toutefois le nimbus passé peut bien être suivi d'un autre, le soleil disparaître de nouveau au bout de quelques instants, et la pluie recommencer : rien n'assure le contraire. Mais au lieu de supposer le soleil près de se coucher, supposons qu'il vient de se lever. Le vent souffle encore de l'ouest ou du sud-ouest. La pluie tombe, de ce côté de l'horizon, en face du soleil. L'arc irisé apparaît ; bientôt les nuages couvriront le ciel, et l'averse sera générale. Cette fois, loin d'annoncer le beau temps, le brillant météore n'aura annoncé que la pluie. En résumé, l'apparition de l'arc-en-ciel ne prouve avec certitude qu'une seule chose : c'est qu'il pleut à un endroit peu éloigné de celui où se trouve l'observateur ; ce qui n'est jamais un très bon pronostic. Il faut donc se contenter de l'admirer, sans prétendre en tirer, non plus que de tant d'autres phénomènes, aucun oracle.

Si le soleil est près de l'horizon, et qu'une personne lui tournant le dos soit placée de manière que son ombre se projette, soit sur un nuage ou sur un rideau de brouillard, soit encore sur l'herbe d'une prairie, sur un champ de blé ou sur toute autre surface couverte de rosée, cette personne voit, autour de l'ombre de sa tête, projetée sur le nuage ou sur la surface humide, une auréole irisée, dont la lueur, très vive vers le centre, va en diminuant d'intensité jusqu'à une certaine distance. Ce phénomène, appelé *anthélie* (ἀντί, contre ; ἥλιος, soleil), est dû, comme l'arc-en-ciel, à la réfraction et à la réflexion de la lumière solaire par les gouttelettes ou les vésicules aqueuses. Il est surtout fréquent dans les régions polaires et sur les montagnes. Souvent, au lieu d'une seule auréole, on en aperçoit deux ou trois qui sont concentriques. Quelquefois même, mais rarement, il se forme un quatrième cercle ; ce dernier a été appelé *cercle blanc* et *arc-en-ciel d'Ulloa.* « Le 23 juillet 1821, dit Kaemtz, Scoresby vit quatre cercles concentriques autour de sa tête : le premier était blanc ou jaune, rouge ou pourpre ; le second, bleu, vert, jaune, rouge et pourpre ; le troisième, vert, blanchâtre, jaunâtre, rouge et pourpre ; le quatrième, verdâtre, blanc et plus foncé sur les bords. Les couleurs du premier et du second étaient très vives ; celles du troisième, visibles seulement par intervalles, étaient très faibles, et le quatrième n'offrait qu'une légère teinte de vert... Le cercle n° 4, auquel Scoresby assigne un diamètre de quarante degrés environ, paraît être fort rare ; toujours est-il que je ne l'ai vu que deux ou trois fois dans les Alpes, peut-être parce que les nuages étaient trop petits. »

M. Achille Cazin, un des savants envoyés en 1874 par l'Académie des sciences à l'île Saint-Paul pour observer le passage de Vénus sur le soleil, signale un phénomène lumineux de l'air qui est assez fréquent dans les montagnes. Au coucher du soleil, l'ombre des cimes se projette sur le ciel comme sur un écran, et dessine leurs formes. Pour que cela ait lieu, il faut que l'atmosphère contienne des particules aqueuses en suspension, sans doute trop rares pour prendre l'aspect des brumes ou des nuages. M. Cazin a vu cet effet dans son ascension au volcan de la Réunion. Le cône actif se dessinait très nettement dans la partie est du ciel ; l'observateur était à 2,500 mètres de hauteur.

Les pitons isolés doivent reproduire le même phénomène fréquemment ; peut-être la proximité de la mer est-elle favorable, parce qu'il y a dans l'air des particules flottantes venant de l'eau.

On confond souvent, sous les noms de *couronnes* et de *halos,* deux genres de météores lumineux auxquels le soleil et la lune peuvent également donner naissance, mais qui n'ont du reste ni la même cause ni les mêmes apparences.

Les couronnes sont dues à une modification de la lumière solaire ou lunaire transmise à travers les vapeurs vésiculaires, et ne se montrent que lorsque ces vapeurs sont interposées entre le soleil ou la lune et l'observateur. Celui-ci remarque alors, autour de l'astre, deux ou trois anneaux concentriques colorés en rouge sur leur bord extérieur, et en violet sur leur circonférence intérieure. L'éclat de la lumière diurne fait qu'on ne les aperçoit guère autour du soleil, tandis que les couronnes lunaires se voient très souvent. C'est un phénomène de diffraction, et non de réfraction. Les couronnes, d'après MM. Becquerel, sont fréquentes quand des lambeaux de cumulus passent devant la lune. On ne distingue les couronnes solaires qu'en regardant le ciel auprès de cet astre à l'aide d'un verre noirci ; elles semblent alors très brillantes.

Le phénomène des halos est si complexe, qu'il est difficile, non seulement

de l'expliquer, mais même de le décrire. Les physiciens sont d'accord aujour-
d'hui pour l'attribuer à une réfraction produite par les myriades de petites
aiguilles de glace prismatiques dont se composent certains nuages très élevés,
tels que les cirrus et les cirro-stratus. Les halos consistent en des cercles et
fragments de cercles colorés, qui se forment en avant du soleil ou de la lune.
Deux ou trois de ces cercles sont concentriques à l'astre qui les produit ; ils
ont le rouge en dedans, et le violet en dehors. Rarement on les voit ensemble.

Les modifications atmosphériques qui donnent naissance à ces cercles con-
centriques peuvent également engendrer un cercle blanc parallèle à l'horizon
et dont la circonférence passe par l'astre éclairant. On observe aussi, dans
certains cas, une autre bande blanche verticale, qui, coupant le cercle hori-
zontal, forme une croix encadrée dans le halo, et parfois s'y termine. C'est
sur ces bandes blanches qu'apparaissent les images du soleil ou de la lune
appelées *parhélies* (παρά, auprès ; ἥλιος, soleil) et *parasélènes* (παρά, auprès ;
σελήνη, lune). Ces apparences colorées sont placées près des intersections du
cercle parhélique et du halo, mais un peu plus éloignées du centre lumineux,
et l'éloignement augmente à mesure que l'astre est plus élevé sur l'horizon.
Les parhélies sont colorés comme les halos, et ont souvent un prolongement
en forme de queue sur le cercle parhélique où ils se trouvent. On peut voir
aussi une image de l'astre à l'opposite de celui-ci, au second point de croise-
ment des cercles parhéliques supposés tous deux prolongés. (Becquerel.)

Le capitaine Back a observé un halo lunaire de vingt-deux degrés avec une
croix blanche au milieu terminée au halo, puis quatre parasélènes aux extré-
mités des branches de la croix. Enfin, indépendamment des halos proprement
dits ou cercles concentriques à l'astre, des cercles parhéliques et parasélé-
niques, des parhélies et des parasélènes, on voit quelquefois des cercles tan-
gents aux halos, et des portions d'arcs elliptiques très compliqués. On peut
donc, en résumé, distinguer dans les halos trois sortes d'apparences : les
halos proprement dits ou cercles concentriques ; les cercles blancs passant
par l'astre, et sur lesquels se montrent les parhélies et les parasélènes ; et
les cercles tangents.

Au delà de ces météores, fugitifs comme les vapeurs qui les produisent,
pâles et changeants reflets de la clarté des astres, on peut observer, surtout
dans le voisinage de l'équateur, un phénomène qui, par le retour périodique
de ses apparitions aussi bien que par son caractère grandiose, n'est compa-
rable qu'aux aurores polaires. De même que celles-ci illuminent les longues
nuits des zones glaciales, de même le brillant météore dont je veux parler
éclaire, d'une lumière toutefois plus douce, les nuits uniformes des tropiques.
On lui a donné le nom de *lumière zodiacale*, parce qu'il est toujours compris
dans la zone d'environ vingt degrés de largeur, autrefois appelée zodiaque,
dont l'écliptique occupe le milieu, et dans laquelle sont comprises les douze
constellations ou *signes* qui correspondent aux divisions de l'année.

La lumière zodiacale fut signalée pour la première fois à l'attention des savants par Kepler. Children, chapelain du duc de Somerset, la décrivait vers 1661 dans sa *Britannia Baconica*. Mais ce ne fut qu'en 1683 qu'elle fut étudiée avec soin par Dominique Cassini. Depuis lors on a constaté que ce n'est point, comme on l'avait pu croire d'abord, une apparition accidentelle ; qu'elle a existé de tout temps, et qu'elle présente toute la régularité d'un corps céleste accomplissant sa révolution périodique. Si tant de siècles se sont écoulés sans

Lumière zodiacale.

qu'on l'ait remarquée, il faut l'attribuer à ce que dans nos climats elle est rarement visible, et à ce que les astronomes qui l'avaient vue avant Kepler, Children et Cassini, l'avaient prise soit pour une comète, soit pour un reflet de la lumière solaire, soit pour tout autre météore indéterminé. Ces erreurs ne sont plus possibles depuis que les voyageurs européens ont pu observer avec suite, pendant des mois et des années, le ciel de le zone équinoxiale, où elle se montre dans tout son éclat, avec ses phases normales de croissance et de décroissance. Mais qu'est-ce que cette lumière? Elle a été l'objet de bien des hypothèses, qu'il serait superflu de reproduire. Les dernières recherches l'ont exclue du domaine de la météorologie proprement dite, pour la rattacher à la constitution astronomique de notre système planétaire, et il ne reste plus désormais que deux opinions en présence. L'une, émise par Kepler et soutenue depuis par Laplace, John Herschell et Biot, fait de la lumière zodiacale une nébulosité appartenant à cette atmosphère solaire très diffuse qui, suivant les calculs de M. Enke, s'oppose au mouvement des comètes. L'autre la considère comme émise par un anneau lenticulaire propre à notre planète et analogue à celui qui entoure Saturne. Cette dernière hypothèse est adoptée aujourd'hui par la plupart des astronomes. Les observations de MM. Heiss et Jones lui donnent un très haut degré de probabilité.

Quoi qu'il en soit, la lumière zodiacale, à peine visible de temps à autre dans nos climats, où elle n'apparaît que comme une lueur blanchâtre et diffuse, constitue sous les tropiques une nébulosité très distincte, ayant la forme d'une pyramide ou plutôt d'un segment lenticulaire. Elle est légèrement inclinée sur l'horizon, et se montre immédiatement avant le lever et après le coucher du soleil, au point même où celui-ci va apparaître ou vient de disparaître. Son éclat égale ou surpasse celui de la voie lactée. « Quiconque, dit Humboldt, aura passé des années entières dans la zone des palmiers, conservera toute sa vie un doux souvenir de cette pyramide de lumière qui éclaire une partie des nuits toujours égales des tropiques. Il m'est arrivé de la voir aussi brillante que la voie lactée dans le Sagittaire, non pas seulement sur les cimes des Andes, à ces hauteurs de trois à quatre mille mètres où l'air est si pur et si rare, mais aussi dans les immenses prairies de Venezuela, et au bord de la mer, sous le ciel toujours serein de Cumana. Quelquefois pourtant un petit nuage se projette sur la lumière zodiacale, et tranche d'une manière pittoresque sur le fond lumineux du ciel. Alors le phénomène devient d'une grande beauté. »

Bien que cette nébulosité soit certainement extérieure à l'enveloppe gazeuse de notre globe, tout porte à croire qu'elle exerce sur cette enveloppe et sur la terre elle-même une influence qui, si elle se vérifiait, expliquerait peut-être certaines anomalies apparentes dans le cours des saisons et dans la distribution des températures.

CHAPITRE XI

Il nous reste à étudier un petit nombre de phénomènes que la croyance au merveilleux et l'ignorance des lois éternelles qui régissent l'univers ont fait attribuer, durant des siècles, à des causes surnaturelles. Qui de nous n'a entendu parler de ces pluies de pierres, de feu, de sang, de soufre ou d'animaux immondes, de ces coups de foudre éclatant dans un ciel serein, de tous ces prodiges dont les récits, amplifiés par les peureux et les mystificateurs, ont si longtemps épouvanté le vulgaire, et que les princes et les grands eux-mêmes redoutaient autrefois comme des signes de la colère céleste, comme des présages de malheur? Parmi ces prétendus prodiges, il en est dont la science rend aujourd'hui parfaitement compte; il en est qu'elle n'a pas eu le souci d'expliquer, car ils ont cessé de se produire partout où l'on a cessé d'y croire. Enfin, s'il en est encore dont l'origine précise ait échappé à ses investigations, elle a démontré du moins surabondamment qu'ils n'ont rien de surnaturel, rien de dangereux, et méritent à peine qu'on s'en occupe.

On ne saurait toutefois ranger dans la catégorie des phénomènes insignifiants la chute des masses minérales plus ou moins volumineuses, qui de temps à autre tombent littéralement du ciel, et dont on peut voir de nombreux échantillons dans les collections publiques ou particulières. Ces masses sont connues sous le nom de *pierres météoriques,* de *météorites, d'aérolithes.* Le plus souvent elles tombent isolément; mais parfois aussi elles pleuvent en quantités considérables et sur d'assez grandes étendues. Depuis que les personnes quelque peu raisonnables ont cessé de voir dans les aérolithes des projectiles lancés par des dieux ou des démons, et doués, en conséquence, de propriétés miraculeuses, les physiciens se sont mis en devoir de trouver à ces singuliers météores une origine naturelle. Mais les solutions proposées ne furent d'abord guère plus admissibles que les croyances superstitieuses des anciens. La moins déraisonnable était peut-être celle qui supposait les aérolithes projetés par des volcans, et transportés par le vent à des distances énormes.

A la fin du siècle dernier, l'Académie des sciences de Paris, mal satisfaite des explications qui lui étaient soumises et n'en pouvant trouver de meilleures, avait pris le parti de trancher la question en niant purement et simplement la possibilité du phénomène, et en déclarant imposteurs ou hallucinés ceux qui prétendaient avoir vu le toit de leur maison enfoncé par une pierre venue du firmament. Il fallut, pour la faire hésiter dans son incrédulité, qu'un éminent physicien allemand, Chladni, prît la peine de démontrer par des preuves concluantes l'existence réelle des aérolithes, et que le ciel, intervenant dans le débat pour convaincre les saints Thomas de l'Institut national, fît tomber, le 26 avril 1803, près de Laigle, une véritable grêle de météorites.

En présence d'un pareil fait, le scepticisme n'était plus de mise. Les savants français durent suivre l'exemple de leurs confrères étrangers, observer, s'enquérir et faire en sorte d'établir sur les faits dûment recueillis une théorie rationnelle.

Le physicien Chladni, sans avoir jamais touché ni vu d'aérolithe, avait conjecturé, dès 1794, que ces météores avaient, selon toute apparence, même origine que ces corps lumineux qu'on voit la nuit traverser l'espace avec une prodigieuse rapidité, et que tout le monde connaît sous le nom d'*étoiles filantes*. Il avait engagé les astronomes de tous les pays à observer en même temps ces « étoiles tombantes » dans la même partie du ciel, à remarquer leur direction, à mesurer leur hauteur et leur vitesse, ne doutant pas que ces données, une fois acquises, ne les conduisissent sûrement à la solution du problème. D'après ces indications, deux jeunes étudiants de l'université de Gœttingue, Brandes et Buzenberg, s'étaient imposé la tâche de passer les nuits « à la belle étoile », afin d'épier sur la voûte du firmament le passage des astéroïdes. Vingt-deux observations faites en 1790 leur donnèrent, pour la hauteur de ces météores, une moyenne de soixante-huit mille mètres, et pour leur vitesse, de vingt-sept mille à quarante mille mètres par seconde. Plus tard, en 1823, Brandes trouva, comme résultat de quatre-vingt-dix-huit observations, un minimum de hauteur de vingt-quatre mille mètres, et un maximum de sept cent quarante mille ; quant à la vitesse, elle variait de vingt-neuf mille à cinquante-neuf mille mètres par seconde. Des résultats différents ont été obtenus depuis par Wartmann et Quételet, ce qui prouve seulement que la hauteur et la vitesse des étoiles filantes ou *bolides* sont très variables. Il résulte également d'un grand nombre d'observations que leur direction est en général opposée à celle du mouvement de la terre. Quant à leur grosseur, voici quelques-unes des mesures qui peuvent être considérées comme les plus exactes : le bolide de Weston (Connecticut), observé le 14 décembre 1807, cent soixante-deux mètres de diamètre ; le bolide observé par Le Roi, 10 juillet 1771, environ trois cent vingt-cinq mètres ; celui du 18 janvier 1873, estimé par sir Charles Blagden à huit cent quarante-cinq mètres.

Si les pluies de pierres et même la chute d'aérolithes isolés sont des faits assez rares, il n'en est pas de même de l'apparition des bolides ou étoiles filantes. Il suffit en tout temps de regarder le ciel pendant quelques heures, lorsque l'atmosphère est pure, pour voir paraître et disparaître plusieurs de ces brillants météores ; et à certaines époques de l'année, notamment du 12 au 14 novembre et vers le 10 août, jour de la Saint-Laurent, ils deviennent extrêmement nombreux, au point de donner quelquefois le spectacle d'un magnifique feu d'artifice.

Puisque des millions de corpuscules célestes voyagent ainsi dans la région occupée par notre système, et s'approchent jusqu'à une distance de quelques myriamètres de la planète que nous habitons, on ne doit point s'étonner que de temps à autre des fragments s'en détachent, et, obéissant à la traction terrestre, viennent s'engloutir dans notre océan ou tomber sur nos continents. Il est aujourd'hui très peu de physiciens et d'astronomes qui doutent de la commune origine des aérolithes ou météorites, et des bolides ou étoiles filantes. Mais cela ne veut point dire qu'il soit aisé de se rendre compte de toutes les circonstances qui accompagnent l'apparition ou la chute de ces météores.

On a vainement essayé, par exemple, d'expliquer leur éclat lumineux. On a cru d'abord qu'ils s'échauffaient jusqu'à la température du rouge blanc en traversant, avec la foudroyante rapidité que l'on sait, les couches supérieures de l'atmosphère ; mais les chiffres cités plus haut montrent que, dans la grande majorité des cas, ils se meuvent à une distance assez considérable des limites de notre enveloppe gazeuse. Poisson a bien supposé qu'au delà de ces limites le fluide électrique neutre formait comme une continuation de cette enveloppe, et que c'était en décomposant ce fluide par le frottement que les bolides s'échauffaient et devenaient lumineux ; mais c'est là une hypothèse purement gratuite, et sans aucune vraisemblance. Il faut donc, sur ce point, confesser pour le moment notre ignorance. Nous ne savons pas davantage quelle cause amène dans la sphère d'attraction du globe terrestre quelques-uns de ces astéroïdes, lorsque tant d'autres continuent pendant des milliers de siècles leur course à travers l'espace.

Tout porte à croire que cette course est soumise aux mêmes lois que celle des grands corps célestes : des planètes, ou peut-être des comètes. Cette dernière assimilation a été soutenue d'une façon très ingénieuse par le baron Reichenbach, et M. W. de Fonvielle l'a développée avec beaucoup d'esprit et d'imagination dans une notice dont j'ai cité plus haut quelques lignes[1]. Cet écrivain ne serait pas éloigné de voir dans les bolides et les météorites des comètes condensées : ce qui expliquerait. selon lui, la disparition de tel de ces astres

---

[1] Deuxième année de l'*Annuaire scientifique*.

errants, dont on attend en vain le retour. « Peut-être, dit-il, la comète de Charles-Quint, qu'attend inutilement un spirituel académicien, est-elle ensevelie au fond de quelque océan, sans que personne ait pu noter sa chute ; peut-être son cadavre repose-t-il au fond de quelque collection, tandis que M. Babinet la cherche encore dans l'infini des cieux. »

Cette thèse n'est pas, du reste, aussi paradoxale qu'on pourrait le croire, et l'illustre Humboldt lui-même ne la taxait point d'extravagance. Il se demandait si les molécules dont se composent ces pierres météoriques si compactes n'étaient pas originairement à l'état gazeux, ou simplement disséminées comme dans les comètes, et si elles ne se condensent pas dans le météore au moment même où celui-ci commence à briller à nos yeux. Et en effet, cette condensation, si elle pouvait être établie, suffirait à expliquer, par le dégagement de la chaleur latente, l'état igné des bolides.

Quoi qu'il en soit, l'origine cosmique des aérolithes est aujourd'hui, je le répète, généralement reconnue. Leur composition chimique et leur contexture ne permettent point de les confondre avec les minéraux terrestres. On les divise en deux classes : les météorites métalliques, essentiellement formés de fer et de nickel, et les météorites pierreux, dont la composition est beaucoup plus complexe. Au reste, dit Humboldt, toutes ces masses météoriques possèdent un caractère commun, quelles que soient les différences de leur constitution chimique interne : c'est un aspect bien prononcé de fragment, et souvent une forme prismatique ou pyramidale à sommet tronqué, à faces larges et un peu courbes, à angles arrondis. »

« Les aérolithes, dit d'autre part M. de Fonvielle, revêtent en tombant une espèce de livrée. Généralement cette enveloppe se montre teinte en noir par de l'oxyde de fer ; quelquefois le silicate vitrifié est d'un blanc marbré par quelques taches brunes... D'autres fois la surface est couverte d'une couche de matière noirâtre qui tache les doigts...; mais dans tous les cas l'extérieur est invariablement recouvert par une matière que l'action d'une chaleur violente a vitrifiée. »

Quant aux circonstances qui accompagnent la chute des aérolithes, elles sont, il faut l'avouer, fort extraordinaires, et bien faites pour frapper vivement l'imagination. Presque toujours la chute des fragments est précédée de l'apparition d'un globe en ignition qui, après avoir parcouru obliquement ou horizontalement un certain espace, éclate avec un fracas semblable à celui du tonnerre. Comme d'ailleurs le phénomène est tout à fait indépendant de l'état de l'atmosphère, et se produit aussi bien par le beau que par le mauvais temps, on ne doit pas s'étonner de voir les anciens auteurs signaler comme des prodiges de prétendus coups de foudre éclatant dans un ciel serein. Pour eux, tout météore se manifestant par une vive lumière et une explosion violente était une foudre. De nos jours encore le vulgaire confond, sous le nom de *pierres de foudre,* les pierres météoriques et les *fulgurites,* matières terreuses

que la foudre proprement dite a fondues et vitrifiées, et qu'on prend pour
des projectiles lancés par le tonnerre.

« Ces phénomènes, dit Humboldt, se présentent aussi sous un tout autre
aspect : d'abord un petit nuage très obscur apparaît subitement dans un ciel
serein ; puis, au milieu d'explosions qui ressemblent au bruit du canon, les
masses météoriques sont précipitées sur le sol. On a vu quelquefois ces nuages
parcourir des contrées entières, et en joncher la surface des milliers de frag-
ments très inégaux, et de nature identique. » C'est ce qui eut lieu à Laigle
en 1803, comme on l'a vu plus haut.

Remarquons en terminant qu'il s'en faut de beaucoup que les explosions
de ce genre soient toujours suivies de la chute d'aérolithes. Souvent, à ce
qu'il semble, la matière du bolide est réduite en poussière impalpable ; elle
ne se montre que sous la forme d'un nuage qui se dissipe, et dont les éléments
vont tomber on ne sait où. M. de Fonvielle en cite un exemple très curieux.
« Il y a quelques années, dit-il, un météore éclata, près de Vienne en Autriche,
au-dessus d'un camp où se trouvaient réunis près de quarante mille hommes.
Chaque soldat entendit le fracas épouvantable que fit l'aérolithe en appro-
chant du sol ; chacun vit la traînée lumineuse qu'il laissa derrière lui ; des
milliers de curieux se répandirent immédiatement dans les champs. Vains
efforts : on ne put retrouver la trace du globe qui avait annoncé sa présence
par de si bruyantes détonations. »

Il y a quelques années, un fait analogue s'est produit dans le midi de la
France. Un témoin oculaire, M. Garrigues, en a adressé de Montauban aux
journaux de Paris la relation suivante : « Le 14 mai, à huit heures du soir,
une étoile filante, dont la direction était contraire à la marche du soleil, a été
observée ici, ainsi qu'à Moissac, Cahors, Villefranche-du-Rouergue et autres
lieux circonvoisins. Semblable d'abord à une fusée qui laisse une trace de feu,
elle a grossi rapidement, a éclaté et nous a présenté une masse lumineuse
qui a répandu le plus vif éclat. Une minute après son passage, ce qui doit
faire supposer qu'elle était à une distance de terre de vingt kilomètres au plus,
un bruit semblable à celui du tonnerre dans le lointain s'est fait entendre
pendant quinze à vingt secondes. Peu après des vapeurs épaisses et blanchâtres,
qui occupaient encore la partie du ciel où venait de s'accomplir le phénomène,
ont disparu insensiblement, et ne nous ont laissé que le souvenir de cette
apparition. »

Les explosions météoriques non suivies de la chute de fragments ne pour-
raient-elles pas expliquer les *pluies de cendres* dont quelques auteurs ont fait
mention ? Il faut bien, en effet, que la poussière des aérolithes, si elle ne se
précipite pas immédiatement, aille tomber quelque part après un temps plus
ou moins long. On ne doit pas oublier non plus que les explosions dont il
s'agit, lorsqu'elles ont lieu pendant le jour à une très grande hauteur, peuvent
n'être ni vues ni entendues, et se manifester uniquement par une averse de

poussière. C'est ainsi qu'un navire américain, *le John Bates,* fut, il y a peu d'années, couvert en pleine mer d'une pluie de poussière ferrugineuse, dont une petite quantité, examinée par le baron Reichenbach, s'est trouvée être d'une structure identique à celle des grands aérolithes.

Il est permis aussi d'attribuer aux pluies de cendres une origine volcanique, puisqu'on sait que tous les corps très divisés peuvent être transportés par le vent à de très grandes distances. Tous les météorologistes connaissent sous le nom de *brouillard sec* un phénomène qui, d'après Kaemtz, n'est pas extrêmement rare dans l'Allemagne méridionale, et est surtout commun dans l'Allemagne septentrionale et en Hollande. Les plus célèbres sont ceux de 1783 et de 1834. Le premier parcourut du nord au sud l'Europe entière, s'étendit jusqu'en Syrie. En certains endroits, il fut tellement épais, qu'il laissait à peine distinguer les objets, en pleine campagne, à cinq kilomètres de distance, et leur donnait une teinte gris bleuâtre. Le soleil était rouge, sans éclat ; on pouvait le regarder en plein midi.

« Le brouillard sec si épais de 1834, dit Kaemtz, venait en partie de la combustion des tourbières et des incendies qui ont signalé cette année. Pendant qu'on l'observait à la fin de mai dans le Harz et aux environs de Bâle, il y avait des incendies dans les tourbières. Ainsi, en particulier, la tourbière de Duchau, en Bavière, brûla jusqu'à la profondeur de deux mètres cinq centimètres, et l'incendie se propagea même par-dessous des fossés pleins d'eau. Aux environs de Munster et dans le Hanovre, plusieurs tourbières furent consumées. Plus tard, en juillet, il y eut des incendies terribles de forêts et de tourbières en Prusse près de Berlin, en Silésie, en Suède et en Russie ; la sécheresse favorisait la propagation des incendies et le transport de la fumée. »

Le 18 mars 1873, on observa un phénomène analogue à Alexandrie ; une pluie étant survenue, l'eau recueillie était trouble, gris jaunâtre et chargée d'une matière ferrugineuse ; ce qui peut être attribué à l'existence dans l'air, au moment de la chute de la pluie, de ce qu'on a appelé du nom de brouillard sec, brouillard dont l'origine reste le plus souvent hypothétique.

Je ne m'arrêterai pas, à ce propos, aux prétendues pluies de graines, d'animaux, de sang et de soufre, auxquelles on croyait fermement il y a quelques siècles, et qui, de nos jours encore, défrayent parfois les légendes rustiques et même les *canards* des journaux. Ce sont là des fables qui n'ont d'autre fondement que des apparences grossières dont les gens les plus ignorants peuvent seuls être dupes. Il arrive parfois, il est vrai, qu'*après* une forte pluie, — j'entends une pluie d'eau, — le sol se trouve jonché de graines de céréales ou d'autres plantes, ou d'animaux tels que des crapauds, des grenouilles, des chenilles. Évidemment la pluie a entraîné ces graines de quelque montagne voisine ; elle a forcé ces animaux à sortir de leurs retraites, ou les a fait tomber des arbres ; mais il faut une forte dose de naïveté unie à un violent besoin de croire à l'impossible, pour admettre que les nuages engendrent ou recèlent de semblables produits. Quant aux poussières rougeâtres et jaunes qui parfois colorent la neige ou la pluie et se répandent à terre sur d'assez grandes étendues, et qu'on a prises pour des *pluies de soufre* et *de sang,* elles s'expliquent : les premiers, par le développement de végétaux cryptogames ou d'animaux infusoires ; les secondes, par la présence du *pollen* (poussière fécondante) de certains végétaux, tels que les pins, les sureaux, les lycopodes, que le vent transporte au loin, comme il transporte les cendres et la fumée des volcans et des incendies, et que la pluie entraîne avec elle. Il peut arriver aussi que la poussière rougeâtre qui tombe avec la pluie ou la neige soit de nature minérale ou ferrugineuse. Dans ce cas, il faut lui attribuer une origine volcanique ou météorique.

CHAPITRE XII

Notre étude des phénomènes de l'air serait incomplète si nous ne consacrions pas, en terminant, quelques pages au problème, tant de fois abandonné et repris, de la prédiction du temps.

Ce genre de prédiction est très populaire en France. Outre qu'il flatte le goût de la foule pour toute espèce de divination, il a sur les prophéties vulgaires des sorciers, des cartomanciens, des chiromanciens, des magnétiseurs et des spirites, une double et incontestable supériorité. En premier lieu, il s'applique à un ordre de faits dont la connaissance anticipée serait, pour l'agriculture et la navigation, c'est-à-dire pour la civilisation et l'humanité, un immense bienfait. En second lieu, il n'a rien en soi qui répugne au bon sens, car on conçoit très bien qu'il pourrait être rationnellement établi sur l'observation et le calcul ; et telles sont, en effet, les bases qu'on prétend lui donner. Reste à savoir jusqu'à quel point cette prétention est fondée dans l'état actuel des choses.

Sans aucun doute, la recherche des causes qui engendrent les phénomènes météorologiques, des lois qui les régissent et des signes qui les précèdent, est légitime, et il n'entre dans la pensée de personne qu'elle doive être reléguée, comme celle de la quadrature du cercle et du mouvement perpétuel, au rang des problèmes insolubles. Aussi n'est-ce pas cette recherche elle-même que les maîtres de la science refusent d'encourager : c'est la marche qu'on y a suivie, ce sont les procédés qu'on y a mis en œuvre jusqu'ici. Ce qu'ils reprochent aux modernes prophètes du temps, ce n'est pas de poursuivre un but chimérique, c'est de s'engager dans une voie mauvaise, de partir de principes erronés ou de données insuffisantes ; de prendre des coïncidences fortuites pour des rapports constants ; de rattacher à des causes simples et invariables des phénomènes essentiellement complexes et variables ; de vouloir enfin appliquer à la prévision de ces phénomènes une méthode qui ne convient qu'aux phénomènes réguliers et périodiques.

Certes, les médecins connaissent l'organisme humain beaucoup mieux que les gens qui se mêlent de prédire le temps ne connaissent l'atmosphère. Que dirait-on cependant d'un médecin qui, même après avoir examiné, ausculté une personne et s'être mis au fait de ses antécédents et de ses habitudes, non content de donner un diagnostic général et approximatif de son état à venir, voudrait annoncer avec précision, année par année, mois par mois, jour par jour, les périodes de santé et de malaise, les maladies et les indispositions qui l'attendent? On le taxerait assurément de charlatanisme, ou tout au moins de témérité. Que dire donc de ces météorologistes improvisés qui, après avoir compulsé quelques registres d'observations, se font fort de prédire plusieurs années à l'avance, « avec une précision mathématique, » les variations du temps? — Mais n'anticipons point et soumettons rapidement au criterium de la logique scientifique les principaux systèmes de prédiction météorologique qui ont occupé de nos jours le public et le monde savant. — Il s'agit, bien entendu, de la prédiction *à longue échéance*. Quant à la prédiction *à courte échéance*, telle que l'ont entendue et pratiquée le commandant Maury à Washington, l'amiral Fitz-Roy à Londres, M. Marié-Davy à Paris, elle présente un tout autre caractère, ne vise point à la prophétie, et ne se targue pas d'une infaillibilité absolue. J'y reviendrai tout à l'heure.

Je ne sais pourquoi la lune jouit, parmi les prophètes du temps et leurs innombrables adhérents, d'une confiance illimitée, tandis que le soleil, personnage astronomique bien autrement considérable, n'entre jamais pour rien dans leurs combinaisons. On trouverait difficilement une personne sur cent qui, parlant de la pluie et du beau temps, ne fasse pas intervenir les quartiers de la lune dans ses commentaires et dans ses conjectures sur l'état de l'atmosphère. Il est universellement admis que chaque phase de l'évolution mensuelle de la lune doit être marquée par un changement de temps ; et comme il est rare que le temps ne change pas au moins quatre fois dans un mois ; comme ces changements coïncident parfois avec la phase nouvelle, et qu'à défaut d'une coïncidence exacte on se contente volontiers d'une coïncidence approximative, le fait doit, dans ces conditions, donner bien souvent raison à la théorie. Si l'on demande aux partisans de la lune de justifier cette théorie par quelque argument plus scientifique, ils ne manquent jamais d'invoquer l'exemple des mouvements diurnes de l'Océan. Mais à ce compte, les marées ayant lieu deux fois par jour, ne faudrait-il pas que le temps changeât aussi avec la même périodicité, et ces changements ne devraient-ils pas suivre exactement toutes les phases de la révolution lunaire? Nous avons vu précédemment que, d'après les calculs de Bouvard et de Laplace, l'influence de la lune sur les déplacements de l'air est tout à fait insignifiante et n'affecte point les couches inférieures. Arago, et après lui M. Delaunay et M. Faye, ont entrepris de faire justice, dans les notices spéciales, des préjugés qui règnent relativement à l'influence de notre satellite sur le temps. N'importe !

le préjugé persiste, et les astrologues de la météorologie s'obstinent à prendre pour base de leurs pronostics les mouvements de la lune.

Il y a un certain nombre d'années, à un de ces moments où le besoin d'un système de prédictions météorologiques *se fait généralement sentir,* un journal de Paris fit connaître une méthode « tout empirique » (cette fois au moins, on l'avouait telle), proposée, disait-on, par feu le maréchal Bugeaud, qui s'en était longtemps servi pour son propre compte, tant dans ses opérations militaires que dans ses entreprises agricoles, et ne l'avait trouvée que rarement en défaut. Cette méthode consistait dans la règle de probabilité assez bizarre que voici :

« *Onze fois sur douze,* le temps se comporte pendant toute la durée de la lune comme il s'est comporté au cinquième jour de cette lune, si, le sixième jour, le temps est resté le même qu'au cinquième ; et *neuf fois seulement sur douze,* il se comporte comme au quatrième jour, si le sixième jour ressemble au quatrième. »

Il est évident que, dans un très grand nombre de cas, c'est-à-dire toutes les fois que le sixième jour de la lune ne ressemblait ni au cinquième ni au quatrième, la règle était inapplicable, et que d'ailleurs l'appréciation de cette ressemblance était nécessairement arbitraire. Quant à justifier théoriquement cette règle, l'illustre maréchal n'avait jamais eu une telle prétention, et personne après lui ne s'avisa de l'entreprendre. Mais un honorable négociant du Havre, M. de Conninck, eut la curiosité de la mettre à l'épreuve, et la trouva exacte six mois sur dix. Pour les quatre autres mois, elle n'avait pu servir. Une méthode prophétique aussi timide et aussi restreinte ne pouvait avoir grand succès. Elle fut vite oubliée. La lune le fut aussi pour quelque temps. Un laborieux et patient astronome, Coulvier-Gravier, qui s'était voué pendant plus de cinquante ans à l'étude des étoiles filantes, s'avisa de faire intervenir, sinon comme auteurs, du moins comme messagers certains des perturbations atmosphériques ces enfants perdus de notre famille planétaires. Certes, l'idée était nouvelle, inattendue. Coulvier-Gravier passait pour un observateur sérieux ; le gouvernement lui avait, dès 1851, accordé au palais du Luxembourg un local spécial d'où il pût contempler le ciel à son aise. Ses *Recherches sur les météores et sur les lois qui les régissent,* publiées en 1859, furent lues avec intérêt par les savants et par les amis des sciences : ses communications ultérieures à l'Institut furent écoutées attentivement. Après tout, se disait-on, il y a peut-être du bon dans cette théorie. Biot, en 1856, déclarait stériles toutes les recherches relatives aux lois météorologiques, parce que, disait-il, on prenait l'observation *par en bas* au lieu de la prendre *par en haut.* Ce reproche ne pouvait s'adresser à Coulvier-Gravier. Il est, au contraire, permis de trouver qu'il plaçait beaucoup trop haut le siège des perturbations atmosphériques, bien qu'il ne les fît pas remonter jusqu'à la lune.

Coulvier-Gravier divisait l'atmosphère en cinq zones ou couches, dont la plus élevée, et aussi la plus vaste, était, selon lui, celle où s'enflammaient les météores filants. Il affirmait, en outre, que « les divers produits naissant dans l'air et en faisant partie, pondérables ou non, traversent en certains moments, et à partir des hauteurs les plus élevées de l'atmosphère jusqu'à la terre, toutes les tranches des diverses régions et des zones atmosphériques, de même que ces produits remontent ensuite de la terre vers le haut, pour reprendre la place qui leur est habituelle ». Il ajoutait : « Une fois le fait bien acquis[1], ce mouvement atteste combien est grande la force qui vient d'en haut et cause toutes les transformations atmosphériques, pour se faire jour à travers tant de résistances accumulées les unes sur les autres, et qu'elle doit vaincre. »

Cette force, suivant lui, réside dans la zone des étoiles filantes, qu'il regarde comme *toutes différentes des aérolithes*. « C'est, dit-il, dans l'apparition des étoiles filantes, et principalement dans les diverses particularités qu'offre le parcours de leurs trajectoires, que se trouvent les signes de toutes les variations de l'atmosphère, donnant naissance, *comme tout le monde le sait*, aux divers produits météoriques, etc. »

Ainsi ce n'est pas seulement la lune que Coulvier-Gravier détrône au profit de ses étoiles filantes : c'est le soleil, le soleil lui-même ! Ce n'est plus, comme tous les physiciens l'ont cru et démontré, la chaleur des rayons solaires qui est l'agent essentiel des changements météorologiques : c'est une *force* d'une puissance extraordinaire, qui traverse l'atmosphère de haut en bas, pour y engendrer les *produits météoriques;* après quoi elle remonte prendre sa place dans l'empyrée, séjour des étoiles filantes. Coulvier-Gravier n'admet pas qu'il y ait rien de commun entre ces étoiles et les aérolithes. En cela du moins il fait preuve de logique ; car il ne peut accorder aux premières qu'une masse extrêmement faible, au plus égale à celle des comètes, pour supposer qu'elles soient entraînées par les mouvements d'un air aussi raréfié que celui de sa « cinquième zone ». Il se présente bien encore quelques difficultés : par exemple, la hauteur des étoiles filantes, — hauteur qui dépasse de plusieurs kilomètres les limites assignées à notre enveloppe gazeuse par les évaluations les plus élevées comme on l'a vu au chapitre précédent, et leur vitesse, hors de toute proportion avec celle des courants atmosphériques les plus rapides. Mais un prophète ne s'embarrasse pas pour si peu, et Coulvier-Gravier ne s'en croit pas moins fondé à déterminer, à partir du mois de mai, d'après l'inspection des trajectoires des étoiles filantes à cette époque, la constitution météorologique de l'année entière.

Revenons à la lune : c'est Matthieu (de la Drôme), mort en 1865, qui nous y ramène.

Rejeté à la fois dans l'exil et dans l'oisiveté par le coup d'État du 2 décembre,

---

[1] Mais encore faudrait-il qu'il le fût, et il est fort contestable.

après avoir joué un certain rôle politique[1], Matthieu (de la Drôme), un beau jour, s'improvisa météorologiste. Les théories sur lesquelles il a tenté d'étayer son système de prédictions montrent assez combien il était peu versé dans la physique et l'astronomie : ce qui n'empêcha pas les journaux (non pas les journaux scientifiques toutefois) de le qualifier bénévolement de « savant astronome ». Ces théories sont exposées tout au long dans l'*Annuaire* et dans l'*Almanach Matthieu*, publiés par l'éditeur Plon. Car Matthieu (de la Drôme) n'a pas craint de mettre à profit la similitude de son nom avec celui du fameux Matthieu Lænsberg, et de faire concurrence aux *Liégeois doubles* et *triples*. Cette spéculation, sans doute lucrative, est peu conforme à la dignité de la science ; et si elle a contribué à populariser les prophéties de Matthieu, elle n'a pu que les déconsidérer dans l'esprit des savants.

Le système de Matthieu (de la Drôme) n'est rien moins que nouveau. C'est la lune qui en fait tous les frais. Non que Matthieu refusât au soleil une certaine action sur les changements atmosphériques. Cette action, il la reconnaissait, mais il ne lui accordait qu'une influence secondaire. Tout dépendait pour lui des heures de jour ou de nuit auxquelles commencent, en chaque saison, les différentes phases de la lune. C'est là-dessus qu'il établissait ses deux lois empiriques de la *consécutivité* et de la *corrélation horaires :* lois dont l'application varie non seulement selon la saison, mais encore selon l'altitude et la latitude du lieu, sa constitution, etc. Or, en admettant même ces prétendues lois, on se demande comment Matthieu (de la Drôme), qui n'avait consulté que les registres météorologiques de l'observatoire de Genève, c'est-à-dire d'une localité dont le climat est tout à fait exceptionnel, pouvait se croire autorisé à en appliquer les résultats à tout le littoral de la Méditerranée et de l'océan Atlantique.

Mais ce n'est là qu'une des moindres inconséquences de cette théorie, qui accuse, je le répète, une profonde ignorance des principes les plus essentiels de l'astronomie, de la physique et de la météorologie. Un astronome illustre, le Verrier, s'est donné la peine de la réfuter en plein *Moniteur*. Après lui MM. Guillemin, W. de Fonvielle et G. Barral ont achevé de la réduire à sa juste valeur, et Matthieu (de la Drôme), ou plutôt sa doctrine, n'a pas aujourd'hui, dans le monde scientifique, un seul partisan sérieux. Je crois donc inutile d'entreprendre, après les savants que je viens de citer, la critique d'un système également condamné par la logique et par les faits eux-mêmes. Car, il ne faut pas l'oublier, si, à force d'accumuler les prédictions, Matthieu a vu parfois les événements lui donner raison, maintes fois aussi, et dans les circonstances les plus décisives, la pluie et le vent se sont fait un malin plaisir de lui fausser compagnie[2] : témoin les tempêtes de la fin d'octobre 1863, qu'il n'avait point

---

[1] Il siégeait comme représentant du peuple à l'Assemblée législative.

[2] Voir, dans la troisième année de l'*Annuaire scientifique* de M. Dehérain, l'excellente étude de M. W. de Fonvielle sur la *Prévision rationnelle du temps*.

annoncées; et celle bien plus terrible des 2 et 3 décembre, qu'il avait prédite pour le 5 ou le 6. Matthieu (de la Drôme) était tellement étranger aux véritables causes des perturbations atmosphériques, qu'en plaçant la lune au premier rang de ces causes il invoquait l'autorité de Bouvard, dont les calculs ont précisément démontré le contraire de ce qu'affirmait Matthieu. Ce dernier ignorait également que les *phases* de la lune sont des périodes purement fictives, qui ne correspondent à aucun phénomène astronomique nettement défini, et que les astronomes ne continuent de faire figurer sur les calendriers que par une condescendance peut-être trop grande pour les habitudes du vulgaire. « Est-ce un juste châtiment de leurs idées fausses, demande M. W. de Fonvielle, que d'avoir à se débattre contre un empirique qui s'exprime comme si les phases avaient une existence réelle? »

Matthieu étant mort, un autre prophète, qui se cachait modestement sous le pseudonyme de Nick, recueillit sa succession et se mit à envoyer très régulièrement aux journaux des prédictions que la plupart de ceux-ci ont régulièrement insérées, et que le public ignorant, les voyant imprimées, n'a point manqué d'accueillir avec la même confiance qu'il accordait auparavant à celle de Matthieu : *Uno avulso, non deficit alter*.

Coulvier-Gravier est bien oublié aujourd'hui, et le public n'a jamais pris grand souci de sa doctrine, qui était trop compliquée; mais les ignorants et les naïfs font toujours grand cas des prédictions d'un M. Nick ou d'autres personnages mystérieux que personne n'a jamais vus, dont personne ne sait rien, sinon qu'ils passent pour les héritiers et les continuateurs de Matthieu (de la Drôme). La foi en la lune est restée entière : elle a résisté à tous les efforts des hommes de science. Les astronomes les plus éminents, et parmi eux ceux-là même qui jouissaient de la plus grande popularité, Arago et Babinet, le premier dans une des notices restées célèbres dont il enrichissait l'*Annuaire du bureau des longitudes*, le second dans ces causeries si ingénieuses et si originales qu'il jetait, pour ainsi dire, à tous les vents de la publicité, ont vainement essayé d'en faire justice. Après eux, Delaunay, le Verrier et M. Faye ont repris et poursuivi sans plus de succès la lutte contre cet indestructible préjugé.

La nouvelle méthode de précision, ou, pour mieux dire, d'observation des perturbations atmosphériques, a pourtant fourni à M. Faye un argument péremptoire, et qui suffirait à lui seul pour ruiner de fond en comble la croyance à l'action de la lune sur le beau et le mauvais temps, si le raisonnement et l'évidence des faits pouvaient quelque chose contre une croyance. On sait qu'un vaste système de communications télégraphiques est établi aujourd'hui entre les observatoires météorologiques de l'Europe et de l'Amérique. C'est de New-York, de Lisbonne, de Valentia sur l'Atlantique, de Palerme sur la Méditerranée, que nous arrivent chaque matin les nouvelles météorologiques et les pronostics du temps. Le public, — le même qui croit à la lune, — est particulièrement frappé de l'exactitude presque infaillible des avis donnés par le service météorologique du *New-York-Herald*. Ces avis expédiés par le télégraphe sous-marin, et publiés aussitôt à Paris par presque tous les journaux, font connaître trois ou quatre jours à l'avance les changements de temps que doivent amener, en Angleterre, en Norwège et sur nos côtes atlantiques, les tourbillons qui se forment sous l'équateur, dans la zone des tempêtes, et dont la trajectoire parabolique est calculée avec autant de précision que l'orbite d'une comète. Ces tourbillons mettent quatre à cinq jours à parvenir du golfe du Mexique aux côtes d'Angleterre et de France; après quoi, continuant leur marche, ils vont, avec une vitesse et une intensité, tantôt croissantes, tantôt décroissantes, selon la constitution météorologique actuelle, faire sentir leur action dans le nord ou le nord-est de l'Europe, en Suède et en Russie. Le temps change ainsi successivement sur tous les points du parcours du tourbillon, dans l'espace de huit à dix jours. Supposons maintenant que le changement se produise à Paris, par exemple, le jour, la veille ou le lendemain d'une nouvelle lune ou d'une pleine lune. La masse des gens qui veulent absolument croire à l'influence de cet astre trouveront dans cette coïncidence la confirmation de leur préjugé, sans réfléchir que si le temps change ce jour-là à Paris, il a changé la veille ou l'avant-veille au Havre, et trois jours auparavant à Valentia; qu'il changera le surlendemain à Berlin et à Stockholm, et qu'ainsi il devancera ou dépassera, selon le lieu, le quartier de la lune, témoin impassible et innocent d'un phénomène qui n'a rien de commun avec la position qu'elle occupe dans l'espace par rapport à la terre, ni avec la manière dont elle nous renvoie la lumière du soleil. En résumé, la formation, sous la zone équatoriale, des cyclones ou tourbillons qui nous amènent la pluie et le vent, et leur marche régulière à la surface de l'Océan et des continents, « sont la réfutation la plus complète et la plus péremptoire du préjugé lunaire. »

« Depuis qu'on s'est familiarisé, dit M. Faye[1], avec les grands mouvements gyratoires qui parcourent nos deux hémisphères avec une vitesse supérieure, dans nos climats, à celle des trains express, on sait que ces cyclones naissent généralement dans les régions équatoriales, décrivent d'immenses trajectoires d'une régularité presque géométrique, et procurent, par leur passage, tous les changements de temps... La chaleur solaire en est la cause déterminante; la lune n'y est pour rien; elle n'est donc pour rien non plus dans les bourrasques, les pluies, les orages, etc., que les cyclones amènent partout avec eux, à toutes les phases de la lune indistinctement. » Hélas! on a beau dire et beau faire, le préjugé persiste. M. Faye sait bien cela; il sait que ses démonstrations, pas plus que celles de ses devanciers, ne seront entendues, et que les gens n'en continueront ni plus ni moins de ressasser leurs éternelles redites sur les changements de temps par les changements de lune. Aussi finit-il par s'écrier, dans un accès de découragement bien excusable : « Les raisonnements, les faits même les mieux groupés ne servent à rien. C'est à croire que le seul moyen de

---

[1] *Annuaire du bureau des longitudes* pour l'an 1878. Notice sur la *Météorologie cosmique*.

faire disparaître ces préjugés, ce serait d'user de bonne heure d'autorité sur les jeunes esprits, et de faire réciter ou copier maintes et maintes fois dans les écoles, par tous les enfants, des phrases telles que celle-ci : « Il est ridicule « de croire aux sorciers, au loup-garou, à la lune rousse. Il n'est pas vrai que « la nouvelle lune change le temps, que la pleine lune mange les nuages, que « la foudre tombe parfois en pierre, que le pivert perce les arbres de part en « part, que les trombes pompent jusqu'aux nues les eaux des mers et des « étangs, etc. » Ce serait une sorte de catéchisme de ce qu'il ne faut pas croire. »

La croyance à l'influence lunaire forme, à la vérité, le fond de la science météorologique des personnes étrangères à la science ; mais il s'y ajoute un certain nombre d'éléments de même valeur empruntés à ce qu'on veut bien appeler la sagesse des nations. Ce sont des aphorismes mis, en général, sous forme de distiques où, contrairement au précepte de Boileau, la rime (et quelle rime !) commande, et la raison obéit, ou plutôt la raison est absente, car elle n'a rien à voir dans ces sortes d'élucubrations venues on ne sait d'où ni de qui. Le malheur est que de très graves personnages, des savants même très haut placés se sont faits les apologistes de ces dictons que l'ignorance populaire a érigés en une sorte de code météorologique. Ils ont cru y voir le résultat de l'expérience des siècles, l'expression d'une science purement empirique sans doute, mais qui à la longue a su grouper un certain nombre d'observations qu'elle s'est bornée à formuler sans chercher à les expliquer. C'est ainsi qu'en 1873, M. Germain ayant demandé à l'Académie des sciences ce qu'il fallait penser de l'influence que le préjugé vulgaire attribue au jour de la Saint-Médard [1], M. Bertrand, secrétaire perpétuel de la docte compagnie, rappela que le savant météorologiste Bournet, de Lyon, recommandait de ne pas dédaigner les *proverbes* et *dictons populaires,* qui traduisaient, selon lui, les impressions produites sur l'esprit du peuple, — principalement du peuple des campagnes, — par une longue répétition de faits identiques ou analogues entre eux. Mais Élie de Beaumont, de son côté, fit remarquer qu'on ne devait pas oublier non plus ce qu'avait dit Poinsot de ces prétendues lois qui reposent sur des dates marquées par des noms de saints. « Le proverbe de la Saint-Médard remonte probablement, disait Poinsot, à une époque bien antérieure à l'établissement du calendrier grégorien. Or dans ce calendrier on a supprimé les fêtes de douze saints, ce qui a avancé de douze jours celles des autres saints. Le jour de Saint-Médard est maintenant le 3 juin ; c'était, dans l'ancien calendrier, le 20, jour voisin du solstice d'été ; il y a donc lieu de croire que le proverbe s'appliquait primitivement au solstice d'été, et nullement à saint Médard. Ce n'est pas à dire pour cela qu'il fût beaucoup plus rationnel ; mais au moins s'appliquait-il à un phénomène astronomique qui marque le commencement d'une saison, et alors il était du moins conforme à la vieille croyance aux pré-

[1] On connaît le dicton rimé :

Quand il pleut à la Saint-Médard,
Il pleut quarante jours plus tard.

sages favorables ou défavorables. Il signifiait simplement qu'on augurait mal d'un été qui commence par du mauvais temps. Quant à saint Barnabé, à qui le même préjugé attribue le pouvoir de conjurer la funeste influence de saint Médard, sa fête tombe maintenant au 11 juin, c'est-à-dire le surlendemain ; elle était autrefois le 22, c'est-à-dire le jour même où l'été commence réellement. Il était donc naturel que l'on considérât le rétablissement du beau temps ce jour-là comme un présage heureux qui effaçait le présage fâcheux de l'avant-veille. »

Le préjugé relatif à la canicule remonte probablement plus loin encore que celui de la Saint-Médard. Il se rattache à l'astronomie des anciens et à leur croyance à l'action bonne ou mauvaise des constellations. Le mot canicule (*caniculus*, petit chien) désigne proprement une étoile de première grandeur que les anciens appelaient *Sirius*, et qui fait partie de la constellation du Grand-Chien. Il y a plus de trois mille ans, le lever héliaque de cette étoile[1] avait lieu dans les premiers jours de juillet, et annonçait, par conséquent, la période des plus grandes chaleurs, période pendant laquelle sévissent certaines maladies. Au lieu de rapporter ces maladies à l'élévation de la température, qui en est la cause directe ou indirecte, l'ignorance et la superstition populaires les attribuaient à l'influence malfaisante de l'étoile Sirius, et tant qu'ils apercevaient le matin cette étoile à l'horizon, ils n'étaient pas tranquilles. C'était alors que les chiens devenaient enragés, que les bestiaux étaient frappés par les épizooties, que les hommes mouraient de la fièvre. Une fois Sirius disparu, on respirait plus à l'aise, bien que très souvent la chaleur ne fût pas moins intense.

De nos jours encore les almanachs font commencer les jours caniculaires du 24 juillet au 26 août, bien que, par l'effet du phénomène connu sous le nom de précession des équinoxes, c'est-à-dire par le mouvement d'oscillation de l'axe terrestre, qui fait rétrograder lentement vers l'Orient, d'année en année, les points équinoxiaux de la surface du globe, la période pendant laquelle Sirius se lève et se couche avec le soleil commence maintenant quand les « jours caniculaires » marqués sur les almanachs sont passés. Si l'on voulait passer ainsi en revue tous les aphorismes et toutes les croyances populaires relatives aux phénomènes météorologiques, on n'y trouverait pas autre chose que des erreurs traditionnelles nées de l'ignorance et de la superstition.

Essayons maintenant de résumer l'état actuel des études sur la prévision du temps, au point de vue scientifique. Une communication fort intéressante faite, il y a peu d'années, à l'Institution royale de la Grande-Bretagne, retraçait assez bien le tableau des progrès de la partie météorologique qui s'occupe de ces questions. Ce travail, dû à M. Scott, donne une idée exacte de la manière dont on envisageait ces études en Angleterre, où l'on s'en est occupé

---

[1] Le anciens astronomes appelaient *héliaque* (de *hélios*, soleil) le lever d'une étoile à l'horizon lorsque cette étoile, après avoir été en conjonction avec le soleil, et par conséquent invisible, parce que l'éclat du soleil empêchait de l'apercevoir, se levait assez tôt avant cet astre pour être visible à l'orient dans le crépuscule du matin.

avec la plus vive sollicitude. Il semble qu'on voie se multiplier les protestations contre l'assertion d'Arago, qui disait : « Jamais, quels que puissent être les progrès de la science, les savants de bonne foi et soucieux de leur réputation ne se hasarderont à prédire le temps[1]. » Aussi ne s'agit-il plus aujourd'hui, pour les savants, de prédire les changements de temps, mais simplement de les constater à leur origine, d'en suivre la marche et les modifications, soit par l'observation directe, soit par le calcul. C'est là l'objet des travaux dont nous avons parlé plus haut, et qui s'exécutent journellement dans des stations météorologiques établies sur divers points du globe, et entre lesquelles le télégraphe permet un échange continuel et régulier de communications.

Pour répandre promptement dans tout le pays les renseignements relatifs aux saisons et à l'influence que le temps peut avoir sur les récoltes, on avait proposé il y a quelques années, en Angleterre, d'organiser un système d'avertissements télégraphiques qui aurait permis de publier des bulletins météorologiques. Le commandant Maury, mort en 1873, était à la tête de ce mouvement.

On sait quels services rend aujourd'hui, — plutôt, il est vrai, aux marins qu'aux agriculteurs, — la télégraphie météorologique, et quels malheurs a pu prévenir le service télégraphique organisé pour avertir de la marche des tempêtes ; le nom de l'amiral Fitz-Roy restera attaché à cette précieuse institution, qui fonctionne actuellement dans tous les pays de l'Europe. Le bulletin quotidien lithographié que publie l'Observatoire de Paris a été imité par le Bureau météorologique de Londres et par quelques autres nations. Il paraît même aujourd'hui un Bulletin international qui entretient entre les divers observatoires des relations constantes et une communauté de travaux des plus favorables aux progrès de la science.

La cause d'une tempête est un accroissement ou une diminution de la pression barométrique. Ainsi, lorsqu'une dépression barométrique s'avance, on pourrait prédire sûrement les parties des côtes qui ont le plus de chance de subir la tempête et la direction qu'elle suivra, si l'on connaissait la forme et la grandeur des pentes dans chaque direction, le sens et la rapidité des progressions, enfin l'accroissement ou la diminution d'intensité de la perturbation. Malheureusement, de toutes ces circonstances, il y en a à peine une qui soit bien connue avant l'arrivée de la tempête. D'où il suit que la réalisation des prévisions envoyées aux côtes ouest et nord de l'Angleterre, lesquelles sont les plus exposées, seront toujours plus ou moins incertaines.

Le résultat pratique général désormais acquis, d'après toutes les observations faites dans la Grande-Bretagne, c'est que, pour les années 1870-1871, sur cent tempêtes observées, quarante-six avaient été prédites par le service météorologique, et que vingt avertissements de tempêtes ont été justifiés par des ouragans ou des vents violents ; ce qui fait soixante-six pour cent prédictions vérifiées par les événements.

[1] *Annuaire du bureau des longitudes* pour 1846, p. 376.

Matthieu, ses émules et ses successeurs ont, en somme, il faut le reconnaître, rendu à la météorologie pratique un véritable service : ils ont obligé les savants français, qui la dédaignaient beaucoup trop, à s'en occuper ; ils les ont contraints à opposer aux prophéties utopiques à longue échéance les prévisions rationnelles à courte échéance, à entrer enfin dans la voie féconde où le commandant Maury et l'amiral Fitz-Roy les avaient précédés. On a vu au chapitre des *Tempêtes* quels services ont déjà rendus les stations météorologiques et le réseau de communications télégraphiques installés en France grâce à l'initiative de le Verrier, et l'on a pu se convaincre que, encore une fois, il ne s'agit plus ici, en réalité, de *prévoir* les tempêtes, mais simplement de les *voir venir,* ce qui est bien différent.

Il faut remarquer aussi que, beaucoup plus modestes que les émules de Matthieu Lænsberg, feu l'amiral Fitz-Roy et son savant confrère de Paris, M. Marié-Davy, ont eu la sagesse de n'admettre leurs avis que sous forme dubitative. Les signaux transmis par les ports avertissent les marins de prendre garde, en leur faisant connaître les perturbations qui semblent devoir survenir dans un délai de deux à trois jours. Ainsi, une ascension notable du baromètre se produit-elle à la fois sur une grande étendue, tandis qu'en deçà ou au delà on observe, sur une étendue parallèle, une forte dépression : on reconnaît là ces grandes ondulations, ces immenses vagues atmosphériques qui précèdent une tempête, et l'on hisse dans les ports les signaux d'alarme. L'amiral Fitz-Roy avait rédigé en outre, sous le titre de *Manual barometer,* une sorte de catéchisme météorologique où sont indiqués avec une grande simplicité les principaux pronostics du temps. Ce remarquable document a été traduit en français, et il est devenu, dès son apparition, le *vade mecum* de nos marins.

Les mouvements de la colonne barométrique combinés avec les indications du thermomètre et de l'hygromètre, la direction et l'intensité du vent, l'aspect du ciel et l'état sensible de l'atmosphère : tels sont, dans la situation actuelle de la science, les seuls signes sur lesquels on puisse établir rationnellement la prévision immédiate et toujours approximative, ne l'oublions pas, de la pluie ou de la sécheresse, du calme ou de l'agitation de l'air.

Quant à la science vaste et profonde qui doit permettre de calculer plusieurs mois, plusieurs années à l'avance les perturbations atmosphériques comme on calcule les éclipses de soleil ou de lune, les occultations des planètes ou même le retour des comètes, cette science ne saurait être l'œuvre d'un homme ni l'œuvre d'un jour ; et ceux qui, enivrés par les applaudissements d'une foule ignorante, montent sur le trépied sibyllin pour jeter au vent leurs oracles soi-disant infaillibles, préparent à eux-mêmes et à ceux qui ont la naïveté de les croire de cruels mécomptes.

TROISIÈME PARTIE

LE MONDE AÉRIEN

CHAPITRE I

LE MONDE AÉRIEN INVISIBLE. — L'INSECTE

On ne doit s'attendre à trouver dans les plus riches collections ornithologiques et entomologiques, à plus forte raison dans les quelques pages qui vont suivre, qu'un faible aperçu du monde de l'air : monde infini comme celui de la mer, et qui, pour arriver à l'insecte et à l'oiseau, commence par des milliards de milliards de corpuscules invisibles, poussière impalpable qui se mêle aux molécules gazeuses, et qu'on aperçoit lorsqu'un faisceau de rayons solaires pénètre par une étroite ouverture dans une chambre close. Le rôle de ces corpuscules dans l'économie générale de la nature paraît être considérable, bien que l'imagination de quelques auteurs l'ait peut-être exagéréc. Beaucoup de ces corpuscules ne seraient, d'après une théorie récente, autre chose que des germes, des sporules d'infusoires et de cryptogames microscopiques, qui, tombant dans l'eau, s'introduisant dans les liquides et dans les tissus des animaux et des plantes, s'y développeraient et s'y reproduiraient avec une prodigieuse rapidité, refaisant la vie partout où la vie s'éteint ou faiblit, déterminant une multitude de phénomènes restés longtemps inexplicables : la fermentation, la germination, — la végétation même, si l'on en croit certains micrographes, — et occasionnant plusieurs de nos maladies. Nous absorbons ces germes avec l'air que nous respirons; ils se répandent, dit-on, dans nos organes et jusque dans nos vaisseaux circulatoires pour corrompre notre sang, pour nous dévorer. Ils restent improductifs tant que les forces vitales persistent, tant qu'elles conservent leur énergie et leur équilibre ; mais la moindre perturbation de l'or-

ganisme peut leur livrer notre corps, et ils s'en emparent sans conteste dès
que la mort survient. De telle sorte que notre grande affaire serait de réagir
à tout instant contre ces causes, toujours et partout présentes, de destruc-
tion ; ce qui, notons-le en passant, justifierait la définition que Bichat a don-
née de la vie : « l'ensemble des fonctions qui résistent à la mort, » et confir-
merait même jusqu'à un certain point dans son principe, sinon dans ses
applications, la célèbre théorie nosologique de feu Raspail.

Il est probable, d'ailleurs, que la plupart des mouches et des moucherons
vivent en grande partie des corpuscules de nature animale et végétale tenus
en suspension dans l'atmosphère, bien qu'ils empruntent souvent aussi leur
nourriture, soit aux plantes, soit à des animaux beaucoup plus forts qu'eux ;
car dans le monde des insectes, au contraire de ce qu'on voit communément,
c'est plutôt le plus petit qui vit aux dépens du plus grand, que le plus grand
aux dépens du plus petit. A la classe des insectes appartiennent en grande
partie ces légions de parasites qui s'attachent aux animaux de toute espèce
pour vivre de leur substance. C'est un préjugé fort répandu parmi le peuple,
qu'il y a imprudence à débarrasser trop tôt les enfants de la vermine qui pres-
que toujours les envahit à un certain âge. Je serais presque tenté de voir
dans ce préjugé une sorte de résignation instinctive à la loi du parasitisme
qui semble peser sur la nature entière. Le fait est que les plus petits animaux
y sont soumis comme les plus grands ; la mouche, le puceron, les moindres
insectes ont leurs parasites, et il y a lieu de croire que ces parasites, déjà
imperceptibles, sont eux-mêmes les victimes d'autres parasites tellement petits,
que nos meilleurs instruments ne nous permettent pas de les apercevoir.

Les parasites ne forment point un ordre distinct dans la série entomolo-
gique. Un grand nombre ne sont même pas des insectes, mais des annélides.
Quelques-uns sont des larves, qui plus tard auront des ailes et une existence
plus honorable. Plusieurs enfin appartenaient jadis à l'ordre des *aptères*
(à privatif, et πτερόν, aile), c'est-à-dire des insectes sans ailes, que les natu-
ralistes modernes ont supprimés, et dont ils ont distribué les membres, *dis-
jecta membra,* dans les deux ordres des *diptères* (insectes à deux ailes) et des
hémiptères (insectes à demi-ailes).

Les autres ordres aujourd'hui reconnus sont ceux des *hyménoptères* (ailes
membraneuses), des *névroptères* (ailes à nervures), des *coléoptères* (ailes à
étuis), des *orthoptères* (ailes droites), et des *lépidoptères* (ailes écailleuses).

On voit que, suivant cette classification, tous les insectes complets sont
censés avoir des ailes, bien que beaucoup en soient absolument dépourvus.
Il ne m'appartient point de discuter les motifs, très sérieux sans doute, qui
ont décidé les entomologistes à ranger la punaise et le pou (sauf votre respect)
parmi les insectes à demi-ailes (hémiptères), et la puce parmi les insectes à
deux ailes (diptères). Heureusement ces affreuses bêtes ne peuvent avoir rien
de commun avec le monde aérien, et nous sommes dispensés de nous en occuper.

Ce n'est pas qu'il ne faille, pour étudier de près les insectes, même ailés, réprimer certaines répugnances dont peu de personnes sont exemptes. J'avoue que, quant à moi, les insectes m'inspirent une aversion invincible. Les plus incontestablement beaux, ceux que la nature a parés des teintes les plus splendides, des reflets les plus brillants, trouvent à peine grâce devant cette antipathie involontaire. Je les regarde, je les admire; mais je ne les touche pas volontiers. Cela tient, je crois, à ce qu'ils sont trop loin de nous sous le rapport de l'organisation, et plus encore à ce que presque tous sont réellement pour nous des ennemis. Ceux qui ne nous attaquent pas personnellement nous incommodent par leur contact, par leur bourdonnement, ou s'en prennent aux produits de nos cultures, dévorent nos moissons, nos plantations, nos bois. Il en est qui vivent d'immondices, de chair morte ; ceux-là peuvent avoir leur utilité dans les contrées sauvages où, sans eux, sans leurs puissants collaborateurs, les corbeaux et les vautours, rien ne s'opposerait à l'infection de l'air par les cadavres des charognes abandonnées au hasard dans les champs, dans les bois et sur les chemins. Mais ces insectes, à raison même de leur rôle, de leur genre de vie, n'en sont que plus dégoûtants, et nous qui savons sans eux enterrer nos morts, nettoyer nos routes et nos rues, nous avons bien le droit de les repousser.

Reste le petit nombre de ce qu'on peut appeler les insectes industriels, tels que la cochenille et le ver à soie. Je n'en veux point médire. Il faut avouer cependant que s'il y a quelque chose d'admirable, c'est que des choses aussi belles que la couleur de pourpre et la soie nous viennent de si vilaines bêtes [1].

Je sais bien qu'aux yeux du naturaliste la laideur ou la beauté d'un animal ou d'une plante est chose très secondaire, et dont il a peu de souci. Que lui importent le plus ou moins d'élégance des formes, la vivacité ou l'agencement des couleurs? Ce qui le captive avant tout, c'est la structure et le jeu des organes, l'harmonie des fonctions. Il se passionnera pour les recherches anatomiques à instituer ou à compléter, pour une lacune à combler dans la série des genres ou des espèces ; et sous l'empire de ces préoccupations il sera capable d'oublier, pour quelque insecte réputé à bon droit immonde ou malfaisant, les plus graves intérêts.

Le savant Latreille, — celui qu'on a nommé *le prince de l'entomologie française,* — arrêté à Bordeaux en 1793, jeté en prison et près de subir devant le tribunal révolutionnaire un jugement qui, selon toute probabilité, devait être un arrêt de mort, — Latreille aperçoit un jour dans son cachot une *nécrobie à collier roux,* un petit coléoptère qui, comme son nom l'indique, ne se nourrit que de cadavres. Aussitôt l'entomologiste oublie tout, jusqu'à l'échafaud, pour ne plus songer qu'à sa trouvaille.

Il en parle avec enthousiasme au médecin des prisons, et le prie de remettre

---

[1] Certains bombyx, ceux de l'ailante, du ricin et du chêne, sont de fort beaux papillons; mais leurs chenilles, qui font la soie, sont toutes laides... comme des chenilles.

de sa part ce précieux échantillon « à quelqu'un qui soit digne de l'apprécier ». Le médecin porte l'insecte à Bory de Saint-Vincent. Celui-ci, en apprenant le danger de Latreille, met ses amis en campagne et parvient à obtenir du proconsul Tallien l'élargissement de son confrère. Un autre que Latreille eût écrasé l'innocente bête, qui fut pour lui un instrument de salut, et dont il ne parlait plus, dans la suite, qu'avec reconnaissance. « Cet insecte m'est bien cher, dit-il dans son grand ouvrage *Genera crustaceorum et insectorum;* car dans ces temps malheureux où la France gémissait, accablée de toutes les calamités à la fois, avec l'aide amicale de Bory de Saint-Vincent et de Dargelas, de Bordeaux, ce petit animal fut, par une circonstance miraculeuse, l'occasion de mon salut et de ma liberté. »

Il avait pris pour épigraphe de ce même ouvrage la phrase latine suivante, empruntée à la *Faune suédoise* de Linné : *Quod alii venationibus, confabulationibus, tesseris, chartis, lusibus, compotationibus insumunt, illud ego tempus insectis indagandis, colendis, contemplandis impendo* [1].

Il faut bien que les insectes aient quelque chose d'intéressant, pour que des Linné et des Latreille, qui certes n'étaient pas de petits esprits, aient préféré le plaisir de les étudier à tous ceux que le commun des hommes recherche avec tant d'avidité. Je pourrais ajouter à ces exemples celui d'un des plus éminents écrivains de ce siècle, qui a su trouver dans *l'Insecte* le sujet d'un livre émouvant, dramatique, presque d'un poème. Sachons donc, nous aussi, surmonter des répugnances puériles, d'orgueilleux mépris, et ne craignons pas d'entrer en commerce avec ce peuple étrange, d'organisation à part, de mœurs actives et laborieuses. Qui sait si, une fois familiarisés avec lui, mieux instruits de ses faits et gestes, nous ne le quitterons pas avec regret?

---

[1] « Le temps que d'autres passent en causeries futiles, à jouer aux dés, aux cartes et à d'autres jeux, ou qu'ils donnent au plaisir de la table, je le consacre à rechercher, à conserver et à contempler des insectes. »

CHAPITRE II

A première vue, on se fait de l'organisation des insectes une idée très incomplète, partant très fausse. On analyse assez aisément leur structure extérieure (je parle des insectes complets et d'une certaine taille). On distingue leur tête, leur thorax, leur abdomen, leurs pattes et leurs ailes. En y regardant de près, on aperçoit leurs yeux et leur bouche : cette dernière, en général, très compliquée. Mais on se demande comment tout cela fonctionne et vit. Écrasez un insecte, vous voyez sortir de son corps une sorte d'humeur épaisse, de couleur indécise ; à peine pouvez-vous croire que ce soit là des viscères, des intestins, des muscles, un ensemble d'appareils digestifs, sensitifs, circulatoires, respiratoires, locomoteurs. Tout cela cependant existe bel et bien. Les insectes ont même un squelette. Seulement il se confond chez eux avec la peau. C'est, comme chez les crustacés, un squelette extérieur, quelquefois flexible et mou, mais le plus souvent de consistance dure et cornée, couvrant l'animal d'une armure solide, admirablement composée et articulée, qui laisse au corps et aux membres toute leur souplesse et leur élasticité. C'est à cette division de leur charpente en un certain nombre d'anneaux s'emboîtant les uns dans les autres, que les insectes doivent leur nom. Leur corps est partagé en trois segments principaux : la tête, le thorax et l'abdomen.

La tête paraît faite d'une seule pièce ; mais elle se compose en réalité de plusieurs petits anneaux, plus ou moins exactement soudés ensemble. Elle porte d'ailleurs trois sortes d'organes très importants, sur lesquels je reviendrai tout à l'heure : les yeux, les antennes et les appendices buccaux.

Le thorax, région moyenne du corps, est formé de trois anneaux, souvent difficiles à distinguer. L'anneau antérieur est appelé *prothorax ;* le moyen, *mésothorax ;* le postérieur, *métathorax.* A la partie inférieure de chacun de ces anneaux est fixée une paire de pattes. Les ailes sont attachées à la partie supérieure du mésothorax et du métathorax, ou du mésothorax seul.

L'abdomen est ordinairement la partie la plus volumineuse du corps de l'insecte. En tout cas, c'est celle qui comprend le plus grand nombre d'anneaux, puisque ce nombre s'élève quelquefois jusqu'à neuf. Son extrémité postérieure porte souvent des appendices qui sont pour l'animal tantôt des organes supplémentaires de locomotion, tantôt des armes offensives, tantôt de véritables instruments de travail.

Les insectes ont des sens fort développés. Ils sont notamment très bien partagés sous le rapport des organes de la vision. Leurs yeux sont de deux es-

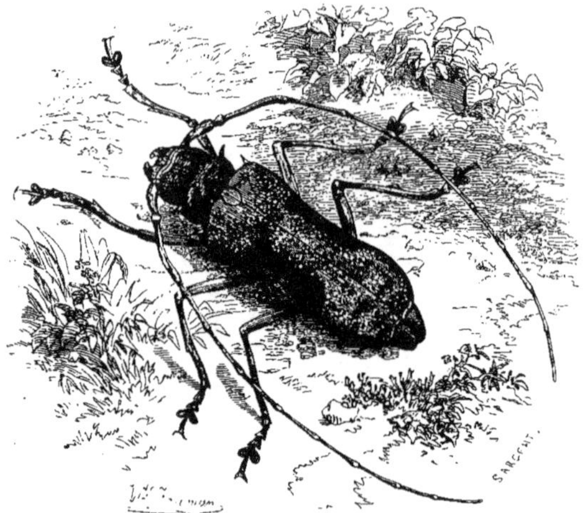

Omacanthe géant (²/₃ de grandeur naturelle).

pèces : simples et composés. Les yeux simples sont appelés aussi *stemmates*, *ocelles*, et encore *yeux lisses*, par opposition aux yeux composés ou à réseau, qui présentent des facettes très nombreuses. Ces facettes correspondent à autant de tubes, dont chacun est véritablement un œil distinct, qui ne reçoit que les rayons lumineux parallèles à son axe. Le nombre de tubes accolés dont se compose, par exemple, l'œil du hanneton, est de neuf mille. Chez quelques espèces, il dépasse, dit-on, quinze mille. Certains insectes, tels que les coléoptères, n'ont que des yeux composés ; d'autres, tels que les hémiptères, ont à la fois des yeux lisses et des yeux à facettes.

Il ne paraît pas douteux que l'ouïe et l'odorat existent chez les insectes, mais les organes de ces sens ne sont pas exactement déterminés. Plusieurs anatomistes pensent que l'ouïe et l'odorat ont également leur siège dans les antennes. Ces organes sont généralement placés en avant et au-dessus de la bouche. Ils jouissent d'une extrême mobilité, due à la multiplicité des pièces dont ils sont composés. Leurs formes et leurs dimensions sont d'ailleurs très variables. Les antennes sont tantôt *droites*, tantôt *coudées* ou *brisées*. Dans l'un et l'autre cas, elles peuvent être *filiformes*, c'est-à-dire partout de même épaisseur; *sétacées*, ou terminées en pointe; *claviformes*, ou en *massue*, c'est-à-dire terminées par des articles plus gros; dentées en scie ou en peigne; *plumeuses, foliacées*, etc. Très courtes chez quelques espèces, elles atteignent chez d'autres une longueur démesurée. Certains coléoptères de grande taille,

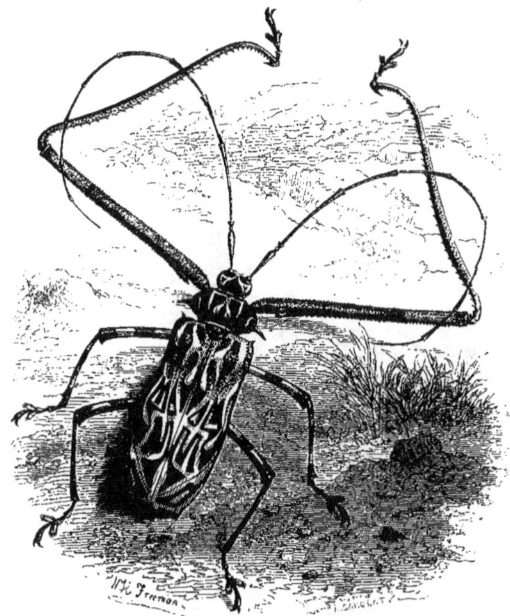

Acrocine longimane (1 ⁄₂ de grandeur naturelle).

tels que l'*énoplocère épineux*, l'*acrocine longimane*, l'*omacanthe géant*, sont surtout remarquables par l'énorme longueur de leurs antennes.

C'est encore dans les antennes, et aussi dans les pattes et dans les *palpes*, que réside le sens du toucher. Les palpes font partie des appendices buccaux; car la bouche est, chez les insectes, un organe très complexe. Sa conformation diffère selon le mode d'alimentation de l'animal. On a divisé, sous ce rapport, les insectes en deux classes : celle des *broyeurs*, et celle des *suceurs*. Chez les premiers, la bouche est destinée à couper, à mâcher les substances dont l'animal se nourrit. Les pièces dont elle se compose sont au nombre de six. Ce sont : le *labre* ou lèvre supérieure, la lèvre inférieure ou simplement la *lèvre*, les deux *mandibules* ou *mâchoires*. Aux mâchoires et à la lèvre inférieure s'attachent les *palpes*, qu'on distingue, pour cette raison, en *palpes maxillaires* et *palpes labiaux*, et dont l'insecte se sert pour prendre ses aliments et les maintenir, tandis qu'il les broie avec ses mandibules. Les mâchoires prennent, chez quelques espèces, un développement extraordinaire, et se recourbent en pinces puissantes, dentelées et acérées, qui, pour des coléoptères d'ailleurs robustes et défendus par une solide cuirasse, tels que le *macrodonte cervicorne* et le *lucane cerf-volant,* sont des armes offensives redoutables.

Macrodonte cervicorne (²/₃ de grandeur naturelle).

Chez les insectes suceurs ou *haustellés* (du latin *haustellum,* petite pompe), les appendices buccaux ont subi des modifications qui les rendent méconnaissables. Les mâchoires se sont prolongées de manière à constituer une sorte de trompe tubulaire, garnie souvent à l'intérieur de filaments aigus qui remplissent l'office de lancettes; les autres pièces de la bouche, au contraire, se sont atrophiées, et n'existent plus qu'à l'état rudimentaire. Comme type des insectes suceurs on peut citer les papillons, dont la trompe très longue s'enroule à l'état de repos, et se déroule lorsque l'animal veut pomper le suc des fleurs. Les hyménoptères sont pourvus d'une trompe comme les haustellés; mais leur labre et leurs mandibules sont les mêmes que chez les broyeurs, et leur servent soit à tuer les petits animaux dont ils sucent ensuite les humeurs, soit à diviser et à préparer les matériaux dont ils construisent leur

nid. La plupart des insectes paraissent capables de sentir la saveur des corps ;
on croit que l'intérieur de leur bouche est tapissé d'une membrane gustative.

Le tube intestinal des insectes s'étend dans toute la longueur du corps, et
présente une structure assez compliquée. Tantôt il est droit, tantôt il forme
des replis plus ou moins nombreux. Dans tous les cas, on y remarque des
renflements et des rétrécissements successifs, que les entomologistes ont re-
connus être des organes distincts, dont chacun a sa fonction spéciale.

C'est ainsi qu'on accorde aux insectes un pharynx ou arrière-bouche, un
œsophage, trois estomacs, un gros intestin, etc., et jusqu'à des glandes sali-
vaires ! On trouve en outre, à la partie inférieure de l'abdomen de certains
insectes, d'autres organes sécréteurs, qui distillent une liqueur âcre et fétide.
L'insecte lance au dehors cette liqueur ou l'introduit dans les piqûres qu'il
fait avec son aiguillon, pour blesser ou tuer un ennemi ou une proie. « Les
sécrétions des insectes sont très variées, disent P. Gervais et Van Beneden.
Certaines odeurs répandues par ces animaux sont dues à des follicules arrondis
situés sous l'enveloppe cutanée. Les glandes anales de différents carabes
donnent une liqueur explosive ; d'autres glandes sont phosphorescentes,
comme celles des *élaters* et des *lampyres* ou vers luisants. La cire des
abeilles est fournie par des cryptes placés sous leurs articles abdominaux ;
celle des pucerons et des cochenilles transsude de toute la surface de leur
corps [1]. »

Le docteur Chenu, dans sa grande *Encyclopédie d'histoire naturelle,* donne
de très curieux détails sur la liqueur explosive des carabes du genre *brachin.*
Ce genre compte plus de cent espèces, les unes petites, les autres d'assez
grande taille. Les brachins vivent sous les pierres en sociétés parfois très
nombreuses. « Ils ont, dit Chenu, la singulière propriété de lancer par l'anus,
lorsqu'ils sont inquiétés, une vapeur blanchâtre, avec détonation, et qui laisse
après elle une odeur forte et pénétrante, analogue à celle de l'acide nitrique.
D'après l'expérience qu'on en a faite, cette liqueur est, en effet, très caus-
tique, rougit le bleu de tournesol, et produit sur la peau la sensation d'une
brûlure... » D'après M. Léon Dufour, le *brachinus diplosor* peut produire
consécutivement jusqu'à douze décharges avec détonation.

L'appareil respiratoire des insectes diffère entièrement de celui des animaux
vertébrés. Il est infiniment plus simple, et consiste en un système de tubes
déliés appelés *trachées,* dans lesquels l'air pénètre par des orifices nommés
stigmates et disposés de chaque côté de l'abdomen. On aperçoit dans certaines
familles, notamment chez les orthoptères, des mouvements respiratoires ; on
voit l'abdomen se dilater et se contracter alternativement comme la poitrine
des animaux supérieurs. Les espèces qui volent le mieux, disent P. Gervais
et Van Beneden, sont celles dont la respiration montre le plus d'activité, et

---

[1] *Zoologie médicale,* t. I, p. 295

l'on voit certains de ces animaux se gonfler d'air au moment où ils vont prendre leur essor. »

Le sang des insectes est en général incolore ; quelquefois cependant il est verdâtre ; il est rouge dans les larves des *chironomes*. On a soutenu que ce sang ne circulait point. Cuvier croyait que les trachées, pénétrant dans toutes les parties du corps, suffisaient à le vivifier sur place. Cependant Swammerdam, Malpighi et d'autres anatomistes du xvii° siècle s'étaient déjà fait une idée suffisamment exacte de la circulation du sang dans le corps des

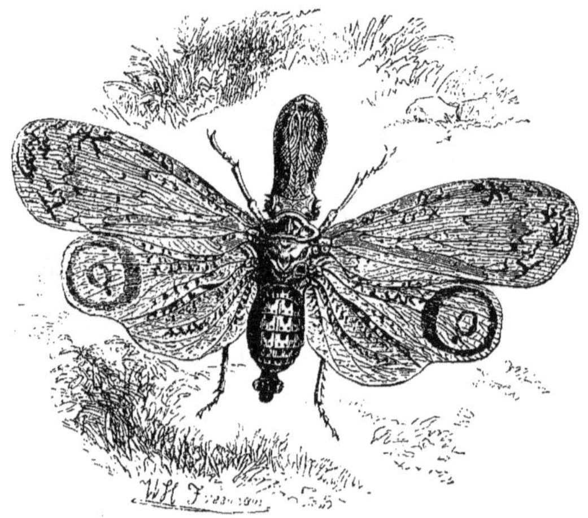

Fulgore porte-lanterne (²⁄₃ de grandeur naturelle).

insectes ; et depuis Cuvier, plusieurs observateurs, M. Carus entre autres, ont démontré que le célèbre naturaliste s'était trompé.

L'agent central du système circulatoire, le cœur, est un vaisseau qui règne sur toute la longueur du corps, et qu'on nomme le *vaisseau dorsal*. Ce vaisseau se termine en avant par une aorte dite *céphalique*, dans laquelle il chasse le sang. Celui-ci passe ensuite dans les espaces lacunaires laissés entre les organes, et forme plusieurs courants qui reviennent sur les côtés du corps d'avant en arrière, pénètrent aussi dans les organes appendiculaires, et rentrent dans le vaisseau dorsal par la partie postérieure de ce dernier. La circulation est plus active chez les larves que chez les sujets adultes. Quelques espèces ont des organes pulsatiles disséminés. (Van Beneden et P. Gervais.)

La circulation et l'oxygénation du sang chez les insectes sont assez actives pour dégager de la chaleur, qui devient sensible lorsque les individus sont réunis en grand nombre, comme, par exemple, les abeilles dans leurs ruches. Un autre phénomène plus remarquable et qu'on s'explique moins aisément, c'est la propriété phosphorescente dont plusieurs espèces sont douées, et qu'on pourrait peut-être appeler proprement une faculté, puisqu'elle semble, en maintes circonstances, dépendre de la volonté de l'insecte. C'est le cas de nos *lampyres,* auxquels le vulgaire donne le nom de *vers luisants,* et qui sont des coléoptères parfaitement caractérisés, dont le pouvoir lumineux ne se manifeste que lorsqu'ils sont à l'état d'insectes parfaits.

Les grandes cigales de l'Inde, de la Chine et de l'Amérique méridionale, les *fulgores* sont aussi des insectes ailés que la nature a gratifiés du don de lumière, mais seulement pendant une partie de leur vie, qui n'est pas bien

Fulgore porte-chandelle (grandeur naturelle).

longue. La *fulgore porte-lanterne* est ainsi nommée parce que, au dire de plusieurs voyageurs, sa tête énorme et proéminente répand dans l'obscurité une lueur très vive. Cette grande cigale au corps peu élégant, à la tête difforme, est pourvue de larges ailes diaphanes, agréablement variées de jaune et de roux, avec une tache en forme d'œil à l'extrémité de chaque aile postérieure. C'est sans doute à la forme allongée de sa grande corne frontale que la *fulgore porte-chandelle* doit son nom. Cet insecte est propre à la Chine. Ses élytres sont vertes, tachées de blanc ; ses ailes sont jaunes à la base, et noires aux extrémités.

Il me reste, pour achever l'anatomie interne des insectes, à dire quelques mots de leur système nerveux. Ce système, qui est propre à tous les animaux articulés, offre plus d'analogie qu'on ne l'a cru longtemps avec celui des vertébrés. Il est sans doute beaucoup moins développé et moins centralisé ; on y retrouve cependant deux appareils distincts, dont l'un paraît être affecté à la vie animale ou de relation, et l'autre à la vie purement organique ou végétative.

Le premier consiste en une double série de ganglions reliés entre eux par des cordons longitudinaux. Les plus volumineux, qui ont leur siège dans la tête, donnent naissance à des cordons qui se rendent aux divers organes et appendices de cette partie de l'animal. Les pattes et les ailes sont mues par des filets qui partent des ganglions thoraciques. Le second appareil a son origine dans les gros ganglions cérébraux. Sa structure est analogue à celle du précédent, mais les ganglions qui le composent sont plus petits. Il se ramifie dans les divers organes internes, et principalement dans le système digestif.

Les organes locomoteurs des insectes sont, comme chacun sait, les pattes et les ailes. J'en ai indiqué plus haut la position. Les pattes sont formées de trois parties articulées entre elles : la *hanche,* la *cuisse* et la *jambe ;* plus une sorte de doigt appelé *tarse,* qui se termine ordinairement par deux crochets. Les ailes, habituellement au nombre de quatre, comme chez les névroptères, les hyménoptères, etc., — quelquefois de deux seulement, comme chez les diptères, se composent d'une double membrane, soutenue à l'intérieur par des nervures longitudinales ou ramifiées. Elles sont tantôt minces et transparentes, comme chez les hyménoptères, les névroptères, les diptères ; tantôt recouvertes, comme chez les lépidoptères, d'une poussière colorée. Dans beaucoup d'espèces à quatre ailes, les supérieures sont opaques et dures, et servent d'étui, de couverture aux deux autres (coléoptères). Ces ailes-étuis sont appelées *élytres* lorsqu'elles sont entièrement transformées, et *hémilytres* lorsque la partie supérieure seule est dure et opaque, et que la partie inférieure est restée molle et transparente. Chez les diptères, qui n'ont qu'une seule paire d'ailes, la paire absente est représentée par deux filets mobiles insérés sur le méta-thorax, et qu'on nomme *balanciers.*

La particularité, sans contredit, la plus curieuse de l'organisation des insectes, ce sont les changements, disons mieux, les révolutions qu'elle subit à trois reprises chez la plupart d'entre eux. On peut dire que dans le court espace de temps qui leur est accordé, — deux à trois ans pour les plus favorisés, — ils naissent et meurent deux fois. Entre la naissance proprement dite et les deux morts, l'une temporaire, l'autre définitive, auxquelles la nature les condamne, ils ont deux vies bien différentes : l'une obscure, triste, pénible, toute de labeur ; l'autre active aussi, mais gaie, joyeuse et facile. Entre les deux ils dorment, ils se rendent spontanément à la nature, qui recommence en eux son travail, les refait, les métamorphose.

Dans l'œuf ce n'est pas encore la vie. L'animal sort de cette première enveloppe à l'état de larve, de ver, de chenille. Il rampe alors ou marche péniblement. Beaucoup, comme s'ils avaient conscience de leur laideur et de leur impuissance, se cachent, s'abritent sous la terre, se creusent des demeures inaccessibles, et vivent de racines, comme des anachorètes. D'autres se construisent des nids qu'ils ne quittent que la nuit pour aller chercher leur nourriture : grave affaire, car leur estomac a de terribles exigences. Leur voracité

les rend incommodes et malfaisants, en même temps que la mollesse de leur
tissu et l'absence d'armes offensives ou défensives les livre à la merci de leurs
ennemis. Bref, beaucoup de peines et de dangers, et point de jouissances :
ainsi peut se résumer cette première phase de leur existence, qu'ils doivent
voir s'achever, j'imagine, sans de bien vifs regrets.

Le moment venu, la larve, avec sa propre substance habilement filée,
tissée et feutrée, se refait un second œuf : le cocon n'est pas autre chose. Une
fois enfermée dans cette prison, elle devient inerte, ou peut-être s'absorbe-
t-elle tout entière dans le pénible travail de la métamorphose. Dans la nymphe
on ne reconnaît plus guère l'animal antérieur ; encore moins devine-t-on
l'animal futur : elle semble ratatinée, desséchée, momifiée. Mais un beau matin
l'enveloppe se déchire et livre passage à un insecte vivace, fringant, luisant,
aux vives couleurs, aux reflets chatoyants, aux pattes agiles, aux ailes légères
et diaprées. Le « fils de la nuit », le nourrisson de la terre est devenu citoyen
de l'air et favori de la lumière ; il prend son vol, s'en va danser en bourdon-
nant dans un rayon de soleil, folâtrer dans les herbes et le feuillage et butiner
parmi les fleurs. Il semble avoir hâte de jouir de la vie : non sans raison ;
car cette dernière période, qui est la meilleure, est aussi la plus courte ; les
jours pour lui, pour quelques-uns les heures, sont des années. Les insectes
ne se reproduisent que lorsqu'ils sont à l'état parfait. Ils ne vieillissent pas en
ménage, et n'ont pas la force d'élever leurs enfants. Le mâle ne s'en occupe
point. Tout le soin incombe à la femelle. Celle-ci meurt peu de temps après
la ponte, mais non sans avoir fait de son mieux pour assurer l'avenir de sa
progéniture, en déposant ses œufs dans un lieu sûr, et tel que, aussitôt écloses,
les larves y trouvent sans se déranger leur première pâture. A cet effet, la
nature donne aux femelles de plusieurs espèces un outil propre à creuser les
corps dans lesquels elles veulent introduire leurs œufs. Cet outil est une scie
ou une tarière, avec laquelle elles piquent les tissus les plus serrés et les
plus durs. C'est grâce à cette prévoyance des femelles que les arbres, les
bois, les meubles, la viande, le fromage sont si rapidement envahis par les
larves, et que se forment sur les feuilles de certains arbres les excroissances
morbides appelées *galles* ou *noix de galle*.

Tous les insectes n'ont pas les honneurs des métamorphoses. Il en est qui
vivent et meurent tels qu'ils sont sortis de l'œuf ; ceux-là n'ont jamais d'ailes :
ce sont les parias, les insectes de la caste immonde. D'autres, ceux de la
caste moyenne, n'ont que des demi-métamorphoses. Ils naissent sous la forme
de nymphes aptères ; mais plus tard les ailes leur poussent, et ils acquièrent
droit de cité dans la république aérienne. Enfin les insectes à métamorphoses
complètes sont les nobles, les patriciens, les chevaliers de cette république ;
ils sont supérieurs à tous les autres par la force, le courage ou la beauté.
Les entomologistes, qui aiment à parler grec, appellent les premiers *ameta-
bola*, les seconds *hemimetabola*, et les troisièmes *metabola*.

C'est à l'état de larves qu'en général les insectes à métamorphoses complètes vivent le plus longtemps : avant de vivre à l'état parfait ses quelques semaines de printemps, le hanneton a vécu sous terre pendant deux à trois ans à l'état de ver blanc. L'éphémère subit, lui aussi, une longue épreuve de deux années avant d'obtenir, comme par grâce, quelques heures de vie aérienne. Singulière destinée, au rebours de toutes les autres, et qui paraît, au premier abord, bien sévère, bien dure. Mais, en y réfléchissant, on reconnaît que le sort des insectes est plutôt digne d'envie que de pitié. Les animaux supérieurs, — qu'on me passe cette comparaison un peu vulgaire, — « mangent leur pain blanc le premier. » A mesure qu'ils approchent de leur fin, leur vie devient plus triste, plus difficile, plus douloureuse. L'homme même est soumis à cette loi. L'insecte y échappe : il meurt dans la plénitude de ses facultés, au milieu de l'épanouissement de sa nature : il est né vieux, il meurt jeune.

CHAPITRE III

MOUCHES ET MOUCHERONS

« Je ne m'étonne pas, dit Michelet, si notre grand initiateur au monde des insectes, Swammerdam, au moment où le microscope lui permit de l'entrevoir, recula épouvanté.

« Leur nom, c'est l'infini vivant[1]. »

Il n'est pas besoin de microscope pour entrevoir l'infinie multitude de ces êtres prodigieusement vivaces et féconds, suppléant à leur petitesse par le nombre, à leur faiblesse par leur activité, à la brièveté de leur vie par leur puissance incroyable de reproduction : exemple frappant de cette loi de proportionnalité inverse et de compensation qui se retrouve partout dans la nature. Regardons seulement autour de nous. La plèbe innombrable des mouches et des moucherons, ces tout petits qui pourtant sont encore visibles, va nous révéler les mystères du monde invisible, de l'infini microscopique.

Que sont les grands mammifères, l'homme même, si fiers de leur taille, de leur force, de leurs quelques années de vie, mais limités dans leur reproduction, exposés à tant de causes de destruction, ayant tant à redouter, et singulièrement ce qu'ils ne peuvent voir ou saisir, — que sont-ils auprès de ces insectes ? que peuvent-ils sur eux ou contre eux ? Hélas ! rien, absolument rien. On sait la fable de la Fontaine, *le Lion et le Moucheron*. Est-ce bien une fable ? Je ne sais trop. Qu'un insecte imperceptible vienne à bout d'un lion, cela n'a rien d'étonnant. Que sera-ce donc si ces insectes se nomment légions, et légions de légions ?...

Nous pouvons, nous autres privilégiés des zones froides ou tempérées, mépriser les insectes, comme le citadin tranquille en sa maison brave l'ennemi lointain que d'autres vont combattre et refouler. Mais les habitants des contrées méridionales ne les méprisent ni ne les bravent. Les combattre, ils ne

---

[1] *L'Insecte,* Introduction. — 1 vol. in-18. Paris, 1858.

songent même pas à l'essayer. A grand'peine ils tâchent de les éviter, de les éloigner, et ils n'y réussissent que fort mal.

La petite mouche domestique, inoffensive dans nos villes, mais très importune dans les campagnes, au rez-de-chaussée des maisons, peut devenir dans les pays chauds un véritable fléau. Les officiers anglais qui, en 1857, soutinrent dans la résidence de Lacknau un siège si long et si tragique contre les cipahis révoltés, ont raconté que parmi les souffrances auxquelles ils furent en proie, l'obsession des mouches fut une des plus intolérables.

« En moyenne, dit E.-D. Forgues dans sa *Révolte des Cipayes*[1], l'ennemi tuait de trois à cinq hommes par jour. La nuit, pour garder tous les postes, il ne fallait pas moins de trois cents hommes. Il fallait, en outre, des corvées nombreuses pour le service des mines et contre-mines. Le manque de sommeil, l'humidité des tranchées, l'infection de l'air, tout conspirait pour que la dysenterie, la fièvre, la petite vérole, le choléra, vinssent ajouter leurs ravages à ceux de la guerre.

« Au milieu de ces terribles fléaux, croira-t-on qu'un des plus ressentis fut le nombre immense de mouches attirées sur ce point, où la chaleur et les pluies intermittentes mettaient tant de substances animales en état de putréfaction? Pas un des annalistes du siège qui ne rappelle cette plaie d'Égypte, et cela dans des termes encore empreints de la colère nerveuse que cause l'attaque réitérée de ces odieux insectes : « Le sol en était noir, nos tables en
« étaient couvertes, s'écrie l'un d'eux. Elles nous ôtaient notre sommeil du
« jour ; elles nous empêchaient de manger... Quand j'avalais ma misérable
« *dall rôtie* (soupe au bouillon de lentilles avec des tranches de pain sans
« levain), ces maudites bêtes se jetaient par escouades dans ma bouche à
« peine ouverte, et de là retombaient pêle-mêle dans mon assiette, où elles
« flottaient, poivre improvisé, puis... mais je m'arrête avant de me laisser
« aller à quelque impertinence. »

Les *cousins,* que nous voyons parfois le soir, en été, venir se brûler à nos bougies, et dont nous ne laissons pas de craindre les attaques, peu redoutables pourtant, les cousins, dans le midi de l'Europe, s'appellent *moustiques,* et sous les tropiques, *maringouins.* Demandez aux voyageurs ce qu'ils en pensent. Ces moucherons sont pour eux plus redoutables que les lions, les tigres et les reptiles. On ne peut voyager, sortir, sans en être assailli ; ils vous criblent la peau de leurs piqûres, qui causent des démangeaisons insupportables, font enfler la face, donnent la fièvre et le délire. La nuit, on ne peut reposer qu'à la condition de s'enfermer hermétiquement dans ces cages de gaze ou de mousseline qu'on nomme des moustiquaires.

Cependant quelques espèces deviennent pour l'homme des alliés, en s'attaquant de préférence aux insectes, aux chenilles dont la chair grasse et molle

[1] Paris, 1861. Un volume in-18.

leur convient à merveille pour abriter leurs œufs et nourrir leurs larves. Ces
espèces sont comprises dans la famille des *pupivores* (hyménoptères), dont la
tribu la plus remarquable est celle des *ichneumons,* ainsi nommés parce qu'ils
détruisent les chenilles, comme le quadrupède carnassier du même nom dé-
truit, dit-on, les jeunes crocodiles.

Les ichneumons (insectes), appelés aussi *mouches vibrantes,* à cause du mou-
vement continuel de leurs antennes, sont répandus dans toutes les parties du
monde. Ce sont des insectes de taille moyenne, aux formes élancées, et qui

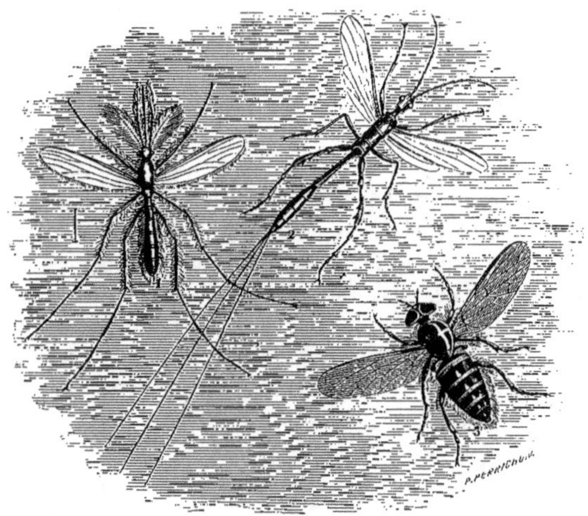

¹ Cousin commun (grossi).   ² Ichneumon-stéphane-scie (grandeur naturelle).
³ Taon des bœufs (grandeur naturelle).

offrent une grande variété de couleurs. Les femelles sont armées d'une tarière
formée de trois soies raides et aiguës, souvent dentées en scie. Lorsqu'elles
sont sur le point de pondre, elles se mettent en quête de larves ou de nymphes
d'insectes pour y déposer leurs œufs. Elles déploient dans cette recherche une
activité et une sagacité surprenantes, et il est à remarquer que chaque espèce
d'ichneumons choisit toujours ses victimes dans la même espèce de coléop-
tères, de lépidoptères, etc. Les femelles, dont la tarière est longue, atteignent
souvent des larves qui vivent sous l'écorce et dans le bois même des arbres.
Elles percent cet abri, puis la peau de la larve ou de la chenille, et y intro-
duisent un ou plusieurs œufs. Les larves qui en naissent sont molles, blan-
châtres, privées de pattes, mais pourvues de mandibules assez robustes. Elles
ménagent d'abord leur hôte, ne mangent que sa graisse, de manière à le laisser
vivre ; mais lorsqu'elles sont près de se transformer en nymphes, elles n'y
mettent plus de façons, dévorent la chair et les entrailles, et ne laissent que
la peau. Les unes accomplissent toutes leurs métamorphoses là où elles sont

nées, et c'est ainsi qu'on voit parfois des ichneumons sortir de la chrysalide d'un papillon ; les autres se construisent, près de la dépouille de leur victime, de petites coques soyeuses, isolées ou agglomérées, tantôt nues, tantôt enveloppées d'une bourre qu'on trouve attachée par des fils aux feuilles des plantes.

D'autres moucherons, les *cynips gallicoles,* donnent naissance à des larves phytophages, auxquelles ils assurent le logement et la nourriture par des moyens plus complexes. Les femelles ont une tarière très déliée roulée en spirale à sa base, et dont l'extrémité, dentée latéralement en fer de flèche, est creusée d'une sorte de gouttière longitudinale. Avec sa tarière dentée, la femelle creuse les différentes parties des végétaux, élargit la blessure, et, par sa gouttière, elle y verse une liqueur âcre ; elle y dépose ses œufs. La liqueur produit dans le tissu de la plante une sorte de travail morbide, d'où il résulte une excroissance appelée galle. C'est là que la larve du cynips naît, se nourrit et se métamorphose. Tout le monde a vu, sur les menues branches et sur les feuilles des arbres, de ces excroissances, dont la forme et le volume varient suivant l'espèce de l'insecte et celle de l'arbre. Tout le monde sait aussi que les galles du *quercus infectoria* sont employées, sous le nom de *noix de galle,* à la fabrication de l'encre et de certaines teintures noires, à l'extraction du tanin, etc.

J'ai parlé de l'importunité, de l'incommodité dégoûtante des petites mouches ; je n'ai rien dit encore des espèces malfaisantes, dangereuses, que renferme ce groupe immense. Remarquons qu'il ne s'agit ici que des mouches proprement dites, à deux ailes, et que je ne comprends point dans cette division les mouches à quatre ailes (hyménoptères *porte-aiguillon*), dont il sera question au chapitre suivant. Les mouches, — en langage entomologique, les *chétocères,* — forment plusieurs familles : celle des *muscides* seule renferme plusieurs milliers d'espèces. Il y faudrait joindre celle des *notacanthes,* des *tanystomes,* des *brachystomes* et des *tabanides.* Ne nous occupons que de la première et de la dernière.

La plupart de ces mouches ont un goût exclusif pour les matières animales, surtout pour les matières corrompues. Elles nous agacent par leurs bourdonnements, nous harcèlent par leur contact, souvent par leurs morsures, attaquent nos animaux domestiques, souillent nos aliments, qu'elles infectent de leurs œufs et de leurs larves, et dont elles provoquent la décomposition. La mouche à viande (*musca vomitoria*) dégorge sur la viande une liqueur qui en accélère la putréfaction, puis elle y dépose ses œufs, et les larves vermiformes qui en sortent se développent, et ne tardent pas à se répandre dans toute la masse. Ces bêtes immondes se multiplient avec une effrayante rapidité. C'est ce qui faisait dire à Linné que trois mouches de l'espèce *vomitoria* pouvaient débarrasser la terre du cadavre d'un cheval aussi vite que le ferait un lion. Je ne dis rien des *stomoxes,* ou mouches du fumier, des mouches du fromage, etc. Ce sont les larves de ces mouches que le vulgaire appelle *asticots* et *vers à queue,* et que les pêcheurs à la ligne conservent précieusement dans des boîtes de fer-blanc pour amorcer leurs hameçons.

« Quoique les mouches ne soient pas venimeuses par elles-mêmes, disent Paul Gervais et Van Beneden, elles sont parfois à craindre, soit pendant leur état de larves, soit pendant leur état parfait. Dans le premier cas, elles envahissent nos substances alimentaires, et on les trouve quelquefois jusque dans nos organes ; dans le second, non seulement elles sont importunes, mais elles peuvent être dangereuses, et déterminer des phénomènes morbides fort graves. C'est ce qui a lieu lorsqu'elles se sont nourries de substances en putréfaction, et qu'elles viennent ensuite se poser sur quelque point dénudé de notre corps, et nous inoculer les éléments putrides dont leur trompe ou leurs pattes sont encore chargées. Ainsi certaines maladies infectieuses, et en particulier le *charbon* ou *pustule maligne,* prennent souvent naissance de cette manière, et des espèces très différentes de mouches peuvent en porter le germe avec elles. C'est surtout en été et dans les établissements d'équarrissage ou dans le voisinage des endroits où l'on tient des matières animales en putréfaction, que ces phénomènes se présentent. Les malades ont souvent conscience de la manière dont l'infection leur a été communiquée[1]. »

Les mouches dites *à viande* ne se contentent pas d'attaquer la chair morte : il n'est pas rare qu'elles déposent leurs œufs jusque dans la chair des animaux vivants, et même de l'homme.

« Un mendiant de Lincolnshire, racontent Van Beneden et Paul Gervais, mourut en 1829 dans les circonstances suivantes. Par un temps très chaud, cet homme s'étendit sous un arbre, après avoir placé sur sa poitrine, entre sa chemise et sa peau, comme le font souvent les gens du peuple, le peu de pain et de viande qu'il destinait à son prochain repas. La viande fut attaquée par les mouches, et les vers déposés par celles-ci passèrent des aliments sur la peau même de cet homme. Lorsqu'il fut trouvé, il était déjà tellement attaqué, que sa mort paraissait inévitable. On le transporta à Asborny, et l'on fit venir un chirurgien, qui déclara qu'il ne survivrait pas longtemps au pansement. Il mourut, en effet, peu d'heures après. Quand le chirurgien le vit pour la première fois, il présentait déjà un aspect effrayant ; de gros vers blancs, dont l'espèce était regardée comme étant le *musca carnaria,* se remuaient dans l'épaisseur de sa peau et de ses chairs, qu'ils avaient profondément labourées. Beaucoup de faits ayant avec celui-là une analogie plus ou moins grande ont été enregistrés, et la présence de semblables larves de diptères dans le corps de l'homme et des animaux a même reçu un nom particulier : celui des *myasis.* »

Les larves d'une autre famille nombreuse de chétocères, les *œstres,* éclosent et se développent exclusivement dans la peau et dans les organes des mam-

---

[1] *Zoologie médicale,* t. 1.

mifères et de l'homme. Ces horribles parasites sont surtout communs dans l'Amérique méridionale.

Les *tabanides* sont ces grosses mouches qui, en été, par la chaleur du jour, harcèlent et piquent jusqu'au sang les bestiaux et les chevaux, et que tout le monde connaît sous le nom de *taons*. Cette famille a des représentants dans toutes les parties du monde. Les espèces propres aux contrées tropicales sont surtout à craindre, à raison de leur nombre, de leur activité, de leur voracité, et même, dans beaucoup de cas, à cause des effets terribles de leur morsure.

A la famille des tabanides se rattache, selon toute probabilité, la mouche *tsetsé (glossina morsitans)*, si justement redoutée dans le centre et dans le sud de l'Afrique. Les modernes explorateurs du continent africain ont donné sur cet insecte et sur les étranges et terribles effets de sa piqûre des détails très circonstanciés et parfaitement concordants. Les plus curieux et les plus complets sont ceux qu'on doit au docteur Livingstone.

« La mouche tsetsé, dit ce célèbre voyageur, n'est pas beaucoup plus grosse que la mouche commune ; elle est brune, à peu près de la même nuance que l'abeille ordinaire, et porte sur la région postérieure de l'abdomen trois ou quatre raies jaunes transversales. D'une vivacité remarquable (ses ailes sont plus longues que son corps), il est très difficile de la saisir avec la main pendant le milieu du jour ; le soir et le matin, la fraîcheur de la température lui enlève une partie de son agilité. Quiconque voyage avec des animaux domestiques n'oublie jamais le bourdonnement particulier de la mouche tsetsé, une fois qu'il lui est arrivé de l'entendre ; car la piqûre de cet insecte venimeux est une cause de mort certaine pour le chien, le bœuf et le cheval.

« ... Un des caractères les plus remarquables de la piqûre de cette mouche est d'être complètement inoffensive pour l'homme, pour les animaux sauvages, et même pour les veaux tant qu'ils sont encore à la mamelle. Nous n'en avons jamais souffert personnellement, bien que nous ayons vécu deux mois au milieu de ces insectes, dont l'habitat est parfaitement déterminé. La rive méridionale du Chobé en était envahie, et sur l'autre bord de la rivière, où nous avions conduit nos bœufs, qui, à cinquante pas de ces mouches, auraient dû les attirer, il n'en existait pas une seule...

« Lorsqu'on a sur la main un de ces insectes, et qu'on le laisse agir sans le troubler, on voit sa trompe se diviser en trois parties, dont celle du milieu s'insère assez profondément sous notre peau ; l'insecte retire cette tarière, l'éloigne un peu, et se sert alors de ses mandibules, qui, sous leur action rapide, font contracter à la piqûre une teinte cramoisie ; l'abdomen de la mouche, flasque et aplati auparavant, se gonfle peu à peu, et si l'insecte n'est pas tourmenté, il s'envole tranquillement aussitôt qu'il est gorgé de sang. Une légère démangeaison succède à cette piqûre, mais n'est pas plus sérieuse que celle qui est causée par un moustique. Chez le bœuf, l'effet immédiat ne semble pas avoir plus de gravité que chez l'homme, et ne trouble pas l'animal ;

mais quelques jours après il s'écoule des yeux et du mufle de la pauvre bête
un mucus abondant ; la peau tressaille et frissonne comme sous l'impression
du froid ; le dessous de la mâchoire inférieure commence à enfler, symptôme
qui parfois se manifeste également au nombril ; le bœuf s'émacie de jour en
en jour, bien qu'il continue à paître ; l'amaigrissement s'accompagne d'une
flaccidité des muscles de plus en plus prononcée ; la diarrhée survient ; l'animal
ne mange plus, et meurt bientôt dans un état d'épuisement complet...

« Ces symptômes (et ceux que l'autopsie fait connaître) indiquent un empoi-
sonnement du sang, qui existe en effet, et dont le germe est déposé par la
trompe de l'insecte...

« L'âne, le mulet, la chèvre, jouissent du même privilège que l'homme à
l'égard de cet insecte. Il en résulte que la chèvre est le seul animal domes-
tique de beaucoup de peuplades nombreuses qui habitent les bords du Zam-
bèze, où la mouche tsetsé devient un véritable fléau...

« Le dégoût avéré qu'inspirent aux tsetsés les excréments des animaux... a
été mis à profit par les docteurs indigènes ; ils font un mélange de fiente et
de lait de femme, auquel ils ajoutent quelques drogues, et en barbouillent
les bœufs qui doivent traverser un canton envahi par le tsetsé ; mais ce pré-
servatif, qui réussit pendant quelque temps, devient bientôt inefficace. Une
fois la maladie déclarée, on n'y connaît pas de remède [1]. »

Selon le docteur Livingstone, la mouche tsetsé ne disparaîtra, *faute d'ali-
ment,* de l'Afrique australe que lorsque, grâce à l'introduction des armes à
feu, toutes les bêtes sauvages auront été détruites dans cette vaste contrée.
Voilà, je l'avoue, un moyen un peu héroïque, difficilement réalisable et d'une
efficacité douteuse. Burton et Speke me semblent mieux inspirés lorsqu'ils
disent : « Peut-être un jour, à l'époque où cette terre féconde acquerra de la
valeur, y introduira-t-on un oiseau qui exterminera le tsetsé, et deviendra
pour l'Afrique le don le plus précieux qu'elle aura jamais reçu [2]. »

---

[1] *Explorations dans l'intérieur de l'Afrique australe,* par le docteur David Livingstone; ouvrage
traduit de l'anglais par Mme H. Loreau. — 1 vol. grand in-8°. Paris, 1859.

[2] *Voyage aux grands lacs de l'Afrique orientale,* traduit de l'anglais par Mme H. Loreau. — 1 vol.
grand in-8°. Paris, 1862.

CHAPITRE IV

Quittons les vilaines mouches voraces, fainéantes, parasites, pour le peuple estimable des laborieux et vaillants porte-aiguillon. Le vulgaire n'y voit guère de différence. Pour lui, la guêpe, le bourdon, l'abeille, sont des mouches comme le taon, l'œstre, la mouche des cadavres. Beaucoup distinguent difficilement l'abeille de certaines mouches qui, par la grosseur et la couleur, lui ressemblent. Des observateurs éclairés, des naturalistes s'y sont trompés. Est-ce par une méprise de ce genre, comme le croit M. Michelet, que Virgile a montré les abeilles d'Aristée sortant de la peau des bœufs que ce berger avait immolés aux mânes d'Eurydice et d'Orphée ? Cela me semble peu probable ; Virgile connaissait trop les abeilles pour les confondre avec les mouches funèbres qui hantent les charniers et les cimetières ; il savait fort bien que les premières ne déposent point leurs œufs dans la chair ou dans la peau des animaux morts. « La fable, si c'en est une, dit Michelet, doit avoir un côté de vérité : qu'il se soit trompé sur les mots, qu'il ait mal appliqué les noms, cela n'est pas impossible ; mais pour les faits, c'est autre chose : ce qu'il dit, je le crois. »

C'est un tort de vouloir toujours attribuer aux fictions des poètes une portée philosophique ou scientifique. Sans doute les *Géorgiques* sont une œuvre didactique savante et très étudiée. Tout ce que Virgile dit des abeilles, de leurs mœurs, de leur *politique,* des soins à leur donner, il le dit de bonne foi, sérieusement. Mais dans le récit des malheurs d'Aristée, le poète évidemment prend la place de l'agronome, du naturaliste (Virgile l'était autant qu'homme de son temps). Après avoir instruit son lecteur par de graves préceptes, il le charme et l'amuse par une fable ingénieuse, par un conte fantastique. Ce conte est admirable : c'est tout un poème. Mais contentons-nous de le goûter comme un chef-d'œuvre de sentiment et de mélodie, sans y chercher ce que jamais l'auteur n'a songé à y mettre : une thèse de philosophie naturelle, un plaidoyer pour les générations spontanées.

Entre les mouches travailleuses chantées par le poète de Mantoue et les vils insectes dont nous avons parlé au chapitre précédent, il n'y a aucune parenté : la ressemblance est toute superficielle, et disparaît dès qu'on regarde de près les unes et les autres. Les mouches proprement dites sont des *diptères :* elles n'ont que deux ailes ; les abeilles, les guêpes, les bourdons en ont quatre : ce sont des *hyménoptères.* Quand les premières attaquent l'homme

1 Poliste française (gr. nat.).　　4 Abeille ouvrière (gr. nat.).
2 Guêpe commune (gr. nat.).　　5 Abeille mâle (gr. nat.).
3 Bourdon terrestre (gr. nat.).　　6 Abeille femelle ou *reine* (gr. nat.)

et les animaux, c'est pour sucer leur sang ; elles les mordent plutôt qu'elles ne les piquent ; elles n'ont pas l'aiguillon, qui est l'arme caractéristique des espèces à la fois laborieuses et guerrières. Celles-ci n'attaquent jamais l'homme ; elles se défendent bravement lorsqu'elles sont inquiétées par lui ou qu'elles croient l'être ; leur nourriture est exclusivement végétale. Enfin leurs pattes postérieures sont bien moins des organes de locomotion que d'admirables instruments de travail, d'une structure particulière, très compliquée chez les abeilles. Ici la face externe des *jambes,* qui porte le nom de *palettes,* présente un enfoncement lisse. C'est la *corbeille,* où l'animal place la pelote de pollen ou de nectar mielleux qu'il a recueillie à l'aide de la *brosse* de poils soyeux qui se trouve sur la face interne du premier article des tarses.

La bouche des abeilles est munie d'une trompe coudée, repliée en dessous de l'insertion. Cette trompe, dépourvue de l'espèce de lancette qui accompagne celle des insectes buveurs de sang, serait une arme insuffisante pour la défense de leurs foyers, des produits de leur patiente industrie, des œufs et des larves qu'elles soignent et nourrissent avec une jalouse sollicitude ; la nature leur a donné l'aiguillon rétractile, sorte de dard qui n'est pas sans analogie avec les crochets des serpents venimeux. Il communique avec un appareil sécréteur d'où s'écoule une liqueur âcre, un venin qui rend la plaie d'autant plus grave, que presque toujours l'insecte y laisse son aiguillon.

On divise les abeilles en sociétaires *pérennes*, sociétaires *annuels* et *solitaires*. Les sociétaires pérennes sont les vraies abeilles, celles qui nous donnent et le miel et la cire, et dont les mœurs, les travaux, les guerres, la constitution, le gouvernement, ont excité de tout temps à un si haut degré la curiosité et l'admiration des observateurs. Ce n'est pas que l'histoire de ces intéressants insectes n'ait été souvent empreinte d'exagération et embellie à plaisir, ni qu'il faille prendre à la lettre les appréciations enthousiastes qui représentent la société des abeilles comme le parfait modèle d'un état policé et civilisé. Il est certain toutefois que leur instinct, — peut-être devrais-je dire leur intelligence, — leur activité, leur courage, la savante organisation de leur communauté, l'ordre parfait qui préside à leurs opérations, les passions même, les tumultes qui parfois les agitent, mais qui ont toujours pour mobile le salut public, sont un des plus merveilleux spectacles que nous offre la nature.

La ruche est-elle une monarchie ou une république ? Sur cette question les avis sont partagés. Pour moi, elle n'est pas douteuse. La monarchie parmi les abeilles n'est que l'apparence. Leur prétendue reine, la femelle mère, ne règne que jusqu'à un certain point, et ne gouverne en aucune façon. Les respects, les attentions dont on l'entoure s'adressent non pas à elle, mais à sa postérité, à la république future qu'elle porte dans ses flancs. Elle n'est même pas libre ; on la garde à vue, on la surveille jalousement jusqu'à ce qu'elle ait pondu ; après quoi tous les soins se reportent sur sa progéniture.

On sait que les abeilles *font* littéralement leurs reines, en donnant à certaines larves une éducation particulière, une nourriture plus succulente et plus abondante. Afin de n'en pouvoir manquer, elles en élèvent plusieurs. La plus précoce, la plus forte tue les autres ; on la laisse faire. Vient-elle à disparaître, on choisit parmi les larves qui restent en cellules des nourrissons propres à la remplacer, et tout est dit. Donc « la reine » n'est pas même une reine constitutionnelle : tout son rôle se borne à donner des citoyens à l'État. Quant aux mâles, ils sont peu nombreux, et comme ils sont également impropres au travail et à la guerre (ils n'ont point d'aiguillon), dès que la femelle est fécondée on les égorge sans merci. Reste donc le peuple, le grand peuple des *neutres* ou des *ouvrières*, qui récoltent le miel et la cire, construisent et approvisionnent la ruche, nourrissent les larves, élèvent les jeunes reines, forment en outre la garde nationale et l'armée, puisqu'elles maintiennent l'ordre à l'intérieur, et combattent au besoin l'ennemi extérieur. N'est-ce pas là de la démocratie?... Ce peuple n'obéit qu'à la loi, non à une loi écrite, mais à une loi inflexible que lui dicte son instinct, et qu'il ne transgresse jamais.

Les dissensions, les guerres civiles qui de temps à autre viennent troubler la république prennent naissance à l'occasion des migrations ou *essaimages* nécessités par l'accroissement de la population et par la pluralité des reines. « Quand les essaims ont pris l'essor, dit Delille dans ses *Remarques sur le IVe livre des Géorgiques*, il se trouve souvent plusieurs reines, et dans la ruche-mère qu'ils viennent de quitter, et dans la nouvelle où ils commencent à s'établir ; alors le désordre se met parmi les abeilles. Les ouvrages sont interrompus, et la paix et l'activité ne reviennent que lorsque les causes du trouble ont cessé, et que toutes les reines surnuméraires ont été mises à mort. On ignore si c'est la reine même qui se charge de cette barbare exécution [1], ou si ce sont ses sujets qui, s'écartant pour cette fois de leur amour inviolable pour leurs chefs, les sacrifient au repos de l'État. Ce qu'il y a de certain, c'est que le combat ne se livre que dans l'intérieur de la ville, et que tout le carnage se borne à peu près à celui des reines surnuméraires. Ainsi la pompeuse description de ces armées commandées par leurs rois et de cette bataille sanglante qui se livre dans les champs de l'air est de l'imagination du poète, qui, en cherchant à flatter les objets, a manqué la ressemblance. »

Le contrat social des abeilles est perpétuel. Leur union, une fois formée, se conserve inviolablement de génération en génération. Mais il est, dans la même famille, des espèces qui ne s'associent que pour une année. Tels sont ces gros insectes aux ailes brillantes, aux formes trapues, à la peau veloutée, auxquels le ronflement grave qui accompagne leur vol a fait donner le nom de *bourdons* (*bombus*). Beaucoup de personnes regardent à tort ces hyménoptères comme des fainéants qui ne savent que bourdonner. Ce sont d'excellents travailleurs. Malgré leur apparence redoutable et quoique armés d'un aiguillon solide et bien affilé, ils sont tout à fait inoffensifs. On peut bouleverser leur nid sans qu'ils se fâchent. Réaumur l'a fait cent fois impunément. Lorsqu'on cesse de les inquiéter, ils s'occupent activement de réparer le dégât; les mâles eux-mêmes prennent part à la besogne avec les neutres et les femelles. Chez eux, point d'oisifs, point de privilégiés, point de rivalités non plus, ni de massacres. Les femelles vivent en bonne intelligence, et les mâles jouissent des mêmes droits et de la même sécurité que les neutres, comme ils remplissent les mêmes devoirs. N'ayant qu'une année à vivre, ces honnêtes insectes prennent le sage parti de la passer tranquillement et fraternellement, sans faire de mal à personne. Si l'on veut une république modèle, c'est parmi les

---

[1] Il paraît établi aujourd'hui que c'est bien elle, ainsi que je l'ai dit ci-dessus.

bourdons qu'il la faut chercher; c'est sur le seuil de leur humble demeure qu'on pourrait inscrire la devise : *Liberté, Égalité, Fraternité.* Ils ne fabriquent qu'une petite quantité de miel; mais ce miel n'est pas à dédaigner, pourvu toutefois qu'il n'ait pas été butiné sur des plantes vénéneuses : car ses propriétés sont celles des plantes qui l'ont fourni. On en peut dire autant, du

Nid de guêpes dans un arbre.

reste, de celui des abeilles et de celui des guêpes, qui peut aussi devenir, dans certains cas, un poison dangereux [1].

Les guêpes forment, dans la tribu des aiguillonnés, une famille à part, caractérisée surtout par la disposition des ailes, qui sont pliées longitudinalement pendant le repos. L'instinct social, le goût du travail et de l'ordre ne sont pas moins développés chez les guêpes que chez les abeilles; leur caractère est plus ombrageux, plus irritable; leur piqûre est aussi plus douloureuse. Je ne sais si l'on a jamais essayé de les réduire en domesticité; en tout cas, je doute fort qu'on y puisse réussir. Très promptes à jouer de l'aiguillon contre tout étranger suspect d'intentions hostiles, elles se rapprochent cependant beaucoup plus des bourdons que des abeilles par leurs mœurs publiques. Dans leur cité,

[1] Voir à ce sujet la *Zoologie médicale* de Paul Gervais et Van Beneden.

point de ces lois sanguinaires qui souillent les ruches des abeilles. On ne demande aux femelles d'autre service que de perpétuer l'espèce. Les mâles ne
sortent pas du guêpier, mais ils s'occupent dans l'intérieur à nettoyer les appartements, à enlever les cadavres des guêpes qui meurent, en un mot, à
« faire le ménage ». Aussi les laisse-t-on vivre en paix le peu de temps que
la nature leur accorde. Ils ne survivent guère à la fécondation. Les neutres

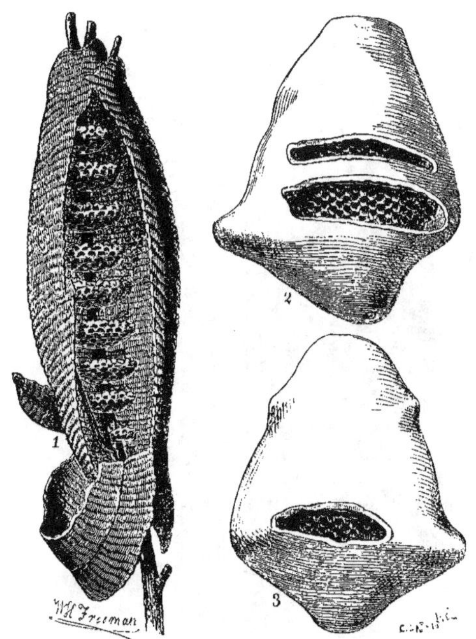

¹ Nid d'une guêpe de la Guyane.   ² et ³ Nids de guêpes cartonnières.

meurent aux premiers froids ; les femelles seules restent, et passent l'hiver
engourdies dans les fissures des murailles ou dans les creux des arbres. Les
affaires extérieures et les travaux publics incombent aux neutres. Ce sont elles
qui recueillent et nourrissent les larves, qui vont butiner dans les champs, qui
construisent, entretiennent et réparent l'habitation. Le talent architectural de
ces ouvrières est porté à un très haut degré. La nature et le style de leurs
constructions varient selon les espèces. Celles des guêpes communes de nos
contrées sont des villes souterraines, où les habitants pénètrent par un trou
de deux à trois centimètres de diamètre, pratiqué au ras du sol. A l'intérieur,
les rues et les logements sont distribués avec beaucoup de symétrie. Le tout
est recouvert d'une voûte épaisse, convexe, formée de plusieurs couches, entre
lesquelles les architectes ont eu soin de laisser des vides, afin que la pluie ne

puisse les traverser. Ces voûtes, ainsi que les murs et les cloisons des habi-
tations, sont faites d'une sorte de papier que les guêpes fabriquent elles-mêmes
avec des fibres végétales agglutinées. Les habitations sont des gâteaux plats
disposés horizontalement les uns au-dessus des autres, et divisés en cellules
hexagonales très régulières, au nombre de douze à quinze mille. Comme cha-
cune de ces cellules sert de berceau à trois guêpes, on voit que la popula-

Nid de la poliste pâle.

tion d'un guêpier ne s'élève pas, pour une année, à moins de quarante mille
individus.

La guêpe-frelon (*vespa crabo*) fait son nid dans les trous des vieux murs
ou dans de vieux troncs d'arbres. D'autres l'attachent aux branches des arbres.
Tantôt elles les enveloppent de feuilles de leur papier ; tantôt elles se dispensent
de cette précaution, en disposant leurs cellules horizontalement dans un gâ-
teau dont la tranche est verticale. Ainsi fait la guêpe gauloise (*vespa gallica*).
Les guêpes des contrées tropicales, qui ont à se garantir contre les pluies di-
luviennes de ces climats et contre les attaques de nombreux ennemis, sus-
pendent aussi leurs guêpiers aux arbres des forêts et les enferment dans
d'épaisses murailles. Une de ces espèces, appelée la guêpe *cartonnière*, fa-
brique à cet effet, non pas du papier, comme font les guêpes d'Europe, mais

un véritable carton dur et résistant. Le nid des *polistes,* genre voisin des guêpes proprement dites, et qui a pour type la poliste française (*polistes gallica*), est ordinairement fixé sur une branche d'arbuste. Celui de la poliste pâle (*polistes pallens*) ressemble au nid de la guêpe gauloise, mais il est beaucoup plus volumineux.

Nous ne pouvons quitter le peuple des travailleurs ailés sans dire quelques mots des fourmis, bien plus étonnantes encore que les abeilles par leur intelligence, leurs mœurs politiques, leurs travaux, leurs industries variées, — j'allais dire leurs spéculations, — par leur courage aussi et leur génie militaire. Il y a plus d'un trait de ressemblance entre les fourmis et les abeilles. Les unes et les autres sont armées d'un aiguillon, et, chez les premières comme chez les secondes, on trouve les trois sexes, mâle, femelle et neutre. Mais chez les fourmis, les mâles et les femelles seuls ont des ailes. Je ne parle point des autres différences d'organisation. Sous le rapport des instincts et du savoir-faire, la supériorité est incontestablement, je le répète, du côté des fourmis. Plusieurs espèces ne sont pas seulement maçonnes, charpentières, guerrières ; ce sont encore des peuples pasteurs et dominateurs : elles ont des bestiaux et des esclaves. Les bestiaux, ce sont les pucerons; les esclaves, ce sont, chose singulière, — d'autres fourmis plus noires que les maîtres : des fourmis-nègres !

Linné appelait les pucerons les *vaches à lait* des fourmis. L'expression est exacte. Les pucerons sécrètent un liquide sucré dont les fourmis sont très friandes. Celles-ci, pour être sûres de n'en pas manquer, entraînent, gardent et nourrissent avec soin dans leurs fourmilières des pucerons destinés à leur fournir quotidiennement leur nectar favori. Les fourmis *rouges* enlèvent de vive force les larves et les nymphes des fourmis *noires-cendrées,* les font éclore et les emploient aux travaux de la fourmilière. Je dois ajouter qu'elles les traitent avec beaucoup de douceur, et que les noires-cendrées n'ont jamais la moindre velléité de se soustraire par la révolte à une condition parfaitement conforme à leurs instincts. Elles témoignent, au contraire, à leurs maîtres un dévouement inaltérable, et se considèrent comme citoyennes de la république.

Dans les climats tempérés, les fourmis sont inoffensives, tout au plus incommodes ; mais dans les pays chauds elles deviennent une puissance redoutable avec laquelle il faut compter. « Elles sont, dans ces contrées, dit Michelet, reines et tyrans de tous les autres êtres. Les carabes exterminateurs, les nécrophores ensevelisseurs, qui chez nous jouent, comme insectes, le rôle de l'aigle et du vautour, osent à peine paraître dans les latitudes brûlantes où dominent les fourmis. Toute chose qui gît à terre est à l'instant dévorée par elles. Lund (*Mémoire sur les fourmis*) dit qu'il eut à peine le temps de ramasser un oiseau qu'il venait de voir tomber : les fourmis y étaient déjà, et s'en emparaient. La police de salubrité est faite par elles avec une énergique et implacable exactitude.

« Ces grosses fourmis du Midi, bien plus âpres que les nôtres, se sentant dames et maîtresses, craintes de tous, ne craignant personne, vont devant elles imperturbablement, sans se détourner pour aucun obstacle. Qu'une maison soit sur leur passage, elles entrent, et tout ce qui est vivant, même les énormes, venimeuses et redoutables araignées, même de petits mammifères, tout est dévoré. Les hommes leur quittent la place. Mais si l'on ne peut pas quitter, l'invasion est fort à craindre.

« Linné appelle les termites le fléau des deux Indes ; et l'on pourrait également donner ce nom aux fourmis, si l'on ne considérait que le dégât qu'elles causent dans les travaux et les cultures de l'homme. En quelques heures, elles dépouillent un grand oranger, le déménagent entièrement de toutes ses feuilles. Elles ravagent en une nuit un champ de coton, de manioc ou de cannes à sucre. Voilà leurs crimes. Leurs vertus, c'est de détruire encore mieux tout ce qui nuirait à l'homme, comme insecte ou chose insalubre. Bref, sans elle, on ne pourrait habiter certains pays.

« Pour les nôtres, en conscience, je ne crois pas qu'elles fassent le moindre mal à l'homme, ni aux végétaux qu'il cultive. Loin de là, elles le délivrent d'une infinité de petits insectes. Je les ai vues souvent en longue file emportant chacune à la bouche une toute petite chenille qu'elles portaient précieusement au garde-manger de la république. Ce tableau les eût fait bénir de tout honnête agriculteur. »

CHAPITRE V

On a, par corruption et par antiphrase, appelé *fourmi-lion* ou *formica-leo* un insecte qui, loin d'être un cousin des fourmis, est, au contraire, un de leurs plus dangereux ennemis. Son vrai nom est *lion des fourmis;* encore ce nom ne s'applique-t-il justement qu'à sa larve, et non à l'insecte parfait. La larve est une petite bête à tête large, munie de mandibules crochues pour transpercer sa proie, et d'une trompe à piston pour lui sucer les entrailles. Son abdomen est volumineux. De cet abdomen, ainsi que de sa tête et de ses pattes, elle travaille adroitement à creuser dans le sable une fosse en forme d'entonnoir, au fond de laquelle elle se tapit pour épier les fourmis et autres petits insectes marcheurs. Si quelqu'un de ceux-ci a le malheur de mettre les pattes sur le bord intérieur de l'entonnoir, il glisse sur la pente, le fourmi-lion lui jette du sable pour accélérer sa chute, et parvient presque toujours à s'en emparer. Qui croirait que cette larve trapue, féroce et insidieuse, se change, au sortir de sa chrysalide, en une *demoiselle* aux formes délicates, aux longues ailes diaphanes? On sait que le nom scientifique des demoiselles est *libellules* (ordre des névroptères). Qui n'a regardé avec plaisir ces filles de l'air voltigeant au bord des étangs et des rivières parmi les roseaux, et faisant étinceler coquettement aux rayons du soleil leurs ailes irisées? Les entomologistes, — ces messieurs ont parfois des idées gaies, — se sont amusés à donner à ces élégants insectes des noms de demoiselles. Ils ont appelé Éléonore la *libellule déprimée* (*libellula depressa* de Linné), commune dans toute l'Europe ; Julie, la grande libellule des environs de Paris (*L. grandis*); Louise, l'*agrion vierge* (*L. virgo*), dont le corps est d'un beau vert luisant, et les ailes d'un bleu azuré; Amélie, la *jouvencelle* (*L. puella*), aux ailes transparentes et incolores.

A la famille des libellules appartiennent les *éphémères* et les *hémérobies,* dont la vie aérienne ne dure que quelques heures, quelques jours tout au plus.

Éloignons-nous, bien qu'à regret, des rivages fleuris où s'ébattent joyeusement ces frêles créatures. Regagnons les champs et les bois, où nous allons trouver d'autres insectes beaucoup moins jolis, mais plus curieux à étudier. C'est d'abord la massive *cigale,* qui nous poursuit de son chant aigre et monotone. *Chant* n'est pas le mot propre ; n'en déplaise à la Fontaine, la cigale ne chante pas : elle joue de la musette. Mais son instrument, comme la clarinette d'un célèbre musicien de vaudeville, ne donne qu'une seule note. Cet

[1] Éphémère commune (grandeur naturelle).   [2] Libellule déprimée (grandeur naturelle).
[3] Agrion vierge (grandeur naturelle).

instrument, avec lequel la cigale mâle donne des sérénades à sa fiancée, a été analysé avec soin par Réaumur. Il est formé de lames écailleuses qui vibrent sous l'impulsion de muscles puissants placés à la partie inférieure de l'abdomen. Malgré la grosseur de leur corps, les cigales volent bien ; leurs élytres et leurs ailes sont grandes et transparentes ; les premières dépassent de beaucoup l'abdomen lorsqu'elles sont repliées. Ces insectes vivent sur différents arbres. En général, chaque espèce a son arbre de prédilection, où elle perche habituellement, et dont elle suce la sève. La femelle porte à l'extrémité de l'abdomen une tarière qui lui sert à percer le bois pour introduire ses œufs dans la partie médullaire qui doit servir de nourriture aux larves.

Les espèces les plus remarquables sont la grande *cigale plébéienne* de France,
la *cigale sanglante,* la *cigale-hibou,* la *cigale vielleuse,* etc.

J'ai parlé plus haut des fulgores, ces singulières cigales de la Chine et de
l'Amérique. Le mâle de ces espèces n'a point d'instrument de musique. Il y
supplée en allumant la nuit sa lanterne, ou sa chandelle, qui le fait aperce-
voir et reconnaître de loin par sa compagne.

L'animal que vous voyez page suivante vous paraîtra, au premier abord,
ressembler beaucoup à la cigale. Ne vous y trompez pas, la différence entre

Cigale-hibou (²/₃ de grandeur naturelle).

les deux est grande : différence de structure et d'organisation, différence de
mœurs et de régime. L'une, la cigale, est un hémiptère ; l'autre, la *blatte,*
fait partie d'un ordre qui renferme plusieurs espèces particulièrement dignes
d'arrêter notre attention : l'ordre des orthoptères. Les insectes qui le com-
posent sont, en général, médiocrement conformés pour le vol ; ce sont sur-
tout des marcheurs et des sauteurs. Un certain nombre cultivent la musique
avec non moins de succès que les cigales. Il suffit de citer le grillon que tout
le monde connaît. Enfin la grande majorité des orthoptères se distingue par
un appétit vorace qui rend très nuisibles les espèces herbivores, frugivores
et omnivores. Quant aux espèces carnassières, il n'en faut pas médire. Chez
les insectes comme chez les quadrupèdes, les carnassiers mangent les herbi-
vores ; et ici, pour l'homme, c'est tout bénéfice.

Les blattes, malheureusement, sont omnivores. On fait dériver leur nom du
verbe grec βλάπτω, *je nuis;* et, il faut le dire, elles ne justifient que trop cette
étymologie. Elles sont parmi les insectes ce que sont les rats parmi les mam-

mifères : un fléau des habitations humaines, mais un fléau cent fois plus à craindre que les rats. Contre ceux-ci nous avons les chats, les chiens, les pièges, le poison; contre les blattes nous n'avons aucune arme; d'auxiliaires, pas davantage, si ce n'est peut-être la chouette tant calomniée. A ces ravageurs nocturnes, les seuls ennemis à opposer, ce sont ces oiseaux nocturnes, si grands mangeurs d'insectes, et si habiles à les saisir. Les blattes se rapprochent des rats par leurs appétits, leur parasitisme, leur désolante fécondité, par leur odeur même. Elles vivent dans les maisons, et de préférence

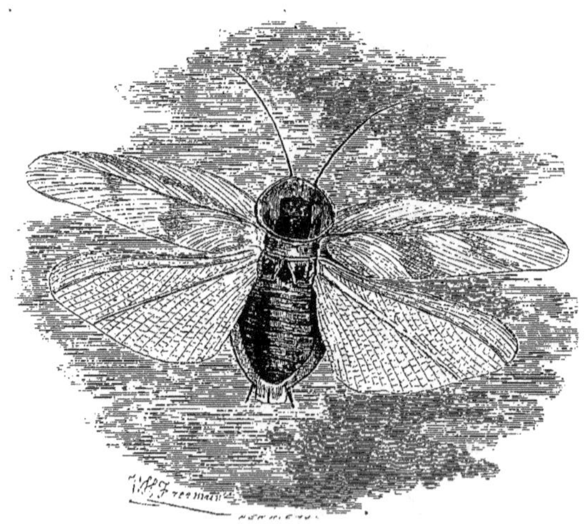

Blatte gigantesque ($^{1}/_{2}$ de grandeur naturelle).

élisent domicile dans la cuisine. Leur goût prononcé pour la farine les attire en grand nombre dans les boulangeries.

Toutes, heureusement, ne sont pas de la taille de la blatte gigantesque, que le dessin de M. Freeman montre réduite à la moitié de sa grandeur vraie. Cette espèce est propre au Brésil et à la Guyane. Celle qui est commune en Europe, et qu'on appelle vulgairement, en France, *panetière* ou *cafard,* est la *blatte orientale.* On la croit originaire de l'Asie. Les espèces qui habitent les colonies sont connues des créoles et des marins sous le nom de *kakerlacs* ou *cancrelas.* Les navires en sont infestés. Elles y pullulent d'une manière effrayante, dévorent les marchandises, les provisions, les vêtements des marins et des passagers, et se répandent en grand nombre dans nos villes maritimes.

Les *mantes,* les *phasmes* et les *spectres,* voisins des blattes dans la série qui nous occupe, sont remarquables principalement par leur grande taille et par la bizarrerie de leurs formes et de leurs couleurs. Nous n'avons point à nous en plaindre, au contraire : leurs appétits carnassiers doivent leur mériter

notre bienveillance. C'est contre nos ennemis qu'ils exercent leurs tranchantes
et fortes mâchoires, leurs pattes antérieures démesurément longues et armées
d'aspérités aiguës.

Leur corselet allongé, leur tête aux yeux saillants, leur abdomen étalé,
les appendices écailleux qui garnissent leur corps et leurs membres, leurs
ailes et leurs élytres vertes ou jaunâtres, imitent à s'y méprendre, dans
quelques espèces, les feuilles desséchées de différents arbres : tout cela
leur compose une tournure étrange qui, jointe à la singularité de leurs

Mante prie-Dieu ou religieuse (grandeur naturelle).

mouvements, a fait naître sur le compte de ces orthoptères bien des pré-
jugés.

Les mantes (du grec μάντις, *devin*) passent, dans certaines contrées, pour
posséder les facultés les plus merveilleuses. La *mante prie-Dieu* ou *mante
religieuse* est presque un animal sacré aux yeux des paysans languedociens,
qui l'appellent *prega-Diou,* et croient tout de bon qu'elle fait ses dévotions.
Le fait est qu'on la voit presque constamment dans une attitude qui imite
assez bien celle de la prière. Elle redresse sa tête et son long thorax, joint
sous son menton les articulations de ses deux grandes pattes antérieures, et
demeure ainsi comme en contemplation durant des heures entières. En réalité,
son unique préoccupation est de guetter sa proie, qu'elle saisit très adroite-
ment entre sa jambe et sa cuisse, et qu'elle dévore à belles dents : je veux dire
à belles mandibules. La voracité des femelles est telle, qu'à défaut d'autres
proies suffisantes elles ne se font aucun scrupule de dévorer leurs maris.

La *mante* ou *empuse gongylode,* qui habite l'Afrique, est encore plus difforme que la mante européenne. Son front est armé d'une sorte de corne ; son corselet est dilaté au sommet; les articulations de ses cuisses s'épanouissent en forme de manchettes, et ses ailes plissées dépassent ses élytres comme le volant d'un mantelet.

Les *phasmes* et les *spectres* diffèrent des mantes par leur corps très allongé,

Mante gongylode (²/₃ de grandeur naturelle).

partout de même diamètre, droit et raide comme un bâton, et par leurs ailes développées, ayant la forme et l'aspect des feuilles sèches, sur lesquels ils vivent. Le plus extraordinaire sous ce rapport est celui qu'on nomme *phyllie feuille sèche,* ou *feuille ambulante,* et qui habite les Indes orientales. Ses élytres ressemblent à des feuilles qui n'auraient plus que leurs nervures et leur épiderme, et ses cuisses à des pétioles dilatés de feuille d'oranger. Le mâle est plus long et plus étroit que la femelle; ses élytres sont courtes, et ses ailes ne dépassent pas son abdomen.

C'est aussi dans l'Inde qu'on trouve le phasme géant, dont le corps est long de vingt à vingt-cinq centimètres, de couleur verte, tuberculé sur le corselet. Les pattes de cet insecte sont épineuses, ses élytres très courtes, ses ailes d'un gris roussâtre, avec des nervures brunes.

Aux Antilles, on connaît une autre espèce de phasme, le *phasme-bâton*, qui n'a point d'ailes, et qu'on prendrait pour une branche de bois mort.

Les *pseudophylles*, qui établissent la transition entre les orthoptères marcheurs et les sauteurs ou locustiens (*locusta*, sauterelle), partagent avec les mantes, les phasmes et les spectres, la faculté de se dissimuler sous une

Phasme géant (²/₃ de grandeur naturelle).

apparence végétale. Telle espèce de ce genre reproduit avec une surprenante exactitude la feuille de l'olivier; telle autre, celle du nérium; telle autre, celle du laurier-rose. Ces ressemblances sont évidemment, pour les pseudophylles, ainsi que pour les mantes, les phasmes et les spectres, un moyen d'échapper à leurs ennemis, les oiseaux insectivores, qui ne peuvent les distinguer des feuilles et des branches de l'arbre qu'ils habitent.

On serait fort en peine de dire à quoi ressemble, si ce n'est à lui-même, le *tératode à cou en montagne:* une bien vilaine bête, sans contredit, et dont tout le mérite est d'être rare et encore peu connue. On classe approximativement les tératodes parmi les locustiens. Ils habitent l'île de Java. L'individu que représente notre dessein est le seul que possède le muséum de Paris. C'est une femelle : le mâle n'a été décrit, que je sache, par aucun naturaliste.

La sauterelle est, avec le grillon et la cigale, un insecte des plus communs dans nos champs. L'agriculteur ne la hait pas, bien qu'elle fasse du mal ; son petit nombre réduit ce mal à peu de chose. Les enfants s'en amusent,

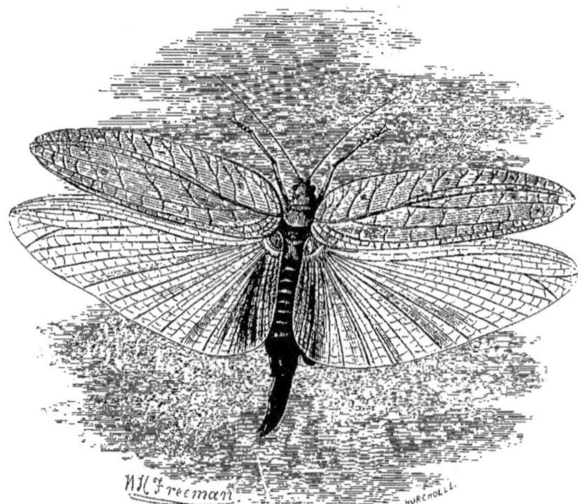

Pseudophylle feuille de laurier-rose (¹/₂ de grandeur naturelle).

Tératode à cou en montagne (grandeur naturelle).

essayent de la suivre dans ses sauts rapides, et, quand ils l'attrapent, examinent avec curiosité sa singulière physionomie, sa belle couleur verte, ses grandes pattes, et l'espèce de sabre ou de coutelas que portent les femelles.

Ce glaive n'est pourtant pas une arme, mais une tarière dont la mère se sert
pour terrer ses œufs. La véritable arme de la sauterelle, ce sont ses fortes et
tranchantes mandibules, qui mordent très bien jusqu'au sang. La sauterelle
à sabre répand dans la plaie qu'elle fait une liqueur âcre et corrosive. Les
paysans suédois la nomment *ronge-verrue ;* ils la saisissent exprès pour lui

Phyllie feuille-sèche (²/₃ de grandeur naturelle).

faire mordre et cautériser les verrues qu'ils ont sur les mains, et qui cèdent,
dit-on, au traitement de ces chirurgiens ailés.

Le mâle de la sauterelle possède un instrument de musique, qui ne rend
pas des sons plus variés ni plus agréables que la musette du grillon et la
vielle de la cigale. Cet instrument manque chez les *criquets,* qui se distin-
guent encore des sauterelles proprement dites par l'absence de tarière chez
les femelles. C'est au genre des criquets qu'appartient la terrible sauterelle
de passage, appelée aussi criquet-pèlerin (*acridium peregrinum*), l'Attila, le
fléau des moissons et des vergers, le prince des dévorants. On rencontre des
criquets aux environs de Paris, mais ils sont de petite taille. Ils ont les ailes
transparentes et de couleur jaune verdâtre, les élytres brun clair tacheté de
noir, le corps vert ou brun, le corselet surmonté d'une crête, les mandibules
noires.

Dans l'Europe orientale, leur patrie, les criquets atteignent une longueur de sept à huit centimètres. Leur fécondité est prodigieuse. Ils se réunissent, pour émigrer, en troupes innombrables, véritables nuages, assez étendus et assez épais pour obscurcir la lumière du soleil, et se dirigent toujours de l'est à l'ouest. Leurs étapes sont de quarante kilomètres par jour. Ils s'annoncent de loin par un bruissement sourd. Malheur au pays qu'ils choisissent pour s'y reposer et s'y restaurer ! En quelques heures les arbres sont dépouillés de leurs feuilles, de leurs fleurs, de leurs fruits, de leur écorce même ; les champs

Sauterelle de passage ou criquet-pèlerin (grandeur naturelle).

sont rasés comme si la flamme y avait passé ; tout a disparu sous l'insatiable avidité de ces ravageurs. Lorsqu'ils reprennent leur vol, la plus fertile contrée est changée en un lieu aride. Souvent les criquets meurent tous à la fois au milieu de leur voyage. Alors la décomposition de leurs cadavres amoncelés infecte l'air, et les horreurs de la peste s'ajoutent à celles de la famine.

L'Égypte, l'Arabie, la Syrie, la Hongrie, la Pologne, la Russie, la Suède, sont souvent dévastées par ces insectes. En France, ils apparaissent rarement. Leur dernière grande invasion remonte à l'année 1715. Plus de quinze mille arpents de blé furent alors ravagés aux environs d'Arles et de Marseille.

Heureusement les criquets sont exposés à de nombreuses causes de destruction. Ils supportent mal les intempéries de l'air. Les renards, les lézards et surtout les oiseaux en font une énorme consommation. Enfin, dans une grande partie de l'Asie et de l'Afrique, et même dans le midi de l'Europe, l'homme trouve moyen de se défendre contre ce fléau, et même d'en tirer parti : il le mange. Certains peuples recherchent les sauterelles comme un met très

délicat, et cet aliment, que nos préjugés nous font trouver au moins sin-
gulier, est l'objet d'un commerce important.

« La sauterelle, dit un savant naturaliste [1], est la manne de l'Asie. Qui ne
sait que les prophètes, dans les grottes du Carmel, ne vivaient pas d'autre
chose? Les prophètes de l'islamisme suivaient le même régime. On disait un
jour à Omar : « Que pensez-vous des sauterelles ? — Que j'en voudrais un
plein panier. » Un jour elles lui manquèrent. A grand'peine un serviteur lui
en trouva une ; et reconnaissant, charmé, il s'écria : « Dieu est grand ! »

« Aujourd'hui encore on vend des sauterelles dans tout l'Orient, et on les
mange au café comme dessert et friandise. On en charge des vaisseaux ; on
en trafique à pleins tonneaux. »

A Madagascar, l'arrivée des sauterelles est considérée comme un bienfait.
« Tout le monde, dit un voyageur anglais, se précipite à leur rencontre en
essayant de les abattre ou de les prendre au vol dans les *lambas;* les femmes
et les enfants les ramassent dans des paniers. » On leur détache les jambes
et les ailes en les secouant d'un bout à l'autre d'un long sac, et les corps, séchés
au soleil ou frits dans la graisse, sont enfermés dans des sacs pour être con-
servés et envoyés au marché. Les indigènes, et particulièrement les Hovas,
en sont friands. Goût de sauvages, direz-vous. — Et pourquoi ? — En France
ne mange-t-on pas des escargots ?

[1] Pouchet (de Rouen), Leçon sur les *Insectes alimentaires,* cité par Michelet dans son livre de
l'Insecte.

CHAPITRE VI

LES COLÉOPTÈRES

Ce nom de *coléoptères*, bien que très scientifique et dérivé du grec (κολέος, étui, et πτέρον, aile), est assez connu pour que je puisse me permettre de l'employer sans effaroucher mes lectrices ou mes lecteurs. Car peu de personnes sauraient distinguer un névroptère d'un hyménoptère ou d'un orthoptère; mais les moins savants, pour peu qu'ils se soient parfois amusés à faire la chasse aux insectes, reconnaîtront sans peine un coléoptère.

A chaque instant dans les champs, dans les jardins, on voit courir ou voltiger des insectes appartenant à cet ordre, le mieux déterminé de toute la série entomologique, et le plus considérable : il ne renferme pas moins de soixante-quinze mille espèces. Au premier abord, les coléoptères semblent dépourvus d'ailes. Tout leur corps est couvert d'une armure résistante, propre, luisante, qui souvent brille d'un état métallique. La tête, le corselet, l'abdomen, les pattes même en sont entièrement revêtus. Rien de plus artistement fait, de plus savamment ajusté que les pièces nombreuses de cette panoplie : casque, cuirasse, jambards, cuissards, brassards et gantelets, rien n'y manque. Les ailes proprement dites, ou ailes inférieures, sont repliées sous les élytres, pièces opaques et cornées qui les cachent et les garantissent entièrement, se joignent au milieu du dos, et s'appliquent exactement sur le corps. Ces élytres ou étuis sont l'organe caractéristique des coléoptères.

A ces armes défensives s'ajoutent, chez plusieurs, des armes offensives comparables à celles des crustacés : ce sont des pinces énormes, dentelées, résultant soit du développement extraordinaire des mandibules, comme chez le macrodonte-cervicorne et chez le lucane cerf-volant, soit du prolongement de l'os frontal et de l'os thoracique, comme chez le scarabée-hercule et chez le scarabée-énéma. Une autre espèce, le scarabée-nasicorne, ou rhinocéros, est armée d'une seule corne placée sur le sommet de la tête, et formant comme le cimier de son casque.

Tous les coléoptères ont, d'ailleurs, des mandibules et des mâchoires fortes, tranchantes, propres à entamer et à broyer des substances résistantes, animales ou végétales. Les antennes paraissent être, pour les coléoptères, des organes d'une grande importance. Les différentes formes qu'elles affectent ont servi à constituer plusieurs familles, telles que celles des clavicornes, des lamelli-cornes, des longicornes. D'autres divisions sont fondées sur le genre de vie

Scarabée-hercule (²/₃ de grandeur naturelle).

ou le mode d'alimentation des coléoptères : telles sont les familles des carnas-siers, des hydrophiles, des xylophages, etc.

Les coléoptères sont des insectes à métamorphoses complètes. Leurs larves ressemblent à des vers mous, charnus et blanchâtres. Cependant elles ont déjà la tête écailleuse et les puissantes mâchoires de leur race. L'état de nymphe est pour ces animaux une véritable léthargie, où les fonctions de la vie semblent suspendues. Pendant cette période de leur existence, ils ne font aucun mouvement et ne prennent aucune nourriture. A l'état de larves et d'insectes parfaits, ils sont essentiellement destructeurs : ce qui ne veut point dire qu'ils soient nécessairement nuisibles. J'entends nuisibles à l'homme ; car au point de vue de l'équilibre naturel, de la balance constante entre la création et la destruction, il serait téméraire de prononcer ce mot : nuisible.

Et même, à ne considérer que nos intérêts, nous devrions moins nous hâter de déclarer ennemis et de traiter comme tels un grand nombre d'animaux, par cela seul qu'ils sont destructeurs. Ne savons-nous pas que partout destruction est le corrélatif de production, que la mort est la condition de la vie ? Il nous sied mal d'ailleurs d'imputer à des êtres purement instinctifs un prétendu crime que nous commettons chaque jour de gaieté de cœur et à

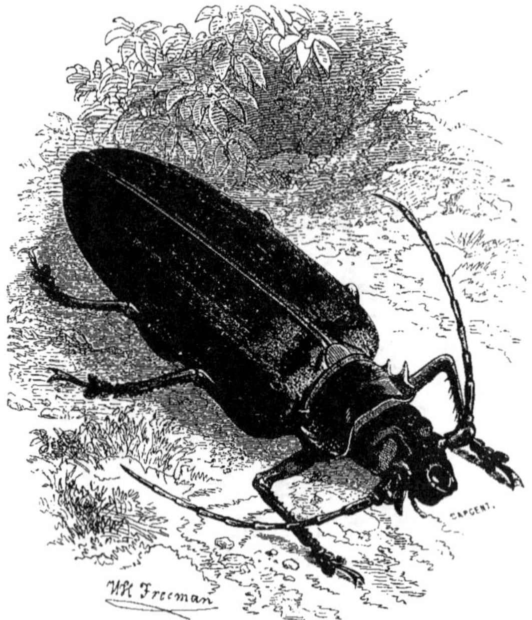

Titan géant (²/₃ de grandeur naturelle).

notre grand préjudice, en faisant une guerre barbare et injuste à nos meilleurs alliés. Notre premier mouvement, à la vue d'un animal quelconque que nous ne connaissons pas, c'est de le tuer. Et quand nous daignons chercher un prétexte à cette fureur de meurtre, nous ne manquons pas d'alléguer que notre victime, si nous l'avions laissée vivre, aurait détruit quelque chose. Eh ! sans doute ; mais peut-être n'eût-elle détruit que des choses ou des êtres qui nous sont inutiles, ou même nuisibles. C'est le cas d'un certain nombre d'insectes, et notamment des coléoptères.

« Le rôle que les coléoptères jouent dans la nature, dit le docteur Chenu, est très important et très varié ; un grand nombre d'entre eux, et surtout ceux de la famille des carabiques (groupe de carnassiers), sont destinés à détruire des quantités considérables d'insectes qui attaquent les végétaux ;

d'autres, les nécrophages, contribuent à débarrasser le sol des animaux morts. Les uns n'ont pour mission que de hâter la décomposition des végétaux ; les autres doivent limiter la reproduction de ces végétaux en attaquant leurs feuilles, leurs tiges et surtout leurs graines, si nombreuses dans certaines espèces... Certaines sous-divisions se composent d'espèces destinées à détruire le bois mort ; d'autres n'attaquent que les végétaux languissants et malades.

« Les coléoptères, comme les animaux les plus élevés dans la série animale,

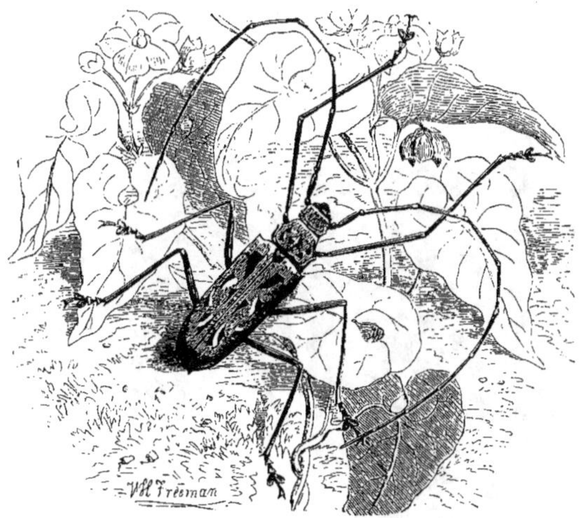

Acrocine accentifère (grandeur naturelle).

vivent plus ou moins en société, quand ils ne sont pas obligés de pourvoir à leur existence par la chasse et la rapine. Cependant on ne trouve pas chez eux de ces associations organisées en républiques ou en monarchies, comme on en voit des exemples si curieux dans d'autres ordres, tels que les abeilles, les termites, les fourmis, les guêpes, etc. Ceux qui se réunissent en grand nombre pour vivre ensemble appartiennent aux groupes qui se nourrissent de végétaux, et qui, à l'exemple des mammifères herbivores, paissent tranquillement et sans combat. Du reste, comme ces animaux concourent aussi au but final, au maintien de cette belle harmonie qui se remarque dans la nature et qui est la seule garantie d'un ordre de choses perpétuel, leur rôle est tout à fait analogue à celui que jouent les animaux plus grands. Les carnassiers, et principalement les carabes, les cicindèles et quelques autres groupes, peuvent être comparés aux lions, aux loups, aux aigles, etc., qui, dans les animaux supérieurs, ne se nourrissent que d'animaux vivants ou morts.

« Il y a dans les coléoptères, comme nous l'avons déjà dit, des groupes entiers destinés à faire disparaître les cadavres, à être les fossoyeurs de la nature (nécrophores, sylphes, etc.), comme on en trouve dans les mammifères et les oiseaux (hyènes, vautours, etc.). D'autres nettoient le sol, en dévorant les fientes et les excréments des autres animaux ; quelques-uns façonnent avec ces matières des boules dans lesquelles ils déposent leurs œufs, et qu'ils roulent, à l'aide de leurs pattes, dans des trous creusés par eux ; ils mettent

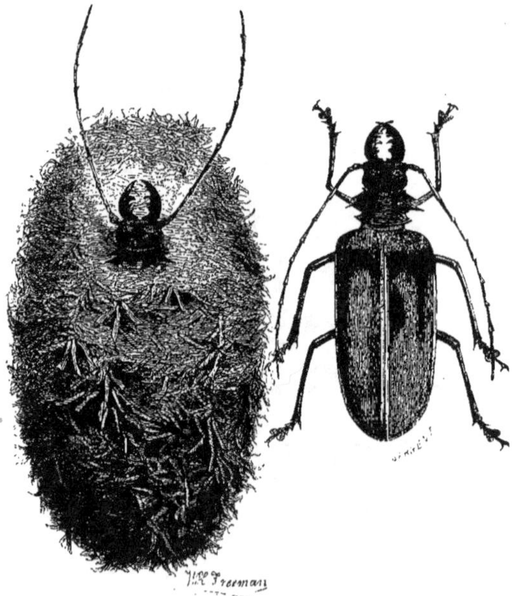

Acanthophorus serraticornis et son nid ($^2/_3$ de grandeur naturelle).

ainsi leurs œufs à l'abri, et assurent la nourriture nécessaire aux petites larves qui en naîtront.

« Nous trouvons aussi dans les coléoptères des quantités d'espèces qui représentent ces nombreux animaux de toutes les classes destinés à vivre de végétaux, et qui doivent devenir la nourriture des carnassiers. Sans les animaux herbivores, les carnassiers ne pourraient pas exister ; sans les carnassiers, qui maintiennent l'équilibre, les herbivores mourraient bientôt de faim ; car ils finiraient par dépouiller la terre de tous ses végétaux.

« Les coléoptères se trouvent sur la terre, dans l'air et dans les eaux. Ils sont répandus sur toutes les parties du globe, mais inégalement, comme tous les êtres. Les lieux seuls qui sont privés de végétaux sont aussi privés d'insectes ; en sorte qu'on peut dire qu'ils sont subordonnés à la végétation [1]. »

[1] *Encyclopédie d'histoire naturelle*, Coléoptères. 1re partie.

C'est dans les contrées tropicales, là où la terre, tour à tour échauffée par
les rayons ardents du soleil et détrempée par des pluies torrentielles, déve-
loppe sans obstacle son exubérante fécondité, là où, par conséquent, la grande
évolution de la vie, sans cesse détruite et sans cesse régénérée, s'accomplit
avec une formidable activité, c'est là que fourmillent les énergiques et im-
placables agents de ce travail immense, les insectes ; c'est là qu'on trouve les

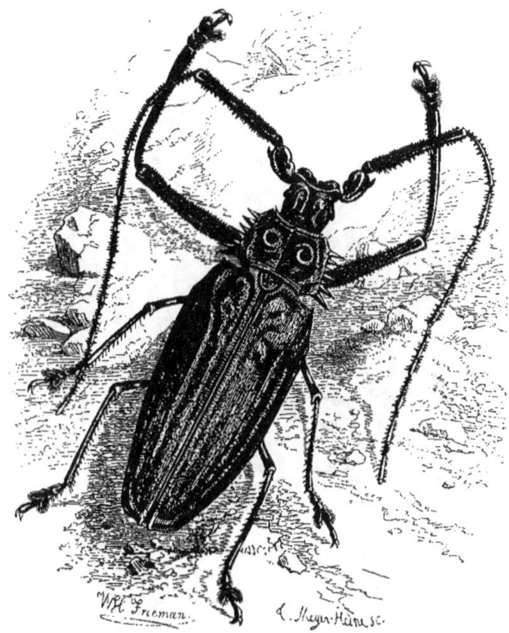

Énoplocère épineux ($^2/_3$ de grandeur naturelle).

coléoptères géants, cyclopes dont la taille et la force sont en rapport avec la
rude tâche qui leur est assignée. Ces infatigables ouvriers, — les plus grands
de tous les insectes, — avec leurs armes et leurs outils de sapeurs, leurs cui-
rasses impénétrables et leur féroce appétit, exterminent une immense quantité
de petits insectes, émondent les forêts, achèvent les plantes malades, dévorent
les cadavres d'animaux, font rentrer, en un mot, dans le torrent vital toute
substance organique que la mort ou la maladie livrerait à la décomposition
putride, s'ils n'étaient là pour y mettre ordre.

M. le docteur Chenu fait observer que les coléoptères phytophages sont de
dimensions proportionnées à celles des arbres dont ils se nourrissent. C'est
dans cette section et dans les familles des *longicornes* et des *scarabées*, que
se trouvent les coléoptères géants, propres aux contrées tropicales. Nous en

avons choisi quelques exemplaires, pour en mettre sous les yeux du lecteur des portraits ressemblants ; non pas tous de grandeur naturelle : la plupart ont dû être réduits d'un tiers au moins. Le plus grand de tous, son nom le dit assez, est le *titan géant,* énorme longicorne de l'Amérique méridionale. L'*acrocine accentifère* est de moins grande taille ; son nom d'*accentifère* lui

Scarabée-goliath géant (²/₃ de grandeur naturelle).

vient des taches dont ses élytres sont marquées, et qui ont la forme d'accents ou de virgules. Un autre acrocine, dont j'ai déjà parlé, est remarquable, non seulement par la longueur de ses antennes, mais encore par celles de ses pattes antérieures : d'où le nom bien mérité de *longimane,* que lui ont donné les naturalistes. La *macrodontie cervicorne* de la Guyane atteint une longueur de quinze centimètres, y compris ses redoutables mandibules. On mange sa larve, qui vit dans le bois du fromager, arbre de la famille des *sterculiacées.* L'*acantophore à cornes en scie* (*acanthophorus serraticornis*) a les mandibules beaucoup moins grandes ; mais ces mandibules, croisées comme des cisailles et profondément dentelées, lui permettent de broyer le bois dont il se nourrit, et de couper les herbes et les menues branches, qu'il entrelace ensuite adroitement pour se construire un nid comparable à ceux des oiseaux les plus habiles en ce genre de travail.

Un longicorne colossal, l'*énoplocère épineux*, est couvert d'une armure qui n'est pas sans analogie avec ces colliers garnis de clous qu'on met aux chiens de garde et de combat. Son corselet, ses élytres, ses pattes, ses longues antennes sont tout hérissés d'épines, dont quelques-unes, placées de chaque côté du corselet, ont trois à quatre millimètres de longueur. La taille de ce

Lucane cerf-volant (³/₄ de grandeur naturelle).

coléoptère est de dix à douze centimètres, non compris ses antennes, qui ont environ quinze centimètres.

Parmi les scarabées, il faut citer comme le plus grand et le plus beau le *goliath géant* de la côte de Guinée ; ses pattes sont d'un brun noir ; de grandes bandes de même couleur sont disposées régulièrement sur ses élytres et sur son corselet, dont le fond est jaune clair. On connaît plusieurs espèces de ce genre, toutes propres à l'Afrique tropicale, toutes justifiant par leurs proportions athlétiques le nom sous lequel on les a désignées. A la suite de ces colosses se placent d'autres scarabées de taille encore très respectable, et pourvus d'armes offensives que la nature a refusées au goliath. Tels sont le *scarabée-hercule* et le *lucane cerf-volant*, le *scarabée-énéma*, le *nasicorne*, dont j'ai signalé, au commencement de ce chapitre, les particularités les plus remarquables. Il faut ajouter que, dans ces espèces, le mâle seul est pouvu de ces armes, qui doivent lui servir à conquérir et à défendre contre ses rivaux la dame de ses pensées. Aussi la femelle du lucane cerf-volant est-elle appelée *biche,* par analogie avec la femelle du cerf, qui n'a pas de bois, comme chacun sait. Les lucanes se trouvent en Europe. Leurs larves vivent dans l'intérieur des chênes. Le cerf-volant, à l'état d'insecte parfait, se pétrit avec de la terre un nid assez grossier où il s'abrite pendant la nuit. On les voit voltiger dans les bois, au solstice d'été, après le coucher du soleil. Le jour, ils se tiennent accrochés aux branches des chênes, dont ils sucent la sève. Ces insectes ont un goût prononcé pour le miel. Le célèbre naturaliste Swammerdam avait apprivoisé un *lucane-chevreuil,* dont il se faisait suivre comme un chien en lui présentant du miel.

Le hanneton, si commun en Europe, est cousin des scarabées (famille des *lamellicornes*). C'est un des insectes les plus nuisibles à l'agriculture. Sa larve, le *ver blanc,* commence par vivre sous terre, pendant deux, trois et quatre ans, des racines de nos plantes potagères; puis l'insecte, arrivé à l'état parfait, dévore les feuilles et les jeunes pousses, et il n'est pas rare de voir, sous ses atteintes, des arbres languir et dépérir en quelques jours. On a proposé bien des moyens pour détruire ce coléoptère malfaisant. Le plus facile et le plus sûr serait de lui déclarer la guerre dès qu'il paraît, avant que les femelles aient eu le temps de pondre. En une campagne de quelques jours, commencée en temps utile et suivie avec ensemble, on pourrait en détruire des millions, et l'espèce ne tarderait pas à disparaître. Les enfants pourraient être employés dans les campagnes à cette chasse, qui serait pour eux une partie de plaisir. Puisque « cet âge est sans pitié », il trouverait là de quoi satisfaire utilement son goût inné pour la destruction.

CHAPITRE VII

Michelet raconte, dans son livre de *l'Insecte,* que le peintre Gros chassa un jour de son atelier, avec défense d'y jamais reparaître, un de ses élèves qui s'était présenté devant lui ayant un papillon encore vivant piqué à son chapeau. Michelet loue hautement cet acte de rigueur qui, pour un papillon mis à mort, compromettait l'avenir d'un jeune homme. Il vante à ce propos la « vive sensibilité du grand artiste », sa « religion de la beauté ». J'avoue, quant à moi, que la sensibilité me paraît ici grandement exagérée, et que la « religion de la beauté », ainsi entendue, frise de bien près le fanatisme. Ce n'est pas moi, certes, qui chercherai jamais à excuser la cruauté envers les animaux. La cruauté est toujours odieuse. Rien ne nous autorise à ôter inutilement, arbitrairement la vie aux êtres qui nous sont inférieurs. Et quant à les torturer, quant à se faire un jeu de leurs souffrances et de leur agonie, c'est la marque d'un naturel ingrat, méchant et pervers. C'est, de plus, une lâcheté. Même envers les animaux qui sont ses ennemis, et à l'égard desquels il peut se considérer comme exerçant le droit de légitime défense, l'homme n'est point dispensé de rester digne, juste et miséricordieux.

Il ne faut pourtant pas pousser les scrupules à l'excès, sous peine de tomber dans les ridicules et dégradantes superstitions de ces fakirs hindous, qui croient commettre un crime en écrasant une mouche, et se laissent ronger par les parasites plutôt que d'attenter à la vie de ces animaux. N'oublions pas non plus qu'à mesure qu'on descend l'échelle zoologique, la vie, pour ainsi dire, se décentralise, se réduit de plus en plus aux fonctions végétatives et mécaniques ; le système nerveux se simplifie et s'amoindrit, et avec lui les facultés sensitives. Des lésions qui seraient graves, douloureuses, mortelles pour un mammifère ou un oiseau, deviennent tout à fait insignifiantes chez un articulé : l'animal ne s'en aperçoit même pas et n'en continue pas moins de se bien porter, de pourvoir à ses besoins, de suivre ses habitudes, comme si de rien n'était.

Je me souviens de m'être livré une fois, il y a quelques années, à des expériences assez significatives sur une puce. Après l'avoir noyée et *dénoyée* plusieurs fois, je m'avisai de lui arracher les pattes, et je la posai sur ma main. L'animal, incontinent, se mit à me piquer et à me sucer du meilleur appétit.

Il y a mieux : l'empalement des insectes, tel que le pratiquent les collectionneurs, peut être un moyen de prolonger leur vie : j'entends la vie des

Nids de chenilles processionnaires de Madagascar.

insectes. L'entomologiste Ledoux alla un jour trouver un de ses confrères, le docteur Le Maout. Il tenait à la main une boîte dans laquelle se trouvait un coléoptère de la famille des carnassiers, le *calosoma auropunctatum*. Cet animal avait le corps traversé par une fine épingle solidement fichée dans un morceau de liège. « Je le garde ainsi depuis un an, dit Ledoux, et il se porte mieux que moi; car j'ai un cancer à l'estomac qui ne me laisse pas six mois de vie. » Il ne disait que trop vrai : six mois plus tard, il expirait, léguant son calosome à Le Maout, qui continua de le nourrir avec des chenilles sans poils et des intestins de poulet, selon la prescription du testateur. L'animal vécut encore quatre mois ainsi, et il mourut par accident. « Un jour qu'il dévorait sa pâture ordinaire, dit Le Maout, je voulus la lui arracher, et l'effort qu'il fit pour la retenir lui tirailla violemment le cou. Le lendemain, je le trouvai mort. Ainsi ce coléoptère, qui devait mourir quelques jours après la ponte de ses œufs (laquelle suit de très près sa dernière métamorphose), fut conservé vivant pendant près de deux ans parce qu'il n'avait pas accompli sa destinée[1]. »

Les papillons sont dans le même cas que les coléoptères. Après leur dernière métamorphose, la nature ne leur accorde que juste le temps de se reproduire.

Idée agélie.

Le mâle survit très peu à la fécondation, et la femelle meurt presque aussitôt après la ponte. Donc en tuant un papillon on ne lui fait tort que de quelques jours, peut-être de quelques heures de vie, et cette mort violente n'est pas pour lui plus douloureuse que sa mort naturelle. On m'objectera que celui qui le tue avant qu'il se soit reproduit anéantit ainsi non seulement l'animal lui-même, mais toute sa postérité. Il est vrai, mais ce n'est pas là un mal : au contraire. Les papillons sont de charmants insectes, admirables par la forme élégante et les vives couleurs de leurs ailes ; ils sont un des ornements de nos campagnes et de nos jardins, et c'est justement qu'on les a appelés « des fleurs vivantes » ; car leur existence est bien innocente d'ailleurs : ils ne vivent que

[1] Emm. Le Maout, *le Jardin des Plantes.* — 2 vol. grand in-8°. Paris, 1843. Sixième partie (t. II).

du suc de ces mêmes fleurs, dont ils semblent plutôt les amis que les parasites.

Tout cela est vrai ; mais avant d'entrer dans la chrysalide d'où il sort radieux et léger pour s'élancer dans les airs, le papillon a vécu d'une vie plus longue et beaucoup moins innocente : il a été chenille. Or les chenilles sont un des plus désastreux fléaux de l'agriculture. En France, l'administration est obligée de promulguer chaque année des édits prescrivant l'*échenillage* des arbres ; et cette opération ne réussit pas toujours à conjurer le mal. Chaque

Héliconie halie (grandeur naturelle).

chenille qui échappe à la proscription devient un papillon, et un seul papillon peut reproduire des centaines de chenilles qui, l'année suivante, recommenceront à dévaster les bois, les champs et les vergers. Les unes mangent les fleurs et les bourgeons ; d'autres, l'écorce, ou même la partie ligneuse et les racines des arbres, qu'elles amollissent préalablement au moyen d'une liqueur âcre, sécrétée par un organe particulier. Il en est aussi qui rongent les étoffes de laine, de cuir, etc. Mais la plupart se nourrissent de feuilles. Leur voracité est extrême, et la nature les a pourvues d'un puissant appareil masticatoire. Il n'est pas rare, lorsqu'on passe vers le soir, au printemps, dans un bois envahi par les chenilles, d'entendre le bruit qu'elles font en broyant leur nourriture. Le plus grand nombre se nourrissent exclusivement d'une seule substance ; mais certaines espèces se montrent moins délicates, et attaquent toutes les matières organiques qui s'offrent à elles.

On sait le proverbe : *laid comme une chenille*. Le fait est que ces larves n'ont rien, en général, de gracieux. Elles déplaisent et répugnent comme tout ce qui rampe. Ce sont, en somme, des vers plus ou moins gros, au corps allongé, presque cylindrique. Seulement elles ont des pattes. Ces pattes se distinguent en *vraies* et en *fausses*. Les vraies sont écailleuses et toujours au nombre de six ; elles correspondent à celles de l'insecte parfait. Les fausses sont membraneuses ; leur nombre varie de quatre à dix. Leur tête est cornée ; leur bouche se compose de deux fortes mandibules, deux mâchoires et une lèvre, et quatre petits palpes. Beaucoup ont le corps nu et de couleur blanchâtre ou grisâtre ; mais un assez grand nombre sont hérissées de poils, de

Céthosie penthésilée (grandeur naturelle).

tubercules ou d'épines, et présentent des teintes plus ou moins vives. Quelques-unes sont exactement de la couleur des végétaux sur lesquels elles vivent.

Les mœurs de ces larves n'ont rien de bien intéressant. Elles ne font guère autre chose que manger, jusqu'au moment où elles doivent opérer leur métamorphose. Cependant ce grand travail est précédé de trois ou quatre mues, qui indisposent légèrement l'animal et ralentissent son appétit. Avant de passer à l'état de nymphe ou de *chrysalide,* les chenilles filent ordinairement une coque pour s'y enfermer. Les nocturnes et surtout les *bombyx* excellent dans la confection de cette coque, et la forment de ces filaments fins, brillants, souples et résistants, qui constituent la soie. Nous ferons plus loin aux auteurs de ce merveilleux produit les honneurs d'un chapitre spécial.

Parmi les chenilles de papillons diurnes et crépusculaires, plusieurs ne se font qu'une coque grossière en reliant ensemble avec de la soie des feuilles, des brins de bois ou d'écorce, des parcelles de terre. D'autres s'attachent simplement aux troncs et aux branches des arbres par quelques fils. Celles-là ne demeurent que quelques jours à l'état de chrysalide. Les chenilles d'un bombyx très répandu dans l'ancien monde, le bombyx *processionnaire*, vivent en sociétés nombreuses et se construisent un nid commun, qui consiste en une enveloppe formée de débris végétaux mêlés avec les poils de leur propre corps, et maintenus avec de la soie. Chacune se fait en outre, dans l'intérieur de ce nid, un cocon grossier composé des mêmes matériaux. Le nom

Mégalure chiron (grandeur naturelle).
¹ Vu en dessus.   ² Vu en dessous.

de *processionnaires* a été donné à ces chenilles parce qu'elles sortent le soir de leur retraite, pour chercher leur nourriture, dans un ordre régulier comme celui d'une procession. L'une d'elles s'avance en tête et conduit la marche. Deux autres viennent ensuite de front, puis trois, puis quatre, et ainsi de suite, chaque rang s'augmentant d'une unité. Lorsqu'elles ont soupé, elles rentrent au logis dans le même ordre. Cette espèce pullule d'une manière effrayante et fait de grands dégâts dans les forêts, principalement dans les forêts de chênes, où l'on voit souvent, en plein été, des milliers d'arbres dépouillés de leurs feuilles.

Les papillons (*lépidoptères*) ont été partagés par Latreille en trois grandes familles : celle des *diurnes*, ou papillons de jour ; celle des *crépusculaires*, et celle des *nocturnes*. Ces trois familles sont faciles à distinguer. Les papillons diurnes ont le corps mince et allongé ; à l'état de repos, leurs ailes se relèvent et se joignent verticalement ; leurs antennes sont filiformes, et terminées quelquefois par un renflement ovale ou sphérique. Les crépusculaires et les nocturnes ont le corps gros, la peau veloutée, souvent garnie sur le thorax de poils assez longs. Lorsqu'ils ne volent pas, leurs ailes sont repliées horizontalement ; ou même, chez plusieurs espèces de nocturnes, elles retombent le long du corps. Les antennes des crépusculaires sont allongées en forme de

Cydimon leïle (³/₄ de grandeur naturelle).

massue ou de fuseau. Celles des nocturnes sont sétacées, ou vont en diminuant de la base à la pointe ; elles sont souvent barbelées comme des plumes, ou comme des feuilles de fougère.

Linné, qui, plus qu'aucun naturaliste, sut allier le culte des lettres à celui de la science, le sentiment du beau à l'amour du vrai, avait introduit jusque dans la classification et dans la nomenclature des animaux et des plantes cette simplicité grandiose et poétique qui n'appartient qu'au vrai génie. Là comme partout il avait mis la lumière et la couleur ; il avait su rattacher les types entre eux par leurs caractères les plus saisissants, et leur avait donné des noms aisés à comprendre et à retenir, parce qu'ils faisaient, pour ainsi dire, image dans l'esprit. « Le grand naturaliste, dit Emm. Le Maout, a répandu sur la nomenclature des papillons les trésors de la mythologie, et en combinant, par un artifice plein de charme, les beautés naturelles de la création avec les beautés poétiques qu'enfanta l'imagination des hommes, il a su les mnémoniser les unes par les autres. »

Ses papillons (les diurnes des entomologistes modernes) sont divisés en cinq *phalanges*. Ce sont les *chevaliers*, les *plébéiens*, les *héliconiens*, les *danaïdes* et les *nymphales*. Les chevaliers comprennent les *troyens* et les *grecs;* et l'on retrouve dans les deux camps les noms immortalisés par Homère et par Virgile : d'une part, Hector et son fils Astyanax, Priam et la malheureuse Hécube, la belle et perfide Hélène et le lâche Pâris ; d'autre part, Achille, semblable

Uranie riphée (²/₃ de grandeur naturelle).

aux dieux, et son fidèle ami Patrocle ; les deux Atrides, Agamemnon et Ménélas; le sage Nestor, le prudent Ulysse, l'ingénieux Palamède, le bouillant Ajax.

Les plébéiens se subdivisent en *campagnards* et en *citadins;* ils sont plus petits et de couleurs moins riches que les chevaliers.

Les héliconiens ont les ailes arrondies, très entières, diaphanes, presque sans écailles.

Les danaïdes sont les papillons qui butinent sur les fleurs des *crucifères*. Leurs ailes sont entières, blanches ou bigarrées.

Enfin les nymphales ont les ailes dentelées, quelquefois ornées de figures d'yeux; celles qui sont dépourvues de cette décoration sont dites *aveugles*. Ici comme dans les groupes précédents, tous les noms d'espèces sont empruntés à la mythologie.

Sous prétexte de compléter et de corriger la nomenclature et la classifica-
tion linnéennes, les entomologistes de nos jours n'ont fait que l'embrouiller,
la surcharger d'une multitude innombrable de termes barbares, où ils ont eu
soin de faire entrer leurs propres noms étrangement latinisés. Au lieu « d'in-
jurier les plantes en grec[1] », comme font les botanistes, ils injurient les pa-
pillons en latin…, et quel latin !…

On n'attend pas de moi que je passe en revue les quatre à cinq cents espèces
de papillons diurnes et crépusculaires aujourd'hui connues. Ces papillons ne

Charaxes jasius (grandeur naturelle).

se font d'ailleurs remarquer par aucune particularité de mœurs ou de carac-
tère ; ils n'ont guère d'intéressant que leur beauté, et la beauté ne se décrit
pas : il faut la voir. Celle des papillons, résidant principalement dans l'éclat
et dans l'heureuse disposition de leurs couleurs, ne peut être rendue que d'une
manière bien incomplète par le crayon et le burin les plus habiles. Aussi nous
sommes-nous bornés à la reproduction d'un petit nombre de types, que nous
avons choisis en considération de leurs formes élégantes, et sans nous préoc-
cuper des couleurs, qu'il nous était impossible de représenter.

Tous ceux qui figurent dans ce chapitre, hormis un seul, appartiennent à
la famille des diurnes.

L'*agélie* (tribu des nymphales) est une grande et belle espèce du genre *idée*.
Elle n'a pas moins de soixante centimètres d'envergure. Ses ailes, transpa-
rentes et gracieusement arrondies, sont marquées de larges nervures noires.
M. le docteur Chenu dit que ce papillon a le vol lourd ; ce qui m'étonne, eu

[1] Mot de M. Alphonse Karr.

égard à sa conformation, et ce qu'il ne m'est point aisé de vérifier, car il
n'habite que les îles de l'océan Indien.

Les *héliconies*, dont nous donnons un spécimen rare et peu connu, l'*héli-
conie halie*, sont propres à l'Amérique méridionale. On ignore comment sont
leurs chenilles et leurs chrysalides.

Les *céthosies* ne sont pas beaucoup mieux connues. Ce genre comprend plu-

¹ Gamma vanessa (grandeur naturelle).   ² Paon de jour (vanessa Io) (grandeur naturelle).

sieurs espèces répandues dans l'Asie méridionale, dans les îles de l'océan
Indien et jusqu'en Australie. La *céthosie penthésilée* est de petite taille ; mais
ses ailes sont d'une forme gracieuse, découpées en festons sur les bords, et
d'un dessin charmant.

Le *mégalure chiron*, le *cydimon leïle* et l'*uranie riphée* se ressemblent par
le développement de leurs ailes inférieures, profondément découpées. Ces
ailes sont terminées, chez les deux premiers, par une longue dent en éperon,
analogue à celle des *porte-queue* de nos climats. Les dents sont au nombre
de trois grandes et cinq petites chez l'uranie, remarquable d'ailleurs par l'éclat
de ses couleurs. Cette dernière a été rangée par M. Blanchard dans la même
famille que le cydimon leïle (famille des *cydimoniens*). Quant aux mégalures,
ils forment le soixante-cinquième genre de la tribu des danaïdes (famille des

nymphaliens). Ce genre est représenté par diverses espèces aux Antilles, au Mexique et à la Guyane.

.Le *charaxes* ou *nymphalis jasius* est une espèce européenne du genre *nymphale*, qui est surtout nombreux dans l'Afrique tropicale. Cette espèce se rencontre chez nous partout où abonde l'arbousier, sur lequel sa chenille vit exclusivement. Le papillon a le dessus des ailes d'un brun noirâtre chatoyant, avec une bande de taches, et le limbe postérieur d'un jaune fauve.

Ceux ou celles de mes lecteurs et lectrices qui ont fait la chasse aux papil-

Achérontie atropos ou Sphinx tête-de-mort (²/₃ de grandeur naturelle).

lons connaissent assurément le genre *vanesse*, dont les jolies espèces sont un des ornements de nos campagnes. J'en cite deux seulement : le vanesse *gamma* est ainsi appelé du nom du caractère grec qui correspond à notre G, parce qu'on voit cette lettre très nettement dessinée en blanc sur l'envers de l'aile inférieure. Ce papillon est de couleur fauve, avec des taches et des bandes noires qui suivent le contour des ailes.

Le vanesse *paon de jour* est un des plus jolis papillons de nos climats. Le dessus des ailes supérieures est d'un fauve rougeâtre très vif, traversé par un filet noir. Chacune de ses quatre ailes est marquée d'un *œil* dont le centre est rougeâtre, bordé d'un cercle jaune qu'entoure un filet noir. Ce sont ces *yeux* qui, joints à ses habitudes diurnes, lui ont fait donner le nom de paon de jour, par opposition au paon de nuit, également commun en France.

Je ne dirai que quelques mots des papillons crépusculaires, beaucoup moins riches en espèces que les diurnes. On divise actuellement cette section en quatre familles, dont la mieux caractérisée, et celle qui renferme les plus belles espèces, est assurément celle des *sphingiens*, ou, si l'on aime mieux, des *sphinx*. Ces papillons ont le corps gros, les antennes toujours terminées par un petit flocon d'écailles. Ils sont remarquables par la puissance de leurs ailes et de leur vol. On les voit planer longtemps en bourdonnant au-dessus des fleurs, puis pomper, à l'aide de leur longue trompe, le suc des nectaires, sans être, le plus souvent, obligés de se poser. Leurs chenilles ont en général le corps épais, et sont armées d'une corne dorsale à leur extrémité postérieure. Elles vivent de feuilles et se métamorphosent, pour la plupart, dans la terre, sans filer de coque.

La plus belle et la plus curieuse espèce de cette famille est le sphinx *tête-de-mort* ou *achérontie atropos*, qui justifie assez bien ces noms lugubres par son aspect général, et surtout par le dessin bizarre tracé sur son corselet. Ses ailes supérieures sont variées de brun foncé, de brun-jaune et de jaunâtre clair; les inférieures sont jaunes avec deux bandes brunes. L'abdomen est aussi jaunâtre, avec des anneaux noirs. Les taches de son thorax, qui imitent assez bien une tête de mort, et le bruit aigre qu'il fait entendre, ont rendu ce papillon un objet de terreur superstitieuse dans nos campagnes, et surtout en Bretagne. Sa chenille vit sur la pomme de terre, le troène, le jasmin, etc. C'est la plus grande qui existe en Europe. Le papillon lui-même atteint une longueur de cinq à six centimètres, et une envergure de dix à douze. Le *cri* du sphinx atropos a fort intrigué les entomologistes. L'un d'eux, M. Passerini, a cru pouvoir avancer que l'appareil à l'aide duquel ce papillon le produit serait dans la tête. Cette assertion, appuyée par Duponchel, donnerait, si elle était définitivement confirmée, l'exemple peut-être unique d'une sorte d'organe vocal chez un animal articulé.

CHAPITRE VIII

Dans une des nomenclatures très savantes qu'on a substituées à celles de Linné et de Latreille, les papillons nocturnes sont réunis avec les crépusculaires en une même famille : celle des *chaloniptères* (χαλινός, en grec, signifie *frein*). M. Blanchard, auteur de cette dénomination, a donc voulu donner à entendre que les lépidoptères compris dans la nouvelle division ont les ailes bridées par une sorte de cordon, qui les force à se replier quand l'animal ne vole pas. Le seul caractère anatomique qui sépare les nocturnes des crépusculaires réside dans la forme de leurs antennes. Ils ont, du reste, un aspect, un *facies* à peu près semblable, les mêmes formes épaisses, les ailes supérieures allongées, les inférieures courtes et arrondies. Leurs couleurs sont beaucoup moins vives que celles des diurnes. Plusieurs espèces sont à peu près incolores ; mais il en est qui offrent à l'œil des teintes très agréables et des dessins d'une extrême délicatesse, bien que les nuances soient peu tranchées et que le ton général soit toujours sombre. Sous ce rapport, on observe ici la loi de coloration qui semble s'appliquer à tous les nocturnes, aux oiseaux aussi bien qu'aux papillons, et qui établit une ressemblance assez remarquable entre les uns et les autres. C'est sans doute cette ressemblance qui a fait donner à l'un des plus grands, et peut-être au plus beau papillon nocturne que l'on connaisse, le nom d'*érèbe strix* (*strix*, en latin, hibou, chouette). Ce magnifique lépidoptère a près de vingt centimètres d'envergure ; ses ailes sont grises, traversées de lignes noires ondulées. Il habite la Guyane. Le genre *saturnie*, dont il fait partie, est celui qui renferme les plus grandes espèces de la section des nocturnes. Chacun connaît le *saturnia pavonia major*, vulgairement appelé grand paon de nuit. La saturnie atlas, ou *attacus atlas*, dont nous donnons un dessin, a jusqu'à vingt-cinq centimètres d'envergure. Ce superbe nocturne est très répandu en Chine, dans l'Inde et dans l'archipel Indien. Il vit sur le cannelier et sur l'*erythrina indica*.

J'ai déjà dit, au chapitre précédent, quelques mots des coques ou *cocons* que les chenilles d'un grand nombre de lépidoptères nocturnes se confectionnent avec une substance filamenteuse sécrétée par un appareil spécial, pour y opérer leurs métamorphoses. Ces nocturnes forment un groupe, celui des *bombycites*, le plus intéressant, je ne dirai pas de la famille des lépidoptères, mais de toute la classe des insectes. C'est un bombyx, — un des plus petits et des plus laids, — le *bombyx sericaria,* qui nous fournit la plus précieuse de nos matières textiles, la soie. Presque tous les autres produisent une ma-

Érèbe strix (¹/₄ de grandeur naturelle).

tière analogue, moins belle, il est vrai, mais néanmoins applicable aux mêmes usages. Quelques-uns sont déjà, en Orient, l'objet d'une culture et d'une industrie considérables, et ont été récemment introduits en Europe. Ces papillons constituent donc pour l'homme une richesse immense, dont on est loin encore d'avoir tiré tout le profit qu'elle comporte. La chenille du *bombyx sericaria* est connue de tout le monde sous le nom de *ver à soie.* C'est, en effet, un gros ver de couleur blanchâtre, et d'un aspect qui n'a rien d'agréable. L'animal qui sort de l'enveloppe de soie filée par elle avec tant de soin n'est guère plus joli. Ses petites ailes sont à peine capables de soulever son gros corps, et je ne crois pas qu'on l'ait jamais vu voler. Il ne vit, au surplus, que juste le temps nécessaire pour assurer la perpétuité de son espèce : le mâle un jour ou deux, la femelle une vingtaine de jours. Celle-ci pond environ cinq cents œufs gros comme des grains de millet et de couleur cendrée. Ces œufs peuvent se conserver longtemps, pourvu qu'on les tienne à l'abri de l'humidité et qu'on ne les réunisse pas en trop grand nombre dans le même

paquet. Pour les faire éclore, on les expose pendant huit à dix jours à une
température croissante de quinze à vingt-sept degrés. Alors ils blanchissent,
et les larves commencent à sortir ; elles ont, à leur naissance, deux à trois
millimètres de long. Elles vivent de trente-quatre à trente-cinq jours dans
leur premier état, et atteignent, à la fin de cette phase, une longueur de six
à sept centimètres. Dans cet intervalle, elles changent quatre fois de peau.

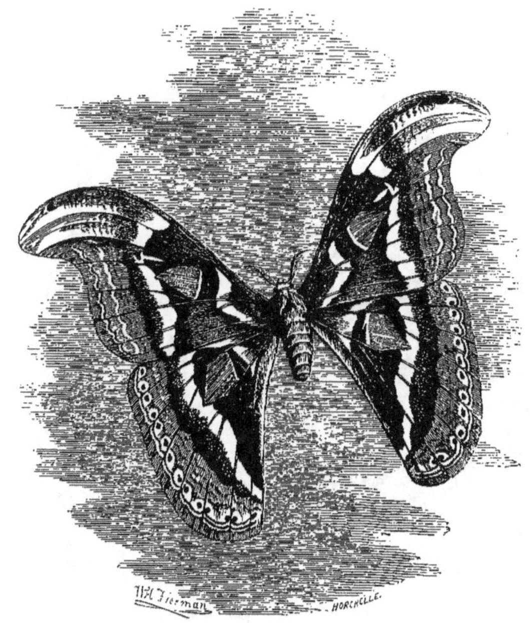

Attacus atlas (¹/₄ de grandeur naturelle).

« A l'approche de chaque mue, dit Le Maout, elles s'engourdissent et cessent
de manger ; mais après la mue leur faim redouble. C'est surtout pendant les
quatre derniers jours qui précèdent leur métamorphose que leur voracité est
extrême ; on les entend faire en mangeant un bruit qui ressemble à celui
d'une forte averse. Le dixième jour de leur quatrième âge, elles cessent de
manger, et s'apprêtent à se changer en chrysalides. On les voit alors grimper
sur les branches des petits fagots placés au-dessus d'elles par ceux qui les
élèvent ; bientôt les vers se fixent, jettent autour d'eux une multitude de fils
fins, et, suspendus au milieu de ce lacis, ils filent leur cocon en tournant
continuellement sur eux-mêmes dans tous les sens, et en roulant ainsi autour
de leur corps le fil qu'ils font sortir de la filière dont leur lèvre est percée.
Les divers tours de ce fil *unique* s'agglutinent entre eux, et il en résulte une

enveloppe ovoïde, d'un tissu solide, tantôt jaune, tantôt blanc. La confection de ce cocon demande quatre jours ; l'état de chrysalide dure de dix-huit à vingt jours. »

Pour sortir de son cocon, le papillon dégorge une liqueur particulière qui humecte l'extrémité placée devant lui, et dissout en partie le tissu ; puis il achève de se frayer un passage par un violent coup de tête, et ne tarde pas à se dégager entièrement. Aussi les éleveurs, pour conserver les cocons

Intérieur d'une magnanerie.

intacts, sont-ils obligés de sacrifier le plus grand nombre des papillons avant que ceux-ci aient commencé leur travail de délivrance. Cette exécution se fait en introduisant les cocons dans une étuve chauffée à la vapeur. On n'en laisse aboutir que quelques-uns, destinés à la reproduction.

Le ver à soie se nourrit exclusivement des feuilles du mûrier blanc. Dans la Chine, sa patrie, et dans les contrées chaudes où il a d'abord été acclimaté, il vit en plein air sur cet arbre ; mais en Europe on est obligé de construire à son usage des bâtiments disposés d'une façon spéciale, où il soit à l'abri des intempéries de l'air et reçoive des soins convenables. Ces établissements sont appelés *magnaneries*, de *magnan*, nom qu'on donne, dans le midi de la France, au bombyx du mûrier. Ce sont des constructions légères, mais vastes, avec de nombreuses fenêtres garnies, soit de vitrage, soit de toile claire. Des montants plantés quatre par quatre, de distance en distance, sur deux ou

quatre rangées, et s'élevant jusqu'au plafond, supportent des claies super-
posées à une *coudée* (environ cinquante centimètres) les unes au-dessus des
autres. C'est sur ces claies, garnies d'une litière de feuilles de mûrier,
que vivent les vers à soie. Des échelles ou des marchepieds roulants donnent
accès aux étages supérieurs de ces habitations ; des ouvrières sont constam-
ment occupées à renouveler la litière des chenilles, à nettoyer les claies, etc.
La magnanerie doit être bien aérée, et entretenue en toute saison à une tem-
pérature sensiblement égale et toujours élevée.

Saturnie cécropie (*attacus cecropia*) (²/₃ de grandeur naturelle).

L'éducation des vers à soie est un art difficile. L'inexpérience, le défaut
de soins, souvent aussi des accidents que la science est impuissante à conjurer,
peuvent tout compromettre. C'est ainsi que depuis quelques années les vers
à soie d'Europe ont été décimés par une maladie dont la cause est encore mal
connue, et contre laquelle tous les moyens curatifs et prophylactiques ont
échoué jusqu'à présent. Le tort considérable que ce fléau a fait en France et
dans toute l'Europe méridionale à l'industrie séricole aura peut-être produit,
cependant, un bon résultat. Une industrie trop favorisée par les circonstances
s'endort volontiers dans sa prospérité, et demeure stationnaire. Les coups
qui l'atteignent de temps à autre l'avertissent de prendre garde, lui montrent
les imperfections qu'elle doit corriger, et le mal devient, de cette façon, le
stimulant du progrès. La maladie des vers à soie du mûrier a appelé l'atten-
tion sur les autres espèces de la tribu des bombycites qu'il serait possible
d'acclimater, et dont les cocons fourniraient à la consommation un supplément
notable de matière textile. Plusieurs naturalistes ont dirigé de ce côté leurs

recherches et leurs efforts. Aucun n'a mis au service de cette œuvre méritoire un zèle plus persévérant que Guérin-Méneville. Les dernières années de sa vie ont été presque exclusivement consacrées à la recherche des moyens propres à introduire, acclimater et multiplier en France les nouveaux faiseurs de soie.

Quand je parle de nouveaux faiseurs de soie, c'est nouveaux pour nous qu'il faut entendre ; car les récits des voyageurs nous ont appris, dit M. Blanchard, que, dans l'Inde et dans la Chine, des soies provenant d'espèces autres

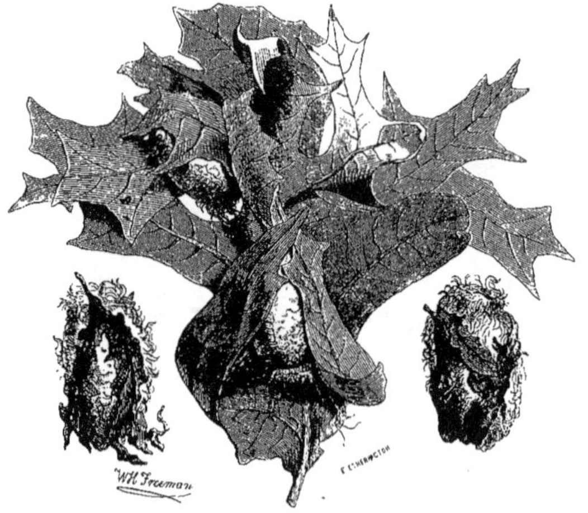

Cocons de l'attacus polyphemus (¹/₂ de grandeur naturelle).

que le bombyx du mûrier sont employées sur une assez vaste échelle. « L'idée de les introduire, ajoute le savant entomologiste, n'est pas venue tout d'abord. En 1840, des cocons d'un grand bombyx des États-Unis, l'*attacus cecropia* (*saturnie cécropie* d'autres auteurs), ayant été envoyés au muséum d'histoire naturelle de Paris, les papillons ne tardèrent pas à éclore. On eut des pontes, et bientôt des chenilles ou vers qu'on éleva sans grande difficulté. L'année suivante, on avait une seconde génération provenant de ces individus nés en France. Victor Audouin songea au parti qu'on en pourrait tirer, mais les choses n'allèrent pas plus loin.

« Plus tard, Guérin-Méneville s'occupa d'une espèce de l'Inde ; et nous-même, il y a six ans, devant l'Académie des sciences, nous nous efforcions d'appeler l'attention sur divers bombyx, dont les produits semblent de nature à être utilisés... A cette époque, tout échoua devant l'indifférence.

« Depuis, un temps meilleur est arrivé... Au mois de mars dernier (1856), la Société zoologique d'acclimatation recevait une soixantaine de cocons d'une espèce (*attacus polyphemus*), et plus d'une centaine d'une autre (*attacus cecropia*), contenant des chrysalides vivantes. A la fin de mai et au commencement de juin, les papillons sont éclos... »

Le nombre des espèces utilisables serait très grand, d'après Guérin-Méneville, qui, de concert avec M. E. Robert, s'est livré, dans les magnaneries

Bombyx du ricin (*bombyx arrindia*) (²/₃ de grandeur naturelle),
sa chenille, ses œufs et son cocon.

expérimentales de Sainte-Tulle et de Vincennes, à une série d'essais dont quelques-uns ont donné des résultats dignes d'intérêt.

Je citerai seulement les espèces que le patient observateur a signalées comme offrant le plus de chance de réussite ; mais je ferai préalablement remarquer que le peu d'accord des naturalistes, dont chacun adopte pour le même genre, pour la même espèce, une dénomination de son choix, introduit quelque confusion dans la nomenclature.

Guérin-Méneville désigne indistinctement tous les papillons à soie sous le nom générique de *bombyx*. D'autres préfèrent celui de *saturnies*, d'autres celui d'*attacus*. Je comprends peu, je l'avoue, ces dissidences sur ces mots, et je m'étonne que des hommes sérieux, des savants distingués, prennent à tâche de les perpétuer. Passons.

Guérin-Méneville s'est surtout occupé de l'acclimatation des vers à soie de l'ailante (improprement appelé *vernis du Japon*), du ricin et du chêne. Il appelle le premier *bombyx cynthia*. Cette espèce, cultivée depuis des siècles en Chine, a été envoyée à Turin par le P. Fantoni, et introduite en France, en Italie, en Algérie et jusqu'en Amérique et en Australie, par M. Guérin-Méneville. La soie qu'elle fournit a été appelée *ailantine, soie du Nord, soie*

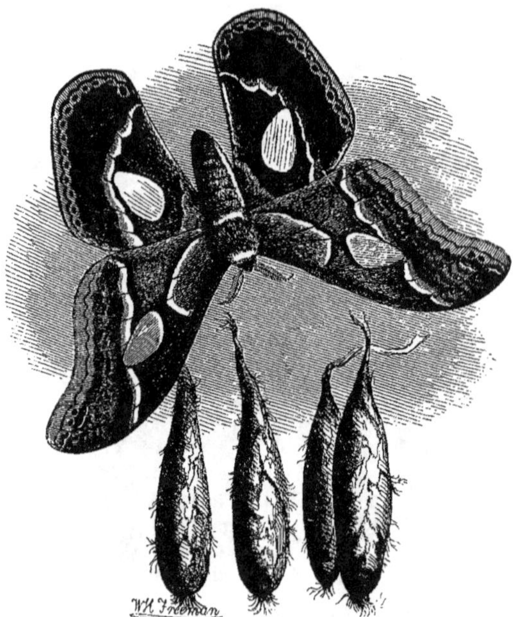

Attacus speculum et ses cocons ($^2/_3$ de grandeur naturelle).

du peuple. C'est une matière textile beaucoup plus belle et plus forte que le coton, et qui tient le milieu entre la soie et la laine. L'arbre qui nourrit ce bombyx pousse partout et est devenu très commun en France; l'animal lui-même n'a point les délicatesses de son congénère du mûrier: il s'élève parfaitement en plein air, sans craindre la pluie ni le vent.

Le ver à soie du ricin (*bombyx* ou *saturnia arrindia*) est originaire de l'Inde anglaise et de l'Assam. Il a été introduit en Europe par MM. Bergonzi et Baruffi. Chargé par la Société d'acclimatation de le naturaliser en France et en Algérie, Guérin-Méneville s'est acquitté de cette tâche avec un plein succès.

Le ver à soie du chêne de la Chine (*bombyx anthærea* ou *yamamaï*) est cultivé au Japon, et donne une soie aussi belle que celle du *bombyx mori*.

Un autre de même origine, le *bombyx Pernyi*, est l'objet d'une industrie importante dans le nord de la Chine. Sa soie est plus grossière, mais d'une extrême solidité. Son introduction est due au P. Perny, missionnaire. Un troisième ver à soie du chêne est le *bombyx polyphemus* de l'Amérique du Nord, dont parle M. Blanchard. Le *bombyx cecropia* est également propre à l'Amérique septentrionale. Il vit sur le prunier sauvage ou cultivé, et sur d'autres arbres. Cette espèce, recommandée, comme la précédente, par M. Blanchard, a été d'abord soumise à plusieurs expériences qui n'ont pas

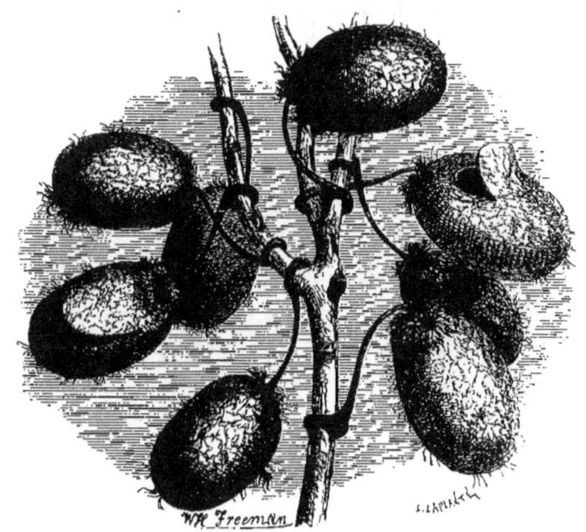

Cocons de l'attacus mylitta (¹/₂ de grandeur naturelle).

réussi; mais, en 1863, Guérin-Méneville, en ayant reçu quelques échantillons par les soins de M. Lefebvre, de New-York, a obtenu une ponte d'environ deux cents œufs. Il en a donné la moitié à la Société d'acclimatation, et a fait éclore le reste dans sa magnanerie de Vincennes. MM. le maréchal Vaillant et Roger-Desgenettes n'ont pas été moins heureux dans les essais qu'ils ont exécutés d'autre part. L'acclimatation de ce ver peut donc être considérée comme un fait accompli, au moins en principe.

L'*attacus,* ou *saturnie,* ou *bombyx speculum*, n'est désigné sous ce nom spécifique ni par Guérin-Méneville, ni par aucun des auteurs que j'ai pu consulter sur la matière. Est-ce la troisième espèce indiquée par M. Blanchard ? Il y a lieu de le croire. A défaut de renseignements plus précis, nous donnons ici le dessin de ce papillon et de ses cocons, qui figurent dans la galerie entomologique du muséum.

Enfin n'oublions pas le *bombyx* ou *attacus mylitta,* qui fournit, dans l'Inde française et anglaise, la soie *tussah,* laquelle donne lieu dans ces contrées à un commerce très étendu. Cet insecte est remarquable par sa façon ingénieuse d'attacher ses cocons aux branches des arbres sur lesquels il vit (principalement des jujubiers), au moyen d'une tige artificielle aussi dure que du bois, embrassant par une forte boucle le rameau auquel elle pend comme un fruit. Il paraît que le *bombyx mylitta* est polyphage, et s'accommode au besoin des feuilles du chêne. Son introduction en Europe, ou du moins en Algérie, aurait donc des chances de succès.

On voit en résumé que si, avant la fin du siècle, nos plus humbles ouvrières ne portent pas tous les jours des robes et des bas de soie, ce ne sera pas la faute de l'excellent et regrettable Guérin-Méneville.

CHAPITRE IX

LES OISEAUX. — LA PLUME, L'AILE ET LE VOL

L'insecte est malaisé à définir. Rien de bien visible ne le sépare des autres animaux sans vertèbres, et l'on a même pu le confondre avec certains vertébrés. La Fontaine, parlant du serpent qu'un bûcheron a coupé avec sa cognée en deux ou trois morceaux, ne dit-il pas :

> L'*insecte* sautillant cherche à se réunir ?

Sans être tombés jamais dans une telle erreur, les naturalistes ne sont parvenus qu'avec peine à assigner à la classe des insectes sa place et ses limites précises dans la série zoologique, à distinguer nettement ces animaux des araignées, des crustacés, des annelés. Il leur a fallu pour cela se livrer à des études anatomiques et physiologiques très minutieuses, faire intervenir le scalpel et le microscope.

Point de difficultés semblables en ce qui concerne l'oiseau. L'homme, l'enfant le plus illettré, le plus ignorant, ne s'y trompe pas. Interrogez-le, demandez-lui ce que c'est qu'un oiseau ; sans hésiter il vous répondra : C'est un animal qui a des plumes au lieu de poils, et un bec au lieu de bouche, deux pattes sur lesquelles il se tient droit, et deux ailes avec lesquelles il vole. Sa femelle pond des œufs et les couve pour les faire éclore. » Et cette définition, sous sa forme naïve et vulgaire, sera aussi juste, sinon aussi complète que celle que vous donnerait un naturaliste de profession.

Selon Le Maout [1], la définition de l'oiseau peut se formuler rigoureusement

---

[1] *Histoire naturelle des oiseaux.* — 1 vol. grand in-8°. — Paris, 1833. — Un juste hommage est dû à la mémoire de ce savant modeste, de cet écrivain élégant, qui n'a pas eu parmi ses contemporains une place en rapport avec son mérite. Le Maout était né à Guingamp (Côtes-du-Nord) en 1800. J'ignore la date de sa mort, qui a passé à peu près inaperçue : ce doit être vers 1870. Il n'avait occupé que peu de temps une position officielle de second ordre : celle de démonstrateur à la faculté de médecine. Il ouvrit ensuite des cours particuliers de littérature et d'histoire naturelle. Le Maout

par trois adjectifs : *vertébré, ovipare, emplumé ;* et au besoin ce dernier caractère seul suffirait pour distinguer les oiseaux de tout le reste du règne animal, parce que seul il leur est exclusivement et absolument propre : tous les oiseaux, sans aucune exception, sont couverts de plumes, et eux seuls le sont. Dans son *Jardin des Plantes,* le même auteur ajoutait à sa formule le quatrième terme : *volatile.* Il l'a ensuite retranché, sans doute parce que les oiseaux ne sont pas les seuls animaux qui volent, et que plusieurs d'entre eux ne volent pas. Mais à ce compte il fallait supprimer aussi *ovipare,* puisque ce caractère est commun à la presque totalité des animaux non mammifères. Ou plutôt il fallait compléter cette indication par une autre, qui malheureusement ne se prêtait pas au laconisme où le savant écrivain était résolu de se renfermer : il fallait dire que les oiseaux font éclore leurs œufs par incubation ; ce qui est un trait bien caractéristique de leur physiologie et de leurs mœurs, bien que l'on puisse citer quelques oiseaux qui ne couvent pas et quelques reptiles qui couvent. C'est aussi probablement faute d'un adjectif que Le Maout n'a point parlé du bec, qui pourtant est aussi exclusivement propre aux oiseaux que le plumage ; à moins qu'on n'allègue l'ornithorynque, être exceptionnel et paradoxal, dont l'organisation est une énigme, et que la nature semble s'être plu à composer des éléments les plus disparates.

Enfin un dernier caractère non moins essentiel, et qui manque également à la définition de Le Maout, c'est la station bipède. Hormis l'homme, je ne vois dans la nature aucun animal qui, sous ce rapport, ressemble aux oiseaux. Encore l'homme peut-il, à la grande rigueur, marcher « à quatre pattes », ce qui est absolument impossible aux oiseaux, puisqu'ils n'en ont que deux. Remarquons encore que la transformation des membres antérieurs en ailes ne souffre non plus chez ces derniers aucune exception ; on la retrouve, bien qu'à l'état rudimentaire, chez les plus disgraciés ; et si l'on ne peut appliquer aux oiseaux, d'une manière absolue, la qualité de *volatiles,* on ne peut du moins leur refuser celle d'animaux ailés. Or l'aile et la plume n'ont de raison d'être que comme conditions de la vie aérienne, qui est évidemment la destinée des oiseaux. Que cette destinée ne soit pas accomplie pour tous ; que, dans certaines espèces, les organes du vol se soient atrophiés tandis que ceux de la natation ou de la marche prenaient un développement insolite : ce sont là des faits que je n'essayerai pas d'expliquer, mais qui, en tous cas, ne sauraient infirmer la loi générale, puisque l'oiseau coursier (autruche, émou, casoar), ainsi que l'oiseau-poisson (manchon, plongeon, gorfou), conserve au moins un simulacre, une ébauche d'aile ; ne fût-ce, selon l'expression de

joignait à un savoir très étendu et très profond un style clair, élégant, littéraire, de l'esprit, de la bonhomie, de l'érudition. Il possédait à un très haut degré les qualités de vulgarisateur. Ses deux beaux ouvrages, *le Jardin des Plantes* et l'*Histoire naturelle des oiseaux,* peuvent être cités comme des modèles du genre, et plus d'une fois je me suis trouvé heureux de le prendre pour guide dans le cours de ce travail.

Michelet, que « comme un souvenir de la nature ». Nul besoin donc de s'arrêter à ces exceptions. L'oiseau n'en reste pas moins par excellence l'être aérien, de même que le poisson est le type parfait de l'être aquatique. Cette vérité devient plus évidente à mesure qu'on étudie avec plus d'attention, non seulement la structure de l'aile et de la plume, mais les caractères anatomiques et physiologiques de l'oiseau, son système respiratoire, ses muscles et jusqu'à son squelette.

On sait que les oiseaux sont des animaux vertébrés, à sang chaud. Leur circulation diffère peu de celle des mammifères ; mais leur respiration est incomparablement plus active et plus étendue. C'est la fonction qui, chez eux, domine toutes les autres. Elle s'accomplit dans presque toutes les parties du corps. Les poumons, remarquables par leur volume, sont adhérents aux côtes, et les nombreux canaux qui les traversent communiquent avec des poches membraneuses appelées *sacs aériens,* qui tapissent la cavité thoracique et la masse intestinale. Ces sacs conduisent l'air aux clavicules, aux vertèbres du cou, à presque tous les os du tronc et des membres, et, qui plus est, aux plumes. Ainsi le corps de l'oiseau est une sorte de ballon qui peut se gonfler, s'imprégner d'air chaud dans toutes ses parties, et acquérir une légèreté spécifique extraordinaire. En outre, l'activité de la respiration communique à l'animal une vivacité, une énergie sans lesquelles il ne pourrait suffire à la dépense de force qu'exige le mouvement rapide et continuel de ses ailes. Enfin la combustion des principes carbonés et hydrogénés du sang par l'oxygène de l'air étant beaucoup plus considérable chez les oiseaux que chez les mammifères, leur température est aussi notablement plus élevée (quarante-quatre degrés); ce qui a le double avantage de les rendre très peu sensibles au froid intense des hautes régions de l'atmosphère, et d'échauffer davantage, donc de rendre d'autant plus léger l'air qui envahit leurs tissus.

J'ai dit que les sacs aériens conduisaient l'air dans les os. Cette *pneumaticité* des os de l'oiseau est à mon sens le trait le plus admirable de leur organisation. Les os sont criblés de cellules et de canaux dans lesquels l'air circule avec une extrême facilité ; il en est même, — l'humérus, le fémur et le tibia, — qui sont creux dans toute leur longueur. Un fait non moins remarquable, c'est que toutes ces cellules, toutes ces cavités communiquent entre elles, avec les sacs aériens et avec les poumons, de telle sorte, disent MM. Chenu, des Murs et Verreaux, « qu'en poussant de l'air par un trou pratiqué artificiellement au fémur ou à l'humérus, par exemple, on peut aisément insuffler le corps entier, et que l'ouverture accidentelle d'une de ses parties suffit pour permettre à l'air chaud de s'échapper au dehors, et pour ôter à l'oiseau la faculté de voler. On peut voir aux galeries d'anatomie comparée du muséum le corps d'un cygne dont tous les sacs aériens ont été habilement insufflés par le docteur Sappey [1]. »

----

[1] *Leçons élémentaires sur l'histoire naturelle des oiseaux,* in-18. — Paris, 1862-64 ; t. I, 4e leçon.

On connaît le proverbe « léger comme une plume ». Les plumes sont, en effet, d'une extrême légèreté. Le tuyau creux qui en est la base, et dans lequel l'air pénètre, comme dans les os, par le moyen des sacs aériens ; la *tige* spongieuse garnie de *barbes* portant elles-mêmes des *barbules* ; celles-ci munies de crochets qui maintiennent l'adhérence des barbes et en forment une lame homogène, résistante et imperméable : tout cet ensemble constitue à la fois pour l'oiseau un vêtement singulièrement propre à le garantir du froid, et, si j'ose ainsi dire, un admirable organe aérostatique. Les plumes varient d'ailleurs de dimensions, de forme et de contexture, non seulement selon les espèces, dont chacune est pourvue d'un plumage approprié à sa taille, à sa conformation, à son genre de vie, mais encore selon les parties du corps sur lesquelles elles se développent. Le plumage de l'autruche et celui du casoar ne ressemblent point au plumage de l'aigle ou du vautour, ni le plumage de la chouette à celui du plongeon ou du pingouin. Un grand nombre d'oiseaux, mais surtout les oiseaux aquatiques, ont la gorge, la poitrine et le ventre recouverts d'une espèce de petites plumes extrêmement ténues, flexibles et moelleuses, qu'on nomme *duvet*. Le duvet est sans contredit la meilleure de toutes les fourrures. Aussi la prévoyante nature l'a-t-elle fait entrer pour une forte proportion dans le plumage des oiseaux qui vivent en toute saison dans l'eau, et particulièrement dans l'eau glacée des régions polaires ; elle a eu, de plus, la précaution de l'imprégner d'une matière grasse qui le rend tout à fait imperméable. L'homme civilisé ne pouvait manquer de s'approprier une matière aussi précieuse. Il l'emprunte aux oies, aux canards, aux cygnes, et ne se fait point scrupule de la leur arracher lorsqu'ils sont encore vivants, parce qu'elle est alors beaucoup moins sujette à la corruption et aux atteintes des vers.

Le duvet le plus fin, le plus moelleux et le plus recherché est celui d'un genre de canards que les ornithologistes désignent sous le nom latin de *somateria*, mais qu'on connaît généralement sous celui d'*eiders*. Le duvet lui-même s'appelle *édredon* (de l'anglais *eider down*, duvet d'eider). Le genre eider comprend deux espèces : l'eider à tête grise (*som. spectabilis*) et l'eider commun (*som. mollissima*). Elles sont toutes deux propres aux contrées boréales de l'ancien et du nouveau continent. L'eider commun est très répandu au Spitzberg, dans la Laponie, au Groënland, en Islande, à Terre-Neuve, dans le pays des Esquimaux, dans le haut Canada, etc. Le mâle de cette espèce est blanchâtre sur le corps et les ailes ; sa queue et son ventre sont noirs, et il porte sur la tête une large tache également noire, qui simule assez bien une calotte. La femelle est d'un gris mélangé de brun. L'eider est de grande taille ; sa grosseur est celle de l'oie. Il se plaît dans les endroits escarpés, au milieu des rochers baignés par la mer. C'est là qu'il fait son nid avec des fucus. La femelle tapisse ce nid de son duvet ; lorsqu'on le lui prend, elle s'en arrache aussitôt de nouveau, pour préserver du froid ses œufs et sa progéniture.

Grâce à leur précieuse fourrure et à la supériorité que possède le *duvet vivant* sur celui qu'on arrache de leur cadavre, les eiders jouissent, en Norwège et en Islande, d'une parfaite sécurité. La loi même les protège et punit d'une forte amende tout attentat contre leur vie ; mais ils sont serfs des habitants, et à ce titre imposables à merci. Chacun fait de son mieux pour décider ces oiseaux à venir s'établir dans l'enceinte de sa propriété ; il recueille dès lors les fruits de leur travail ; mais il veille avec soin à leur conservation, et favorise, autant qu'il le peut, la multiplication de ses hôtes,

Canard eider.

qui lui payent si largement son hospitalité. D'après Toil, un seul Islandais, si son habitation est bien placée, peut récolter annuellement jusqu'à cinquante kilogrammes de duvet : ce qui représente un très joli revenu. Dans l'Amérique du Nord, on est moins prévoyant, moins avare du sang des eiders, et l'on ne se fait pas faute de les chasser comme des canards vulgaires. Leur peau est exportée en Chine, où elle se vend très cher comme fourrure. On a essayé d'acclimater les eiders dans l'Europe centrale ; mais ces tentatives n'ont point réussi.

Il ne faut pas confondre le duvet permanent propre à certaines espèces d'oiseaux adultes avec celui qui, chez presque tous les jeunes oiseaux, précède le plumage proprement dit, et que tout le monde a vu sur les *poussins* de nos basses-cours. « Lorsque l'oiseau vient d'éclore, disent MM. Chenu, des Murs et Verreaux, il est couvert, excepté sous le ventre, de soies fines, serrées et implantées par petits paquets de quinze à vingt sur les bulbes qui contiennent le germe de la plume.

« Lorsque la plume se développe, elle chasse devant elle les soies, qui ne tombent qu'après l'entier développement de celle-ci. Dans les oiseaux de proie et dans les oiseaux aquatiques, ces soies sont remplacées par un véritable duvet, qui recouvre entièrement le petit fort peu de temps après l'éclosion. C'est chez ces oiseaux que ce duvet adhère le plus longtemps aux plumes ; en sorte qu'après plusieurs jours l'animal ressemble à une pelote, et plus tard, après un mois, il paraît encore tout couvert de ce duvet, flottant comme un ornement à l'extrémité de chacune de ses plumes. »

Les plumes sont toujours dirigées de haut en bas, ou de la tête vers la queue. Elles jouissent d'une certaine mobilité, et sont mues par des muscles particuliers. Celles qui couvrent le corps et la tête n'ont point de nom particulier ; mais les plumes des ailes et de la queue sont appelées *pennes*. Les premières reçoivent en outre, selon la place qu'elles occupent, des désignations que j'indiquerai tout à l'heure. Mais il convient d'examiner d'abord la structure des ailes.

Les ailes sont les membres antérieurs des oiseaux. On y retrouve les mêmes parties essentielles que dans ceux des mammifères ; mais l'inégal développement de ces parties et l'ensemble de leur disposition les rendent exclusivement propres à la locomotion aérienne. Ainsi le squelette de l'aile se compose, comme celui de notre bras, d'un *humérus* attaché par son extrémité supérieure à la jonction de l'omoplate et de la clavicule ; d'un *cubitus* et d'un *radius*, formant ensemble l'avant-bras, et articulé avec l'extrémité inférieure de l'humérus ; et enfin d'une *main*. Seulement la main n'est qu'une sorte de moignon aplati, atrophié et presque immobile. Au contraire, le bras et l'avant-bras sont, en général, d'autant plus longs et plus forts que l'oiseau vole mieux. Les ailes sont mises en mouvement par des muscles d'un volume et d'une puissance extraordinaires, qui s'insèrent à la partie antérieure du thorax. Aussi le *sternum* des oiseaux est-il très large, et muni en son milieu d'une crête longitudinale destinée à fournir aux muscles une attache plus solide. Cette disposition a d'ailleurs pour effet d'alourdir le thorax et de placer le centre de gravité aussi bas que possible dans la partie antérieure du corps, qui est celle qui doit vaincre par sa masse la résistance de l'air.

La forme et la disposition des plumes qui garnissent les ailes ne sont pas moins heureusement appropriées à la facilité et à la rapidité du vol. Ces plumes ont été classées de la manière suivante. Celles qui sont attachées à l'humérus sont dites *pennes scapulaires ;* ce sont les plus courtes. On appelle *rémiges* (d'un mot latin qui signifie *rames*) les pennes adhérentes à l'avant-bras et à la main ; celles-ci sont les rémiges primaires, celles-là les rémiges secondaires. L'os qui, dans l'aile, représente le pouce, porte encore quelques plumes qu'on nomme *pennes bâtardes*. Enfin sur la base des rémiges règne une rangée de plumes appelées *tectrices*. Les ailes qui offrent ces différentes espèces de plumes sont les ailes complètes, et les oiseaux qui en sont pourvus sont appelés *alipennes,* par opposition aux oiseaux *impennes* et *rudipennes,* dont les ailes sont rudimentaires et impropres au vol. Chez les alipennes, les ailes sont obtuses ou aiguës, sub-obtuses ou sub-aiguës. Les ailes faisant l'office de rames, on comprend que l'oiseau ait besoin d'un gouvernail. Ce rôle est rempli par les pennes de la queue, qui sont, en conséquence, appelées *rectrices.*

On voit, d'après ce qui précède, que le vol est la véritable et parfaite réalisation de la navigation aérienne, et que tout dans les oiseaux alipennes est disposé en vue de cette fin. Rien de plus facile maintenant que de se rendre compte du mécanisme même du vol. Le docteur Le Maout a très clairement et très simplement exposé ce mécanisme.

« Bien que l'air soit un fluide peu dense et peu résistant, dit-il, on conçoit sans peine que s'il est frappé rapidement par une surface large et solide, tout en se laissant refouler par cette surface, il lui opposera une certaine résistance, et cette résistance sera d'autant plus forte que la surface mettra plus de vitesse dans son mouvement. Qu'on se figure donc un oiseau suspendu au milieu des airs, immobile et les ailes étendues; s'il abaisse rapidement ses ailes vers sa poitrine, l'air, frappé par leur surface large et solide, va céder à cette impulsion ; mais comme il ne peut se déplacer assez promptement, parce que la vitesse des ailes surpasse la sienne, il résistera à ces ailes et leur fournira un véritable point d'appui, au moyen duquel le corps de l'oiseau sera poussé en sens contraire.

« Voilà la première condition du vol. Or chacun sait que si, après ce premier effort, les ailes restent immobiles, la gravitation, vaincue momentanément, va reprendre son empire, et l'oiseau descendra vers la terre, absolument comme un animal retombe sur le sol après avoir fait un *saut.*

« Mais si, après avoir, en les abaissant vivement, rapproché ses ailes étalées, l'oiseau les écartait avec la même rapidité, il est évident que l'air situé au-dessus d'elles leur opposerait la même résistance que l'air situé au-dessous, qu'elles ont refoulé un instant auparavant. Il en résulterait que le corps de l'animal, soulevé dans le premier temps par la résistance de l'air inférieur, serait abaissé de la même quantité dans le second par la résistance de l'air supérieur, et que cette oscillation rapide le ferait, en définitive, rester toujours à la même place, en opérant un mouvement continuel de *va-et-vient :* c'est ce que fait, par exemple, l'épervier, quand il plane et semble immobile dans les airs avant de fondre sur sa proie.

« Que doit donc faire l'oiseau pour *se transporter* dans l'espace? La première condition était, comme nous l'avons vu, de refouler l'air situé sous ses ailes ; la seconde sera de faire en sorte que, quand elles se disposeront à reprendre leur première position, l'air supérieur leur oppose le moins de résistance possible : c'est pour cela que l'oiseau, après avoir donné son coup d'aile, la reploie pour rétrécir sa surface ; puis il élève cette aile ainsi reployée, puis il l'étend et l'abaisse de nouveau en accélérant ses battements selon le degré de rapidité qu'il veut donner à son vol [1]. »

Le Maout ne parle là que du mouvement vertical par lequel l'oiseau s'élève dans l'air. Il est évident que, pour avancer horizontalement ou dans un plan incliné, l'oiseau doit frapper l'air dans une direction plus ou moins oblique. Ses pennes rectrices, qui, de leur côté, peuvent prendre des positions très diverses, lui sont d'un grand secours dans ses évolutions, et l'animal, sans se douter le moins du monde de ce que c'est que la statique et la mécanique, dont l'étude nous coûte tant d'efforts, sait à merveille en observer les lois pour s'élever, se mouvoir et se diriger dans les airs. .

[1] *Histoire naturelle des oiseaux*, Introduction.

CHAPITRE X

L'homme a dans le règne animal un ami, le chien ; un allié, l'oiseau. Sans
l'oiseau, que deviendrions-nous ? Que pourraient contre les légions dévo-
rantes de l'ennemi commun, l'insecte, nos engins, nos armes, nos ordonnances
de police ? Rien, rien du tout. L'insecte dévorerait nos moissons, nos fruits,
nos bois, nos animaux domestiques, et nous ensuite. Sans doute, dans cette
grande armée des oiseaux, qui combat pour nous continuellement, il y a des
irréguliers, des *baschiboujouks,* des maraudeurs, des pillards, même des
assassins. Plusieurs mangent les grains mûrs, d'autres les blés en herbe,
d'autres les fruits ; quelques-uns, les rapaces-diurnes, attaquent nos volailles ;
les plus grands parfois, faute de gibier, enlèvent çà et là un agneau, un
chevreau. Mais encore en est-il, parmi les petits voleurs, qui ne font, en
somme, que se payer modérément des services qu'ils nous rendent. Le gros
de l'armée, l'immense majorité, nous sert fidèlement, sans nous rien demander,
et ne vit qu'aux dépens de l'ennemi : non seulement de l'insecte, mais parfois
aussi du reptile, du rongeur. Ceux qui nous sont le moins sympathiques, les
rapaces vivant de chair morte, concurremment avec les hyènes, les chacals,
et avec certains insectes sarcophages dont j'ai parlé plus haut, dévorent les
cadavres, les charognes, font dans les forêts, dans les déserts, même dans
les campagnes habitées, cultivées, et dans de vastes et populeuses cités, le
service de la grande voirie.

On trouverait, en un mot, très peu d'oiseaux qui ne nous soient pas utiles
à un titre quelconque. On en trouverait bien moins encore qui nous soient
réellement nuisibles. A ces mérites, hélas ! généralement méconnus et payés
d'une barbare ingratitude, s'ajoutent chez l'oiseau la beauté des formes et
celle des couleurs, réunies chez la plupart ; la grâce et la vivacité des mou-
vements, la mélodie de la voix, et, à défaut de facultés intellectuelles bien
développées, d'admirables instincts, des mœurs, des industries curieuses.

Ne nous étonnons donc pas si l'ornithologie a eu ses enthousiastes, ses héros : un Wilson, un Audubon. Je ne puis résister au désir de ressusciter un instant ces deux morts trop peu connus ou trop oubliés, exemples admirables de ce que peut tenter et accomplir l'homme en qui brûle la noble passion de l'étude, l'amour de la nature.

Le premier, Alexandre Wilson, « pauvre tisserand de Glasgow, dit Michelet, dans son logis humide et sombre, rêvait la nature, l'infini des libres forêts, la vie ailée surtout. Son métier de cul-de-jatte, condamné à rester assis, lui donna l'amour extatique du vol et de la lumière. S'il ne prit pas des ailes, c'est que ce don sublime n'est encore en ce monde que le rêve et l'espoir de l'autre...

« Il avait essayé d'abord de satisfaire son goût pour les oiseaux en compulsant des livres de gravures qui semblent les représenter. Lourdes et gauches caricatures qui donnent une idée ridicule de la forme, et du mouvement, rien ; or qu'est-ce que l'oiseau, hors la grâce et le mouvement ? Il n'y tint pas. Il prit un parti décisif : ce fut de quitter tout, son métier, son pays. Nouveau Robinson Crusoé, par un naufrage volontaire, il voulait s'exiler aux solitudes d'Amérique ; là, voir lui-même, observer, décrire, peindre. Il se souvint alors d'une chose : c'est qu'il ne savait ni dessiner, ni peindre, ni écrire. Voilà cet homme fort, patient, et que rien ne pouvait rebuter, qui apprend à écrire, très bien, très vite. Bon écrivain, artiste infiniment exact, main fine et sûre, il parut, sous sa mère et maîtresse la nature, moins apprendre que se souvenir.

« Armé ainsi, il se lance au désert, dans les forêts, aux savanes malsaines, ami des buffles et convive des ours, mangeant les fruits sauvages, splendidement couvert de la tente du ciel. Où il a la chance de voir un oiseau rare, il reste, il campe, il est chez lui. Qui le presse, en effet ? Il n'a pas de maison qui le rappelle, ni femme ni enfant qui l'attendent. Il a une famille, c'est vrai ; mais la grande famille qu'il observe et décrit. Des amis, il en a : ceux qui n'ont pas encore la défiance de l'homme, et qui viennent percher à son arbre et causer avec lui.

« Et vous avez raison, oiseaux, vous avez là un très solide ami, qui vous en fera bien d'autres, qui vous fera comprendre, ayant été oiseau lui-même de pensée et de cœur. Un jour, le voyageur, pénétrant dans vos solitudes et voyant tel de vous voler et briller au soleil, sera peut-être tenté de sa dépouille, mais se souviendra de Wilson. Pourquoi tuer l'ami de Wilson ? Et, ce nom lui venant à la mémoire, il baissera son fusil [1]. »

La figure d'Audubon est encore plus fortement accentuée, plus complète Admirable observateur, grand artiste, grand écrivain, penseur profond, âme énergique et tendre, Audubon est le type accompli d'une haute intelligence

____

[1] Michelet, *l'Oiseau.*

puisant ses inspirations dans un cœur généreux, et il a prouvé que la plus
scrupuleuse exactitude peut et doit s'allier à la plus large poésie. Nul ne peut
mieux parler de lui que lui-même. Écoutons-le.

« J'ai reçu, dit-il, la vie et la lumière dans le nouveau monde. Mes aïeux
étaient Français et protestants. Avant que j'eusse des amis, les objets de la
nature matérielle frappèrent mon attention et émurent mon cœur. Avant de
connaître et de sentir les rapports de l'homme avec ses semblables, je connus
et je sentis les rapports de l'homme avec les êtres inanimés. On me montrait
la fleur, l'arbre, le gazon, et non seulement je m'en amusais, comme font
les autres enfants, mais je m'attachais à eux. Ce n'étaient pas mes jouets,
c'étaient mes camarades... Mon intimité commençait à se former avec cette
nature que j'ai tant aimée, et qui m'a payé mon culte par de si vives jouis-
sances : intimité qui ne s'est jamais interrompue ni affaiblie, et qui ne cessera
que devant mon tombeau. Aucun abri ne me semblait plus sûr et plus agréable
que les ombrages qui recélaient les familles ailées que j'admirais, que les
rocs et les cavernes qui servaient d'asile aux mouettes et aux cormorans.

« Une joie vive et pure, une sorte de volupté paisible remplit ainsi mes
jeunes années. Pendant des heures entières, mon attention charmée se fixait
sur les œufs brillants et lustrés des oiseaux, sur le lit de mousse qui ren-
fermait et protégeait leurs perles chatoyantes, sur les rameaux qui les soute-
naient balancés et suspendus sur les roches nues et battues des vents des
rivages atlantiques. Je veillais avec une sorte d'extase sur le développement
qui suivait le moment de leur naissance... J'aimais à observer les progrès
lents de quelques oiseaux vers la perfection de leur être, et à voir certaines
espèces, à peine écloses, fuir à tire-d'aile, et secouer en volant les débris
de leur coque transparente.

« Je grandis, et ma passion pour l'histoire naturelle grandit avec moi.
Tout ce que je voyais, j'aurais voulu me l'approprier. Plus ambitieux que les
conquérants, je désirais le monde, et mes vœux n'avaient point de bornes.
Je me révoltais contre la mort, qui dépouillait de ses formes les plus belles
et de ses plus aimables couleurs l'animal que j'étais parvenu à saisir.

« ... Je fis part de mon chagrin à mon excellent père, qui voulut m'en con-
soler en m'apportant un volume de planches coloriées, où je retrouvais avec
bonheur les images assez exactes des oiseaux qui faisaient mes délices, et dont
les tristes momies décoraient jusque-là les murs de mon petit appartement.

« Ce fut pour moi une vive et ardente joie. Je retrouvais enfin, non, il est
vrai, les êtres que j'aimais et dont j'avais fait les compagnons de ma première
enfance, mais du moins leur image. Je compris que le moyen de m'approprier
la nature, c'était de la copier. Me voilà donc, dessinateur imberbe et inexpéri-
menté, copiant tout ce qui se présentait à mes yeux, mais malheureusement
le copiant fort mal.

« Pendant plusieurs années, je fis et refis des oiseaux. Ces oiseaux ressemblaient tour à tour à des quadrupèdes ou à des poissons ; je finis par être honteux de voir mes patients efforts n'aboutir qu'à des résultats misérables ; car à peine pouvais-je reconnaître moi-même l'oiseau que je venais de dessiner. Mon pinceau, créateur de races inouïes et disproportionnées, me faisait pitié. Loin de me décourager, ce désappointement irrita ma passion. Plus mes oiseaux étaient mal peints, plus les originaux me semblaient admirables. En copiant et recopiant leurs formes, leur plumage et leurs diverses particularités, je continuais, sans le savoir, l'étude la plus minutieuse de l'ornithologie comparée. J'étudiais d'autant mieux les détails de l'organisation des oiseaux, que je cherchais avec plus de patience à les reproduire avec exactitude. Telle était la vivacité de cette passion puérile, mais qui n'a pas diminué avec l'âge, que si l'on m'eût enlevé mes esquisses, je crois que l'on m'eût donné la mort. »

Le père d'Audubon crut voir dans cette passion le signe d'une vocation décidée, non pour l'histoire naturelle, mais pour la peinture. Il l'envoya à Paris. Le jeune homme entra dans l'atelier du célèbre David. Là on lui fit copier des nez gigantesques, des bouches colossales, des têtes de chevaux d'après l'antique. Peu s'en fallut que ce travail ingrat ne le dégoûtât de l'art. Il s'empressa de revenir en Amérique, au milieu de ses forêts natales. Il s'établit en Pensylvanie, dans une belle plantation dont son père lui fit présent. Il se maria, devint père, et le bonheur qu'il trouva près de sa compagne et de ses enfants lui fit un peu oublier pendant quelque temps la passion de sa jeunesse. Puis des revers de fortune l'assaillirent ; il chercha alors et trouva des consolations infinies dans l'étude de la nature. « Mon enthousiasme me soutenait, dit-il, et vingt années d'investigations et d'observations augmentèrent encore cette flamme secrète qui m'animait. C'était vers les forêts antiques du continent américain qu'un invincible attrait me précipitait. J'entreprenais seul de longs et périlleux voyages, je battais les bois, je m'égarais dans les solitudes séculaires. Les rives de nos lacs immenses, nos vastes prairies, les plages de l'Atlantique me voyaient sans cesse errant dans leurs secrets asiles. Des années entières s'écoulèrent ainsi. »

Il ne songeait pas encore que ses travaux pussent jamais être utiles, lorsque Lucien Bonaparte, qu'il rencontra à New-York, l'engagea vivement à publier ses essais ; mais ni New-York ni Philadelphie ne lui offraient les ressources nécessaires pour une telle entreprise. Il remonta l'Hudson et s'enfonça plus que jamais dans ses chères forêts. Pourtant, la collection de ses dessins augmentant, il commença à rêver la gloire. Hélas ! un coup terrible faillit anéantir tous ses projets. Après avoir habité plusieurs années le village d'Henderson, dans le Kentucky, il partit pour Philadelphie, laissant à un parent tous ses dessins soigneusement emballés dans une caisse. Après six semaines d'absence, il revint à Henderson et demanda son trésor. On lui apporta la caisse ; il l'ouvre, mais il n'y trouve plus que des lambeaux de papier déchiré, mouillé : « lit commode et doux sur lequel reposait toute une couvée de rats de Norwège. » — « Une ardeur brûlante , dit-il encore, traversa mon cerveau comme une flèche de feu ; tous mes nerfs ébranlés frémirent : j'eus la fièvre pendant plusieurs semaines. Enfin la force physique et la force morale se réveillèrent en moi. Je repris mon fusil, ma gibecière, mes crayons, et je me replongeai dans mes forêts, comme si rien ne fût arrivé. Me voilà recommençant tous mes dessins, et charmé de voir qu'ils réussissaient mieux qu'auparavant. Il me fallut trois années pour réparer le dommage causé par les rats de Norwège. Ce furent trois années de bonheur. »

Enfin il put considérer sa tâche comme achevée. Il alla visiter sa famille, qui habitait encore la Louisiane, et, emportant avec lui tous les oiseaux du nouveau continent, il fit voile vers l'Angleterre. Il reçut dans ce pays, de la part de tous ceux qui s'intéressaient aux œuvres de l'esprit, un accueil empressé, des encouragements, et, ce qui valait mieux, un concours efficace. Il publia, aux frais de soixante-quinze souscripteurs (chaque souscription était de mille dollars, c'est-à-dire plus de cinq mille francs), sa splendide *Biographie ornithologique,* comprenant cinq volumes et un atlas de quatre cents planches d'une dimension extraordinaire, où tous les oiseaux d'Amérique, depuis le colibri jusqu'à l'aigle, sont représentés en grandeur naturelle avec leurs œufs, leur nid, l'arbre qui leur sert d'abri, les fruits ou les animaux dont ils se nourrissent, le paysage au milieu duquel ils vivent.

« La *Biographie ornithologique,* dit M. P.-A. Cap, n'est pas seulement un ouvrage d'histoire naturelle, c'est un tableau aussi varié qu'attachant des sites et des aspects du continent américain ; c'est le fruit d'observations rassemblées, pendant tout le cours de sa vie, par un ami passionné de la nature qui a apporté dans ses recherches la persévérance du savant, l'intelligence de l'artiste et le talent de l'écrivain. Audubon vous associe à son existence nomade ; on pénètre sur ses pas dans ces vastes savanes ; on navigue avec lui sur les fleuves immenses qui divisent ces belles contrées ; on parcourt comme en réalité ces solitudes grandioses, avec leur végétation vigoureuse, primitive, leur population un peu sauvage, leurs aspects étranges et majestueux. Ce n'est pas l'œuvre d'un savant de cabinet ou d'un voyageur curieux, visitant et comparant les objets réunis dans les collections et les musées ; c'est celle d'un observateur patient, à la fois peintre habile, chasseur déterminé, et en même temps d'un poète qui a choisi la nature pour sa muse, et qui lui a voué son existence. »

Cuvier présenta l'ouvrage d'Audubon à l'Académie des sciences « comme le plus magnifique monument que l'art eût jamais élevé à la nature ».

Jean-Jacques Audubon était né à la Nouvelle-Orléans, en 1780. Il est mort le 27 janvier 1851, un an après avoir achevé, en collaboration avec le docteur Bachman, une *Histoire naturelle des mammifères,* digne pendant à sa *Biographie ornithologique.*

CHAPITRE XI

A défaut des vastes forêts, des plaines immenses, des hautes montagnes
où le voyageur contemple avec ravissement, dans leur libre activité, les
habitants ailés des tropiques avec leur incomparable parure, leur vête-
ment de pourpre, d'or et d'émeraude, leurs panaches et leurs aigrettes, nous
avons en Eurore des jardins et des musées zoologiques dont le monde entier
est tributaire. La collection du muséum de Paris est, je crois, une des plus
riches, sinon la plus riche du monde. Je ne parle pas seulement des galeries
où les pauvres oiseaux empaillés, momifiés, ont perdu en partie l'éclat de
leur plumage. Ce qu'il faut visiter surtout avec attention, c'est la volière.
Celle du Jardin d'acclimatation est aussi très remarquable. Les oiseaux occu-
pent, dans cet intéressant établissement, la plus grande place. Il y a donc à
Paris, pour l'amateur d'ornithologie, de quoi admirer, observer et s'instruire.
Je puis aussi recommander à mes lecteurs la bibliothèque du muséum. Ils
trouveront là le grand ouvrage d'Audubon, ceux de Wilson, de Lesson, de
Gould, de Cuvier, et bien d'autres, où ils apprendront à connaître le monde
aérien, ce monde de merveilles dont nous ne pouvons mettre ici sous leurs
yeux que quelques esquisses rares et imparfaites.

On peut dire que, sous le rapport de la beauté, les oiseaux sont les élus
de la création. Rien de comparable aux oiseaux des tropiques, dont le plumage
semble s'être imprégné des feux éblouissants du soleil. Cette métaphore n'est
point de moi. Il y a longtemps que les Péruviens, — je parle des Péruviens
indigènes, — avaient nommé *cheveux du soleil* ces délicieux petits joyaux
ailés, les colibris, les oiseaux-mouches, dont les plumes leur servaient à
composer des tableaux, des bouquets et des ornements bien plus éclatants,
bien plus beaux que l'or et les diamants qui attirèrent et fixèrent dans leur
pays les envahisseurs espagnols.

Ces oiseaux, en grand nombre et montés avec beaucoup d'art, occupent,

dans la galerie ornithologique du muséum, deux grandes cages de verre en
forme de kiosques, qui attirent d'abord les visiteurs, et que de loin on pren-
drait volontiers pour des vitrines de joaillerie. Je n'ai jamais vu personne s'y
arrêter, les regarder de près sans pousser à chaque instant des cris d'admi-
ration. Que serait-ce s'ils étaient vivants ! Mais, très difficiles à prendre, ils
sont impossibles à conserver en captivité : on leur ôte la vie en leur ôtant la
liberté.

Colibri-ermite.

Les colibris sont, en général, plus grands que les oiseaux-mouches. Le
bec est recourbé chez les premiers, droit chez les seconds, toujours très fin
et souvent très long ; il renferme une langue extensible et fourchue, avec
laquelle ces oiseaux vont chercher jusqu'au fond du calice des grandes fleurs
les insectes dont ils font leur nourriture. L'oiseau-mouche *ensifère* a le bec
plus long que le corps. L'extrême ténuité des colibris et des oiseaux-mouches,
leur vol agile et rapide accompagné d'un bourdonnement mélodieux, le tendre
attachement du mâle pour la femelle et de l'un et de l'autre pour leur com-
mune progéniture, la beauté de leur plumage « au-dessus de toute descrip-
tion », dit Audubon, enfin la guerre continuelle qu'ils font aux insectes,
doivent inspirer autant d'intérêt que d'admiration.

Plusieurs ont reçu les noms des gemmes précieuses dont ils imitent la
couleur et surpassent l'éclat. L'un est appelé *rubis-topaze,* un autre *grenat,*

un autre *améthyste*. L'oiseau-mouche *huppe-col*, un des plus petits et des plus jolis, porte sur la tête une huppe allongée, couleur de rouille, et de chaque côté du cou une sorte de collerette rouge qui se détache sur sa gorge vert-émeraude. L'oiseau-mouche *sapho*, nommé vulgairement *colibri chatoyant*, et au Brésil *beja-flor*, a le dessus du corps d'un beau vert doré. Sa

¹ Rubis-topaze et son nid.   ² Huppe-col.

longue queue fourchue resplendit d'or et de pourpre, et l'extrémité de chacune des pennes qui la composent est d'un noir velouté. L'*oiseau-mouche minime*, à peine plus gros qu'un hanneton, a le plumage mélangé de brun violet, de noir, de blanc et de vert doré.

Les nids des oiseaux-mouches sont des chefs-d'œuvre de délicatesse, d'élégance et de solidité. Ils sont suspendus à de menues branches, ou même attachés à des feuilles, comme ceux du rubis-topaze, du huppe-col, de l'oiseau-mouche minime et du colibri-ermite. Une famille d'oiseaux, le père, la mère, les petits, logés sur une feuille d'arbre ! Tant de beauté, d'intelligence, d'art et de sentiment, résumé dans ce cornet de mousse et de duvet qu'un enfant écraserait en le serrant dans ses doigts ! Est-il au monde rien

de plus admirable, de plus touchant surtout?... Audubon, le rude coureur
des forêts, en est pénétré d'attendrissement. Il s'écrie :

« Quel est celui qui, voyant cette mignonne créature (le *rubis de la Caro-
line,* oiseau bourdonnant, *humming-bird* des Yankees) bourdonner dans le
vague des airs, soutenue par ses ailes harmonieuses, voler de fleur en fleur
avec des mouvements vifs et gracieux, et parcourir les vastes régions de
l'Amérique, sur lesquelles on dirait qu'elle va semer des rubis et des éme-

Oiseau-mouche sapho.

raudes, quel est celui, dis-je, qui, voyant briller cette particule de l'arc-en-
ciel, ne sentira pas son âme s'élever vers l'auteur d'une telle merveille !

« Que de plaisirs n'ai-je pas éprouvés à étudier les mœurs et à suivre la
vive expression d'un couple de ces créatures célestes pendant la saison des
œufs ! Le mâle étale son riche poitrail pour en faire reluire les écailles, pirouette
sur une seule aile, et tourne autour de sa douce compagne ; puis il se jette
sur une fleur épanouie, charge son bec de butin, et vient déposer dans le
bec de son amie l'insecte et le miel qu'il a recueillis pour elle... Quand la
ponte approche, le mâle redouble de soins et manifeste son dévouement par
un courage supérieur à ses forces: il ne craint pas de donner la chasse à
l'*oiseau bleu* et au *martin;* il ose même se mesurer avec le *gobe-mouche
tyran,* et, tout fier de son audace, il retourne vers sa compagne en agitant
joyeusement ses ailes résonnantes...

« Dans le nid de cet oiseau-mouche, que de fois j'ai jeté un regard furtif
sur sa progéniture nouvellement éclose ! Deux petits, gros comme des abeilles,
nus, aveugles et débiles, pouvaient à peine soulever le bec pour recevoir leur

nourriture. Mais combien d'alarmes douloureuses ma présence faisait éprouver au père et à la mère. Ils rasaient d'un vol inquiet mon visage, descendaient sur le rameau le plus voisin, remontaient, volaient à droite, à gauche, et attendaient avec une anxiété manifeste le résultat de ma visite ; puis, dès qu'ils s'étaient assurés que ma curiosité était inoffensive, quels transports de joie ils faisaient éclater ! Je croyais voir, dans leur expression la plus naïve, les angoisses d'une pauvre mère qui craint de perdre son enfant atteint d'une

Cotinga caronculé.

maladie dangereuse, et le bonheur de cette mère quand le médecin vient d'annoncer que la crise est passée et que l'enfant est sauvé. »

Les dames créoles de l'Amérique du Sud, les religieuses surtout, ont appris des femmes du pays l'art de composer avec les plumes des colibris et d'autres oiseaux ces bouquets, ces objets de fantaisie dont je parlais tout à l'heure. Parmi les oiseaux dont elles recherchent le plus la dépouille, on cite le *cotinga*. Ces passereaux sont déjà beaucoup plus gros que les colibris. Quelques-uns atteignent la taille de nos pigeons. Les plus beaux sont le *cotinga rouge* de Cayenne et le *cotinga cordon-bleu*. Celui que représente notre dessin est remarquable par la caroncule ou excroissance charnue extensible, qui se dresse sur sa tête, et qui, je dois l'avouer, ne l'embellit point, à mon goût du moins ; car cette sorte de crête peut bien passer pour un ornement parmi les cotingas, comme parmi nous la barbe, puisque, comme la barbe aussi, elle est l'attribut exclusif de la virilité.

La nature a donné au *céphaloptère penduligère*, de l'Équateur, un ornement d'un autre genre : c'est un appendice volumineux, couvert de plumes

semblables à celles du reste du corps, et qui tombe de la gorge devant la
poitrine. L'animal a la faculté de le gonfler et de le contracter. Sur sa tête
s'épanouit une large touffe de plumes qui lui fait une coiffure toute royale.
Son plumage est entièrement noir, avec des reflets violacés. Cet oiseau est à
peu près de la grosseur de notre coq domestique.

Cet autre a été justement appelé le *couroucou resplendissant.* C'est encore
un passereau de l'Amérique méridionale. L'exemplaire qui a posé devant
M. Freeman provient du Guatemala. Le naturaliste habile a su conserver à ce

Céphaloptère penduligère.

pauvre oiseau mort l'œil éveillé, alerte, que notre dessinateur a si heureu-
sement rendu. La tête est petite, arrondie, couverte d'une épaisse chevelure
de plumes soyeuses; l'œil est noir et vif ; le corps est d'un vert émeraude glacé
d'or, à reflets pourprés. Les pennes de la queue s'allongent en quatre rubans
qui flottent gracieusement. Les rémiges et les rectrices moyennes sont noires;
le ventre est d'un rouge vermillon. Le couroucou habite le Brésil et le
Mexique. Il était révéré, dit-on, des anciens Mexicains, et ses plumes étaient
réservées pour la coiffure des filles des caciques.

Buffon avait donné le nom très joli, mais fort peu scientifique, de *paon
des roses* à un échassier de la Guyane et du Pérou, que les Indiens appellent
plus pompeusement *oiseau du soleil.* C'est le *caurale phalénoïde* des natura-
listes actuels. Quelle est l'origine du nom générique du caurale? J'avoue
humblement que je n'en sais rien. Quant à l'épithète spécifique de phalénoïde,
elle signifie que le plumage de cet oiseau, nuancé et strié de brun, de fauve,
de gris et de noir, rappelle les phalènes ou papillons de nuit. La taille du

caurale est à peu près celle d'une perdrix. Il habite, dans l'Amérique méridionale, les rivages des fleuves et des grands lacs perdus au milieu des forêts et des savanes. Il se nourrit d'insectes et de mollusques. Ses mœurs sont encore peu connues.

Mais il est temps de quitter l'Amérique, sauf à y revenir dans un instant, pour explorer à leur tour les régions tropicales de l'Asie, les îles de l'océan

Couroucou resplendissant.

Indien et de l'Océanie. Là aussi nous allons trouver des oiseaux dont la parure ne le cède point à celle des oiseaux du nouveau monde. Et d'abord la Papouasie va nous offrir la ravissante tribu des *paradiséens*. On voyait souvent autrefois, chez les plumassiers et chez les modistes de Paris, la dépouille de l'*oiseau de paradis (paradisier-émeraude)*. Ces plumes, légères comme un nuage doré, sont passées de mode aujourd'hui, peut-être parce qu'elles sont devenues trop rares. Le muséum de Paris possède plusieurs paradisiers empaillés ; mais je ne sais s'il en a jamais eu de vivants. Il est loin d'être aussi favorisé sous ce rapport que le *zoological garden* de Londres, où j'ai vu, en 1862, trois oiseaux de paradis fort bien portants. Le mâle adulte seul porte sur les flancs ces longs faisceaux de plumes vaporeuses dont je parlais tout à l'heure. Le plumage de son corps est marron ; le dessus de la tête et du cou est

jaune ; la gorge est d'un beau vert d'émeraude. La femelle et le mâle jeune
ont, dans cette espèce ainsi que dans la plupart des autres espèces de la
même tribu, un plumage modeste et peu fait pour attirer l'attention. Les
paradisiers-émeraudes n'ont été connus en Europe, pendant longtemps, que
par les dépouilles desséchées que les sauvages vendaient aux navigateurs, et
dont ils avaient préalablement enlevé la chair, les os, et même les ailes.
Cette mutilation avait donné lieu à des fables ridicules. On avait fait des
paradisiers des êtres éthérés, dépourvus des organes propres aux animaux

Caurale du Pérou.

terrestres, et ne vivant que d'air, de vapeur et de lumière. Ces contes mer-
veilleux se sont évanouis dès que les naturalistes ont pu étudier, à la Nouvelle-
Guinée et dans les îles de Waïgiou, les paradisiers. On sait maintenant que
ce sont de fort beaux oiseaux, mais enfin des oiseaux *naturels,* qui se nour-
rissent d'insectes et de fruits. Ils se perchent la nuit sur le sommet des grands
arbres, et descendent le jour se mettre, sous le feuillage, à l'abri de la cha-
leur. Ce que sachant, les Papous grimpent à l'arbre pendant la nuit, s'ap-
prochent de l'oiseau tant que les branches peuvent les porter, et attendent
patiemment le lever de l'aurore, pour décocher leurs flèches à l'émeraude
avant que celui-ci soit réveillé.

Le *paradisier superbe* (*lophorine superbe* de Vieillot) ne le cède pas en
beauté à l'émeraude. Son plumage est noir avec des reflets violets. Ses plumes
scapulaires s'étalent en un magnifique mantelet, d'un vert foncé glacé d'or,
qui recouvre ses ailes, et celles de la poitrine en une sorte de rabat pendant
et fourchu de même couleur.

Les genres *astrapie* et *manucode* appartiennent aussi à la tribu des para-
disiers, et habitent les mêmes contrées. L'*astrapie sifilet à gorge dorée* est
caractérisée par la présence, à chaque oreille, de trois plumes prolongées en
minces filets, que termine un petit disque de barbes vert doré. Cet oiseau est
de la grosseur d'un merle. La teinte générale de son plumage est d'un noir
velouté ; mais les plumes du front sont gris de perle, et celles de la gorge
sont de couleur d'or avec des reflets changeants de vert et de violet. Le
manucode royal est encore plus petit que l'astrapie : sa taille ne dépasse guère

Paradisier-émeraude.

celle de notre moineau. Sa queue présente deux rectrices médianes très lon-
gues, très minces, et ornées, à leur extrémité seulement, de longues barbes
d'un vert d'émeraude à reflets dorés, contournées comme des boucles de
cheveux.

C'est encore à la Nouvelle-Guinée et à la Nouvelle-Galles du Sud qu'on
rencontre le *ménure-lyre,* longtemps rangé parmi les gallinacés, mais annexé
depuis peu aux passereaux *turdidés,* ou, pour parler un langage plus intel-
ligible, aux *merles,* dont il a, paraît-il, les mœurs et les allures. Le ménure-
lyre est de la taille d'une poule. Son plumage est brun roussâtre. Ses formes
sont élégantes. La femelle cependant n'a rien de bien remarquable ; mais le
mâle est orné d'une queue tout à fait extraordinaire. Cette queue se compose
de seize pennes, dont douze écartées simplement en évnetail, deux médianes
garnies d'un seul côté de barbes serrées, et deux extérieures, recourbées en S
comme les deux branches d'une lyre. Cet oiseau, dont la queue offre, dans les
solitudes australes, l'image de l'antique lyre des Grecs, habite les forêts

d'eucalyptus et de casuarina. Il devient malheureusement de plus en plus
rare.

Nous envions, non sans quelque raison, aux climats tropicaux, nous autres
Européens, tous ces admirables oiseaux au plumage chatoyant, que la nature
a doués de tant de grâces, et dont elle a peint le plumage de si éblouissantes
couleurs ; mais nous nous plaignons à tort de la pauvreté de notre faune
ornithologique. Nous oublions les belles espèces de gallinacés, originaires,
il est vrai, de l'Orient tropical, mais parfaitement acclimatées aujourd'hui dans

Lophorine superbe.

toute l'Europe méridionale et centrale. Ces espèces font partie du genre *paon*
et du genre *faisan*.

J'ai peu de choses à dire du *paon ordinaire,* ou *domestique.* Tel que nous
le connaissons tous, c'est sans contredit un des plus beaux oiseaux que l'on
puisse voir. Et pourtant il a déjà perdu, sous notre ciel brumeux, quelque
chose de sa beauté. La race sauvage dont il est issu, et qui a pour patrie
l'Inde septentrionale, est revêtue d'une parure plus riche et plus éclatante
encore. Le *paon spicifère* habite l'île de Java. Ses couleurs diffèrent de celles
du précédent, dont il se distingue plus particulièrement par la couronne d'*épis*
qui orne sa tête, et qui lui a valu son nom. Ces épis, au nombre de vingt,
sont des plumes longues, effilées, à tige blanchâtre, garnies de chaque côté
d'un rang de barbules libres, qui se réunissent vers l'extrémité pour former
une sorte d'auréole, du vert doré le plus brillant.

Les *éperonniers* et les *lophophores* sont des genres très voisins des paons
proprement dits. Les premiers sont de petite taille. Celui des Philippines,

dont nous donnons un dessin, est gros à peu près comme une petite poule.
Le plumage de son corps est noir et bleu. Les tectrices des ailes et les rémiges
présentent les mêmes nuances. Les tectrices et les pennes de la queue, épa-
nouies en un long éventail, sont mouchetées de taches fauves sur un fond gris,
et ornées de deux rangées d'ocelles simples, d'un beau vert à reflets pourprés.

Les lophophores sont originaires des montagnes du nord de l'Hindoustan.
Leur tête est surmontée d'une aigrette semblable à celle du paon ordinaire ;
les couvertures de la queue ne se prolongent pas. Leurs couleurs sont foncées,

Astrapie sifilet.

mais douées de reflets très brillants. Le type du genre est le *lophophore res-
plendissant*. On peut voir plusieurs spécimens vivants de cette belle espèce
au jardin des Plantes et au jardin d'acclimatation de Paris. Cet oiseau paraît
s'accommoder parfaitement de notre climat ; il pourra devenir dans quelques
années, comme le paon et les faisans, un des ornements de nos parcs, en
même temps que sa chair savoureuse fournira à l'art des Vatels et des Carêmes
modernes une précieuse ressource de plus. Les lophophores sont de la gran-
deur du dindon commun. Le *lophophore Impey* est très répandu à Java et à
Sumatra, où les habitants l'élèvent comme oiseau de basse-cour. Le mâle a
les ailes vertes et bleues à reflets cuivrés, le cou vert et rouge, la croupe
verte et blanche, le ventre noir, la queue jaune-brun clair. Le plumage de
la femelle est mélangé de brun et de blanc.

Les *argus* établissent la transition entre les paons et les faisans ; mais ils
se rapprochent davantage de ces derniers. Leur queue n'a pas l'ampleur de
celle des paons. Elle est cunéiforme ; les rectrices latérales sont élargies et

arrondies à leur extrémité ; les deux médianes dépassent les autres d'environ trois fois la longueur du corps.

Les rémiges secondaires sont aussi très allongées chez le mâle, et dépassent les primaires d'une fois la longueur de celles-ci. C'est sur ces plumes que sont semés les ocelles qui ont fait donner à ces oiseaux le nom d'argus.

L'*argus géant* est la seule espèce connue de ce genre. Sa longueur totale est d'un mètre quatre-vingts centimètres ; la queue seule n'a pas moins d'un mètre vingt centimètres. Le plumage est blanchâtre tigré de brun et moucheté

Manucode royal.

de blanc, avec les tiges des rémiges primaires bleu d'azur. Les yeux ou ocelles rappellent la couleur du bronze florentin.

Une antique tradition raconte que, dans leur célèbre expédition, les Argonautes rencontrèrent sur les bords du Phase, dans l'Asie Mineure, de merveilleux oiseaux dont le plumage surpassait en beauté la toison d'or, que les héros grecs allaient conquérir. Cette légende est résumée par les deux vers que le poète Martial met dans la bouche, — pardon ! dans le bec du faisan lui-même :

> *Argiva primus sum transportata carina ;*
> *Ante mihi notum nil nisi Phasis erat*[1].

De là le nom de *phasianus* imposé par les Latins à l'oiseau du Phase, et que nous avons traduit par *faisan*.

[1] « Le premier j'ai été transporté ici sur un vaisseau argien. Jusque-là je ne connaissais d'autre pays que les rives du Phase. »

On ne connaissait en Europe, il y a peu d'années, que quatre espèces de faisans : le *faisan commun,* recherché des gourmets pour la saveur de sa chair, et dont il s'est formé plusieurs variétés, telles que la blanche, la panachée, la cendrée ; le *faisan à collier,* le *faisan argenté* et le *faisan doré.* Ces trois dernières espèces sont originaires de la Chine. Elles ont été introduites en Europe vers le milieu du siècle dernier, et elles y sont assez répandues

Ménure-lyre.

pour que je croie inutile de les décrire : il n'est assurément pas un de mes lecteurs qui n'ait admiré surtout le faisan argenté et le faisan doré. Le troisième a passé jusqu'ici pour le plus beau, bien que, lorsqu'on examine avec attention le second, on éprouve de l'hésitation à décerner la palme à l'un ou à l'autre.

Et aussi bien, nos jardins zoologiques et nos volières se sont enrichis récemment de nouvelles espèces, dont deux au moins peuvent rivaliser, pour la richesse de leur parure, avec les plus beaux faisans dorés et argentés. L'une de ces espèces est le *faisan vénéré ;* l'autre est le *faisan superbe,* ou *faisan de lady Amherst.*

« Le faisan vénéré, dit M. P.-A. Pichot dans son élégant ouvrage sur le

Jardin d'acclimatation, n'a été longtemps connu en Europe que par une plume de la queue, qui existait au muséum et venait du Thibet. M. Dabry, consul de France à Han-Keou (Chine), parvint, en 1866, à se procurer un mâle, qui fut envoyé au jardin d'acclimatation, où il arriva le 29 avril. Ce fut le premier individu qui parvint en France. Au mois de mai suivant, M. Paul Champion rapportait de Chine à M. Geoffroy-Saint-Hilaire deux autres mâles

Le paon spicifère.

de la même espèce ; puis M. Dabry faisait de nouveaux envois, parmi lesquels se trouvait une femelle, que l'on reçut au mois de juillet, et qui fut suivie de deux autres au mois de mars 1867. »

D'autre part, et vers le même temps, le faisan vénéré était introduit en Angleterre par M. Stone, et en Belgique par M. J. Vekemans. Il est aujourd'hui parfaitement acclimaté en Europe, et a cessé d'être pour nous un oiseau rare. « Aucune espèce, ajoute M. P.-A. Pichot, ne peut rivaliser avec le faisan vénéré au point de vue ornemental. Son plumage à fond jaune est gracieusement marbré de blanc, de noir et de jaune d'or ; il est de la taille des plus fortes poules domestiques, et sa queue mesure plus d'un mètre vingt centimètres de longueur ; la femelle est de couleur brune un peu foncée, émaillée de brun et de blanc. » Ce portrait est exact, et je conviens avec M. P.-A. Pichot

que le faisan vénéré est un fort bel oiseau ; mais je ne puis lui accorder
qu'aucune espèce ne puisse rivaliser avec lui au point de vue ornemental. Ce
qui étonne et ce qu'on admire surtout à juste titre chez le faisan vénéré, c'est
la longueur extraordinaire de sa queue. Quant à ses couleurs, elles sont loin
de la vivacité, de l'éclat et de l'arrangement harmonieux de celles du faisan
argenté et du faisan doré. Il n'a, en outre, ni la coiffure dorée ni la splendide

Eperonnier des Philippines.

collerette de ce dernier. Bref, comparé à ses devanciers, il ne tient certaine-
ment que le troisième rang, et il est rejeté au quatrième depuis l'apparition
de son incomparable congénère le faisan de lady Amherst. Mais, avant de
m'arrêter à celui-ci, je dois aller au-devant d'une question que mes lecteurs
m'adresseraient très probablement, — le lecteur est curieux de sa nature, —
si j'avais l'honneur de me trouver en leur présence. Cette question est celle-ci :
D'où vient l'épithète de *vénéré* ajouté au nom générique du faisan dont nous
venons de parler ? vénéré pourquoi ? vénéré par qui ? — M. P.-A. Pichot,
qui semble pourtant très bien informé, ne nous donne à cet égard aucun ren-
seignement. Quant à moi, si le faisan en question était originaire de l'Égypte,
je me tirerais d'embarras en disant que sans doute les anciens Égyptiens en
avaient fait un dieu ; mais notre faisan est chinois ; et je ne sache pas que

les habitants de l'empire du Milieu soient livrés à la zoolâtrie. Cet oiseau
aurait-il conquis leur respect singulier par la longueur de sa queue? qui sait?
Alceste, reprochant à Célimène l'accueil qu'elle fait à un de ses rivaux, ne
lui dit-il pas :

> Est-ce par l'ongle long qu'il porte au petit doigt
> Qu'il s'est acquis chez vous l'estime où l'on le voit?

Au moins conviendra-t-on que, comme titre à l'estime des gens, la gran-

Lophophore Impey.

deur et la beauté de la queue chez un oiseau n'est pas à comparer à la lon-
gueur de l'ongle du petit doigt chez un monsieur.

J'arrive au faisan de lady Amherst. — Pourquoi de *lady Amherst ?* Parce
que, répond M. P.-A. Pichot, le roi d'Ava donna quelques spécimens de cet
oiseau à sir Archibald Campbell, qui à son tour en offrit à lady Amherst, et
parce que, ajoute Brehm, cette dame amena en Angleterre le premier individu
qu'on y ait vu. Mais quel était ce roi d'Ava? qu'était-ce que sir Archibald
Campbell et lady Amherst? et à quelle époque l'événement s'est-il passé?
Ce sont là des questions que mes recherches ne me permettent pas de résoudre.
Ce que je sais, du reste, de l'histoire de ce faisan me fut conté par Pucheran,
au muséum d'histoire naturelle de Paris, où je fis dessiner, en 1864, pour
le montrer à mes lecteurs, l'individu empaillé qui figurait depuis peu dans
notre collection. Il paraît que, hormis cet individu et un autre, également
empaillé, que possédait le musée de Londres, il n'en existait point en Europe,
et que certains naturalistes sceptiques n'étaient pas éloignés de considérer

ces deux animaux comme des oiseaux de fantaisie, habillés de toutes pièces
par quelque mystificateur, tant leur beauté paraissait invraisemblable. Cependant le faisan de lady Amherst, qu'on appelait aussi « faisan superbe », avait
été décrit par Temminck, et les deux spécimens dont je viens de parler
avaient été envoyés par un voyageur des plus honorables et des plus véridiques, M. Desmazures. Ils venaient du Thibet, patrie du merveilleux oiseau.

Argus géant.

Merveilleux n'est pas ici une hyperbole. M. Freeman a bien rendu, dans le
dessin que nous donnons du faisan superbe, la majestueuse élégance de sa
parure. Mais comment donner une idée de la richesse et de l'admirable variété
de couleurs de son plumage ? — La collerette ou voile qui ombrage le col est
formée de plumes arrondies d'un blanc éclatant, avec une fine bordure noire
à l'extrémité de chacune. La huppe qui orne le sommet de la tête est rouge ;
la tête elle-même et le cou sont vert foncé ; le ventre est blanc ; les ailes et
le dos sont tigrés de noir, de feu et de jaune doré. Enfin les quatre tectrices
caudales se terminent par des barbes rouge-écarlate, qui se détachent sur le
gris jaspé de vert et de noir des grandes pennes rectrices, ou, si l'on aime
mieux, de la queue proprement dite. Pour être tout à fait exact, je dois
ajouter que le port de cette queue fièrement relevée, tel qu'on le voit chez

l'individu empaillé du muséum et sur le dessin qui le reproduit, est une fantaisie de l'empailleur. L'oiseau vivant laisse traîner sa queue comme les autres faisans, — et il a tort. Mais à l'époque où fut dessiné notre bois, il n'existait en France, ni en aucun autre pays d'Europe, aucun spécimen vivant de l'espèce. C'est seulement en 1872 que le jardin zoologique d'acclimatation a pu s'en procurer quelques-uns, venant, dit M. P.-A. Pichot, des montagnes

Faisan d'Amherst ou faisan superbe.

de To-lui-pin, où il est très commun, et désigné par les Chinois sous le nom de *faisan fleuri*. Voilà bien des noms pour un seul oiseau : faisan superbe, faisan de lady Amherst, faisan fleuri... Ce n'est pourtant pas tout ; car on fait aujourd'hui l'ornithologie d'une méthode nouvelle, et quelques naturalistes, entre autres Brehm [1], partagent la famille des phasianidés en quatre genres distincts : les *euplocomes*, les *nycthémères*, les *faisans* et les *thaumalés* ; ils placent notre faisan argenté parmi les nycthémères ; le faisan vénéré est associé avec les faisans commun, versicolore et à collier, dans le seul genre qui conserve l'ancien nom ; enfin le faisan doré et le faisan de lady Amherst

[1] Voir la *Vie des animaux*, édition française en quatre volumes grand in-8° illustré, publiée par J.-B. Baillère.

forment à eux deux le genre *thaumalé,* où le premier est inscrit sous le nom de « thaumalé peint (*thaumalea picta*) », et le second sous le nom de « thaumalé d'Amherst (*thaumalea Amherstiæ*) ». Brehm justifie la formation de ce genre distinct par l'existence, chez les deux faisans doré et d'Amherst, de la collerette qui manque chez tous les autres phasianidés. J'avoue, quant à moi, que cette raison ne me paraît pas suffisante : d'abord parce que les mâles seuls sont pourvus de l'ornement en question ; ensuite parce que la distinction des genres, sinon des espèces, repose, si l'on veut bien tenir compte des principes fondamentaux de la classification zoologique, sur des caractères d'un autre ordre que la présence ou l'absence de quelques plumes à la tête ou à la queue.

On ne peut méconnaître d'ailleurs l'évidente affinité qui existe entre le faisan d'Amherst et le faisan doré. Ces deux espèces, dignes d'être placées au premier rang des oiseaux pour la beauté de la parure, ont donné par le croisement une espèce ou variété mixte, dont on peut admirer les spécimens au jardin d'acclimatation du bois de Boulogne.

CHAPITRE XII

Tous les animaux à sang froid, vertébrés et invertébrés, sont muets : ils
peuvent produire certains bruits ; mais ils n'ont point de *voix :* on ne saurait
donner ce nom aux grincements, aux crépitements, aux bourdonnements des
insectes, ni même aux sifflements des reptiles. La voix proprement dite n'appartient qu'aux animaux à sang chaud ; mais encore les mammifères sont-ils,
sous ce rapport, mal partagés : ils ne peuvent que *crier*. Chaque espèce a un
cri qui lui est propre, et qui, en général, est toujours le même ; quelques-unes ont deux ou trois cris différents, dont il faut qu'elles se contentent pour
exprimer leurs sentiments, leurs impressions, leurs désirs, leurs craintes.
C'est seulement dans la classe des oiseaux qu'on rencontre, — et en grand
nombre, — des animaux pourvus, comme leur maître et seigneur l'homme,
d'organes vocaux qui leur permettent d'articuler et de moduler des sons : de
parler et de chanter.

Sans doute ils ne parlent ni ne chantent de la même manière que nous ; l'instrument diffère, mais il existe, et il est très complexe. Il est même, à certains
égards et dans certaines espèces, plus parfait que le nôtre ; car plusieurs
oiseaux parviennent aisément à imiter notre voix, à chanter, à siffler, à parler
comme nous ; tandis qu'à moins d'études toutes spéciales, nous ne pouvons
reproduire le chant des oiseaux ; et cette reproduction, telle que la réalisent
quelques bateleurs qui en font un art spécial, est souvent imparfaite et
toujours très limitée. L'homme n'a qu'un larynx ; les oiseaux en ont deux : un
larynx supérieur, qui correspond au nôtre, et un larynx inférieur, situé immédiatement au-dessus de la bifurcation de la trachée-artère. C'est ce larynx
supplémentaire qui joue, dans la formation des sons dont se compose leur
langage ou leur chant, le rôle le plus important. La trachée-artère elle-même
est d'une longueur variable, qui n'est pas toujours proportionnée à celle du
cou : il n'est pas rare qu'elle décrive des flexuosités, toujours plus pro-

noncées chez les mâles, et logées, tantôt sous le *jabot,* comme chez le coq
de bruyère, tantôt dans la crête du sternum, comme chez la grue et chez le
cygne chanteur. Parfois la trachée-artère présente des renflements qui contribuent aussi à modifier la voix. Nous en trouvons un exemple très curieux
dans le céphaloptère penduligère. Un renflement très volumineux, qui existe
au tiers environ de la longueur du conduit aérien, donne à la voix de cet
oiseau une puissance telle, que son cri est un mugissement comparable à
celui du taureau. Mais le caractère de la voix, sa flexibilité, ses intonations
simples ou multiples, dépendent principalement de la structure du larynx
inférieur, de l'absence ou de la présence, et, dans ce dernier cas, du nombre
des muscles spéciaux servant à faire mouvoir cet organe. Les perroquets ont
six de ces muscles, distribués par paires ; les oiseaux chanteurs en ont jusqu'à
cinq paires. Enfin le développement extraordinaire de l'appareil respiratoire,
— ce que nous avons appelé la *pneumaticité* des oiseaux, — leur donne sur
l'homme un avantage marqué, en ce qui concerne la durée et la continuité
du chant et de ses variations. Les sacs aériens font l'office du soufflet d'une
musette ; ce n'est pas seulement l'air aspiré dans les poumons qui fait vibrer
les cordes ou lèvres vocales du larynx : c'est l'air contenu dans les sacs qui,
poussé avec plus ou moins de vitesse, donne à l'oiseau le moyen de prolonger
son chant pendant plusieurs minutes sans la moindre interruption. Cette
faculté existe à un très haut degré chez le serin. On voit, en outre, la gorge
du serin se gonfler lorsqu'il chante, ce qui tient à l'occlusion volontaire et
presque complète de son larynx supérieur. « Il ne pourrait, disent MM. Chenu,
des Murs et Verreaux, chanter ainsi en volant : sa provision d'air ne suffirait
pas pour les deux exercices. Aussi l'alouette, qui fait entendre sa voix en
planant dans les airs, est obligée de battre souvent de l'aile pour se soutenir,
et de respirer aussitôt que ses sacs commencent à se vider. Son chant a des
interruptions, et son corps, devenu moins léger, s'abaisse un peu pour se relever immédiatement après l'inspiration ; et cette manœuvre se renouvelle
plusieurs fois de suite. »

On peut diviser les oiseaux, sous le rapport de la voix, en quatre catégories : les oiseaux silencieux, — les oiseaux criards, — les oiseaux chanteurs,
— et les oiseaux parleurs.

La première catégorie comprend d'abord presque toutes les femelles des
oiseaux chanteurs ; ensuite un grand nombre d'oiseaux de l'ancien et du nouveau
continent : les couroucous, les oiseaux-mouches, les cotingas, les guêpiers, etc.
Tous ces oiseaux ne font entendre que rarement des sons faibles, des accents
simples, et, si l'on peut ainsi dire, monosyllabiques.

Parmi les oiseaux criards, je citerai les rapaces, les oiseaux de rivage,
les oiseaux nageurs, etc., qui ont souvent une voix très forte, mais nullement
mélodieuse, et ne poussent que des cris rauques et discordants. Quelques-uns
de ces oiseaux ont un cri remarquable par sa force ou par son caractère

étrange. Il en est que tout le monde a entendus : le paon, dont la voix aigre et stridente « déplaît à toute la nature » ; le canard, dont le cri monotone et nasillard accompagne si bien la démarche vacillante ; la chouette, que son cri nocturne et mélancolique a fait proscrire par les paysans superstitieux comme un oiseau de mauvais augure. J'ai parlé plus haut du mugissement du céphaloptère. Les oiseaux de mer possèdent en général une voix aigre et retentissante, pour s'appeler de loin et s'entendre en dépit du bruit des vents et des flots. Le cri du vanneau est tout à fait original. On dirait que cet oiseau a dans son bec la fameuse *pratique* de Polichinelle. Rien de plus amusant que d'entendre, au jardin des Plantes, une trentaine de vanneaux se disputer, dans ce langage grotesque, les miettes de pain qu'on leur jette.

Les oiseaux chanteurs et les oiseaux parleurs méritent de notre part une attention plus particulière.

Lorsque l'on contemple dans les volières de nos jardins zoologiques, dans les galeries de nos musées, les oiseaux des tropiques, avec leurs panaches ondoyants, leur plumage de pourpre, d'or, d'azur et d'émeraude, on se dit que ce doit être un admirable spectacle de les voir voler en liberté sous les arbres gigantesques des forêts vierges et parmi les hautes herbes des prairies. Et l'on prend en dédain ces pauvres oiseaux à la parure modeste, aux nuances sombres, qui, pendant quelques mois seulement, animent nos bois et nos campagnes, et l'hiver doivent aller bien loin chercher des cieux plus cléments, s'ils ne veulent rester à grelotter sur les branches dépouillées de feuilles, glacées de givre, ou dans les creux des troncs d'arbres, des rochers et des murailles.

Tout autre, — et plus juste, — est le sentiment des Européens exilés

Aux pays que Phébus inonde de ses feux.

Après leur premier enivrement, leur admiration peu à peu s'émousse ; leur esprit se replie sur lui-même, revient aux souvenirs de la terre natale, au jardin, au verger qui entourait la maison où s'écoula leur enfance. En présence de cette nature luxuriante qui les écrase de sa magnificence, ils regrettent celle, moins riche et moins puissante sans doute, mais plus traitable, plus compréhensible, plus humaine, des climats tempérés.

Ces oiseaux aux couleurs éblouissantes ne remplacent pas pour eux les mélodieux chanteurs dont la voix donnait autrefois la réplique à leurs pensées joyeuses ou mélancoliques, et faisait, pour ainsi dire, partie de leur vie, au même titre que les caresses de leur chien, les gentillesses de leur chat, le caquetage de leurs poules, la verdure et les fleurs de leur jardin : toutes choses dont ils jouissaient alors sans y songer, sans s'en apercevoir, mais dont l'absence fait maintenant autour d'eux un vide douloureux.

Le peuple anglais ne passe point pour un peuple très sentimental, très impressionnable aux choses de la nature. Voici cependant ce que racontait naguère un journal de Sydney. En Australie on trouve beaucoup d'oiseaux très curieux et très beaux, mais peu ou point de chanteurs ; et tandis qu'on s'occupe si activement d'amener et d'acclimater en Europe les animaux propres à ce continent, on avait pris d'abord peu de souci d'introduire là-bas d'autres animaux d'Europe que les animaux domestiques. Ainsi personne n'avait encore songé à y transporter aucun de nos petits oiseaux chanteurs, lorsqu'un jour la nouvelle se répandit à Sydney et aux environs qu'un gentleman venait de recevoir

Alouette des champs.

d'Angleterre une alouette. Aussitôt grand émoi parmi les habitants. Ces Anglais, si graves, si flegmatiques, si affairés, oubliant en cette circonstance leur réserve habituelle, se rendirent en foule, pendant plusieurs jours, chez le gentleman, afin de voir le charmant oiseau dont il était l'heureux possesseur, et surtout d'entendre sa voix, doux souvenir de la patrie absente, vrai chant national, plus cher à leurs cœurs que le *God save the queen* et le *Rule, Britannia*.

Les alouettes sont le premier genre de la famille des *alaudidés* (lat., *alauda*, alouette). Ce genre a pour type l'alouette des champs, si répandue en France.

> Les alouettes font leur nid
> Dans les blés quand ils sont en herbe,

dit la Fontaine. En effet, elles nichent volontiers dans les sillons creusés par la charrue. On ne les voit jamais dans les arbres : elles ne perchent point ;

mais d'un vol audacieux elles s'élancent verticalement vers le ciel, et, planant
au haut des airs, elles font entendre leur chant sonore et joyeux. C'est de
cet oiseau que Linné a dit : *Alauda volatu perpendiculari in aere suspensa,
cantillans in Creatoris laudem, ecce suum* tirile, tirile, *suum* tirile *tractat.*
L'alouette était l'oiseau national de l'antique Gaule, l'emblème de la bravoure

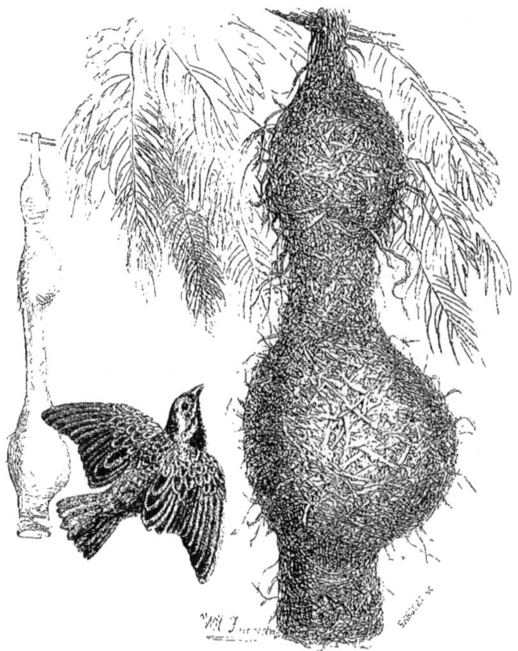

Tisserin du Bengale.

et de la gaieté de nos aïeux. La première légion que César leva dans les Gaules
s'appelait la *légion de l'Alouette.*

Presque tous nos oiseaux chanteurs sont distribués dans les deux grandes
familles des *fringillidés* et des *turdidés.* La première comprend plusieurs
espèces intéressantes. Les *tisserins* ou *tisserands*, répandus dans l'Afrique et
dans l'Inde, sont remarquables par leur talent architectural. Ils construisent
leur nid avec des fibres végétales entrelacées de manière à former un tissu
très fort, très serré et très régulier, tel que le confectionnerait un habile
ouvrier. La forme des nids diffère selon les espèces. Les *tisserins républicains*
du cap de Bonne-Espérance vivent en sociétés nombreuses, et se bâtissent
sur un arbre une sorte de ruche circulaire, où chaque ménage a son appar-
tement particulier.

Les *serins* (*fringilla serinus*) sont les plus populaires de tous les oiseaux chanteurs. Ce genre est caractérisé par sa petite taille, égale, ou plus souvent inférieure à celle de notre moineau, et beaucoup plus élancée ; par ses formes délicates et par ses allures vives et gracieuses ; par son plumage lisse et soyeux, dont la couleur varie du vert mélangé de gris au jaune pur ou mélangé de blanc ; par ses mœurs douces, par sa facilité à s'acclimater en tout pays et à se familiariser avec l'homme. Les espèces les plus répandus sont : le *cini*, ou *verdier*, qui habite l'Italie, l'Espagne, une partie de l'Allemagne, et le midi de la France ; et le serin des Canaries, ou simplement *canari*, plus recherché que le précédent, et que Buffon a surnommé le *musicien de chambre*. La voix du canari est moins forte, mais plus mélodieuse que celle du verdier ; son plumage est d'un beau jaune, quelquefois nuancé de blanc ou de verdâtre. Mais, chose remarquable, cette couleur est un effet de la transplantation du serin dans nos climats ; car dans son pays natal, c'est-à-dire aux îles Canaries, et notamment à Ténériffe, cet oiseau, d'après le témoignage d'Adanson et de plusieurs autres voyageurs, est gris verdâtre, avec des taches brunes oblongues. Il y a plus : depuis son introduction en Europe, qui date du XVe siècle environ, il est devenu, en se multipliant, l'objet d'une culture suivie qui a modifié non seulement les teintes de son plumage, mais encore ses formes, sa taille et sa voix.

Je ne m'arrêterai pas au *moineau* (*fringilla domestica*), qui mériterait cependant de notre part une mention honorable : non pour son chant, — le moineau n'est pas musicien, — mais pour son intelligence et sa gentillesse, et pour le mal qu'on en a dit injustement. On l'a accusé d'effronterie, de rapine, de parasitisme, — que sais-je ? Et si encore on s'était borné à le calomnier ! mais il a été proscrit souvent, et c'est seulement en son absence qu'on a appris à lui rendre meilleure justice. Aujourd'hui le moineau est réhabilité dans tous les esprits éclairés et impartiaux. Un honorable homme d'État, Bonjean, en fit jadis en plein sénat l'apologie, je pourrais dire le panégyrique. Il raconte que, la tête du moineau ayant été mise à prix en Hongrie et dans le pays de Bade, cet intelligent proscrit avait abandonné presque complètement ces deux pays ; mais que bientôt l'effrayante multiplication des insectes apprit aux habitants des campagnes de quel puissant auxiliaire ils s'étaient privés, et qu'après avoir établi des primes pour la destruction des moineaux, on fut obligé d'en établir de plus fortes pour son rapatriement. « Le grand Frédéric avait, lui aussi, dit Bonjean, déclaré la guerre aux moineaux, qui ne respectaient pas son fruit favori, la cerise. Naturellement les moineaux ne songèrent point à résister au vainqueur de l'Autriche ; ils disparurent. Au bout de deux ans, non seulement il n'y eut plus de cerises, mais encore il n'y eut presque point d'autres fruits : les chenilles les mangeaient tous ; et le grand roi, vainqueur sur tant de champs de bataille, s'estima heureux de signer la paix, au prix de quelques cerises, avec les moineaux réconciliés. »

Mais revenons à nos chanteurs. Le *pinson*, qui est un sous-genre du genre
moineau, a reçu de la nature une voix forte et flexible ; son chant généralement
est peu varié ; mais les intonations en sont franches, claires et pleines de
gaieté. Le mâle seul chante, et au printemps seulement. On dit qu'il peut,
en captivité, apprendre à imiter le chant des autres oiseaux. J'ai eu pourtant
un pinson qui, ayant vécu plus de deux ans dans une même cage avec plusieurs

¹ Pinson.   ² Moineau domestique.

serins, avait conservé dans toute sa pureté le chant propre à son espèce. Il
est vrai que je m'étais bien gardé de lui faire subir l'horrible opération que
les oiseliers recommandent comme propre à développer les facultés musicales
du pinson, et qui consiste à lui crever les yeux avec un fer rouge. Mon pinson
montrait un naturel farouche et intraitable. Il ne se souciait nullement de ses
compagnons de captivité ; il ne prenait aucune part à leurs ébats ni à leurs
querelles, et n'accordait à leurs chants aucune attention. Avec nous-même il
est resté, tant que nous l'avons conservé, aussi sauvage que le premier jour.
Lorsqu'on faisait seulement mine de vouloir le prendre, il se jetait désespé-
rément contre les barreaux de sa cage, au risque de se blesser ; et quand on
avait réussi à le saisir, il mordait vigoureusement les doigts jusqu'à ce qu'on

le lâchât. C'est un noble oiseau, qui n'est pas né pour la servitude. En aucun
lieu du monde le chant du pinson n'est plus prisé qu'en Allemagne, bien
qu'on n'y pratique point la coutume barbare de lui crever les yeux. « Les
amateurs de ce pays, dit le docteur Le Maout, ont étudié toutes les nuances
de son ramage ; aucun ton de sa voix n'a échappé à leur oreille. Le chant du
pinson ayant des rapports sensibles avec les sons articulés de la parole, ils

¹ Bouvreuil commun.   ² Chardonneret commun.

ont imaginé d'en distinguer les nombreuses variétés par les syllabes finales de
la dernière strophe que prononce l'oiseau, et dans laquelle ils ont, bon gré,
mal gré, trouvé des mots allemands. Ainsi la mélodie qui finit par *Wein Guieh*
se nomme le *chant du vin*... Ils ont aussi la *bonne année (gout-jahr)*, le *fiancé*
(*Bräutigam*), le *boute-selle (Reiterzong)*, etc. Mais la plus merveilleuse des
mélodies est celle qu'ils nomment le *double battement du Hartz*, parce que
c'est dans ce pays qu'on l'a observée pour la première fois. Les habitants du
village de Rouhl font quelquefois trente lieues pour prendre à la glu un de ces
chanteurs renommés, et l'on a vu un paysan donner une de ses vaches pour
un pinson qui exécutait les cinq strophes du *double battement*. »

Le *chardonneret* et le *bouvreuil* sont sans contredit deux des plus jolis oiseaux de l'Europe. Ils unissent la mélodie de la voix à la beauté du plumage et des formes. Le chant naturel du bouvreuil ne se compose que de trois notes ; mais l'éducation peut l'étendre et le perfectionner beaucoup. Le chardonneret est susceptible aussi d'éducation musicale. Il s'apprivoise d'ailleurs facilement, et on le dresse à certains exercices mécaniques, comme, par exemple, de tirer de petits seaux qui contiennent son boire et son manger.

¹ Rossignol.   ² Bergeronnette de printemps.

La famille des turdidés a pour type le *merle,* grand chanteur, ou plutôt siffleur, qui, comme le geai et le sansonnet, peut apprendre de véritables airs, et les répète avec une persistance souvent fatigante pour ses auditeurs. Mais à la même famille se rattachent les chanteurs incomparables, les vrais artistes, la *fauvette* et le *rossignol.*

Tous deux appartiennent à la tribu des *motacilliens,* laquelle reçoit son nom du genre *hoche-queue (lavandières* et *bergeronnettes),* un des plus jolis de nos campagnes, et des plus utiles aussi, car les bergeronnettes font une guerre destructive aux insectes, et particulièrement aux insectes incommodes pour l'homme et pour les bestiaux.

Le genre *fauvette (motacilla sylvia)* a été partagé en plusieurs sous-genres,

dont chacun comprend un grand nombre d'espèces. Les fauvettes proprement
dites habitent les bois, les buissons et les vergers, et vivent indifféremment
d'insectes et de fruits sucrés. A la fin de l'été elles émigrent presque toutes,
mais sans se réunir en troupes ni prendre de rendez-vous commun : chacune
à sa guise et à son heure. Leur vol est vif, mais irrégulier, sautillant et peu
élevé. Cependant elles ne descendent que rarement à terre. Le chant du mâle

Fauvette couturière et son nid.

est très doux, très brillant et riche en modulations. La fauvette à tête noire
est la plus renommée pour l'agrément de ses vocalises. Si les fauvettes mâles
sont des musiciens distingués, les fauvettes femelles ont reçu de la nature un
talent moins séduisant, mais plus estimable, et pour lequel elles puisent leur
inspiration dans l'amour maternel. Rien de plus charmant que leur nid ; rien
de plus élégant à l'extérieur, de plus chaud et de plus moelleux à l'intérieur :
cela donne envie vraiment d'être petit oiseau. Le nid de la fauvette couturière
(*sylvia sutoria*) est un chef-d'œuvre. « Elle en compose le tissu de fibres
menues, de plumes, de duvet, d'aigrettes de chardon, dit Le Maout; puis
elle file avec son bec et ses pattes le coton qu'elle a recueilli sur les *gossipium ;*
elle pratique ensuite des trous le long du bord des feuilles à limbe solide et

large ; et dans ces trous elle passe son fil de manière à coudre ensemble plusieurs feuilles, qui forment ainsi une petite tente suspendue, enveloppant parfaitement le nid que l'oiseau veut cacher à ses ennemis... Le colonel Sykes a vu des nids dans lesquels le fil de coton était réellement terminé par un nœud. »

Que dire du *rossignol* qui déjà n'ait été dit cent fois, et bien mieux que je ne pourrais faire ? Les naturalistes et les poètes ont célébré à l'envi ce virtuose des bois, cette « chétive créature » qui, n'ayant reçu en partage ni la grandeur, ni la force, ni la beauté, est cependant à elle seule « l'honneur du printemps ». Guéneau de Montbelliard, le collaborateur de Buffon, a fait ressortir, avec tout l'enthousiasme d'un *dilettante,* les merveilleuses qualités de la voix du rossignol. « Coups de gosier éclatants, dit-il ; batteries vives et légères ; fusées de chant, où la netteté est égale à la volubilité ; murmure intérieur et sourd, qui n'est point appréciable à l'oreille, mais très propre à augmenter l'éclat des tons appréciables ; roulades précipitées, brillantes et rapides, articulées avec force, et même avec une dureté de bon goût ; accents plaintifs, cadencés avec mollesse ; sons filés sans art, mais enflés avec âme ; sons enchanteurs et pénétrants, qui semblent sortir du cœur et font palpiter tous les cœurs. »

Michelet proclame le rossignol un « grand artiste », et il ajoute :

« *Artiste!* j'ai dit ce mot et je ne m'en dédis pas. Ce n'est pas une analogie, une comparaison de choses qui se ressemblent : non, c'est la chose elle-même.

« Le rossignol, à mon sens, n'est pas le premier, mais le seul du peuple ailé à qui l'on doive ce nom. Pourquoi ? Seul il est créateur ; seul il varie, enrichit, amplifie son chant, y ajoute des chants nouveaux. Seul il est fécond et varié par lui-même ; les autres le sont par l'enseignement et l'imitation. Seul il les résume, les contient presque tous ; chacun d'eux, des plus brillants, donne un couplet du rossignol...

« Comment ne pas l'appeler artiste ? Il en a le tempérament au degré suprême où l'homme l'a lui-même rarement. Tout ce qui y tient, qualités, défauts, en lui surabonde. Il est sauvage et craintif, défiant, mais point du tout rusé. Il ne consulte point sa sûreté et ne voyage que seul. Il est ardemment jaloux, en émulation égal au pinson. « Il se crèverait à chanter, » dit un de ses historiens. Il s'écoute. Il s'établit surtout où il y a écho, pour entendre et répondre... etc. »

Il y a sans doute dans ce portrait beaucoup d'imagination et de fantaisie ; ce qui ne doit point surprendre chez Michelet, beaucoup plus artiste lui-même que le rossignol. L'admiration qu'inspire à Guéneau de Montbelliard le chant de cet oiseau me semble aussi, je l'avoue, un peu exagérée. Quant à moi, dussé-je être taxé de prosaïsme, je dois avouer que le chant du rossignol ni d'aucun autre oiseau ne m'a jamais causé de tels transports, et que la moindre mélodie, chantée par une belle voix humaine ou jouée sur un bon instrument, me charme et m'émeut infiniment plus. Mais il ne faut point disputer des goûts. Loin de moi, d'ailleurs, la pensée de médire du rossignol. Il est artiste, assurément, autant qu'un oiseau peut l'être ; et il doit aimer passionnément son art, puisque, pour s'y livrer, il oublie le sommeil et brave les ténèbres. Il est vrai que cette fureur musicale ne dure qu'un temps très court : dès que les petits sont éclos, c'est-à-dire vers la fin de mai, adieu les nocturnes concerts : la voix du rossignol s'enroue, et ses suaves accents font place à un cri rauque, semblable au coassement de la grenouille.

Le rossignol est carnassier, et fait aux insectes une chasse active : ce qui est encore pour lui un titre de plus à notre bienveillance. Enfin nous ne pouvons lui refuser notre haute estime, car il n'est point de ceux dont nous ayons réussi à faire nos complaisants et nos parasites. Il est tout au plus, entre les mains de l'homme, un captif résigné. Il chante encore, mais pour tromper son ennui, en attendant que la mort vienne le délivrer ; ce qui ne tarde guère. Son chant n'est plus dès lors un chant de joie et d'amour, une idylle ou une romance : c'est une plainte, une élégie. Il pleure la liberté, sans laquelle il ne peut vivre.

CHAPITRE XIII

Le nouveau monde, beaucoup plus pauvre que l'ancien en oiseaux chanteurs,
a cependant, lui aussi, son rossignol : je veux dire son musicien, son artiste ;
et, s'il faut croire aux récits des voyageurs, un artiste bien supérieur encore
à celui que Michelet et d'autres écrivains d'Europe ont déclaré incomparable,
unique. Cet artiste, ce prodige, c'est le *merle polyglotte* ou *moqueur :* un
oiseau de la taille du merle d'Europe, au plumage gris brunâtre mêlé de
blanc, sans autre ornement que quelques mouchetures brunes : plumage des
plus ordinaires, comme on voit. Les noms de *polyglotte* et de *moqueur* qu'on
lui a donnés indiquent sa singulière aptitude à imiter très exactement la voix
des animaux, comme pour s'en moquer. Son cri ordinaire est assez triste ;
mais au temps de la ponte, le chant du mâle devient admirable. « L'Européen
qui entend cette voix vigoureuse et passionnée à travers le feuillage du
magnolia de la Louisiane, dit Audubon, la compare avec l'hymne nocturne
du rossignol, et ressent un secret mépris pour ce qu'il admirait autrefois.
Levez les yeux : sur une branche de magnolia la femelle repose. Le mâle,
aussi léger que le papillon, décrit autour d'elle des cercles rapides, monte,
descend, remonte encore, et toutes les fois que son vol s'élance vers le ciel,
recommence son chant de joie, le plus brillant de tous les chants. Il ne débute
pas, comme le rossignol, par de longs et mélancoliques soupirs: il attaque
franchement son thème musical, qu'il module ensuite, qu'il gradue, qu'il
varie avec un art incroyable, ayant soin de faire entrer dans la composition
de son œuvre les plus doux bruits de la nature : le murmure des feuilles, le
roulement lointain de la cataracte, le gazouillement du ruisseau voisin. Ce
chant accompagne son vol ; mais ce n'est qu'un prélude encore. Lorsqu'il vient
se poser sur le rameau qui soutient sa compagne, ses notes deviennent moins
bruyantes, plus moelleuses, plus exquises. Puis il repart, s'abaisse, remonte
parcourt de l'œil tous les environs, pour s'assurer que nul ennemi ne menace

son repos...; il revient se percher près de sa compagne, et, pour finale de ce grand concerto, lui donne la traduction la plus exacte de toutes les mélodies, de tous les cris, de tous les sifflements, de tous les accents qui appartiennent aux autres oiseaux, et même aux quadrupèdes... Enfin une note particulière de la femelle se fait entendre. C'est un son triste, étouffé, qui impose silence au moqueur ; aussitôt celui-ci cesse son chant, et le couple s'occupe à chercher un lieu favorable pour l'établissement de son nid. Ce nid est toujours placé à proximité de quelque maison habitée. Le polyglotte sait que son ramage amuse

Oiseau moqueur ou merle polyglotte.

l'homme, et il n'est nullement sauvage... Les planteurs respectent ces aimables voisins, et défendent à leurs enfants de les inquiéter. Leurs ennemis les plus dangereux sont les chats et les serpents. Quant aux oiseaux de proie, il en est peu qui attaquent le moqueur ; car il se défend toujours avec énergie, et va même au-devant de l'agresseur. Le seul qui le surprenne quelquefois est le faucon de Stanley. Ce faucon vole bas et enlève le moqueur sans s'arrêter ; mais, s'il manque son coup, le passereau devient l'assaillant à son tour : il poursuit le brigand en appelant à lui ses pareils, et quoiqu'il ne puisse atteindre le faucon, l'alarme donnée, mettant tout le monde sur ses gardes, déconcerte le maraudeur. »

Le merle polyglotte s'apprivoise très facilement, s'attache à son maître et le suit comme un chien. Quelquefois il sort, s'en va chanter dans les bois ; mais il revient toujours au logis. Il conserve en domesticité son talent musical, mais ne le développe point. Il n'oublie ni n'apprend rien : inférieur en cela à ses congénaires de l'ancien monde, inférieur aussi à ses compatriotes les perroquets, dont il se rapproche par ses facultés mimiques. Soit que son instinct ne l'y porte pas, ou que ses organes vocaux, si parfaits d'ailleurs, s'y refusent, le polyglotte, qui imite tant de sons, tant de bruits, tant de langages, n'imite point le langage humain.

Quelques-uns de nos oiseaux d'Europe possèdent, dans une certaine mesure, ce don singulier : le *geai*, le *sansonnet*, la *pie*, le *corbeau* sont dans ce cas ; mais les deux premiers réussissent surtout dans l'art de siffler des airs. Les deux derniers, fort peu musiciens, parviennent assez aisément à articuler des

¹ Pie.   ² Corbeau.

mots, et peuvent être cités parmi les oiseaux les plus intelligents et les plus susceptibles d'éducation. « Quoique, dans cet état sauvage, la pie soit extrêmement défiante, dit Bechstein, c'est cependant l'oiseau le plus facile à apprivoiser que nous ayons : elle se laisse toucher et prendre dans les mains ; ce que les autres, même les plus dociles, ne souffrent pas. Élevée du nid, la pie apprend à parler mieux encore que le corbeau, et se familiarise autant et plus que le pigeon. La viande crue, le pain et tous les débris de table deviennent tellement de son goût, qu'elle ne désire aucune autre nourriture, ce qui la ramène constamment au logis... Je reçus dernièrement d'un de mes amis une lettre dans laquelle il s'exprime ainsi : « J'ai élevé une pie qui, comme un chat, vient se frotter autour de moi jusqu'à ce qu'enfin je la caresse. Elle a appris d'elle-même à voler à la campagne et à revenir; elle me suit partout, à plus d'une lieue de distance, en sorte que j'ai beaucoup de peine à m'en défaire ; et lorsque je ne veux pas d'elle dans mes promenades ou dans mes visites, je suis obligé de l'enfermer... Elle vole de temps en temps assez loin avec les autres pies sauvages, sans cependant jamais se lier avec elles. »

Le corbeau serait d'une société agréable, si ses goûts carnassiers et sa voracité ne le faisaient un peu trop ressembler aux rapaces, et si l'odeur forte qu'il exhale ne rappelait celle de son aliment favori, la charogne. C'est du reste un gai compagnon, très familier, très amusant par ses allures, et profitant bien des leçons qu'on lui donne. Ceux qui veulent diriger son instruction vers l'éloquence ont coutume de lui couper le frein lingual. Lorsque sa langue a été ainsi déliée, il peut s'en servir avec succès, comme le prouve l'anecdote suivante, racontée par je ne sais quel chroniqueur latin, et reproduite par Le Maout, à qui je l'emprunte. A Rome, après la bataille d'Actium, plusieurs corbeaux furent présentés à Octave triomphant, en lui adressant ce compliment : *Ave, Cæsar, victor, imperator.* Octave les acheta très cher. Un pauvre cordonnier, alléché par la récompense, entreprit de dresser un corbeau de la même manière ; et comme son élève se montrait un peu récalcitrant, il répétait souvent avec tristesse : « J'ai perdu mon temps et ma dépense ! » Enfin pourtant l'oiseau parvint à répéter passablement la phrase adulatrice, et son maître alla se poster avec lui sur le passage du dictateur. Le corbeau fit son compliment ; mais Octave-Auguste, qui était rassasié de ce genre de flatterie, refusa d'abord de l'acheter. Alors le corbeau de s'écrier piteusement : *J'ai perdu mon temps et ma dépense!* Auguste fut si émerveillé de tant d'à-propos, qu'il s'empressa d'acquérir le corbeau, et le paya beaucoup plus cher que les autres.

Prononcer une si longue phrase était, de la part d'un corbeau, un véritable tour de force. Ce n'eût été qu'un jeu pour un perroquet. L'imitation de notre langage est, chez les perroquets, un instinct, un besoin inné, comme chez les singes l'imitation de nos gestes et de nos actes. Aussi a-t-on dit, non sans raison, que les perroquets sont parmi les oiseaux ce que les singes sont parmi les mammifères.

La structure compliquée du larynx inférieur et celle de la langue et des narines se prêtent admirablement, chez ces oiseaux, à l'articulation des sons les plus variés. Cette aptitude, toute spéciale, n'est cependant pas, comme le pensait Buffon, une faculté qui rapproche les perroquets des animaux supérieurs ; leur intelligence ne les place point au-dessus des autres oiseaux. Ils s'apprivoisent et deviennent aisément familiers avec les personnes qui les ont élevés, mais ils se montrent, en général, très défiants vis-à-vis des étrangers, et il n'est pas prudent de chercher à les prendre ou de les approcher de trop près lorsqu'on n'a pas l'honneur d'être de leur intimité. Leur bec énorme et puissant fait de cruelles morsures, et si l'on y laisse prendre un doigt, on risque fort de ne pas l'en retirer entier. Les perroquets ont des mines, des mouvements de tête, une manière de se servir de leurs pattes en guise de main, qui, joints à leur verbiage, donnent aisément le change aux

personnes peu instruites sur la portée de leur entendement. Il arrive souvent
que ceux dont le répertoire est étendu et varié paraissent répondre pertinem-
ment aux questions qu'on leur adresse, et lancent des reparties qui se trouvent
être « en situation », comme disent les auteurs dramatiques. Ce sont là de
purs hasards, et quand l'oiseau fait ainsi de l'esprit, c'est sans le savoir. Il

¹ Ara Congo.   ² Kakatoès à crête.   ³ Perroquet de Guilding.

faut avouer néanmoins que les coïncidences donnent lieu parfois à des aven-
tures curieuses, et ordinairement très comiques.

On connaît celle de ce paysan qui, venant un jour chez son seigneur pour
payer ses fermages, entre dans le vestibule du château, où se trouvait, perché
sur son bâton, un superbe perroquet récemment rapporté de Paris par la
châtelaine. Notre homme n'avait jamais vu d'animal semblable, et ne soupçon-
nait même pas qu'il en pût exister. Il s'approche du perroquet, tourne autour
et l'examine en poussant des exclamations admiratives. « Veux-tu t'en aller,
manant! dit tout à coup le perroquet. — Ah! pardon, mon beau monsieur,
répond le paysan confus en ôtant son bonnet; je vous avions pris pour un
oiseau ! »

L'ornithologiste Willoughby parle d'un perroquet qui, lorsqu'on lui disait :

« Ris, Poll, ris, » éclatait de rire aussitôt, puis ajoutait un instant après :
« Quelle impertinence, m'ordonner de rire ! » Un autre, appartenant à un
marchand de cristaux, ne manquait jamais de s'écrier, lorsqu'un commis
heurtait ou brisait quelque vase dans le magasin : « Le maladroit ! il n'en
fait jamais d'autres ! »

Buffon dit avoir vu un perroquet qui, ayant vieilli avec un maître valétudi-
naire, qu'il entendait sans cesse se plaindre, répondait à toutes les questions
par cette phrase : *Je suis malade, bien malade,* dite d'une voix plaintive et
accompagnée d'une pose languissante. Enfin Levaillant a vu au Cap une
perruche que les Boërs avaient dressée à répéter le *Pater* entier, en langue
hollandaise, en se tenant couchée sur le dos et les pattes jointes.

La famille des perroquets, ou, pour la désigner sous son nom scientifique,
des *psittacidés,* est répandue sur toute la zone intertropicale, principalement
dans les contrées les plus chaudes de l'Amérique et dans les îles de l'océan
Indien et des mers du Sud. Le plumage des psittacidés offre des couleurs
très tranchées et très belles ; mais il est toujours mat, et n'a pas ces reflets
métalliques, ces chatoiements lumineux qu'on admire chez la plupart des
oiseaux propres aux mêmes régions. Les couleurs dominantes des psittacidés
sont le vert, le jaune, le gris-perle, le rouge et le bleu. Ces oiseaux sont
essentiellement grimpeurs. Leurs doigts sont opposés deux à deux et très
propres à la préhension. Ils ne marchent bien que de côté, le long des bran-
ches sur lesquelles ils se perchent. Pour monter aux arbres, pour en descendre
ou pour passer d'un rameau à un autre, ils se servent surtout de leur bec,
qui est pour eux un précieux organe de locomotion. Ils saisissent d'abord
entre leurs mandibules la branche qu'ils veulent escalader, ou bien ils s'ac-
crochent avec la mandibule supérieure aux aspérités du tronc ; puis ils se
soulèvent, ils se hissent en contractant les muscles du cou, et amènent ensuite
les pieds l'un après l'autre. Ils accomplissent cet exercice sans se presser,
avec autant de prudence que d'adresse. A terre ils se font aussi de leur bec
une troisième jambe ; leur démarche est lente et embarrassée. Leur vol est
assez rapide, mais peu soutenu ; ils n'ont jamais, du reste, à fournir de
longues traites, car ils habitent les forêts, où il leur suffit de pouvoir voler
d'un arbre à un autre. Les psittacidés sont frugivores ; ils recherchent surtout
les fruits à noyau. En captivité, ils deviennent omnivores, et, qui plus est,
très friands. Ils aiment le sucre, la pâtisserie ; on leur fait même boire du vin,
ce qui les rend plus gais et plus bavards.

Les perroquets vivent très longtemps. On en cite un qui fut apporté à la
grande-duchesse de Florence en 1633, et qui ne mourut qu'en 1743. Vieillot
vit près de Bordeaux un perroquet octogénaire. Buffon en posséda un qui
vécut quarante-trois ans. Les perruches, en captivité, ne vivent guère plus
de trente ans.

La famille des psittacidés est très nombreuse ; on l'a divisée en trois tribus :

la première, celle des psittaciens, se subdivise en une vingtaine de genres,
parmi lesquels je citerai seulement les *aras,* les *perroquets* proprement dits,
les *kakatoès,* les *perruches* et les *micropsittes.*

Les aras sont les plus grands de tous les perroquets. Leur bec est très
robuste, et leur queue plus longue que le corps. Leur plumage est peint des
plus vives couleurs. Ils habitent l'Amérique méridionale. Les navires qui font
le commerce au Brésil, au Chili, au Pérou, à l'Équateur, rapportent souvent
de ces oiseaux, qui sont recherchés de beaucoup d'amateurs. Les espèces les

¹ Perruche de la Caroline.   ² Perruche de la Nouvelle-Hollande.
³ Mélopsitte ondulé.

plus connues en Europe sont l'*ara Macao* ou *ara bleu,* et l'*ara Congo* ou *ara
rouge.* L'*ara militaire* (*ara vert* de Buffon) est de plus petite taille que les
précédents, mais il apprend mieux à parler; il est aussi plus rare. « Les aras,
dit l'ornithologiste Mauduyt, s'apprivoisent aisément, et sont même susceptibles
de reconnaissance et d'attachement. Ils n'apprennent guère à parler, et ne
répètent jamais que quelques mots, qu'ils articulent mal. Le cri trop fort,
déchirant, qu'ils font entendre fort souvent, porte à les éloigner, malgré leur
beauté et leur aptitude à la domesticité: ils ne sont bien placés que dans les
lieux vastes, à l'entrée des vestibules et des jardins. »

Les perroquets proprement dits sont plus petits que les aras; leur bec est
moins gros; leurs couleurs sont moins éclatantes, quoique fort belles; leur
queue est courte et presque carrée. Ce sont, de tous les psittacidés, ceux qui
ont le plus de dispositions pour l'art de la parole. Le *perroquet gris,* ou *jaco*
d'Afrique, est bien connu de tout le monde. Il est le héros de la plupart des

histoires plaisantes qu'on raconte sur les perroquets. Le perroquet *Amazone,* de la Guyane, est aussi très recherché, tant à cause de son éducabilité que pour son beau plumage vert avec des parties jaunes, rouges et bleues, et que les Indiens trouvent encore moyen de varier par un procédé très singulier, mais qui n'est pas bien connu. Ce procédé consiste, non à teindre les plumes, mais à les arracher et à frotter la place dénudée avec une substance, — le sang d'une grenouille, dit-on, — qui fait qu'ensuite les plumes repoussent rouges ou jaunes. Les perroquets ainsi modifiés sont connus dans le commerce de l'oisellerie sous le nom de perroquets *tapirés.* Ils se vendent à des prix très élevés.

Les kakatoès ont la queue courte, large et carrée, la tête surmontée d'une huppe qui se dresse ou s'abat à la volonté de l'oiseau. Leur plumage est très fourni, très moelleux, d'un beau blanc mat qui tire tantôt sur le jaune, tantôt sur le rose. Ces perroquets apprennent difficilement à parler, mais ils s'apprivoisent à merveille et se montrent très dociles et très affectueux pour leurs maîtres. Ils sont répandus dans les Indes et en Australie. C'est dans les forêts situées au bord des marécages qu'ils gîtent de préférence ; mais ils en sortent par bandes quelquefois très nombreuses pour s'abattre sur les rizières, où ils font de grands dégâts. « Ces oiseaux, dit Buffon, semblent être devenus domestiques en quelques endroits des Indes, car ils font leurs nids sur les toits des maisons ; et cette facilité d'éducation vient du degré de leur intelligence, qui paraît supérieure à celle des autres perroquets. Ils écoutent, entendent et obéissent mieux ; mais c'est vainement qu'ils font les mêmes efforts pour répéter ce qu'on leur dit. Ils semblent vouloir y suppléer par d'autres expressions de sentiment et par des caresses affectueuses. Ils ont dans tous leurs mouvements une douceur, une grâce qui ajoute à leur beauté. »

Les perruches sont plus petites que les perroquets ; elles ont des formes plus délicates, et le bec d'une grosseur moins disproportionnée. Leur queue est étagée, et au moins aussi longue que le corps. Leur naturel est doux et sociable. Elles s'apprivoisent facilement, et l'on en connaît quelques espèces qui peuvent parler aussi bien que les perroquets proprement dits. La perruche verte de la Caroline, qui habite aussi la Guyane, est la plus commune et la moins chère sur les marchés d'Europe. Elle a le défaut de crier beaucoup, de ne parler guère et de mordre quelquefois ; on la recherche néanmoins pour la beauté de son plumage, l'élégance de ses formes et la gentillesse de ses manières. On importe en Europe, depuis quelques années, un assez grand nombre de perruches de l'Australie. Les plus remarquables sont la *perruche huppée de la Nouvelle-Hollande,* et le *mélopsitte ondulé.*

La première a la tête jaune, avec une tache rouge près de l'oreille, la poitrine verdâtre et le reste du corps bleu clair.

Les mélopsittes ondulés, plus connus sous le nom de *perruches ondulées,* sont devenus assez communs en France. Ils s'accoutument à la captivité au point de nicher, de pondre et de couver en cage, pourvu qu'on leur fournisse une bûche creuse où ils puissent s'installer. Ces perruches sont d'un beau vert d'émeraude, avec la tête, le dos et les ailes marqués de stries noires ondulées, sur un fond jaune clair, et des taches bleu foncé sur la gorge, qui est jaune. La queue est formée de longues pennes d'un bleu qui devient presque noir à l'extrémité. La taille des perruches est à peu près celle de l'alouette, mais avec des formes plus allongées. Elles ne parlent pas ; elles ont une sorte de gazouillement, de langage à elles, qui est très doux, et elles apprennent assez bien à répéter les accents des oiseaux qui les entourent. De là leur nom de *mélopsittes,* qui signifie *perroquets chanteurs.*

Les *micropsittes,* ou *psittacules,* sont les plus petits de tous les perroquets. Leur taille ne dépasse guère celle de l'oiseau-mouche. On n'en connaît qu'une seule espèce : le *psittacule pygmée de la Nouvelle-Hollande.* Le plumage de cette espèce est entièrement vert. On ne sait rien de ses mœurs ni de ses aptitudes. Le muséum en possède deux exemplaires, les seuls peut-être qu'on ait jamais vus en France : un mâle et une femelle tués du même coup de fusil par un des naturalistes (Lesson, Quoy et Gaymard) qui firent le tour du monde, en 1826 et 1827, à bord de l'*Astrolabe,* sous les ordres de l'illustre Dumont d'Urville.

CHAPITRE XIV

Le vers de Racine tant de fois cité,

Aux petits des oiseaux Dieu donne la pâture,

n'est nullement l'expression de la vérité ; ou tout au moins est-il sujet à une interprétation très fausse. Il semble signifier que les « petits des oiseaux » sont nourris dans les bois par la main divine comme les poussins d'une basse-cour par la main de la fermière : ce qui est tout simplement la négation de la loi suprême et nécessaire à laquelle sont soumis tous les êtres doués, à un degré quelconque, d'intelligence et de volonté, et sans laquelle cette intelligence et cette volonté, n'étant d'aucun usage, n'auraient point de raison d'être : je veux dire la loi du travail.

Sans doute la Providence a mis dans la nature de quoi nourrir les oiseaux, comme elle y a mis de quoi nourrir les éléphants, les girafes, les buffles et les gazelles, les lions et les loups, les reptiles et les insectes ; comme elle y a mis de quoi nourrir l'homme et le vêtir, de quoi bâtir des cités, construire des navires et des machines, créer des arts et une civilisation. Mais tout cela, il faut le conquérir et savoir l'utiliser. Chaque être a donc été doué de forces et de facultés proportionnées aux obstacles, aux dangers qu'il doit rencontrer dans la « bataille de la vie ». C'est parce que ces dangers et ces obstacles sont grands pour eux ; c'est parce qu'ils ont beaucoup à faire pour conserver leur vie, pour se développer, pour assurer la perpétuité de leur espèce, que les oiseaux occupent un rang élevé dans la série zoologique ; que leur organisation, leurs instincts, leurs mœurs, leurs industries offrent au naturaliste un sujet d'étude et de méditations plein d'intérêt et de variété, mais en même temps très complexe et plein de mystères.

On voit un oiseau voltiger, s'agiter, aller, venir, s'élever, descendre, remonter, décrire dans l'air cent courbes capricieuses, ou traverser l'espace à tire-d'aile. On croit qu'il se joue, qu'il prend ses ébats, qu'il n'obéit qu'à sa fantaisie, à sa turbulence. Erreur : il poursuit une proie, il cherche un abri, ou des matériaux pour son nid, ou des aliments pour sa couvée, ou bien il fuit un ennemi.

L'oiseau, a-t-on dit, est le plus libre de tous les êtres. Oui, l'oiseau est libre : non seulement parce qu'il va où il veut, que rien ne limite son activité, qu'ayant pour domaine l'immensité des airs, il peut se déplacer à son gré,

Pic moyen épeiche.

franchir en quelques heures, en quelques minutes de grandes distances ; il est libre surtout parce qu'il aime la liberté plus que toute autre chose, plus que la sécurité, souvent plus que la vie ; parce qu'il en accepte bravement les conditions sévères : le péril, la lutte, le travail.

Le type le plus complet peut-être du travailleur indépendant, parmi le peuple ailé, c'est le *pic :* un grimpeur. Ses doigts, opposés deux à deux et armés d'ongles crochus et acérés, lui permettent de s'accrocher aux troncs des arbres, et d'y marcher dans le sens vertical, aussi aisément qu'un autre animal marche sur une surface horizontale. Sa queue large et arquée lui sert encore de point d'appui. Son bec fort et aigu renferme une langue effilée, extensible, terminée par une pointe cornée et enduite d'une substance visqueuse, à l'aide de laquelle il prend avec une adresse étonnante, comme font les fourmiliers, les insectes et les larves dont il fait sa nourriture. Mais ces insectes, ces larves, il ne s'en empare qu'au prix d'un labeur adroit et persévérant, car il les cherche exclusivement sous l'écorce et dans le bois même des arbres. A cet effet, il frappe d'abord le tronc de son bec pour effrayer l'habitant et le faire fuir. On le voit, après qu'il a frappé, courir aussitôt de l'autre côté : non, comme on le croit vulgairement, pour voir si l'arbre est percé, mais pour saisir les fugitifs, s'il y en a. Comme ce premier moyen est peu productif, le pic ausculte, toujours en les frappant de son bec, les arbres que son instinct lui désigne comme attaqués ; et lorsqu'il a ainsi reconnu l'endroit malade, il creuse jusqu'à ce qu'il arrive aux cavités, aux galeries occupées par les insectes ou par leurs larves.

Le pic, ainsi que bien d'autres oiseaux utiles, a été calomnié, proscrit. On l'accusait d'endommager, de détruire à plaisir les arbres sains et durs, tandis qu'au contraire il ne s'en prend qu'aux arbres que l'insecte est en train de tuer ; et loin de hâter leur mort, il peut parfois les sauver, comme un chirurgien sauve un malade en lui enlevant un os carié ou des chairs gangrenées. Les pics sont farouches, méfiants ; contre qui attente à leur vie, à leur liberté, ils se défendent avec un indomptable courage. Vaincus et pris, ils résistent encore, font pour reconquérir leur liberté des efforts surnaturels, et meurent plutôt que de se soumettre.

Audubon, ayant blessé un pic de la Caroline, le rapporta à l'hôtel où il logeait, à Wilmington. Le pauvre captif poussait des cris tellement lamentables, que tous les habitants s'ameutèrent dans les rues que parcourait le naturaliste, croyant qu'il emportait un enfant malade ou grièvement blessé. Audubon renferma le pic dans sa chambre, et redescendit pour panser son cheval. Lorsqu'il remonta, l'oiseau avait déjà fait dans le mur un trou à y plonger le poing. Il l'attacha à une table : en quelques minutes la table fut presque détruite. « Lorsque je voulus en prendre le dessin, dit Audubon, il me coupa plusieurs fois avec son bec, et il déploya un si noble et si indomptable courage, que j'eus la tentation de le rendre à ses forêts natales. Il vécut avec moi à peu près trois jours, refusant toute nourriture, et j'assistai à sa mort avec regret. »

Le genre pic est représenté en Europe par plusieurs espèces : le grand pic noir, qui vit dans les forêts de sapins du Nord ; le pic vert ou *pivert,* un de nos plus beaux oiseaux ; le pic *épeiche,* assez commun en France ; le pic cendré, etc.

Les *martins* (*alcédinidés*) ne sont pas sans quelque ressemblance de physionomie et de caractère avec les pics. Ce sont des oiseaux au plumage brillant et varié, au corps court et ramassé ; leur queue est large et carrée ; leur tête est grosse, leur bec long, épais et lustré. Comme les pics, ils vivent solitaires dans les lieux sauvages, fuient la présence de l'homme et ne supportent pas la captivité. Ils ne sont ni moins actifs ni moins patients que les pics ; mais leur industrie est autre. Leur bec robuste n'est pas pour eux un instrument perforant : c'est un engin de pêche ou une arme de chasse.

Le *martin-pêcheur* est un oiseau d'Europe, qui pour la beauté rivaliserait

avec les plus brillants passereaux des tropiques. On le voit parfois voler au-
dessus des rivières avec une extrême rapidité, en rasant la surface de l'eau.
Il va se poser sur une pierre, et là, en vrai pêcheur, il se tient immobile
des heures entières, guettant les poissons et les insectes aquatiques. Lors-
qu'il aperçoit une proie, il plonge perpendiculairement et reparaît presque
aussitôt, tenant sa victime entre ses terribles mandibules. Si c'est un pois-
son, il lui frappe la tête sur la pierre pour l'assommer avant de le dévorer.

Le *martin-chasseur* habite les contrées chaudes de l'Asie; il vit là

Martin-pêcheur.

dans les forêts humides et dans les marécages, et fait une guerre meur-
trière aux lombrics, aux chenilles et aux larves d'insectes. Dans ces pays
où le froid est inconnu, où les insectes pullulent avec une extrême fé-
condité, le gibier ne lui manque guère, et son existence est assurée sans qu'il
ait besoin de changer de canton, ni d'étendre au loin le cercle de ses
excursions.

Il s'en faut de beaucoup que ses confrères si nombreux, les autres chasseurs
d'insectes, non plus que les granivores, aient tous la vie aussi facile et puissent
sans se déranger faire bonne chère toute l'année; il n'est donné qu'à un petit
nombre de mourir dans le pays qui les a vus naître. L'oiseau, en général,
est nomade, soit par instinct, soit plutôt par nécessité. A peine a-t-il une
patrie, encore moins un domicile; à moins qu'on ne donne ce nom à l'arbre
sur lequel il vient percher le soir pour dormir. Quant au nid, on sait qu'il
n'est construit que pour la couvée. Une fois que les petits ont des ailes,
qu'ils savent voler et sont capables de chercher eux-mêmes leur nourriture,

ils quittent le nid pour n'y plus revenir ; les parents le quittent également, sauf à en bâtir un autre l'année suivante pour leur nouvelle couvée. Il y a pourtant des exemples de fidélité au nid, à la patrie, et, chose singulière, ces exemples sont données par des oiseaux essentiellement voyageurs : les *hirondelles*, les *cigognes*, les *grues*.

On sait que les hirondelles arrivent dans nos contrées au printemps, et qu'elles nous quittent au commencement de l'automne. Toutes les espèces n'arrivent ni ne s'en vont en même temps : l'hirondelle de fenêtre se montre

Martin - chasseur.

la première, puis vient l'hirondelle de cheminée ; le martinet les suit à quelque distance. L'hirondelle de cheminée reste la dernière. Le départ a lieu par bandes, au commencement ou au milieu d'octobre, selon que la saison rigoureuse est plus ou moins hâtive. On assure même que ces oiseaux pressentent le froid et la disette, et que leur instinct les avertit de hâter leur départ pour n'être pas pris au dépourvu. Quoi qu'il en soit, les climats tempérés septentrionaux sont la vraie patrie des hirondelles. Si chaque année elles émigrent en Afrique, ce n'est pas là pour elles un changement de résidence : c'est seulement une absence de quelques mois ; absence nécessaire, mais pénible, qu'elles abrégeraient si elles le pouvaient.

Adanson les a observées au Sénégal, et il a constaté qu'elles n'y forment qu'une installation provisoire ; elles y bivouaquent, passent les nuits sur les toits des maisons, ou dans le sable, près du bord de la mer ; et dès que la saison le permet elles regagnent leur foyer chéri, toujours le même tant qu'il subsiste.

« Où la mère a niché, dit Michelet, nichent la fille et la petite-fille. Elles
y reviennent chaque année ; leurs générations s'y succèdent plus régulière-
ment que les nôtres. La famille s'éteint, se disperse, la maison passe
à d'autres mains : l'hirondelle y vient toujours ; elle maintient son droit
d'occupation. C'est ainsi que cette voyageuse s'est trouvée le symbole de
la fixité du foyer. Elle y tient tellement, que, la maison réparée, démolie en
partie, longtemps troublée par les maçons, n'en est pas moins reprise et oc-
cupée par ces oiseaux fidèles, de persévérant souvenir. C'est l'*oiseau du retour*. »

¹ Martinet d'Europe.   ² Hirondelle de cheminée.

Il n'est pas, assurément, d'être plus complètement aérien que l'hirondelle.
Ses longues ailes aiguës, sa queue fourchue, qui, en servant de gouvernail,
forme encore en quelque sorte une paire d'ailes supplémentaires, son corps
fluet, qui n'est que plumes : tout, dans cet oiseau, réalise l'idéal absolu de la
locomotion aérienne. Ses petites pattes grêles ne lui sont presque d'aucun
usage pour marcher. « Le vol, dit Guéneau de Montbelliard, est son état
naturel, je dirais presque son état nécessaire ; elle mange en volant, se baigne
en volant, et quelquefois donne à manger à ses petits en volant... Elle sent
que l'air est son domaine ; elle en parcourt toutes les dimensions et dans tous
les sens, comme pour en jouir dans tous les détails, et le plaisir de cette
jouissance se marque par de petits cris de gaieté. »

De toutes les espèces d'hirondelles, — et l'on en compte jusqu'à soixante-
dix, — celle qui possède au plus haut degré ce don de natation aérienne, c'est
la grande hirondelle d'église, le martinet noir. Cet oiseau, assez laid et triste
d'aspect, au plumage d'un noir de suie uniforme, au bec court, à la bouche

largement fendue, déploie une envergure double de sa longueur, qui est d'environ seize centimètres, y compris la queue. Ses ailes sont courbes et acérées comme deux lames de faux. C'est le vrai roi de l'air ; son vol, pour la puissance, égale celui de la frégate : il le dépasse pour la flexibilité. Jour et nuit il vole ; vers le soir, après avoir tournoyé quelque temps autour des clochers et des autres édifices élevés, il prend son élan et va se perdre dans les régions de l'atmosphère où ni l'œil ni aucun oiseau ne peut le suivre. C'est là qu'il passe la nuit, et le lendemain seulement, à l'aube, on le voit redescendre. Un observateur digne de toute créance, Spallanzani, affirme que, l'éducation des jeunes terminée, les martinets se retirent au haut des montagnes, et qu'ils y vivent jusqu'à leur départ d'Europe, « au sein des airs, et sans se reposer jamais sur aucun appui. »

Les hirondelles sont exclusivement insectivores ; elles ne se nourrissent que d'insectes vivants, et, hormis le cas de famine, d'insectes ailés, qu'elles happent au vol dans leur large bouche. Leur vie entière est occupée à cette chasse, et c'est ce qui, joint à leur besoin impérieux de mouvement, rend absolument impossible de les conserver en captivité : la vie et la liberté, pour elles, c'est une même chose.

On trouve de grandes analogies d'organisation entre les hirondelles et les *engoulevents,* dont on pourrait dire à bon droit, d'après M. de la Fresnaye, que ce sont des hirondelles nocturnes, parmi lesquelles les *ibijaus,* qui ne marchent jamais et ne peuvent se tenir à terre, sont les représentants des martinets. Le plumage des engoulevents est léger, mou, nuancé de gris et de brun comme chez tous les oiseaux nocturnes. Leurs yeux sont grands, et la lumière les offusque. Ils volent le soir, d'un vol agile et silencieux, et font aux insectes, surtout aux hannetons, aux guêpes, aux bourdons, une guerre terrible. Leur bouche, fendue jusqu'aux yeux, s'ouvre démesurément et engloutit de très gros insectes. Le bruit que fait l'air en s'y engouffrant, et qui ressemble au cri du crapaud, leur a valu leur nom d'*engoulevents* et celui, plus populaire, de *crapauds volants.* Souvent aussi on les voit immobiles sur une branche, le bec ouvert et la langue tirée. Ils attendent les mouches qui viennent sans défiance chercher leur nourriture dans la bouche de l'engoulevent, comme elles feraient sur un morceau de chair inerte, et qui s'engluent dans la salive épaisse dont ses parois sont humectées. De temps en temps le gouffre se referme et engloutit les insectes, puis il se rouvre pour en attirer d'autres qui disparaissent également. Les engoulevents sont des oiseaux migrateurs ; mais ils ne font point de nids. La femelle dépose simplement ses œufs dans un trou en terre, entre deux pierres, au pied d'un arbre, ou même au milieu d'un sentier.

On a découvert, il y a peu d'années, à la Guyane, une espèce de ce genre, l'*engoulevent à longues pennes,* qui a longtemps intrigué les observateurs. On le voyait voler le soir, accompagné de deux petits satellites qui se tenaient

toujours à la même distance, suivant exactement tous ses mouvements, et
qu'on était tenté de prendre pour de petits oiseaux. On ne parvenait pas à s'en
assurer, car l'engoulevent est très difficile à tirer. Enfin cependant on réussit
à l'abattre, et l'on reconnut que ces deux objets qu'il traîne toujours à sa suite
ne sont autre chose que des plumes extrêmement longues, mais dont la tige
est dépourvue de barbes jusque vers son extrémité, et qui partent de chacune
des ailes.

Les cigognes, avons-nous dit, sont, ainsi que les hirondelles, fidèles au

Engoulevent à longues pennes.

lieu de leur naissance ; on pourrait les appeler aussi les *oiseaux du retour*.
Elles partagent avec les hirondelles le rare privilège de la sympathie et du
respect populaires. Ce respect et cette sympathie ne reposent pas seulement
sur les services très réels que les hirondelles et les cigognes rendent à l'homme
en détruisant une quantité immense d'insectes et de reptiles : ils semblent
s'adresser au caractère même, aux sentiments, aux mœurs de ces oiseaux, à
leur douceur, à leur esprit d'association et de fraternité, à leur confiance en la
loyauté de ceux dont elles prennent le toit pour abri, et auxquels elles sem-
blent dire : Nous nous mettons sous la sauvegarde des saintes lois de l'hos-
pitalité.

Dans l'antiquité, l'hirondelle était presque partout considérée comme un
oiseau sacré, chéri des dieux et citoyen du firmament. De nos jours encore,
sauf quelques chasseurs intraitables qui, pour faire parade de leur adresse,
s'amusent à tirer des hirondelles, on se garde bien de leur faire aucun mal.
On les invite, au contraire, à se fixer sous l'avant des toits, dans les granges,

parfois dans la grande chambre, dans la *maison,* comme disent les paysans, habitée par la famille. On dispose à leur intention des pots à fleurs, ou bien des vases faits tout exprès, en forme de bouteilles à goulot court, juste assez large pour donner passage au corps fluet de l'oiseau.

La cigogne, — je parle de la *cigogne blanche,* si commune dans tout le bassin méditerranéen, — élit volontiers domicile dans les villes et les villages;

¹ Grue cendrée.   ² Cigogne blanche.

mais comme, en raison de sa grande taille, il lui faut beaucoup plus de place qu'à l'hirondelle, elle ne s'installe guère que dans les grandes fermes, dans les châteaux, dans les tours des églises. Comme l'hirondelle, elle émigre en Afrique pendant l'hiver, et revient au printemps. Partout le peuple l'aime, la respecte, et croit qu'elle porte bonheur à la maison qu'elle choisit. Souvent les paysans fixent horizontalement sur le pignon de leur maison une roue dont la partie concave est tournée en dehors, et qui sert de plancher au nid de la cigogne. Dans plusieurs contrées, la loi protège cet oiseau. Chez les anciens Égyptiens, le meurtrier d'une cigogne était puni de mort.

« Les anciens peuples de l'Orient, qui avaient observé l'attachement de la cigogne pour ses petits, dit Le Maout, attribuaient aux petits devenus adultes une pitié filiale égale à l'amour maternel dont ils ont été l'objet pendant leur enfance. Ils avaient remarqué que, pendant les migrations, les forts et les jeunes allègent pour les vieux les fatigues d'un long voyage, en prenant le vent à leur place. Il y a dans une vieille légende arabe un précepte ainsi conçu : « Cours au désert, mon fils, observe la cigogne : elle porte sur ses ailes son « père âgé ; elle le soigne dans ses infirmités, elle pourvoit à tous ses besoins ;

Pigeon migrateur.

« la piété d'un fils pour son père est plus douce que l'encens de Perse offert « au soleil, plus délicieuse que les parfums qu'un vent chaud fait exhaler des « plantes aromatiques de l'Arabie. » Quelques auteurs d'esprit sceptique et positif prétendent que la dureté et la mauvaise qualité de la chair des cigognes sont pour beaucoup dans la bienveillance dont ces oiseaux sont l'objet en tout pays. Cela peut être, bien que trop souvent l'homme tue les animaux les plus inoffensifs sans que leur chair ni leur dépouille lui soient d'aucun usage, et uniquement pour obéir à je ne sais quel besoin de destruction.

Certains oiseaux voyageurs lui fournissent de superbes occasions de satisfaire ce penchant barbare, et de se procurer en abondance d'excellent gibier. Tels sont les oies, les canards, les cailles, et surtout l'espèce de pigeon appelée *colombe émigrante*, *pigeon migrateur*, et, dans le midi de la France, *chatre* et *palombe*. Il faut avouer que contre ces oiseaux, si jolis et si intéressants qu'ils soient, la guerre est légitime : non seulement parce que leur chair est bonne à manger, mais parce qu'ils causent, dans les pays où ils s'arrêtent pour se restaurer, des dégâts comparables à ceux des sauterelles. Ils voyagent en masses tellement nombreuses et serrées, que la lumière du soleil peut en être obscurcie comme elle le serait par un nuage orageux, et que leurs troupes mettent souvent plusieurs heures à défiler au-dessus d'un point donné, bien qu'ils volent avec une grande rapidité.

C'est surtout dans l'Amérique septentrionale que ces migrations prennent des proportions extraordinaires. Le soir, lorsque les pigeons s'arrêtent pour dormir sur les arbres des forêts, on en fait un effroyable carnage, après lequel, aux premiers rayons du jour, les voyageurs reprennent leur route sans que leur nombre paraisse diminué. Audubon, qui fut plusieurs fois témoin de ce spectacle étrange, a essayé de calculer approximativement l'effectif d'une de ces immenses agglomérations, et la quantité de nourriture qu'elle doit consommer en un jour. « Prenons, dit-il, une colonne d'un mille de large, ce qui est bien au-dessous de la réalité, et conservons-la passant au-dessus de nous, sans interruption, pendant trois heures, à raison également d'un mille par minute ; nous aurons ainsi un parallélogramme de cent quatre-vingts milles de long sur un de large. Supposons deux pigeons par yard carré : le tout donnera *un billion cent quinze millions cent cinquante-six mille* pigeons *par troupe ;* et comme chaque pigeon consomme par jour une bonne demi-pinte de nourriture, la quantité nécessaire pour subvenir à l'alimentation de cette immense multitude devra être de *huit millions sept cent douze mille boisseaux par jour.*

« Lorsque la faim les ramène à terre, ajoute Audubon, on les voit retournant très adroitement les feuilles sèches qui cachent les graines et les fruits tombés des arbres. Sans cesse les derniers rangs s'enlèvent et passent par-dessus le gros du corps pour aller se reposer en avant, et ainsi de suite, d'un mouvement rapide et si continu, que toute la troupe semble être en même temps sur ses ailes. L'étendue de terrain qu'ils balayent est immense, et la place rendue si nette, qu'un glaneur qui voudrait venir après eux perdrait complètement sa peine...

« Le pigeon voyageur n'accomplit ses migrations que par la nécessité où il se trouve de se procurer de la nourriture, et non pour chercher une meilleure température ; en sorte qu'elles ne sont point périodiques.

« La grande force de leurs ailes leur permet de parcourir et d'explorer en volant une immense étendue de pays en peu de temps. On en a tué dans les environs de New-York ayant encore le jabot plein de riz, qu'ils ne pouvaient avoir pris que dans la Caroline ou dans la Géorgie. Or, comme la digestion se fait dans moins de douze heures, il s'ensuit qu'ils devaient avoir parcouru trois à quatre cents milles en six heures environ ; en sorte que leur vol ferait un mille à la minute. A ce compte, un de ces oiseaux, s'il en prenait l'envie, pourrait visiter le continent européen en moins de trois jours.

« Leur multitude est vraiment étonnante ; à ce point que moi-même, qui ai pu les observer si souvent et en tant de circonstances, j'hésite encore et me demande si ce que je viens de raconter est bien un fait. Et pourtant je l'ai bien vu, et les personnes qui m'accompagnaient en restèrent comme moi saisies d'étonnement. »

CHAPITRE XV

On pourrait, ce me semble, partager la classe des oiseaux en cinq grandes sections. La première, et de beaucoup la plus nombreuse, se composerait des oiseaux exclusivement aériens : de ceux pour qui le vol est le mode normal de locomotion, qui ne se servent ordinairement de leurs pattes que pour se reposer en s'accrochant aux branches des arbres, et qui, lorsqu'ils veulent changer de place sans quitter le sol, sautillent au lieu de marcher. Puis viendraient deux séries parallèles, comprenant : d'une part, la section des oiseaux à la fois aériens et terrestres, sachant voler et marcher, et celle des oiseaux exclusivement terrestres, qui marchent ou courent facilement, mais ne volent point ; d'autre part, la section des oiseaux à la fois aériens et aquatiques, naviguant à volonté dans l'air ou sur les eaux, et celle des oiseaux exclusivement aquatiques, nageurs habiles, mais tout à fait impropres au vol. Chacune de ces deux séries passe, par des transitions insensibles, d'un extrême à l'autre. La première part du pigeon migrateur et du tourne-pierre, et par les gallinacés et les échassiers aboutit aux oiseaux déchus, aux lourds bipèdes dont les plumes ressemblent à des poils, et les ailes à des moignons inertes, qu'ils cachent tristement sous leur épaisse fourrure. La seconde a pour premier terme la frégate, qui, comme voilier, rivalise avec le martinet, mais dont les pattes ne présentent encore que des rudiments de palmes ; et pour dernier terme le manchot, être hybride aux plumes écailleuses, dont les ailes ne sont plus que des nageoires supplémentaires, et qui, pouvant à peine se traîner à terre, nage et plonge avec une aisance et une agilité surprenantes.

Les espèces appartenant à cette dernière série forment, dans la classification adoptée par tous les zoologistes, un ordre parfaitement déterminé : celui des palmipèdes. La grande majorité sont des espèces marines vivant de poissons, de mollusques, de zoophytes, ou dévorant les cadavres et les immondices qui flottent à la surface de l'eau, ou que les vagues rejettent sur les rivages.

C'est parmi les oiseaux de mer que se trouvent les types extrêmes de la
série : les grands voiliers à la vaste envergure, au vol infatigable, ne venant
à terre que pour déposer et couver leurs œufs, et, du reste, n'ayant pour per-
choir que la crête des lames ; et les oiseaux amphibies, aussi libres dans l'eau
que le poisson, aussi misérables à terre que les phoques et les tortues, et tout
autant qu'eux incapables de s'élever dans l'air. Nous avons étudié ailleurs ces

¹ Pétrel-tempête. — ² Bec-en-ciseaux noir. — ³ Albatros à sourcil noir. — ⁴ Frégate. — ⁵ Hirondelle de mer.
— ⁶ Paille-en-queue à brin blanc. — ⁷ Fou.

hôtes ou ces parasites de l'Océan [1] : la frégate, « le petit aigle de mer, dit
Michelet, le premier de la race ailée, l'audacieux navigateur qui ne ploie
jamais la voile, le prince de la tempête, contempteur de tous les dangers ; »
l'énorme albatros, qu'on pourrait appeler le vautour des mers, car il semble
avoir pour spécialité de les débarrasser des cadavres de leurs habitants ; les
goélands et les mouettes, qui aident l'albatros dans cette tâche comme à
terre les corbeaux aident les vautours ; les pétrels, oiseaux des tempêtes ;
les phaétons, les cormorans, les fous, etc.; puis les grèbes, les gorfous, les
pingouins, les manchots, toute la tribu des plongeurs, que la loi impérieuse
de reproduction oblige seule à quitter leur véritable élément.

¹ *Les Mystères de l'Océan*, III⁰ partie, chap. xv.

Les types intermédiaires, à la fois bons nageurs et bons voiliers, se rencontrent plutôt parmi les palmipèdes d'eau douce, et notamment dans la famille des *anatidés* (du latin *anas*, canard) Ce sont, pour la plupart, à l'état sauvage, des oiseaux navigateurs, qui s'établissent en hiver dans les climats tempérés, et en été dans les régions septentrionales de l'ancien et du nouveau continent. Mais l'homme s'en est approprié un très grand nombre et les a réduits en

Oie frisée de Hongrie.

domesticité pour les faire servir, soit à l'ornement de ses parcs et de ses jardins, soit plutôt à son alimentation. Dans cet état, ils ont perdu leurs instincts voyageurs et oublié le vol; ils ne songent même pas à s'écarter de la mare ou de la pièce d'eau qui leur est assignée.

Les anatidés ont le bec large, déprimé ou arrondi, onguiculé à son extrémité, dentelé en scie ou en lames, et revêtu d'un épiderme mou. Leurs pattes sont entièrement palmées, leurs ailes étroites et de médiocre longueur.

Les *canards*, les *oies* et les *cygnes* sont les trois genres les plus intéressants et les plus connus de cette famille. Quelques espèces du premier de ces genres sont remarquables par la beauté de leur plumage. On peut citer entre autres le *canard tadorne*, d'Europe, qui fournit un duvet presque aussi estimé

que celui de l'eider ; le *canard huppé* de la Caroline, et le *canard à éventail*
de la Chine. Ces deux derniers ont été introduits en Europe, où ils se sont
très bien acclimatés.

Les oies ne sont point représentées dans les pays chauds, si ce n'est par
les individus qu'on y a transportés d'Europe, et qui s'y sont multipliés. Leurs
couleurs ne varient que du blanc au noir ou au brun, en passant par les

Cygne à tête et à cou noirs.

nuances intermédiaires. Elles sont plus grosses que les canards, ont les pattes
plus hautes et le cou plus long. Elles ont les mêmes mœurs, tant à l'état
sauvage qu'à l'état domestique. La seule espèce peut-être à laquelle on ne
puisse refuser une beauté réelle et originale est l'*oie frisée* de Hongrie. Elle
est de grande taille et d'une éclatante blancheur.

On sait qu'avant l'invention des plumes métalliques il se faisait, dans tout
l'univers écrivant, une immense consommation de plumes d'oie. Ces plumes
sont celles des ailes (rémiges). L'oie donne aussi un duvet excellent, bien
qu'inférieur, sous le rapport de la finesse, à celui des canards eider et tadorne.
Sa chair est, avec celle du dindon et celle du poulet, d'un usage général
pour l'alimentation des classes aisées. Toutefois c'est un aliment dont on se

lasse assez vite. La graisse de cet oiseau est plus estimée que sa chair. Enfin,
en soumettant l'oie à la reclusion et à l'immobilité complètes, en même temps
qu'à une nourriture très abondante, on développe chez elle une hypertropie
cancéreuse du foie, qui donne à cet organe une saveur délicieuse. La pro-
duction du *foie gras* et la confection des pâtés dont il est l'aliment fondamental,
constituent une industrie fort lucrative, qui se pratique particulièrement en
Alsace. Les pâtés de foie gras de Strasbourg sont renommés dans le monde
entier.

Le cygne doit à sa beauté d'échapper au sort cruel de sa cousine l'oie et
de son cousin le canard. Peut-être aussi sa chair n'est-elle pas aussi bonne
à manger. Celle du cygne sauvage cependant n'est pas désagréable, et les
chasseurs ne se font point scrupule de tirer sur cet oiseau, lorsque en hiver
il émigre des mers septentrionales vers des climats moins rigoureux.

Buffon a fait du cygne, dans le style pompeux dont il a plus d'une fois
abusé, un portrait qui ressemble fort à un panégyrique. Non seulement il
vante la grâce de cet oiseau, la beauté de ses formes et de son plumage ;
mais il lui attribue les plus nobles qualités ; et comme il se plaît à trouver
toujours, parmi les animaux, des princes et des sujets, il fait du cygne le
roi des fleuves, des lacs et des étangs ; mais un roi généreux, libéral, plein
de mansuétude, de justice ; un roi idéal, en un mot, et tel qu'on n'en vit
jamais, hélas ! parmi les hommes. Après avoir flétri du nom de tyrans le lion
(dont ailleurs il fait pourtant aussi le plus magnanime de tous les monarques),
le tigre, l'aigle et le vautour, il ajoute : « Le cygne règne sur les eaux à tous
les titres qui fondent un empire de paix : la grandeur, la majesté, la douceur.
avec des puissances, du courage, des forces, et la volonté de n'en pas abuser...
Il vit en ami plutôt qu'en roi au milieu des nombreuses peuplades des oiseaux
aquatiques, qui toutes semblent se ranger sous sa loi ; il n'est que le chef, le
premier habitant d'une république tranquille, où les citoyens n'ont rien à
craindre d'un maître qui ne demande qu'autant qu'il leur accorde, et ne veut
que calme et liberté. » La vérité est que le cygne est un animal inoffensif,
mais capable de déployer un grand courage, surtout lorsqu'il s'agit de défendre
sa femelle et ses petits. Ses ailes deviennent, dans ce cas, des armes redoutables,
dont les coups vigoureux mettent souvent l'agresseur hors de combat. On
assure qu'un de ces coups d'ailes peut rompre la jambe d'un homme. Si le
cygne n'est pas le plus rapide, c'est au moins, sans contredit, le plus élégant
des oiseaux nageurs ; ce n'est pas seulement, dirons-nous avec Buffon, le
premier des navigateurs ailés : c'est le plus beau modèle que la nature nous
ait offert de l'art de la navigation.

La blancheur du cygne d'Europe est proverbiale ; mais le plumage des
autres espèces offre des nuances plus ou moins accusées de gris et de noir.
Ainsi le *cygne à bec noir*, improprement appelé aussi *cygne chanteur*, est teinté
de gris jaunâtre. Le *cygne canadien* est d'un brun obscur qui devient plus

foncé sur le cou, où il est interrompu par une bande transversale blanche.
Le *cygne du Paraguay* a la tête et le cou noirs ; enfin on a découvert à la
Nouvelle-Hollande un cygne entièrement noir. L'étonnement fut général
lorsque pour la première fois cet oiseau fut apporté en Europe. Il y est aujour-
d'hui devenu assez commun, surtout en Angleterre. Le muséum de Paris en
a possédé plusieurs exemplaires.

Jacana d'Afrique.

J'ai donné le pigeon et le tourne-pierre comme les deux types les plus élevés
de la série des oiseaux terrestres. Nous savons quelle est la puissance du vol
du premier : c'est cependant un gallinacé ; à terre, il marche, non en sau-
tillant, comme font les passereaux, mais en levant et en avançant successive-
ment les deux pieds. De même, le tourne-pierre, malgré ses longues ailes
aiguës et ses jambes assez courtes, est un échassier. Il est donc voisin des
hérons, des grues, des cigognes, et se relie par ces dernières aux échassiers à
pieds palmés, qui établissent la transition entre les marcheurs et les nageurs.

Le *héron* est un excellent voilier. Poursuivi par un oiseau de proie, c'est
en s'élevant plus haut que lui qu'il cherche à lui échapper, et qu'il y réussit
quelquefois. Il habite les bords des rivières, des étangs et des marais, et se
nourrit de poissons, de grenouilles et, faute de mieux, d'insectes et de limaçons.
Il se tient souvent immobile sur le rivage pendant des heures entières, atten-
dant une proie qu'il saisit en un clin d'œil, dès qu'elle se présente à portée
de son « long bec emmanché d'un long cou ».

Les grues sont des oiseaux migrateurs, qui ont pourtant des habitudes plus
terrestres que celles des hérons. Leur nourriture est aussi plus végétale, et

consiste principalement en graines et herbes aquatiques ; toutefois elles y ajoutent volontiers, de temps en temps, des insectes, des mollusques, des vers, des grenouilles. Il en est même qui n'épargnent pas les lézards et les petits mammifères rongeurs. Les grues sont de grande taille ; leurs formes sont élégantes, leurs allures vives, capricieuses, quelquefois très comiques. Leur plumage est fort beau, sans offrir pour l'ordinaire des nuances très vives. On peut citer toutefois la *grue couronnée,* ou *oiseau royal,* pour le luxe de sa parure.

Kamichi cornu.

La *grue cendrée,* qui est le type de cette famille, a plus d'un mètre trente centimètres de haut. Son plumage est d'un gris lustré qui devient noir sur le cou et sur les côtés de la tête. Sa croupe est ornée de longues plumes redressées, contournées, et en partie noires. Cet oiseau est originaire des contrés septentrionales, qu'il quitte en hiver pour gagner le Midi. Il voyage la nuit, en troupes nombreuses formant un triangle dont le sommet est occupé par un chef. Celui-ci fait entendre de moment en moment un cri d'appel auquel ses compagnons répondent aussitôt. Les anciens Grecs tiraient de ces cris éclatants, aux inflexions variées, des présages relatifs aux changements de temps. Ils avaient d'ailleurs pour les grues une grande vénération, fondée sur les vertus qu'ils leur attribuaient, et aussi sur un événement dans lequel une troupe de ces oiseaux aurait, d'après le récit d'Hérodote, joué un rôle providentiel, en servant à faire reconnaître les meurtriers du poète Ibiscus.

Les échassiers étant presque tous, comme les hérons et les grues, des oiseaux de rivage ou de marais, qui doivent pêcher leur nourriture, la nature

leur a donné, outre de très longues jambes, de longs doigts, tantôt libres,
tantôt réunis entre eux par des membranes, et qui les empêchent de s'enfoncer
trop profondément dans la vase ou dans le sable humide. Chez les *jacanas*,
les doigts sont d'une longueur démesurée, et terminés par des ongles acérés
dont l'animal peut se servir pour transpercer et amener à lui les animaux
qu'il veut dévorer. Les jacanas sont répandus dans les contrées les plus chaudes
de l'Amérique, de l'Asie et de l'Afrique. Le jacana d'Afrique atteint une
hauteur de trente à trente-cinq centimètres. Son plumage est roux, avec le

Savacou.

cou blanc, la tête et les rémiges noires. Ses ailes sont pourvues d'un éperon
corné qui paraît être une arme de combat. Cette arme se retrouve, non seule-
ment chez les jacanas de l'Asie et du nouveau monde, mais encore chez
plusieurs autres échassiers des régions tropicales. Elle est même double, et
de plus très aiguë et très puissante, chez le *kamichi*. Ce dernier, unique en
son genre, habite le Brésil et la Guyane. Il est de la taille du dindon, auquel
il ressemble par la couleur foncée de son plumage. Il porte sur la tête une
longue tige cornée, mince et mobile, qui lui a fait donner le nom de *kamichi
cornu*.

Cet oiseau se tient dans les lieux humides habités par les jacanas, avec les-
quels il vit en paix, n'ayant point de proie à leur disputer, puisqu'il pâture
l'herbe des marécages à la façon des oies. Là se trouve aussi le *savacou*,
singulier oiseau, moins gros et plus bas sur jambes que le héron, à côté
duquel il a été placé par les ornithologistes, mais remarquable surtout par
son bec épais et large, armé à son extrémité de dents aiguës, et dans lequel

il peut emmagasiner la nourriture d'une journée au moins. Cette nourriture consiste en poissons et en petits reptiles. Son congénère d'Afrique, récemment découvert, le *balœniceps-roi*, échassier de grande taille, aux larges pieds, aux jambes robustes, au bec énorme, tranchant et crochu, a, dit-on, un goût particulier pour les petits crocodiles. En détruisant ces monstres dès leur jeune âge, il rend aux habitants de la côte occidentale un service beaucoup

Balœniceps-roi.

plus réel que celui dont les anciens Égyptiens se croyaient redevables à leur *ibis sacré,* et en reconnaissance duquel ils rendaient à cet oiseau un culte fervent. L'ibis, disaient-ils, arrêtait et exterminait aux frontières les légions de serpents qui, sans lui, eussent envahi le royaume. Une légende populaire assurait d'autre part que le grand Hermès, pour descendre sur la terre et enseigner aux hommes les arts et le commerce, avait pris la forme d'un ibis. Aussi cet animal jouissait-il en Égypte d'une inviolabilité absolue : le tuer était un crime affreux, un sacrilège exécrable que le meurtrier ne pouvait expier qu'au prix de sa vie. L'ibis mort était embaumé et inhumé avec autant de soin que le plus glorieux monarque, et l'on a trouvé dans les cryptes beaucoup de momies d'ibis parfaitement conservées sous leurs bandelettes goudronnées.

Les hérons, les grues, les jacanas, les savacous, les balœniceps ont les doigts longs et libres. Chez la cigogne, l'ibis, le *marabou,* les pattes sont à demi palmées ; elles le sont entièrement chez les *spatules* et les *phénicoptères.* Cette transformation ne s'observe point chez les autres oiseaux marcheurs, les gallinacés, qui sont tout à fait terrestres, et qui évitent l'eau beaucoup plus volontiers qu'ils ne la cherchent.

Il est néanmoins difficile de tracer une ligne de démarcation bien nette entre les gallinacés et les échassiers. Les *outardes,* rangées naguère sans

Ibis sacré.

conteste parmi les premiers, ont été ensuite annexées aux seconds par ce seul motif, d'une valeur peut-être contestable, que leurs jambes sont dégarnies de plumes au-dessus de l'articulation tibio-tarsienne. Il existe en Europe plusieurs espèces d'outardes, qui, malgré cela, ressemblent certainement beaucoup plus à de grandes poules ou à des pintades qu'à des cigognes ou à des marabous. Leur corps est massif, leur bec court, leur cou médiocrement long, leurs jambes grosses, leur démarche lourde. Elles se servent de leurs ailes bien moins pour voler que pour accélérer leur course.

La plus grande espèce du genre est l'*outarde-kori,* du cap de Bonne-Espérance. La variété albine, dont il existe un exemplaire aux galeries du muséum, est blanche, striée de gris sur le cou et sur la poitrine. Sa taille est d'environ un mètre quarante centimètres. Ses jambes hautes et robustes, terminées par des doigts puissants, rappellent moins les échassiers, auxquels on l'a associée, que les grands oiseaux coursiers, les marcheurs géants des déserts de l'Afrique, de l'Amérique et des iles océaniennes : les *autruches* et les *casoars*.

Tout le monde connaît la grande autruche d'Afrique, déjà presque naturalisée en France, où elle finira probablement par devenir, selon le vœu d'Isidore Geoffroy-Saint-Hilaire, un « oiseau de boucherie ». L'autruche d'Amérique (le *nandou*) est plus petit de moitié que sa congénère de l'ancien monde, et

Outarde-kori.

son plumage est moins fourni. Les nandous vivent dans les pampas de l'Amérique méridionale, en troupes d'une trentaine d'individus. Ils courent avec une extrême rapidité, en s'aidant de leurs ailes. Ce sont aussi d'excellents nageurs. Non seulement ils se jettent à l'eau toutes les fois qu'ils le peuvent pour échapper aux poursuites de leurs ennemis, mais ils semblent prendre plaisir à se baigner. Leur régime est herbivore, et leurs mœurs sont tout à fait inoffensives.

On connaît également deux espèces distinctes de casoars, mais qui n'appartiennent ni à l'Afrique ni à l'Amérique. L'une est le *casoar-émeu*, ou *casoar à casque*, des îles de l'archipel Indien ; l'autre est l'*émou*, ou casoar de la Nouvelle-Hollande. Le casoar à casque est ainsi nommé à cause de l'excroissance cornée dont sa tête est surmontée. Il est aussi gros que l'autruche, mais il a les jambes et le cou moins longs. Les plumes noirâtres dont il est uniformément revêtu ressemblent assez bien à de longs poils très gros. Ce sont cependant de vraies plumes, dont la tige fine et flexible est garnie de barbules extrêmement courtes et ténues. Les ailes sont rudimentaires, et leurs rectrices sont remplacées par cinq grandes pennes dont la tige, beaucoup

¹ Casoar austral ou émou.   ² Casoar à casque ou émeu.

plus forte que celle des plumes du corps, est totalement dépourvue de barbes.

L'émou, appelé *dromée* par quelques ornithologistes, semble tenir le milieu entre l'autruche d'Afrique et le casoar. Il se rapproche de la première par sa tête presque nue, par l'absence de casque. Ses plumes sont plus barbues que celles de l'émeu, sans l'être autant que celles de l'autruche. Il est moucheté de noir sur un fond blanchâtre. Il se plaisait dans les forêts d'eucalyptus, qui abondaient autrefois près des côtes de la Nouvelle-Hollande ; mais les défrichements des colons l'en ont aujourd'hui chassé, pour le refouler dans l'intérieur des terres.

Richard Owen et Isidore Geoffroy-Saint-Hilaire ont démontré qu'il faut rattacher à la famille des oiseaux coureurs les colosses fossiles dont on a retrouvé, à la Nouvelle-Zélande et à Madagascar, des ossements déparcillés et des œufs pétrifiés, et qu'on a nommés *dinornis* et *épiornis*. Ces deux oiseaux étaient des autruches ou des casoars gigantesques, dont la taille atteignait au moins quatre mètres. Quant au *dronte* ou *doda*, que les navigateurs portugais et hollandais trouvèrent encore, il y a trois siècles, aux îles Mascareignes, et qui a depuis complètement disparu, on est tenté d'y voir un de ces *jeux de la nature* auxquels la science du moyen âge avait recours pour expliquer tout ce qui lui semblait anormal. C'était un monstre disgracié, aussi impropre à la marche qu'au vol. Un corps obèse, des ailes avortées, des pieds gros et courts ; en guise de queue, une touffe de plumes bizarrement retroussées et frisées, presque point de tête, mais un bec énorme et crochu, à la base duquel s'ouvraient deux gros yeux ronds et stupides : tel était cet être grotesque, cet oiseau-caricature, dont il ne reste, je crois, qu'un seul exemplaire empaillé et fort endommagé par les vers, dans un musée zoologique des Pays-Bas.

CHAPITRE XVI

Les personnes qui visitaient, il y a une vingtaine d'années, la ménagerie du muséum d'histoire naturelle ne manquaient pas de remarquer, dans le vaste enclos affecté aux échassiers et aux palmipèdes, un oiseau dont voici le signalement :

Taille d'un mètre vingt centimètres ; bec aquilin ; œil gris ; tour de l'œil jaune et dénué de plumes ; nuque ornée d'une huppe de plumes, rejetée en arrière ; cou dégagé ; ailes moyennes, armées chacune de trois éperons ; queue étagée ; plumage varié de noir, de blanc, de gris et de brun ; tarse très long, revêtu d'écailles jaunes ; doigts au nombre de quatre : trois en avant, un en arrière ; ongles noirs, usés par la marche ; *signe particulier :* une jambe de bois habilement adaptée et remplaçant un des tarses, supprimé sans doute par la balle du chasseur. Cet oiseau-invalide, qui du reste se servait très prestement de sa jambe postiche, était un *serpentaire* du Cap, appelé aussi *secrétaire* à cause des plumes qu'il porte derrière l'oreille comme un bureau-crate, et *messager* à cause de la rapidité de sa marche. Le serpentaire, dont on voit souvent des spécimens dans les ménageries, établit la transition entre deux ordres d'oiseaux qui sembleraient à un observateur superficiel aussi différents l'un de l'autre que peuvent l'être deux groupes d'animaux appartenant à la même classe : les échassiers et les rapaces. Comme les premiers, il est habitant de la terre, coureur, sauteur alerte, et ne fait guère usage de ses ailes que pour accélérer sa course. Mais il se rattache aux seconds par son bec crochu, par ses jambes emplumées et par la structure de ses organes internes ; si bien que les naturalistes modernes l'ont définitivement rangé parmi les oiseaux de proie.

Hâtons-nous d'ajouter que le Créateur semble l'avoir chargé spécialement d'une mission toute bienfaisante : celle de détruire les reptiles, si nombreux dans l'Afrique australe, et particulièrement les serpents venimeux. Il attaque et combat ces dangereux animaux avec un courage et une adresse qui lui assurent presque toujours la victoire, se faisant d'une de ses ailes un véritable bouclier, trompant et lassant par ses évolutions multipliées son ennemi, qui ne tarde pas à succomber sous les coups redoublés de son bec et de ses éperons. Les serpents ne sont pas, du reste, sa seule nourriture : son appétit est fort exigeant, et il dévore aussi d'autres reptiles et même des insectes. Levaillant a trouvé dans l'estomac d'un serpentaire vingt et une petites tortues de trois à cinq centimètres de diamètre, onze lézards de vingt à vingt-cinq centimètres, trois serpents de soixante-dix à soixante-quinze centimètres, une multitude de sauterelles et une pelote volumineuse composée de résidus non assimilables des repas précédents.

Le serpentaire est un oiseau à part. On n'en connaît qu'une espèce, qui forme à elle seule un genre et même une famille distincte. Tous les autres rapaces ont les tarses courts, les pieds longs, les doigts grêles, déliés, terminés par des ongles recourbés, acérés et rétractiles, qu'on nomme *serres,* les ailes amples et larges, garnies de pennes solides et mises en mouvement par des muscles extrêmement forts. La base de leur bec, où sont percées les narines, est garnie d'une membrane ordinairement jaune ou rougeâtre, qu'on appelle *cire.* Leurs yeux sont grands, enfoncés dans leurs orbites et protégés par des arcades sourcilières proéminentes ; leur vue est d'une portée extraordinaire. Leurs instincts sont farouches ; ils se nourrissent exclusivement de chair ; leur appétit est vorace, et lorsqu'ils se trouvent en présence d'un repas copieux, ils se gorgent jusqu'à n'en pouvoir plus ; mais en revanche la nature, prévoyant que la proie pourrait souvent leur manquer, les a doués de la faculté de supporter sans en souffrir des jeûnes de plusieurs jours, et même, dit-on, de plusieurs semaines.

Les divisions de l'ordre des rapaces étaient tout indiquées par des différences d'organisation et de mœurs qui n'ont laissé aux ornithologistes que la peine de les constater et de les enregistrer, et d'après lesquelles ces oiseaux ont été partagés en deux sous-ordres : celui des *rapaces diurnes,* ou *accipitrés,* et celui des *rapaces nocturnes,* ou *strigidés.*

Les *accipitrés* (du latin *accipiter,* épervier) sont subdivisés en deux familles : celle des *falconidés* et celle des *vulturidés.* Nous dirons de préférence *faucons* et *vautours.* Il faut cependant remarquer que dans la famille des falconidés on a fait entrer non seulement les faucons proprement dits et tous les rapaces de petite taille qui jouaient autrefois un rôle dans la *fauconnerie :* gerfauts, émérillons, autours, éperviers, cresserelles, etc., mais encore les grands oiseaux de proie communément désignés sous le nom d'*aigles.* Les zoologistes auraient-ils prétendu donner à ces derniers une leçon d'humilité, en prenant leurs plus faibles confrères le faucon et l'épervier pour types, l'un de la sous-classe entière des rapaces diurnes, l'autre de la grande famille dans

laquelle eux, les aigles, les tyrans de l'air, ne forment qu'un simple genre
perdu au milieu de la foule ?

Déjà les maîtres ès fauconnerie, divisant les oiseaux chasseurs en deux
classes, les *nobles* et les *ignobles,* n'avaient pas craint de reléguer l'aigle
dans la seconde de ces catégories. Le signe de la noblesse ou de la roture se
trouvait dans la forme des doigts, longs et déliés chez les oiseaux nobles,

Fauconnerie. — Le vol de la gazelle.

plus courts et plus massifs chez les ignobles. Mais cette différence extérieure
correspond, il faut le reconnaître, à une différence de mœurs et de goûts qui
n'avait point échappé aux anciens veneurs. En effet, tandis que les *nobles* ne
dévorent que des proies vivantes, et passent sans s'arrêter auprès d'un gibier
mort, les *ignobles,* pour peu que la faim les presse, ne dédaignent point les
cadavres, et même la chair déjà corrompue. On distinguait d'autre part les
faucons en oiseaux de *haut vol,* ou *rameurs,* et oiseaux de *bas vol,* ou *voiliers.*
D'après Huber (de Genève), les rameurs sont les falconiens *acutipennes,*
c'est-à-dire à ailes aiguës, et les voiliers sont les falconiens *obtusipennes.*

La fauconnerie, ou *chasse à l'oiseau,* était autrefois, on le sait, le passe-
temps favori des rois, des seigneurs et des grandes dames. C'est un art com-
pliqué, dispendieux, et de plus passablement barbare. Il est aujourd'hui
généralement abandonné et presque entièrement oublié dans la plupart des

pays civilisés. On le pratique cependant encore, dit-on, dans quelques parties de l'Europe : en Angleterre, en Écosse, en Allemagne, en Suède et en Norwège. « Il y a en Belgique, près de Namur, dit Le Maout, un village nommé *Falken-Hauzer,* dont les habitants ont pour unique industrie l'éducation du faucon. Ils vont chercher ces oiseaux dans le Hanovre, reviennent les dresser dans leur village, et les vendent ensuite dans le nord de l'Europe, à l'aide de correspondances qu'ils entretiennent avec soin. Lorsqu'ils ont placé un faucon dressé, ils restent chez l'acheteur jusqu'à ce que le faucon soit habitué à obéir à la voix de son nouveau maître. »

C'est surtout parmi les princes et les hauts personnages de la Perse, de l'Hindoustan et de l'Afrique septentrionale que la fauconnerie était naguère en honneur. Les Persans, en particulier, avaient porté l'éducation des faucons à un très haut degré de perfection. Ils en dressaient à chasser toute espèce de gibier ; toutefois le *vol* de la gazelle était peut-être celui qu'ils préféraient à tous les autres. « Ils y dressent leurs oiseaux d'une façon *très ingénieuse,* dit le voyageur Thévenot. Ils ont des gazelles empaillées, sur le nez desquelles ils donnent toujours à manger à ces faucons, et jamais ailleurs. Après qu'ils les ont ainsi élevés, ils les mènent à la campagne, et lorsqu'ils ont découvert une gazelle, ils lâchent deux de ces oiseaux, dont l'un va fondre sur le nez de la gazelle et s'y cramponne avec ses griffes. La gazelle s'arrête, et se secoue pour s'en délivrer ; l'oiseau bat des ailes pour se retenir accroché, ce qui empêche encore la gazelle de bien courir, et même de voir devant elle. Enfin lorsque, avec bien de la peine, elle s'en est défaite, l'autre faucon, qui est en l'air, prend la place de celui qui est à bas, lequel se relève pour succéder à son compagnon lorsqu'il sera tombé ; et de cette sorte ils retardent tellement la course de la gazelle, que les chiens ont le temps de l'attraper. Il y a d'autant plus de plaisir à ces chasses, que le pays est plat et découvert. y ayant fort peu de bois. »

Il ne peut entrer dans notre plan de nous arrêter à l'étude des procédés en usage pour dresser les faucons aux différents genres de volerie. J'engage ceux de mes lecteurs qui désireraient s'initier aux secrets de cet art à lire le livre très curieux que MM. Chenu, Verreaux et des Murs ont ajouté à leurs *Leçons sur l'histoire naturelle des oiseaux,* et qui traite spécialement *de la fauconnerie ancienne et moderne.* Je me bornerai à indiquer ici quelques-uns des oiseaux *nobles* les plus recherchés des veneurs d'autrefois. Au premier rang se placent, comme les plus beaux, les plus forts, les plus braves et les plus dociles à la fois, les faucons proprement dits : le *faucon blanc,* le *faucon d'Islande,* le *faucon-gerfaut,* le *fauconsacre,* le *pèlerin* ou faucon commun, l'*autour* et l'*épervier.* « De tous les oiseaux de proie, dit Sinnini, le gerfaut (et sous ce nom Sinnini comprenait, outre le gerfaut proprement dit, le faucon blanc, les faucons d'Islande et de Norwège, et le sacre) est, après l'aigle, le plus fort, le plus vigoureux et le plus hardi ; il ne craint même pas de se

mesurer avec le tyran des airs, et, dans un engagement en apparence inégal,
il prouve par ses victoires ce que peut la valeur contre les avantages de la
taille et des armes. A ces qualités nécessaires à un être que la nature a destiné
aux combats et au carnage, cet oiseau joint la promptitude des mouvements,
la célérité dans l'exécution et l'activité qui enchaîne le succès. Aussi l'art de
la fauconnerie s'est-il emparé de cette espèce puissante. Le gerfaut tient le

Epervier commun.   Faucon d'Islande.   Milan noir.

premier rang parmi les oiseaux de haute volerie. Il est bon à toutes les sortes
de chasses, il n'en refuse aucune. Il a bientôt fatigué et pris les grands oiseaux
d'eau, tels que le héron, la grue, la cigogne. Il est aussi très propre au vol
du milan ; et si on l'emploie à des expéditions moins brillantes et plus pro-
ductives pour la table, il réussit mieux qu'aucun autre, etc. »

On voit, d'après ce passage emprunté à la monographie de MM. Chenu,
Verreaux et des Murs, que le milan, oiseau de proie bien caractérisé pourtant,
loin d'être employé à la chasse, était, au contraire, un de ceux qu'on faisait
chasser. Le vol du milan était, disait-on, plaisir de roi. On y employait non
seulement les grands faucons, mais l'épervier, qui est cependant beaucoup
plus petit que lui, et qui en venait à bout sans peine.

L'autour est de la même taille que les grands faucons (cinquante à cinquante-cinq centimètres). Ses tarses et ses serres sont robustes. Son plumage est bleu cendré sur la tête, la nuque et les ailes, blanc avec des raies transversales, brun foncé sur la gorge et sur le ventre. Il est commun en Russie, en Allemagne et en Suisse. C'est un oiseau de basse volerie. On l'emploie avec succès au vol du faisan et des grands échassiers. En liberté, il chasse.

Thrasaète-harpie.

outre les oiseaux, les lièvres, les lapins, et au besoin les taupes et les mulots.

Il ne faut pas confondre l'autour avec l'*aigle-autour*, dont on connaît trois espèces, l'une propre à l'Amérique, les deux autres à l'Afrique. Ces oiseaux, bien que peu supérieurs aux faucons par la taille, se rapprochent cependant davantage, par leur plumage, par leur conformation et leurs habitudes, des aigles proprement dits. MM. Chenu, des Murs et Verreaux les rangent dans le genre *spizaète* (du grec σπιζίας, épervier, et ἀετός, aigle), avec le *griffard*, le *jean-le-blanc*, l'*urubitinga* et la *harpie*. « Les spizaètes, disent ces naturalistes, peuvent rivaliser avec les aigles, car ils sont les tyrans de tous les petits quadrupèdes et de tous les oiseaux ; ce sont de vrais despotes, qui abusent

de leurs serres, de leur bec et de leur agilité pour faire la guerre à tout ce
qui les environne et immoler tout ce qui les approche. » Le plus redoutable
de tous est celui qu'on a désigné sous les noms significatifs de *harpie* et d'*aigle
destructeur*. Sa physionomie a quelque chose de vraiment sinistre. Ses yeux
flamboyants, profondément enfoncés dans les arcades sourcilières, ont une
expression de férocité terrible, à laquelle ajoute encore la crête de plumes
dont sa tête est surmontée, et qui se hérisse lorsqu'il est animé par la colère
ou par l'aspect d'une proie. Il est remarquable toutefois que la harpie n'attaque

Circaète-bateleur.

pas les oiseaux ; c'est aux *paresseux,* aux agoutis, aux sarigues et surtout aux
singes qu'elle fait une guerre acharnée. On assure même qu'elle ne craint pas
de s'attaquer à l'homme et aux animaux carnassiers les mieux armés. Elle
habite les forêts humides des contrées les plus chaudes de l'Amérique méri-
dionale. Les Indiens professent pour cet oiseau une sorte de culte, qui ne les
empêche cependant pas de le tuer pour s'emparer de ses dépouilles, auxquelles
ils attachent un grand prix ; mais ils préfèrent de beaucoup le prendre vivant
et le réduire en captivité. Lorsqu'ils y réussissent, ils le conservent et le
nourrissent avec grand soin. Deux fois par an ils lui arrachent les plumes
des ailes pour empenner leurs flèches, et le duvet du cou pour s'en parer
dans les grandes circonstances. Ils parviennent à le dompter, à l'apprivoiser
et à le rendre très docile. « C'est en quelque sorte pour eux un trésor, dit
d'Orbigny, et s'ils changent de campement, les femmes sont chargées, l'une
après l'autre, de porter l'oiseau. »

Près des spizaètes, ou aigles-éperviers, se placent les *circaètes,* ou aiglesbuses, dont l'espèce la plus curieuse est le *circaète-bateleur,* ou aigle-bateleur de l'Afrique tropicale. Cet oiseau a le plumage d'un bleu noir mat teinté de roux, avec les tectrices grises, et la queue, qui est très courte, d'un roux vif. Le bec est noir ; le tour de l'œil et la cire sont rouge orangé, ainsi que les tarses. L'aigle-bateleur .est commun dans la Cafrerie. Lorsqu'on le voit voler, on le prendrait pour un aigle ordinaire, de petite taille, qui aurait, comme le renard de la Fontaine, « perdu sa queue à la bataille. » Il plane en tournant et en poussant des cris rauques. « Souvent, dit Levaillant, qui a le premier observé et décrit cet oiseau, il suspend tout à coup son vol et descend à une certaine distance, en battant l'air de ses ailes, de manière qu'on croirait qu'il s'en est cassé une, et qu'il va tomber jusqu'à terre ; sa femelle ne manque jamais alors de répéter le même jeu. On peut entendre ces coups d'ailes à une très grande distance... J'ai tiré le nom de cet oiseau de sa manière de se jouer dans les airs : on croirait voir, en effet, un bateleur qui fait des tours de force pour amuser les spectateurs. »

Je dirai peu de chose des grands aigles : *aigle impérial, aigle royal, pygargue,* dont l'histoire occupe, dans tous les ouvrages d'ornithologie, une si grande place. Buffon, qui, comme nous l'avons vu, applique à ces oiseaux l'épithète méritée de tyrans lorsque cette antithèse lui paraît propre à faire ressortir les vertus pacifiques qu'il attribue au cygne, ne laisse pas de proclamer ailleurs la royauté de l'aigle, qu'il compare au lion, et auquel il prête, ainsi qu'au prétendu roi des quadrupèdes, des qualités admirables : le courage, la grandeur d'âme, et jusqu'à la *tempérance !...*

Le fait est que l'aigle est un animal féroce, d'une voracité extrême, ayant, il est vrai, une grande prédilection pour le sang chaud et la chair palpitante, mais s'accommodant fort bien de viande faisandée et d'aliments impurs. Quant au courage dont on lui fait honneur, les écrivains qui l'ont vanté le plus n'en ont jamais pu citer que des exemples d'une authenticité contestable. La supériorité de son vol, de sa force et de ses armes assure à l'aigle une victoire facile sur tous les animaux faibles et désarmés dont il fait sa proie. C'est seulement lorsqu'il est pressé par la famine ou forcé de défendre sa vie ou celle de ses petits, qu'il se décide à faire tête à des ennemis capables de lutter avec lui ; et en cela il ne se montre pas plus brave que beaucoup d'autres animaux qui ne sont pas comme lui spécialement organisés pour la rapine et le carnage... Ai-je besoin d'ajouter qu'il n'a nullement, comme l'a dit Aristote, la faculté de regarder fixement le soleil : faculté dont l'objet, du reste, ne se concevrait pas ? Ce qui est plus exact, et beaucoup plus avantageux pour l'aigle, c'est que, des hauteurs prodigieuses où s'élève son vol, il voit et vise avec une précision surprenante un lièvre ou tout autre petit animal blotti dans l'herbe. Mais sous ce rapport, comme sous le rapport de la force musculaire et de la puissance du vol, on doit placer encore au-dessus de lui le vautour géant des Cordilières, le *condor.*

On s'est plus à faire de l'aigle l'emblème de la valeur guerrière et des nobles
instincts, et du vautour le type accompli de la couardise et de la bassesse.
Cette opposition est tout imaginaire. L'aigle est un bourreau qui immole très
lâchement des êtres inoffensifs ; le vautour est un croque-mort qui tout au
plus achève les mourants, et, pour l'ordinaire, se contente de dévorer les
cadavres. Le vautour a donc au moins le mérite de remplir, comme agent de

Condor.

la grande voirie de la nature, une fonction qui nous inspire sans doute un
légitime dégoût, mais dont nous ne pouvons méconnaître l'utilité. Le nom de
cathartes, qu'on a donné aux vautours d'Amérique, signifie *nettoyeurs :* il
exprime très exactement le rôle providentiel de ces mangeurs de charognes.
Les vautours attendent que la mort ait fait son œuvre ; puis par troupes ils
s'abattent sur l'animal dont les chairs vont se décomposer, répandre dans l'air
l'infection. Ils le font disparaître. Le condor se rapproche davantage de l'aigle ;
au besoin, il tue pour manger : toute la différence est qu'il se rassasie sur
place, tandis que l'aigle emporte sa victime encore vivante dans son aire,
pour l'y égorger et l'y dépecer à son aise.

Les rapaces nocturnes (*strigidés* d'Isidore Geoffroy-Saint-Hilaire), que nous appellerons plus simplement *chouettes*, ne ressemblent aux diurnes que par leurs appétits carnassiers et meurtriers, par la structure de leur appareil digestif et par la disposition de leurs serres, rétractiles comme celles de leurs analogues quadrupèdes, les chats. A leurs habitudes nocturnes ou crépusculaires correspond, du reste, une organisation toute spéciale, qui les distingue nettement de leurs confrères les accipitrés. En effet, premièrement, tandis que ces derniers ont la tête allongée, le crâne déprimé, le sourcil saillant, les yeux dirigés obliquement, la mandibule supérieure soudée au crâne, les

Catharte.

chouettes ont, au contraire, la tête arrondie et volumineuse, les yeux dirigés en avant et formant le centre de cercles de plumes disposées en rayons ; leur bec est court, presque entièrement caché sous les plumes et réuni au crâne par une *cire* molle, en sorte que les deux mandibules sont également mobiles, comme chez les perroquets ; leur *disque facial,* plus ou moins complet, leur donne un air de ressemblance grotesque avec certains visages humains.

En second lieu, tandis que les diurnes ont les tarses et les doigts nus, trois doigts dirigés en avant et le quatrième seulement en arrière, les nocturnes ont, presque tous, les pieds entièrement emplumés, et un de leurs quatre doigts articulé de manière à pouvoir être dirigé à volonté en avant, en arrière ou de côté.

En troisième lieu, les barbes des plumes, adhérentes entre elles chez les diurnes, opposent à l'air une grande résistance, ce qui permet à ces oiseaux de prendre un essor plus ou moins vertical, de planer et de fendre l'air directement.

Au contraire, les plumes des nocturnes sont moelleuses et duvetées, et leurs
barbes sont rebroussées ; cette disposition rend leur vol silencieux, oblique et
saccadé, et les oblige à partir toujours d'un point élevé, d'où ils commencent
par faire une sorte de culbute avant de pouvoir voler. Enfin la différence
principale entre les diurnes et les nocturnes consiste dans la structure de l'œil.
La vue, chez les premiers, est perçante, et supporte sans être éblouie une

¹ Petit-duc.   ² Grand-duc.   ³ Effraie flamméchée.

lumière très intense. Chez les seconds, les yeux sont gros, la pupille très
dilatée, la rétine d'une extrême sensibilité ; la lumière du jour les offusque,
et ils ne voient bien qu'après le coucher du soleil, dans la lumière diffuse. Il
ne faut pas croire cependant qu'ils voient mieux encore dans l'obscurité com-
plète. Le phénomène de la vision suppose nécessairement la présence d'une
certaine quantité de lumière. Les chouettes aiment le clair-obscur ; à la rigueur,
elles préfèrent encore la nuit sombre au grand jour ; mais n'oublions pas que
la nuit la plus sombre est toujours quelque peu éclairée.

Les chouettes ont l'ouïe très fine, grâce aux vastes cavités dont se compose
leur oreille interne. Ce sont ces cavités qui contribuent surtout à leur grossir
la tête ; car le volume de leur crâne ne correspond point à un développement

proportionnel du cerveau, bien que cet organe soit aussi chez elles plus. volumineux que chez les diurnes.

Le plumage des oiseaux de nuit n'offre point de teintes vives et tranchées : le brun, le fauve, le gris y dominent, mélangés de noir et de blanc ; mais ces nuances y sont souvent disposées très agréablement, et présentent à l'œil des tons doux, que relèvent assez les mouchetures, les stries et les raies dont elles sont abondamment semées. Le plumage est aussi très doux au toucher, notamment sur le cou et sur la tête, où il est très épais. La queue est

¹ Chat-huant.   ² Hibou-chouette.

ordinairement courte, quelquefois étagée ; les ailes sont obtuses dans la plupart des espèces.

Les chouettes vivent isolément, par couples ; elles chassent aussi chacune pour son compte ; mais souvent elles se réunissent pour émigrer. Elles sont foncièrement cosmopolites : il est parmi elles peu d'espèces qui appartiennent exclusivement à telle ou telle contrée, encore ces espèces peuvent-elles être transportées, sans en souffrir, dans un climat tout différent de celui de leur pays natal. Toutes ne sont pas également nocturnes : il en est qui chassent indifféremment le jour et la nuit. On les a nommées chouettes *épervières* ou *accipitrines*.

Les chouettes se nourrissent de toutes sortes de petits animaux : oiseaux, rats, mulots, souris, lézards, grenouilles ; mais elles font surtout une grande consommation d'insectes. La *chevêche* dépèce les souris qu'elle attrape. Cette espèce, ainsi que quelques autres, a soin aussi de plumer proprement les oiseaux avant de les dévorer ; mais la plupart ne se donnent pas tant de

peine : elles engloutissent leur proie tout entière, après lui avoir seulement
brisé les os, — si la proie a des os, — pour l'amollir un peu. L'estomac se
charge du reste : c'est cet organe qui sépare les parties nutritives et digestibles
des substances dures et non assimilables, transmet les premières aux organes
secondaires de la digestion, et fait des secondes de petites pelotes oblongues
que l'animal rejette par le bec au bout de quelques heures.

Les chouettes ont été partagées en un grand nombre de genres, dont les
plus connus sont les genres *duc, hibou, chat-huant, effraie* et *chevêche.*

Les ducs sont remarquables par les deux aigrettes de plumes qui ornent
leur tête, et que le vulgaire prend pour leurs oreilles. Leur nom, qu'il ne faut
pas prendre pour un titre de noblesse, leur vient du latin *dux* (chef con-
ducteur), parce que, selon un préjugé fort ancien, ils auraient l'extrême
complaisance de servir de guides aux cailles dans leurs migrations. La vérité
est que, comme les cailles voyagent la nuit, les ducs les précèdent souvent
pour les attendre au passage, mais avec des intentions qui ne sont rien moins
que bienveillantes ; ce n'est point de la sympathie, mais bien du *goût* qu'ils
ont pour ce gibier. Outre le *grand-duc d'Europe* et le *grand-duc de Virginie,*
les plus grands de tous les nocturnes, ce genre comprend le *moyen-duc* et le
petit-duc, ou *scops.* Ce dernier est à peine gros comme un merle. La taille
du *hibou commun* est de trente-cinq à trente-six centimètres. Dans cette espèce,
le mâle seul porte sur la tête deux aigrettes semblables à celles des ducs.
Les chats-huants sont les chouettes des bois, répandues dans les deux mondes,
et dont Audubon compare le cri *waha, waahaha,* « au rire affecté d'un
fashionable. » La chevêche est de la taille d'un pigeon. Son appétit est for-
midable : on assure qu'elle peut dévorer jusqu'à cinq souris en un seul repas.
C'est un petit Gargantua emplumé.

L'effraie est une des plus jolies parmi les chouettes. Son plumage est d'un
jaune roux glacé de brun et de gris sur la nuque, sur le dos et sur les ailes,
et qui s'éclaircit sur le ventre. La gorge est semée de petites taches noires ;
l'iris des yeux est noir ; la queue est courte, carrée et barrée de brun.

On sait que toutes les chouettes, et en particulier l'effraie, passent, parmi
les habitants des campagnes, pour « des oiseaux de mauvais augure », qui
« appellent la mort » dans les maisons sur le toit desquelles elles viennent
se percher. Je n'ai pas besoin de dire combien ce préjugé est absurde ou
ridicule. Il est, de plus, funeste ; car il pousse les paysans à tuer impitoyable-
ment des oiseaux qui leur rendent de précieux services en détruisant une
multitude d'insectes, de reptiles et de petits rongeurs.

CHAPITRE XVII

Je crois pouvoir me permettre de qualifier ainsi ces êtres étranges, ambigus, que la nature a, par un bizarre caprice, introduit dans le monde aérien ; ces quadrupèdes qui volent et ne marchent pas, ces oiseaux qui ont des poils, un museau, des dents, et qui allaitent leurs petits.

Il s'agit, on le devine, des animaux que le vulgaire appelle très improprement *chauves-souris,* bien qu'ils ne soient nullement chauves, et que, hormis la couleur de leur poil, ils n'aient aucun point de ressemblance avec nos rongeurs domestiques. La Fontaine se rend, selon sa coutume, l'écho de l'erreur populaire, lorsqu'il fait dire à la chauve-souris :

> Je suis oiseau, voyez mes ailes;
> Je suis souris, vivent les rats!

Il ignorait aussi que, si les souris parlaient, elles ne crieraient certainement pas : « Vivent les rats ! » car elles n'ont pas de plus cruels ennemis.

Bref, les chauves-souris ne sont ni des oiseaux ni des souris : ce sont des mammifères volants. Mais quelle place doit leur être assignée dans la classe dont elles font partie ? Cette question a fort embarrassé les zoologistes. En tant que mammifères, les chauves-souris se rapprochent des singes, et même de l'homme ; car chez elles la femelle est pourvue de deux mamelles seulement, et ces mamelles sont placées sur la poitrine. Ce caractère important avait décidé Linné à les placer dans son ordre des *primates.* Cuvier en fit la première famille des *carnassiers :* c'était une erreur, car, s'il y a des chauves-souris carnivores, il en est aussi qui sont insectivores, et d'autres qui sont herbivores. Les naturalistes contemporains se sont tirés d'embarras en formant de ces animaux une famille à part: celle des cheiroptères (χείρ, *main,* et πτερόν, *aile*). Ils ont eu pour cela sans doute d'excellentes raisons, que je me garderai bien de contester. Je tiens seulement à faire observer que l'idée de Linné ne manquait pas de justesse. En effet, le squelette d'une chauve-souris ressemble beaucoup à celui d'un petit singe dont les bras, les avant-bras surtout, seraient excessivement longs, et dont les quatre doigts des mains auraient pris un développement encore plus démesuré, tandis que le pouce, non opposable, aurait conservé, ainsi que les jambes, des dimensions proportionnées à la taille de l'animal. Ce sont ces grands bras et ces grands doigts qui, réunis entre eux et avec les jambes par une vaste membrane, constituent les ailes des cheiroptères. Ces ailes sont mises en mouvement par des muscles très forts qui prennent leur attache sur le sternum, pourvu à cet effet d'une crête analogue à celle qu'on remarque chez les oiseaux.

Les cheiroptères volent avec rapidité, en tournoyant ou en décrivant des courbes plus ou moins sinueuses. C'est le seul mode de locomotion auquel ils soient réellement propres. A terre, ils se traînent péniblement en s'accrochant avec leurs pieds et le pouce de leurs mains aux aspérités du sol, et n'avancent que par suite de zigzags, dont l'axe seul détermine la direction. La voracité de ces animaux est extrême, et les aveugle au point que pour le moindre appât ils vont se jeter dans les pièges les plus grossiers.

Leurs habitudes sont essentiellement nocturnes. Ce n'est qu'au crépuscule qu'ils se mettent en quête de leur nourriture. Pendant le jour, ils demeurent cachés dans les trous des vieux arbres, des rochers ou des vieux murs, ou plus ordinairement suspendus à une branche ou à une saillie par leurs pattes de derrière. C'est dans cette singulière position qu'ils se livrent au sommeil, enveloppés de leurs ailes comme d'une couverture ; et pendant tout l'hiver leur sommeil dure vingt-quatre heures par jour.

Les chauves-souris, il faut le reconnaître, sont de fort vilains animaux. Leur laideur, jointe à leurs habitudes nocturnes, les a rendues, de tout temps et par tous pays, l'objet d'une aversion générale et d'une terreur superstitieuse. Dans l'antiquité ainsi qu'au moyen âge, on les regardait comme des émissaires du ténébreux empire. Elles figuraient dans toutes les scènes de diablerie, voltigeaient en rond sur la tête des sorcières chevauchant au sabbat sur leurs manches à balai, et soufflaient à leurs oreilles les paroles cabalistiques. Chose singulière pourtant : tandis que les préjugés contre les chouettes se sont perpétués presque partout, le peuple de nos villes et de nos campagnes est revenu, en ce qui concerne les chauves-souris, à des idées plus sensées et plus justes ; il les évite comme de « vilaines bêtes », mais il ne songe plus à les craindre. Il n'en est pas ainsi dans beaucoup d'autres pays, où elles sont désignées sous le nom de *vampires*, et où l'on croit qu'elles viennent la nuit sucer le sang des animaux et des hommes qui ont l'imprudence de s'endormir à la belle étoile. Cette opinion est-elle fondée sur quelques faits réels ? Est-il vrai que certaines grandes espèces carnassières, auxquelles les zoologistes eux-mêmes ont conservé les noms sinistres de *vampires* et de *spectres,* soient assez avides de chair et de sang pour attaquer les hommes et les bestiaux ? Quelques voyageurs, dont le témoignage est peut-être suspect d'invention, ou tout au moins d'exagération, l'ont affirmé.

Un voyageur espagnol (si je ne me trompe), Sumilla, parlant du grand vampire du Mexique, dit : « Les chauves-souris sont d'adroites sangsues, qui rôdent la nuit pour boire le sang des hommes et des bêtes. Si ceux que leur état oblige de dormir par terre n'ont pas la précaution de se couvrir des pieds à la tête, ils doivent s'attendre à être *piqués* des chauves-souris. Si par

¹ Vespertilion oreillard. ² Vampire-spectre. ³ Grand-fer-à-cheval.

malheur ces *oiseaux* leur piquent une veine, ils passent des bras du sommeil dans ceux de la mort, à cause de la quantité de sang qu'ils perdent sans s'en apercevoir, tant la piqûre est subtile ; outre que, battant l'air avec leurs ailes, elles rafraîchissent le dormeur auquel *elles ont dessein* d'ôter la vie. » *Risum teneatis !* Voyez-vous ces *oiseaux* scélérats et perfides qui, *ayant dessein* de vous ôter la vie, vous rafraîchissent de leurs ailes pour vous assassiner sans que vous vous en aperceviez ! Ce conte, évidemment, n'est que ridicule, et accuse, en même temps qu'une prodigieuse crédulité, une profonde ignorance de l'organisation des prétendus vampires. Il suppose que les chauves-souris piquent avec leur langue, comme on croit communément que les serpents piquent avec leur *dard,* et cela parce que cette langue, destinée à sonder les fissures des vieilles écorces d'arbres pour en retirer les insectes, est allongée et effilée. Voici un témoignage plus sérieux. La Condamine rapporte que « les chauves-souris qui sucent le sang des mulets et des chevaux, et même des hommes, sont un fléau commun à la plupart des pays chauds de l'Amérique ».

Mais ce savant voyageur avait-il vu les chauves-souris dont il parle ? Avait-il
vu de leurs victimes, ou ne faisait-il que répéter ce qu'il avait entendu dire
dans les contrées qu'il avait parcourues ? Cette seconde hypothèse est la plus
probable.

Buffon, qui, n'ayant jamais vu la plupart des animaux qu'il a décrits, était
obligé de s'en rapporter aux dires d'observateurs plus ou moins véridiques,
trouve un peu extraordinaire que des gens endormis puissent se laisser sucer
le sang jusqu'à ce que la mort s'ensuive, et passer de vie à trépas sans s'en

Roussette d'Edwards.

apercevoir ; mais, au lieu de révoquer en doute ce fait étrange, il essaye de
l'expliquer en admettant que les papilles fines et acérées de la langue des
vampires s'insinuent dans les pores de la peau, et pénètrent assez avant pour
que le sang obéisse à la succion continuelle de la langue. Il ne dit pas com-
ment une chauve-souris grosse au plus comme une poule peut avaler assez
de sang pour faire périr un homme ou un mulet, ou comment, après que la
succion a cessé, le sang peut continuer de couler par d'aussi imperceptibles
blessures. Ajoutons, — ce qui tranche la question, — que les papilles acérées
dont Buffon arme gratuitement la langue du monstre n'ont jamais été vus par
personne.

La famille des cheiroptères compte cinq ou six genres divisés en un grand
nombre d'espèces répandues dans toutes les parties du monde. Le plus
important de ces genres est celui des *vespertilionidés* (*vespertilio* est, on le
sait, le nom latin de la chauve-souris), auquel appartiennent la *chauve-souris
murine*, la plus commune en France ; les *oreillards*, dont on connaît une

quinzaine d'espèces ; les *rhinolophes*, parmi lesquels on peut citer, comme
le plus grotesquement hideux de tous les cheiroptères, le rhinolophe *grand-
fer-à-cheval*. Cet animal se rencontre aux environs de Paris et dans toute
l'Europe occidentale. Il a environ trente-cinq centimètres d'envergure. Son
pelage est roux-cendré en dessus et jaunâtre en dessous. Il passe l'hiver
endormi dans les vieux édifices et dans les carrières abandonnées. Son nez
est surmonté d'une excroissance en forme de feuille, qui donne à sa physionomie
déjà hideuse l'aspect le plus bizarre. Ce singulier appendice se retrouve, mais
avec des dimensions moindres et une forme moins compliquée, chez les *vam-
pires* et les *phyllostomes*. Enfin la famille qui renferme les plus grandes espèces
est celle des *roussettes*. Ces animaux sont insectivores ou frugivores ; leur
chair est mangeable. Contrairement à la grande majorité des insectivores en
général et des autres chauves-souris en particulier, ils s'accoutument sans
trop de peine à la captivité. On connaît plus de trente espèces de roussettes,
toutes propres aux régions tropicales de l'ancien monde. Une seule de ces
espèces habite l'Égypte. Les autres se trouvent à Madagascar, à la Réunion,
à Maurice et dans les îles de l'archipel Indien.

Plusieurs naturalistes rattachent à l'ordre des cheiroptères les *galéopi-
thèques*, vulgairement connus sous les noms de *singes*, de *chats* et de *chiens
volants*. Mais ces animaux ont les doigts antérieurs aussi courts que les doigts
postérieurs. Le développement de la peau qui relie leurs membres deux à
deux ne forme pas des ailes, mais une sorte de parachute propre seulement
à les soutenir quelques secondes lorsqu'ils s'élancent d'un arbre à l'autre, et
qui ne saurait justifier leur intrusion dans le monde de l'air.

FIN

TABLE

—⋘⋙—

PREMIÈRE PARTIE

L'AIR

DEUXIÈME PARTIE

PHÉNOMÈNES DE L'AIR

TROISIÈME PARTIE

LE MONDE AÉRIEN

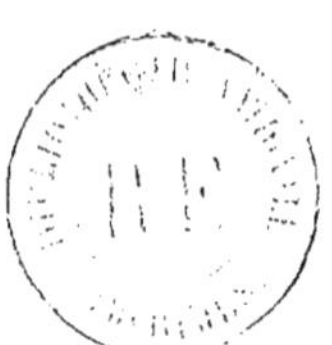

15913. — Tours, impr. Mame

BIBLIOTHÈQUE ILLUSTRÉE

FORMAT IN-4°

AVENTURES DE ROBINSON CRUSOÉ (LES), par Daniel de Foë; 89 gravures sur bois.

CHATEAUX HISTORIQUES DE FRANCE, Histoire et Monuments, par M. l'abbé J.-J. Bourassé; 32 gravures sur bois d'après K. Girardet et Français.

FABIOLA, ou l'Église des Catacombes, par Son Ém. le cardinal Wiseman, archevêque de Westminster; traduit de l'anglais par M. Richard Viot.

HISTOIRE DE FRANCE, par Émile Keller, député du Haut-Rhin; 74 gravures sur bois d'après les dessins de Girardet, Foulquier, Lix, Philippoteaux, etc.

HISTOIRE DE PARIS ET DE SES MONUMENTS, par Eugène de la Gournerie.

HISTOIRE DES CROISADES, abrégée à l'usage de la jeunesse, par M. Michaud de l'académie française et M. Poujoulat.

L'AIR ET LE MONDE AÉRIEN, par M. Arthur Mangin.

LES HOMMES CÉLÈBRES DE LA FRANCE, par Louis Dumas.

LES MYSTÈRES DE L'OCÉAN, par Arthur Mangin.

LE TOUR DU MONDE EN FAMILLE, voyage de la famille Brassey dans son yacht *le Sunbeam*, raconté par la mère, traduit de l'anglais par M. Richard Viot, 78 gravures sur bois.

LES FEMMES ILLUSTRES DE LA FRANCE, par Oscar Havard, 76 gravures sur bois.

PROMENADES EN ITALIE; 42 gravures sur bois.

UN HIVER EN ÉGYPTE, par M. E. Poitou; 32 gravures sur bois d'après Karl Girardet.

VOYAGE EN ESPAGNE, par M. Eugène Poitou, conseiller à la cour d'Angers.

VOYAGE EN FRANCE, par Mme Amable Tastu; 91 gravures sur bois.

VOYAGES ET DÉCOUVERTES OUTRE-MER AU XIXe SIÈCLE, par Arthur Mangin; 24 gravures sur bois d'après Durand-Brager.

Tours, impr. Mame.